第二版

Excel

函數與分析工具
應用解析 X 實務範例

| 適用 Excel 2021/2019/2016 |

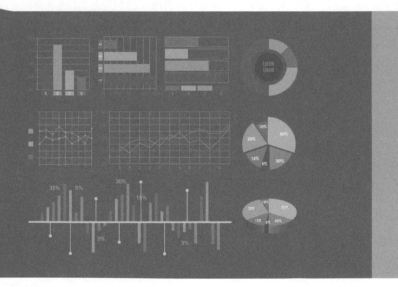

筆者在學校及幾個訓練單位教授Excel課程多年，且編著多本相關書籍。最常被學生問及有關函數方面的問題，每當為其解答後，通常又會被問到：『老師，您有沒有寫一本有關Excel函數的書呢？因為，學會Excel入門後，到社會上發現業務上真實的應用實例，並非如入門書籍所述那麼簡單，非得多學一點函數不可。想稍微學點進階內容，但卻發現市面上滿坑滿谷的盡是入門書籍，就是缺乏一本專門介紹Excel函數的書籍！』因被問太多次了，所以，就萌生撰寫Excel函數專書之念頭。

本書內容除涵蓋Excel之公式、數學、字串、統計、日期、時間、財務、資料庫、邏輯、檢視與參照等內建函數外；尚加入增益集函數與自訂函數等進階應用，並配合統計分析工具對相關內容進行補充說明。是Excel已入門者，要追求更上層樓的絕佳選擇。

為節省教師指定作業之時間，並讓學習者有自我練習之機會，每一範例均再加入一含題目內容之練習工作表，可馬上驗收所學之內容；且於章節適當位置附加有『馬上練習』之題目，學習者可隨時於任一章插進來閱讀並練習。

為方便教學，本書另提供教學投影片與各章課後習題，採用本書授課教師可向碁峰業務索取。

撰寫本書雖力求結構完整與內容詳盡，然仍恐有所疏漏與錯誤，誠盼各界先進與讀者不吝指正。

楊世瑩 謹識

1 Excel之公式

2 公式進階

3 數學函數

4 文字函數

5　日期與時間函數

6 統計函數（一）

7 統計函數（二）

8 相關與迴歸函數

9 財務函數

10 檢視參照與資料庫函數

11 陣列函數

12 資訊函數

13 自訂函數

A 函數索引

B 附錄

PDF格式電子書，請線上下載

下載說明

本書範例、電子書（標準常態分配表、F 分配的臨界值）請至
http://books.gotop.com.tw/download/AEI007900 下載。其內容僅供合法持有
本書的讀者使用，未經授權不得抄襲、轉載或任意散佈。

Excel 之公式

Excel之公式係以儲存格參照位址、名稱（甚或其標題字串）、函數或常數等為運算元，透過運算符號加以連結而成之運算式。

其中函數為因應某一特殊功能或較複雜運算所寫成之內建子程式，用以簡化公式。如：

```
=SUM(E2:E5)
```

表求E2 ～ E5範圍內之數值總和，原公式應為：

```
=E2+E3+E4+E5
```

利用函數可大大簡化整個公式內容。除可縮短公式建立時間，甚至可提高其執行效率。所以，函數在整個Excel公式中，佔有相當重要之地位。（函數也可以由使用者自訂而得）

1-1 公式之元素

公式中之運算元可為下列各種元素：

- **常數**：有數字、日期、文字與陣列常數。

- **位址**：取位址所示之儲存格內容，效果約當變數。有參照、混合與絕對位址。

- 函數：有數學及三角、文字、統計、日期、時間、財務、資料庫、邏輯、檢視與參照……等幾大類。

- 名稱：取該名稱所代表之範圍，若曾以『公式/已定義之名稱/定義名稱』 ◇ 定義名稱 ⌄ 鈕，將E2:E9範圍命名為SALES，則公式 =SUM(SALES)之效果即=SUM(E2:E9)。

茲分別詳述於後。

1-2　常數

數字

數字即一般所稱之數值常數，其輸入及使用上的規則為：

- 可用資料為：

  ```
  0 1 2 3 4 5 6 7 8 9 + - ( ) , / $ % . E e
  ```

- 若一數值以 $ 為首，將被視為欲使用貨幣符號格式。如：$1200將被轉成$1,200。

- E e為科學符號表示法，如：1.23E3 表 1.23*10³ 其值應為1230，且將被視為欲使用科學符號格式。

- 數字中夾逗號將被視為要使用千分位格式，若其後之數字超過三位，即便其位置並不正確，Excel亦會自動轉換。如：1,250000將自動被轉成1,250,000。但123,45，因逗號後之數字未超過三位，將無法轉為正確數值，會被當成文字串。

- 數字後加上一百分號（%），表其值除以100。如：25%將被視為0.25，且將直接使用百分比格式。

- 小數點不可超過一個，否則將被視為文字串。

- 數字間不應夾空格，會被視為字串常數；但表示帶分數時，則必須以一個空格標開。如：2 1/4將視同2.25。但欲輸入2/5之分數，若僅輸入2/5將被視為2月5日之日期，應輸入成0 2/5才會被當成0.4。
（中間最多僅可夾一個空格）

■ 若未曾調整過欄寬，當所輸入之數字資料寬度超過原有欄寬時，Excel
會自動調整所須之寬度（但仍有其上限）。但若您動過某欄之欄寬後，
Excel即將該欄寬度交由使用者自行負責，不再自動調整欄寬。此時，
當儲存格無足夠之寬度顯示其整數部份時，Excel會自動轉為以科學符
號表示法顯示。如：123456789於曾設定過欄寬8.38個字元之儲存格
中將轉為1.23E+8。若無足夠之寬度顯示其小數部份時，將截掉部份
尾部小數並四捨五入，但對其原有值則無任何影響，如：1234.56789
於寬度九格之儲存格中將轉為1234.568。（當欄寬加大後即可恢復
正常）

茲以範例『FunCh01.xlsx\數字』工作表，比較各數值資料之顯示外觀，圖
中B欄即為D欄所輸入之內容，而D欄所顯示者，則為其應有之外觀。

	A	B	C	D	E	F	G	H
D10			f_x	2.25				
1		輸入於D欄之內容		實際外觀				
2		36500		36500				
3		1234567890		1.23E+09	過寬，轉科學符號表示法顯示			
4		1234.56789		1234.568	顯示時截去尾部小數，但原值不變			
5		1.8E3		1.80E+03	直接取用指數格式			
6		$23,456		$23,456	直接取用貨幣符號格式			
7		35,250		35,250	直接取用逗號格式			
8		0.365		0.365				
9		12.5%		12.50%	直接取用百分比格式			
10		2 1/4		2 1/4	帶分數			
11		0 2/5		2/5	分數			

日期

於Excel中，雖然日期以各種不同之日期外觀顯示，如：

10月10日

2022年10月25日

2/28

2023/05/31

29-Mar

25-Oct-2024

讓使用者一看就知道它是日期資料。但實際上，Excel將所有日期均儲存成序列數字，每個日期序列數字表示由1900年元旦至該日期計經過了幾天。如：2022/05/20之數值為44683。

範例『FunCh01.xlsx\日期1』工作表，以一簡單實例，比較各序列數字所代表之日期。於B2輸入數字1，於D2輸入

```
=B2
```

讓兩儲存格取得相同內容：

D2		▼	:	✕	✓	fx	=B2	
	◢	B		C		D		E
1	數字				日期			
2		1					1	← =B2

且將來B2內容變更時，D2仍可透過=B2之公式，取得相同之內容。接著，以滑鼠點選D2儲存格將其選取後，按『常用/數值/數值格式』 通用格式 ▼ 之下拉鈕，將其格式由「通用格式」改變成「簡短日期」格式：

使D2轉為「簡短日期」之外觀，可知數字1即1900/1/1。所以，日期係預設以1900/1/1為基準日：

D2		▼	:	✕	✓	fx	=B2	
	◢	B		C		D		E
1	數字				日期			
2		1				1900/1/1		← =B2

接著，於B2輸入幾個任意數字，看D2之日期如何變化。如：於B2輸入約當122年之天數的44800，獲致2022/8/27：

B2		∨	:	✕	✓	fx	44800	
	◢	B		C		D		E
1	數字				日期			
2	44800				2022/8/27			← =B2

這就比較接近我們現在的日期了。最後，將B2尾部加入0.75變成44800.75，獲致：

B2	∨	:	× ✓	f_x	44800.75	
	B		C	D	E	
1	數字			日期		
2	44800.75			2022/8/27	← =B2	

怎麼還一樣是2022/8/27？因為，0.75僅四分之三天，並無法自動進位為2022/8/28。也就是說，將數值改為日期顯示，僅取用其整數部份而已，並不理會其小數部份。除非大到會自動進位(0.999999)；否則，再大的小數也不會影響日期之顯示結果。

有關日期之輸入及使用上的規則為：

■ 輸入日期時，幾乎可使用所有慣用之日期表示方式。如：如：欲輸入 2022/5/21之日期，以

22/5/21（其年份會被當成西元年代）

2022/5/21

2022年5月21日

21-May-22（英文部份以大小寫均可）

均為合宜之輸入。若今年恰為2022年，輸入時，甚至可省略年代之數字，Excel會自動加入當年之年代。

> 注意 若您所輸入之日期係顯示於儲存格之左邊，代表Excel不認得此種輸入方式，將其當成文字串來處理。

■ 日期實為一序列數字，故可按『常用/數值/數值格式』 日期 鈕右側下拉鈕，續選「一般」，將其格式由「日期」改變成「通用格式」格式：

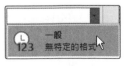

即可將日期改為序列數字（如：2022/8/20之數值為44793）。

秘訣 要將日期格式改為通用格式，最便捷的處理方式應為：找一格從未被定義格式之空白儲存格為來源，按『常用/剪貼簿/複製格式』 複製格式 鈕，滑鼠指標將轉為一把刷子之外觀，以刷子單按該日期之儲存格，即可將其格式還原成最原始之通用格式。

■ 由於將日期視為數字，故可與其他數值進行運算。例如：（詳範例『FunCh01.xlsx\日期運算』工作表）

Excel 會將 2022/10/20 日期轉換成對應之日期序列數字（44854），再與數值 20 相加。然後，再將結果（44874）轉回成日期之外觀 2022/11/9。

而日期減日期則為代表兩日期之間隔天數的數字：

■ 欲快速輸入今天之日期，可於英文輸入模式下，直接按 Ctrl + : 鍵，或輸入

```
=TODAY()
```

函數。其預設格式為 yyyy/m/d，2022 年 5 月 20 日將顯示成 2022/5/20。（於中文輸入模式下，按 Ctrl + : 鍵會變成輸入一個全型分號）

茲以範例『FunCh01.xlsx\日期2』工作表，比較各日期資料顯示外觀，圖中 B 欄即為 D 欄所輸入之內容，D 欄所顯示者則為其應有之外觀（未曾加以修飾格式，即自動轉為適當之日期格式）。F 欄所顯示者則為 Excel 所存之內容，至於 G 欄之實際數值，則係經按『常用/數值/數值格式』 日期 鈕右側下拉鈕，將其格式由「日期」改變成「一般」（通用格式）格式方可看見。

D6			✕ ✓ *fx*	2022/10/12		
	B	C	D	E	F	G
1	輸入於D欄之內容		實際外觀		所存資料	實際數字
2	22/10/25		2022/10/25		2022/10/25	44859
3	25-OCT-22		2022/10/25		2022/10/25	44859
4	2022/10/25		2022/10/25		2022/10/25	44859
5	oct-10		10-Oct		2022/10/10	44844
6	12-oct		12-Oct		2022/10/12	44846
7	=today()		2022/4/15		2022/4/15	44666

馬上
練習

完成下示有關書籍借閱天數及其費用之運算,假定每天借閱費用為3元。(資料列於範例『FunCh01.xlsx\借書』工作表)

	A	B	C	D	E
1	書籍編號	借出日期	歸還日期	借閱天數	借閱費用
2	1011	2022/8/4	2022/8/15	11	33

時間

於Excel中,雖然時間以各種不同之外觀顯示,如:

15:25

15:25:30

10:20 AM

10時45分

上午6時25分

讓使用者一看就知道它是時間資料。但實際上,Excel將時間亦視為序列數字(0 ～ 0.99999),每個時間序列數字表由午夜零時整開始,到該時間計經過了幾時幾分幾秒。如:6:00 AM之數值為0.25,6:30 AM之數值為0.27083333…。

茲以範例『FunCh01.xlsx\時間1』工作表之簡單實例,比較各序列數字所代表之時間。於B2輸入數字0,於D2輸入=B2,讓兩儲存格取得相同內容:

D2			✕ ✓ *fx*	=B2
	B	C	D	E
1	數字		時間	
2	0		0	← =B2

將來B2內容變更時，D2仍可透過=B2之公式，取得相同之內容。接著，以滑鼠點選D2儲存格將其選取後，按『常用/數值/數值格式』 通用格式 之下拉鈕，將其格式由「通用格式」改變成含中文字之「時間」格式：

使D2轉為時間之外觀，可知數字為0，即上午12:00:00（午夜零時整）：

D2	▼	⋮	× ✓ fx	=B2	
◢	B	C	D	E
1	數字		時間	
2	0		上午 12:00:00	← =B2

接著，於B2輸入幾個含小數之數字，看D2之時間如何變化。如，於B2輸入0.25可獲致上午6:00:00（四分之一天）；輸入0.5可獲致下午12:00:00（二分之一天）；輸入0.75可獲致下午06:00:00（四分之三天）：

B2	▼	⋮	× ✓ fx	0.75	
◢	B	C	D	E
1	數字		時間	
2	0.75		下午 06:00:00	← =B2

最後，再於B2輸入44000.75，獲致：

B2	▼	⋮	× ✓ fx	44000.75	
◢	B	C	D	E
1	數字		時間	
2	44000.75		下午 06:00:00	← =B2

咦，怎麼還一樣是下午06:00:00？因為整數部份是代表日期而非時間。也就是說，將數值改為時間顯示，僅取用其小數部份而已，並不理會其整數部份，再大的整數也不會影響時間之顯示結果。

有關時間之輸入及使用上的規則為：

■ 輸入時間資料時，幾乎可使用所有慣用之時間表示方式。如果想使用十二小時制來顯示時間，可在時間後空一格然後鍵入am或pm（大小寫均可），也可以於**空一格後鍵入上午或下午**。如：欲輸入18:30之時間，以

18:30

6:30 PM

06:30 下午

均為合宜之輸入方式。

■ 除非鍵入am或pm（或上午/下午），否則Excel會自動使用二十四小時制來顯示時間。

■ 亦可在同一儲存格內鍵入日期和時間，但**必須以空格隔開日期和時間**。如：2022/10/25 18:35。

■ 由於時間亦為數字，所以可以相加減，並可將其包括在其他計算之中：（詳範例『FunCh01.xlsx\時間運算』工作表）

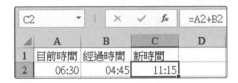

■ Excel將所有時間儲存成序列數字，故可按『**常用/數值/數值格式**』之下拉鈕，將其格式由「自訂」改變成「一般」（通用格式）

即可將時間改為序列數字（如：如：18:00之數值為0.75）。

■ 欲快速輸入目前之時間，可於英文輸入模式下，直接按 Ctrl + Shift + : 鍵。其預設格式為HH:MM AM/PM，下午6時20分將顯示成 06:20 PM 。（於中文輸入模式下，按 Ctrl + Shift + : 鍵，會變成輸入全型冒號）

茲以範例『FunCh01.xlsx\時間2』工作表，比較各時間資料之顯示外觀，圖中B欄即為D欄所輸入之內容，D欄所顯示者則為其應有之外觀（未曾加以修飾格式，即自動轉為適當之時間格式）。F欄所顯示者則為Excel所存之內容，至於G欄之實際數值，則係按『常用/數值/數值格式』 自訂 ▼ 之下拉鈕，將其格式由「自訂」改變成「一般」（通用格式），方可看見。

	B	C	D	E	F	G
1	輸入於D欄之內容		實際外觀		所存資料	實際數字
2	6:35		06:35		06:35:00 AM	0.274305556
3	6:20 下午		06:20 PM		06:20:00 PM	0.763888889
4	7:15:20 AM		07:15:20 AM		07:15:20 AM	0.302314815
5	18:15:20		18:15:20		06:15:20 PM	0.760648148
6	2022/10/25 18:35		2022/10/25 18:35		2022/10/25 6:35 PM	44859.77431

馬上練習

完成下示KTV使用時間及其費用之運算，假定，每小時之使用費為200元。（資料列於範例『FunCh01.xlsx\KTV』工作表）

	A	B	C	D
1	進入時間	離開時間	使用時間	費用
2	15:30	18:30	03:00	600

提示：將每小時之使用費轉為以天為單位（×24），乘以使用時間（實為零點幾天，像03:00實為1/8=0.125天）

文字

文字可以是任何鍵盤上打得出來的字元，包括字母、數字、特殊符號、空白甚或中文的任意組合。任一組字元，只要Excel不將其視為數字、公式、日期、時間、邏輯值或錯誤值，則均視為文字。

秘訣

邏輯值係以TRUE/FALSE來代表一事件之成立與否？錯誤值則用以表示其錯誤原因，如：#VALUE!、#NAME!、#NUM! …。

有關文字之輸入及使用上的規則為：

■ 每一儲存格中最多存放 **32,767** 個字元，且若無特殊設定，此類資料通常係採向左靠齊之方式排列。

■ 如果輸入內容包含非數字的字元，則將被視為文字。如：

2503-7817

0800-090-000

(02) 2932-9402

0932-123-456

110.10.25

36 Riverside Rd.

#121

等電話號碼、日期、地址及編號，並不會被當成數值運算或錯誤，均會被視為文字。

■ 若想將所輸入的數字視為文字；如：電話、員工編號、郵遞區號、……。最簡單之作法就是於每個數字的開頭鍵入單引號（'），則可將其視為文字。較特別者為：**其等並不須另以函數進行轉換，即可用來與其他數字進行數值運算。**

■ 若要在公式中輸入文字，得以雙引號將其括住。例如，範例『FunCh01.xlsx\文字運算』工作表 A1 存有 "中華" 之文字常數，則公式

> =A1&"職棒"　（&運算符號表連結兩文字內容）

之連結運算結果將為 "中華職棒"：

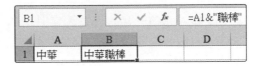

■ 若無特殊設定，超過儲存格寬度之文字的顯示方式為：

(1) 若其右無資料，將延伸到其右邊之儲存格。

(2) 若其右已有資料，將因顯示該格資料而會使部份內容被遮住（並不影響其內容，加大欄寬即可重現）。

■ 若曾利用『**常用/對齊方式/自動換行**』 鈕，將對齊方式設定為「**自動換行**」，則當文字內容超過儲存格寬度時，將自動換列且加大列高。（**亦可於輸入中，以** Alt + Enter **鍵強迫換列**，詳範例『FunCh01.xlsx\文字』工作表）

	B	C	D	E	F	G	H	I
			D8			=D4+100		
1	輸入於D欄之內容		實際外觀					
2	(02) 2503-1520		(02) 2503-1520					
3	#1234		#1234					
4	'123		123			前加單引號之數字		
5	台北市民生東路369號		台北市民生東路369號			超過欄寬將延伸到下一欄		
6	=D5&D3		台北市民生東路369號#1234			字串連結運算		
7	台北市民生東路369號		台北市民生東路369號			設定自動換行		
8	=D4+100		223			文字與數字之運算為數值		

秘訣　Excel有『自動完成輸入』之功能，會將使用者鍵入儲存格的文字與同欄中已輸入的文字做比對，然後自動補上類似之文字。如，範例『FunCh01.xlsx\自動輸入1』工作表，於儲存格曾輸入過「台北市民生東路」，當於另一儲存格輸入到「台」時，即自動補成「台北市民生東路」：

	A	B
1	台北市民生東路	
2	高雄市四維三路	
3	台北市民生東路	

此時，按 Enter 鍵表接受其建議；反之，可直接輸入正確內容將其覆蓋。

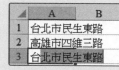

秘訣　於同欄中，要輸入先前已輸入過之內容，可於新儲存格上單按右鍵，選「從下拉式清單挑選(K)…」，將顯示出先前已完成輸入之清單內容，供使用者以選擇之方式來完成輸入。（詳範例『FunCh01.xlsx\自動輸入2』工作表）

B	C
	職稱
	主任
	教授
	副教授
	主任
	副教授
	教授
	職稱

秘訣

Excel有一『自動校正』功能,當使用者在儲存格中鍵入文字時,會自動更正使用者經常拼錯的字。如:「adn」會自動改為「and」、「teh」會自動改為「the」、……。有關這些設定,可執行「檔案/選項」,轉入『Excel選項/校訂』對話方塊:

選按 自動校正選項(A)... 鈕,進行查詢或重設:

秘訣

Excel有一『快速填入』功能，可智慧性判斷並填入適當內容。假定，我們擁有下示之單位名稱與電話內容（詳範例FunCh01. xlsx『快速輸入』工作表）：

	A	B	C
1	單位與電話	單位	電話
2	台北大學(02)2502-1520		
3	台北市內湖區公所(02)2792-5828		
4	台中市政府(04)2228-9111		
5	高雄市政府(07)799-5308		

各單位名稱文字長度不一，電話號碼也是；唯一可作為分割之依據是類別為文字與數字。擬將其內容拆成為B欄為單位名稱，C欄為電話。

首先，於B2輸入"台北大學"：

B2	▼	:	× ✓ fx	台北大學

	A	B	C
1	單位與電話	單位	電話
2	台北大學(02)2502-1520	台北大學	
3	台北市內湖區公所(02)2792-5828		
4	台中市政府(04)2228-9111		
5	高雄市政府(07)799-5308		

然後，選取B2:B5：

	A	B	C
1	單位與電話	單位	電話
2	台北大學(02)2502-1520	台北大學	
3	台北市內湖區公所(02)2792-5828		
4	台中市政府(04)2228-9111		
5	高雄市政府(07)799-5308		

續執行「資料/資料工具/快速填入」 ▣快速填入 （或按 Ctrl + E），即可取得所有單位之名稱字串：

	A	B	C
1	單位與電話	單位	電話
2	台北大學(02)2502-1520	台北大學	
3	台北市內湖區公所(02)2792-5828	台北市內湖區公所	▣
4	台中市政府(04)2228-9111	台中市政府	
5	高雄市政府(07)799-5308	高雄市政府	

對於C欄之電話，也可以同樣方式來處理，於C2輸入 "(02)2502-1520"，然後選取C2:C5：

	A	B	C
1	單位與電話	單位	電話
2	台北大學(02)2502-1520	台北大學	(02)2502-1520
3	台北市內湖區公所(02)2792-5828	台北市內湖區公所	
4	台中市政府(04)2228-9111	台中市政府	
5	高雄市政府(07)799-5308	高雄市政府	

續執行「資料/資料工具/快速填入」 快速填入 （或按 Ctrl + E ），即可取得各單位之電話字串：

	A	B	C
1	單位與電話	單位	電話
2	台北大學(02)2502-1520	台北大學	(02)2502-1520
3	台北市內湖區公所(02)2792-5828	台北市內湖區公所	(02)2792-5828
4	台中市政府(04)2228-9111	台中市政府	(04)2228-9111
5	高雄市政府(07)799-5308	高雄市政府	(07)799-5308

若想續於區碼之括號後加入一個空格，只需往資料編輯區單按一下滑鼠，續將C2修改為"(02) 2502-1520"，於區碼之括號後加入一個空格：

C2		× ✓ fx	(02) 2502-1520	

	A	B	C
1	單位與電話	單位	電話
2	台北大學(02)2502-1520	台北大學	(02) 2502-1520
3	台北市內湖區公所(02)2792-5828	台北市內湖區公所	(02)2792-5828
4	台中市政府(04)2228-9111	台中市政府	(04)2228-9111
5	高雄市政府(07)799-5308	高雄市政府	(07)799-5308

按 ✓ 鈕，完成修改，即可將所有電話均完成相同之修改，於每一個區碼之括號後均加入一個空格：

C3		× ✓ fx	(02) 2792-5828	

	A	B	C
1	單位與電話	單位	電話
2	台北大學(02)2502-1520	台北大學	(02) 2502-1520
3	台北市內湖區公所(02)2792-5828	台北市內湖區公所	(02) 2792-5828
4	台中市政府(04)2228-9111	台中市政府	(04) 2228-9111
5	高雄市政府(07)799-5308	高雄市政府	(07) 799-5308

馬上
練習

依範例Ch02.xlsx『地址』工作表內容，將A欄之完整地址，拆分成B到E欄的郵遞區號、市/縣、區/鄉/鎮與地址。

	A	B	C	D	E
1	地址	郵遞區號	市/縣	區/鄉/鎮	地址
2	22055新北市板橋區府中路30號	22055	新北市	板橋區	府中路30號
3	35241苗栗縣三灣鄉親民路19號	35241	苗栗縣	三灣鄉	親民路19號
4	40701臺中市西屯區臺灣大道三段99號	40701	臺中市	西屯區	臺灣大道三段99號
5	61541嘉義縣六腳鄉蒜頭村73號	61541	嘉義縣	六腳鄉	蒜頭村73號

陣列

如果於公式中想使用陣列常數，其輸入規定為：

■ 直接在公式中輸入數值，數值的前後以大括弧圍住

■ 以逗號（,）標開各欄內容，如：{0,100,200} 表其為1列3欄（1×3）之陣列。

■ 以分號（;）標開各列內容，如：{1,3,5;2,4,6} 表其為2列3欄（2×3）之矩陣

$$\begin{bmatrix} 1 & 3 & 5 \\ 2 & 4 & 6 \end{bmatrix}$$

而 {0;100;200;300} 表其為4列1欄（4×13）之陣列

$$\begin{bmatrix} 0 \\ 100 \\ 200 \\ 300 \end{bmatrix}$$

如：

$$\begin{bmatrix} 2 & 3 \end{bmatrix} \times \begin{bmatrix} 3 \\ 5 \end{bmatrix} = 21$$

以Excel之公式表示，將為：（範例『FunCh01.xlsx\陣列』工作表）

```
=SUM({2,3}*{3,5})
```

1-3 範圍名稱

Excel中，須使用到儲存格範圍之指令及函數甚多，若每次均以位址進行標定範圍，總覺得不甚親切且不易記憶。如，假定E3:E9係各貨品之銷售金額，欲進行加總時，固可以：

```
=SUM(E3:E9)
```

進行處理；但若曾將該範圍命名為『銷貨金額』，則每次引用到該範圍時，即可直接以『銷貨金額』來替代，不僅讀起來較易懂且也較易記憶！如：

```
=SUM(銷貨金額)
=AVERAGE(銷貨金額)
```

將儲存格範圍命名之另一項好處為：**無論於同一活頁簿之任一工作表中，凡使用到要標定範圍之指令或函數，可直接鍵入範圍名稱，且不必標明其所屬之工作表名稱。**對於經常忘記儲存格範圍者，將帶來無比方便！如，若『銷貨金額』範圍名稱係於『工作表1』中所定義，於『工作表1』以外的其他工作表，並不需使用

```
=SUM(工作表1!銷貨金額)
```

來標明其出處，因其適用範圍為整個活頁簿檔，僅需以

```
=SUM(銷貨金額)
```

即可順利完成運算！

對儲存格範圍進行命名時，其名稱長度可為最多255字元之中英文；但不應與儲存格位址衝突。如：P1雖符合命名規則，但將與P1儲存格衝突，故不會被接受。

定義儲存格範圍名稱

定義儲存格範圍名稱之步驟為：（詳範例『FunCh01.xlsx\範圍名稱-練習』工作表）

1 選取欲進行命名之儲存格範圍，連續或非連續均可。未命名前，編輯列上僅顯示原儲存格位址（E2）

2 按『公式/已定義之名稱/定義名稱』 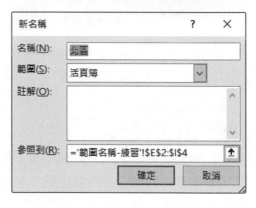 鈕，轉入『新名稱』對話方塊

因選取範圍緊臨有文字標籤，故會自動顯示建議之範圍名稱（所建議之名稱係選取範圍左側之儲存格內容：北區）。若不合意，亦可加以修改。

其『參照到(R)：』下，恰顯示著所選取範圍的位址，若認為有錯，仍可加以修改。（於其上按一下滑鼠，再重新輸入，最前面之=號為必需的；亦可以滑鼠回工作表上，重選欲涵蓋之範圍）

於此處亦可輸入常數或公式，將來使用此名稱即代表一常數或該公式之運算結果。

3 於『名稱(N)：』處，輸入
此範圍之名稱（銷貨）

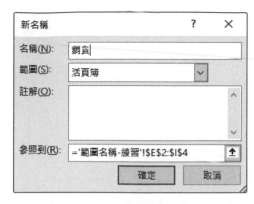

4 按 確定 鈕，即可完成
目前範圍之名稱定義，回
『就緒』狀態。命名後，編
輯列上原儲存格位址（E2
處）已改為新範圍名稱
（銷貨）

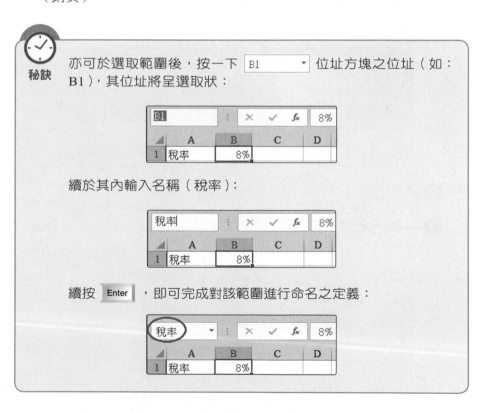

秘訣 亦可於選取範圍後，按一下 B1 ▼ 位址方塊之位址（如：
B1），其位址將呈選取狀：

續於其內輸入名稱（稅率）：

續按 Enter ，即可完成對該範圍進行命名之定義：

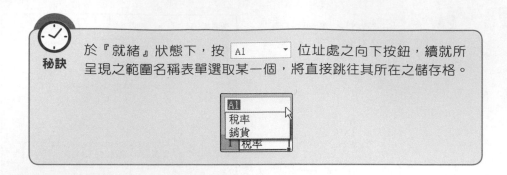

於『就緒』狀態下，按 A1 ▾ 位址處之向下按鈕，續就所
呈現之範圍名稱表單選取某一個，將直接跳往其所在之儲存格。

修改／刪除儲存格範圍名稱

修改儲存格範圍名稱之步驟為：

1 按『公式/已定義之名稱/名稱管理員』 鈕，轉入『名稱管理員』
對話方塊

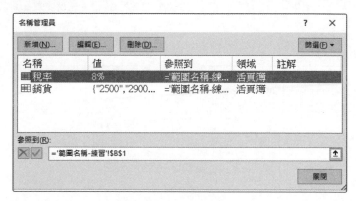

2 於『名稱』下，挑出要修改之名稱

3 若欲更改其名稱，可按 編輯(E)... 鈕，轉入『編輯名稱』對話方塊進
行修正

4 輸入新名稱

若欲更改其涵蓋之位址或範圍，於『參照到(R):』文字方塊點按一下滑鼠，續以拖曳方式拉出新的範圍。

5 續按 ［確定］ 鈕，回『名稱管理員』對話方塊，可看到已完成修改之新內容

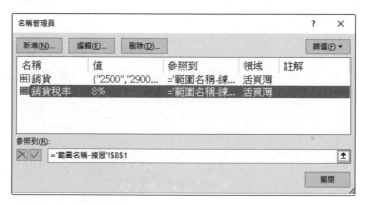

6 最後，按 ［關閉］ 鈕，回『就緒』狀態

刪除儲存格範圍名稱

刪除儲存格範圍名稱之步驟為：

1 按『公式/已定義之名稱/名稱管理員』 鈕，轉入『名稱管理員』對話方塊

2 於『名稱』下，挑出要刪除之名稱

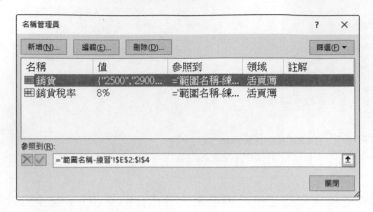

3 按 刪除(D)... 鈕

4 按 確定 鈕，回『名稱管理員』對話方塊，可看到已將該範圍名
稱刪除（僅刪除名稱，原儲存格內容並不受影響）

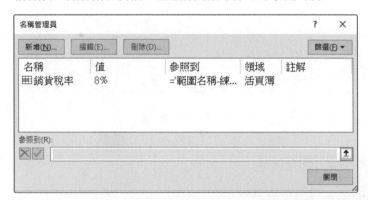

5 最後，按 關閉 鈕，回『就緒』狀態。（若選按『快速存取工具
列』之『復原』 ↺ 鈕，仍可復原前述之刪除動作，本書以此法將先
前所刪除之範圍名稱復原）

使用選取範圍中的標記來建立名稱

如果，擁有類似下表之內容：

| B6 | | ⋮ | × | ✓ | f_x | =B3+B4 |

	A	B	C	D	E
1	稅率	8%			第一季
2				北區	2500
3	銷售額	28100		中區	1800
4	銷貨稅	2248		南區	1900
5		----------			
6	總銷售額	30348			

亦可直接以工作表上已輸入之標題文字當儲存格範圍名稱。Excel可使用上邊或底邊列，左邊或右邊欄的文字，或使用選取範圍的任何組合來作為儲存格範圍名稱。

使用選取範圍中的標記來建立名稱之處理步驟為：

1 選取欲進行命名之儲存格範圍及其標題文字，連續或非連續均可

2 按『公式/已定義之名稱/從選取範圍建立』 從選取範圍建立 鈕，轉入『以選取範圍建立名稱』對話方塊

3 選取欲作為名稱之標題文字的位置（本例選「最左欄(L)」）

4 最後，按 確定 鈕，回『就緒』狀態

可一次即對數個儲存格進行命名，若標定字串標記之範圍時，將空白儲存格亦納入（如圖中之A5），其等將被自動放棄。因此，本例之執行結果為建立：**銷售額**（B3）、**銷貨稅**（B4）與**總銷售額**（B6）等三個範圍名稱。

查範圍名稱

欲驗證儲存格範圍命名結果是否正確？僅需按編輯列上目前位址右邊之下拉鈕，將顯示所有已定義之範圍名稱表單：

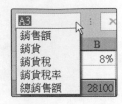

於其內挑選某一名稱後，看指標是否可移往正確之位置？

亦可以下示方式，將所有範圍及其對應位址全部顯示出來。執行步驟為：

1 選取一右側及下方無資料之儲存格，以免資料被覆蓋

2 按『公式/已定義之名稱/用於公式』 之下拉鈕，將顯示表單

3 選按「貼上名稱(P)…」，轉入『貼上名稱』對話方塊

4 按 全部貼上(L) 鈕，即可將所有範圍名稱及其對應位址全部顯示出來。顯示時，各範圍名稱將依英文字母及中文筆劃之遞增順序排列

	A	B	C	D	E	F	G	H	I
1	稅率	8%			第一季	第二季	第三季	第四季	合計
2			北區		2500	2900	3200	3000	11600
3	銷售額	28100	中區		1800	2100	2300	2200	8400
4	銷貨稅	2248	南區		1900	2000	2250	1950	8100
5		----------							
6	總銷售額	30348							
7									
8			銷售額	='範圍名稱-練習'!$B$3					
9			銷貨	='範圍名稱-練習'!$E$2:$H$4					
10			銷貨稅	='範圍名稱-練習'!$B$4					
11			銷貨稅率	='範圍名稱-練習'!$B$1					
12			總銷售額	='範圍名稱-練習'!$B$6					

於公式中使用範圍名稱

當公式中需使用到範圍名稱時，當然可直接輸入。但亦可以選擇之方式來輸入，其作法為：

1 輸入等號（＝）

2 若要輸入函數，可直接輸入
其函數名稱及其左括號

3 按『公式/已定義之名稱/用
於公式』 🔖用於公式 ﹀ 之下拉
鈕，將顯示範圍名稱之表單

4 選妥正確之範圍名稱後，即可把範圍名稱貼入於公式中

5 補上函數右邊之括號，即完成函數部份之輸入。若仍有後續之公式，則繼續輸入；否則，按 Enter 或 ☑ 結束

銷售額	▾	:	✕	✓	f_x	=SUM(銷貨)

◢	A	B	C	D	E
1	稅率	8%			第一季
2				北區	2500
3	銷售額	28100		中區	1800

注意　Excel之『自然語言公式』，雖允許使用者不需事先建立名稱，而在公式中直接使用列/欄標題。但因其未經建立名稱，在輸入公式時，就無法以前述之選擇方式來完成輸入。

秘訣　前例亦可不轉入『貼上名稱』對話方塊，而直接以拖曳方式，拉出E2:H4範圍，亦將自動轉為其名稱『銷貨』。當然，也沒人反對您以自行輸入之方式，鍵入其範圍名稱。

將公式轉換為已定義之名稱

若有公式已使用了原尚未定義名稱之範圍或位址（如：=B3+B4），於將其定義過名稱後（B3為『銷售額』，B4為『銷貨稅』），原範圍或位址並不會自動轉為相對應之名稱：

總銷售額	▾	:	✕	✓	f_x	=B3+B4

◢	A	B	C	D	E
3	銷售額	28100		中區	1800
4	銷貨稅	2248		南區	1900
5					
6	總銷售額	30348			

若欲將其轉換為已定義之名稱（將B3轉為『銷售額』，B4轉為『銷貨稅』），其處理步驟為：

1 按『公式/已定義之名稱/定義名稱』 ⊘ 定義名稱 ▾ 之下拉鈕，續選「套用名稱(A)…」

2 轉入『套用名稱』對話方塊，選妥
正確之範圍名稱（若不確定，將其
全選也可以）

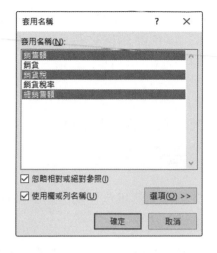

3 按 確定 鈕，即可於公式中，將原範圍或位址（B3與B4）轉換成
對應之範圍名稱（『銷售額』與『銷貨稅』）

總銷售額	▼	⋮	×	✓	f_x	**=銷售額+銷貨稅**		
◢	A	B	C		D	E	F	
3	銷售額	28100			中區	1800	2100	
4	銷貨稅	2248			南區	1900	2000	
5		---------						
6	總銷售額	30348						

1-4　相對參照、絕對參照與混合參照

工作表內，公式中參照之表示方式計有相對參照、絕對參照與混合參照幾類：

■ **相對參照**：位址中欄或列之座標均不含 $ 之絕對符號，如：C4。將其
複製到其他儲存格時，將隨儲存格而改變其相對位置。

■ **絕對參照**：位址中欄或列之座標均含 $ 之絕對符號，如：$C$4。將其
複製到其他儲存格時，並不隨儲存格而改變其位置，永遠固定在C4。

■ **混合參照**：位址中欄或列座標的某項含 $ 之絕對符號，如：$C4表其
欄座標永遠固定在C欄；C$4表其列座標永遠固定在第4列。將其複
製到其他儲存格時，有 $ 絕對符號之部份，將不隨儲存格而改變其位
置；而無絕對符號者，則仍將隨儲存格而改變其相對位置。

例如範例『FunCh01.xlsx\參照』工作表，
E2:E5各儲存格之百分比，應為D2:D5各
銷售金額除以D6之總計：

	A	B	C	D	E
1	品名	單價	數量	金額	百分比
2	筆記本	25	120	$3,000	
3	鉛筆	20	360	7,200	
4	墊板	30	65	1,950	
5	橡皮	15	120	1,800	
6	總計			$13,950	

於E2處，若將公式輸成

```
=D2/D6
```

於以拖曳『填滿控點』將其抄往E3:E6後，其等之公式內容將因複製相對參
照而變成：

目前位址	相對參照	公式
E3	左方第一格/左方第一欄向下四格	=D3/D7
E4	左方第一格/左方第一欄向下四格	=D4/D8
E5	左方第一格/左方第一欄向下四格	=D5/D9
E6	左方第一格/左方第一欄向下四格	=D5/D10

由於D7～D10等格均因無內容而被視為
0，故抄入E3:E6之內容即變成#DIV/0!（除
數為0之錯誤）。如：

| E2 | | : | × | ✓ | fx | =D2/D6 |

	A	B	C	D	E
1	品名	單價	數量	金額	百分比
2	筆記本	25	120	$3,000	21.5%
3	鉛筆	20	360	7,200	#DIV/0!
4	墊板	30	65	1,950	#DIV/0!
5	橡皮	15	120	1,800	#DIV/0!
6	總計			$13,950	#DIV/0!

正確之作法，應將E2處公式安排成

```
=D2/$D$6
```

讓其分母永遠固定在D6儲存格。將其抄往E3:E6後，其等之公式內容將因複
製相對位址與絕對位址而變成：

目前位址	相對參照	公式
E3	左方第一格/絕對之D6儲存格	=D3/$D$6
E4	左方第一格/絕對之D6儲存格	=D4/$D$6
E5	左方第一格/絕對之D6儲存格	=D5/$D$6
E6	左方第一格/絕對之D6儲存格	=D6/$D$6

故可獲致正確結果：

| E2 | | | ▼ | ⋮ | × | ✓ | f_x | =D2/$D$6 |

◢	A	B	C	D	E
1	品名	單價	數量	金額	百分比
2	筆記本	25	120	$3,000	21.5%
3	鉛筆	20	360	7,200	51.6%
4	墊板	30	65	1,950	14.0%
5	橡皮	15	120	1,800	12.9%
6	總計			$13,950	100.0%

（於本例將$D$6改為D$6，其效果相同）

秘訣 輸入含 $ 符號之位址時，除可直接鍵入外；尚可於輸入某一位
址後，再以 F4 鍵分別按出如：

　　　　$D$6（第一次）　　D$6（第二次）

　　　　$D6（第三次）　　D6（第四次）

等四種位址組合方式（連按 F4 鍵可依序繞個循環）。

1-5　函數

函數簡介

函數為因應某一特殊功能或較複雜運算所寫成之內建子程式，用以簡化輸入
之公式。其基本格式為：

```
函數名稱(引數)（如：SUM(E2:E9)）
```

但仍然有些函數不需要有引數。為使Excel能辨認出它是個函數，仍必須在
函數名稱之後加上一組括號。如：TODAY()、NOW()。

茲就以SUM()函數為例說明函數的使用方法，其函數語法為：

```
SUM(number1, [number2], ...)
```

number1, number2, ...為要計算總和之數值引數，方括號部份表示其可省略。引數可為常數、儲存格或範圍，最多可達255個。如：

```
=SUM(20,5,A1:A3)
```

若A1:A3之數值總和為100，則本運算之結果為125。

而如：

```
=SUM(2,5,TRUE)
```

之運算之結果為8，因為TRUE會被當成1（FALSE則當成0）。（當然沒有人會對TRUE/FALSE進行加總，舉此例只是要順便認識邏輯值的成立/不成立，在Excel中也是一種數值）

直接輸入函數

要輸入含函數之公式，最原始也最方便之方法為由鍵盤自行輸入。輸入函數的第一個字母，即可取得以該字母為首之所有函數名稱（多輸入幾個字母，更可以縮小其顯示之內容，以方便查詢函數），以上下鍵或滑鼠進行選取時，會在其右側顯示該函數之作用：（範例『FunCh01.xlsx\SUM函數』）

雙按滑鼠左鍵選取後，可於儲存格內先輸入函數之英文及左括號，並在其下方顯示函數之語法：

若不清楚該函數之用法，以滑鼠左鍵點選其函數名稱，即可上網取得其語法相關之完整說明：

利用自動加總鈕進行輸入

對於使用頻率超高的SUM()函數，Excel於『常用/編輯』群組內，另提供可快速完成加總的『自動加總』Σ 鈕，可快速加總一列/多列或一欄/多欄的數字，甚或同時完成多欄與多列之加總。

利用『自動加總』Σ 鈕進行輸入SUM()函數，仍可有兩種操作方式。第一種為不事先選取要加總之範圍，讓Excel自行去判斷。如：（範例『FunCh01.xlsx\SUM函數』）

於F2處，按 Σ 鈕，Excel會先智慧地判斷出應加總者為一列內容，故顯示 =SUM(B2:E2)公式：

SUM			✕	✔	f_x	=SUM(B2:E2)	
◢	A	B	C	D	E	F	G	H
1	科目	第一季	第二季	第三季	第四季	總計		
2	營業收入	12450	16500	24000	20000	=SUM(B2:E2)		
3						SUM(number1, [number2], ...)		

若認為不正確，尚可以自行輸入或選取之方式進行修改；若正確，則按 Enter 鍵或編輯列上之 ✔ 鈕結束：

F2			✕	✔	f_x	=SUM(B2:E2)
◢	A	B	C	D	E	F
1	科目	第一季	第二季	第三季	第四季	總計
2	營業收入	12450	16500	24000	20000	72950

另一種方法為事先選取要加總之範圍：

◢	A	B	C	D	E	F
1	科目	第一季	第二季	第三季	第四季	總計
2	營業收入	12450	16500	24000	20000	

按 Σ 鈕，Excel即自動將加總結果填入F2：

◢	A	B	C	D	E	F
1	科目	第一季	第二季	第三季	第四季	總計
2	營業收入	12450	16500	24000	20000	72950

這是恰好只有一列數字之情況，Excel並不會弄不清楚要進行欄或列加總。

但若數字為多欄多列之範圍：

◢	A	B	C	D	E	F
5	品名	第一季	第二季	第三季	第四季	總計
6	電視	3,600	4,200	5,500	4,800	
7	電冰箱	2,400	2,600	2,550	3,000	
8	冷氣機	2,500	2,000	3,650	4,200	
9	合計					

那按 Σ 鈕，會進行欄/列或兩者均有的加總？光猜沒用，按 Σ 鈕就知道了：

	A	B	C	D	E	F
5	品名	第　季	第二季	第三季	第四季	總計
6	電視	3,600	4,200	5,500	4,800	
7	電冰箱	2,400	2,600	2,550	3,000	
8	冷氣機	2,500	2,000	3,650	4,200	
9	合計	8,500	8,800	11,700	12,000	

看來Excel是優先進行欄加總了。

若要一次就能完成欄與列的加總，其處理方法為多選一列及一欄空白（供安排欄/列加總之用）：

	A	B	C	D	E	F
5	品名	第一季	第二季	第三季	第四季	總計
6	電視	3,600	4,200	5,500	4,800	
7	電冰箱	2,400	2,600	2,550	3,000	
8	冷氣機	2,500	2,000	3,650	4,200	
9	合計					

再按 Σ 鈕，可馬上求得欄與列的加總，實在蠻神奇的：

	A	B	C	D	E	F
5	品名	第一季	第二季	第三季	第四季	總計
6	電視	3,600	4,200	5,500	4,800	18,100
7	電冰箱	2,400	2,600	2,550	3,000	10,550
8	冷氣機	2,500	2,000	3,650	4,200	12,350
9	合計	8,500	8,800	11,700	12,000	41,000

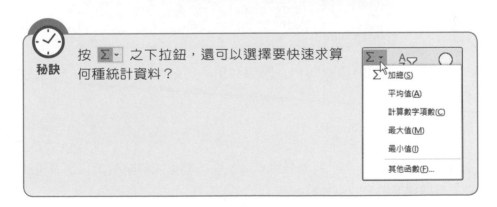

秘訣　按 Σ ▾ 之下拉鈕，還可以選擇要快速求算何種統計資料？

Σ ▾　A▽　○
Σ 加總(S)
平均值(A)
計算數字項數(C)
最大值(M)
最小值(I)
其他函數(F)...

利用函數精靈輸入

『函數精靈』是Excel用來簡化公式輸入之工具。如果在鍵入函數時，忘了其引數為何？可啟動函數精靈，協助吾人輸入正確之函數內容。

要啟動函數精靈，有下列幾個方式：

- 按『公式/函數程式庫/插入函數』fx 鈕

- 按 Shift + F3 快速鍵

- 按『資料編輯』列上之 fx 鈕

- 先輸入等號（＝）

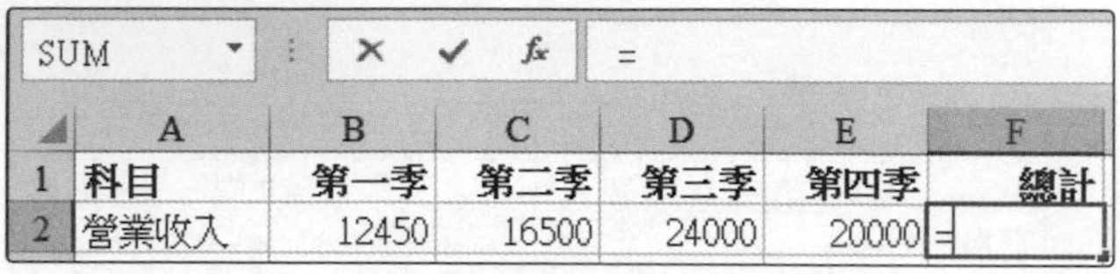

於『資料編輯』列上，按 SUM ▼ 之下拉鈕，續就下拉式選單選擇「其它函數…」：

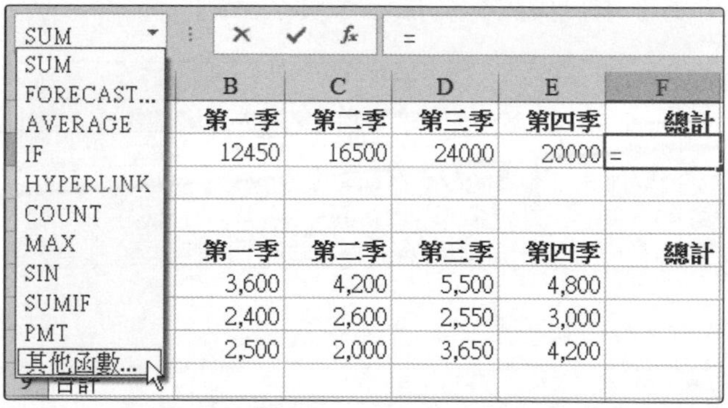

茲就以AVERAGE()函數為例，說明利用『函數精靈』進行輸入函數之方法。其函數之語法為：

AVERAGE(number1,[number2], ...)

number1, number2, ... 為要計算平均數之儲存格或範圍引數，最多可達255個，方括號部份表其可省略。如：

=AVERAGE(A1:A10)

將求A1:A10範圍之數值的均數。

假定，要於範例『FunCh01.xlsx\函數精靈』工作表中之H2處，以函數精靈利用AVERAGE()函數求平時作業的均數。

◢	A	B	C	D	E	F	G	H	I
1	姓名	作業1	作業2	期中	作業3	作業4	期末	平時	平均
2	李碧華	88	91	75	82	70	70		

其處理步驟為：

1 停於H2，按『資料編輯』列上之 f_x 鈕，轉入『插入函數』對話方塊

2 按『或選取類別(C)』右側之下拉鈕，選擇要使用之函數種類，本例選「統計」

此時，『選取函數(N)』方塊內，將依所選取之函數種類，顯示該類別所有可用之函數。

3 於『選取函數(N)』方塊內，選取要使用之函數，本例選
「AVERAGE」，會於下方顯示其完整語法

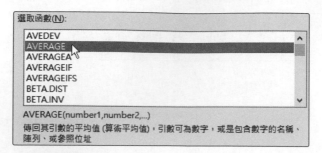

4 按 ▢確定▢ 鈕，轉入

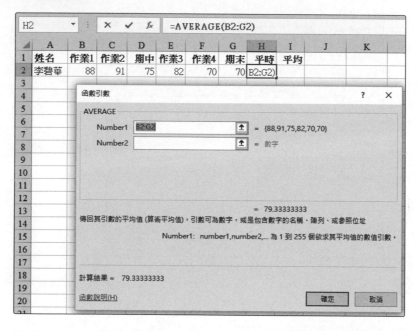

目前事先選取之B2:G2，並非本例之正確範圍（應為B2:C2與
E2:F2）。

接著，只須依提示於所提供之方塊內輸入引數值。引數可為數值、
參照位址、名稱、公式和其他函數。Excel會逐一提示那個引數為必
須輸入、其相關說明及允許輸入之資料範圍、……，並於左下角顯
示其計算結果。

5 我們先於『Number1』處，自行輸入B2:C2，續以滑鼠點按
『Number2』處，將另增一『Number3』

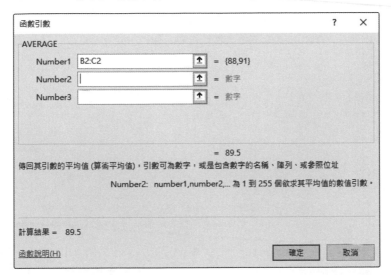

 秘訣 利用自行輸入並非最佳方式，應儘可能以滑鼠選取要處理之範圍較為理想。可以拖曳方式將『函數引數』對話方塊拉開，或按 ⬆ 鈕將其縮小，以利檢視或選取儲存格資料。

6 按『Number2』處之 ⬆ 鈕，將『函數引數』對話方塊縮小

7 以拖曳滑鼠選取第二個範圍E2:F2，將自動輸入E2:F2（這種方式，比由鍵盤自行輸入要來得迅速確實一點）

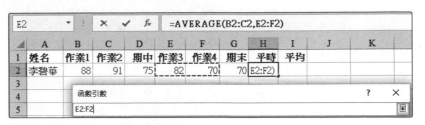

8 按 ▣ 鈕或 `Enter` 鍵，完成『Number2』之輸入

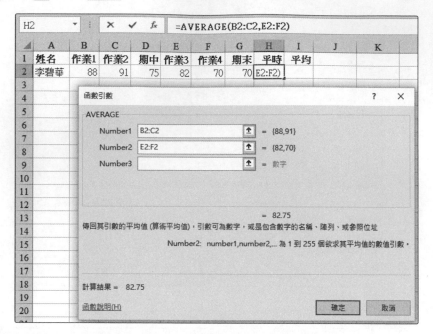

9 最後，按 確定 鈕結束，『函數精靈』已替我們輸入 =AVERAGE (B2:C2,E2:F2)之公式，並求得平時作業的均數：

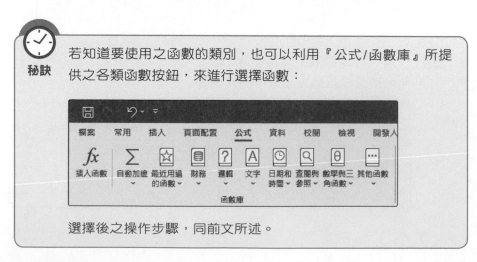

秘訣 若知道要使用之函數的類別，也可以利用『公式/函數庫』所提供之各類函數按鈕，來進行選擇函數：

選擇後之操作步驟，同前文所述。

1-6　輸入公式時之規定

輸入公式時之規定為：

■　為避免被誤判為字串標記，**第一個字元必須為等號（＝）**。為與Lotus配合，亦允許以加號為首（如：+B3*B4），但完成輸入後仍會被自動轉為以等號為首。

■　公式內容的最大長度為8192個字元。

■　即使相關儲存格並無任何資料，亦可先行安排或抄錄其對應公式，待其擁有資料後，即可自行求算新值。

■　公式中可用之運算符號及作用如表1-1所示。（範例『FunCh01.xlsx\公式』）

表1-1　公式中可用之運算符號及作用

符號	作用	優先順序	說明
( )	括號	1	最內層括號所圍之運算先執行
NOT()函數	邏輯運算（非）	2	=NOT(5<3)結果為 TRUE(成立)
AND()函數	邏輯運算（且）	2	=AND(5>3,"A"<>"B")之 結 果 為 TRUE
OR()函數	邏輯運算（或）	2	=OR(5>3,"A"="B")之結果為TRUE
+ -	正負號	3	=-2^2之結果為4
%	百分比	4	=15%之結果為0.15
^	指數	5	=3^2之結果為9
* /	乘、除	6	=5*6/3之結果為10
+ -	加、減	7	=5*(2+4)/3+2之結果為12
&	連結文字	8	="A"&"B"之結果為 "AB"
= <>	等於、不等於	9	=5<>3結果為TRUE
< >	小於、大於	9	=5>3結果為TRUE
>=	大於等於	9	=5>=3結果為TRUE
<=	小於等於	9	=5<=3為FALSE（不成立）

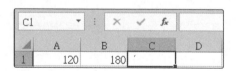

	B	C	D	
1	輸入於D欄之內容		實際外觀	
2	=NOT(5<3)		TRUE	
3	=AND(5>3,"A"<>"B")		TRUE	
4	=OR(5>3,"A"="B")		TRUE	
5	=-2^2		4	
6	=15%		0.15	
7	=3^2		9	
8	=5*6/3		10	
9	=5*(2+4)/3+2		12	
10	="A"&"B"		AB	
11	=5<>3		TRUE	
12	=5>3		TRUE	
13	=5>=3		TRUE	
14	=5<=3		FALSE	

D2 的公式列顯示 =NOT(5<3)

1-7 輸入運算公式

直接鍵入

輸入含位址之運算公式時，最直接之方法為由鍵盤鍵入。如，假定範例
『FunCh01.xlsx\直接鍵入公式』工作表C1儲存格，應為A1與B1兩儲存格之
和：

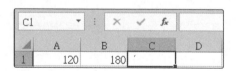

於指標停於C1儲存格時，直接輸入

=A1+B1

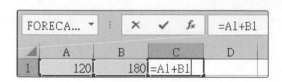

續按 ✔ 鈕或 Enter 結束：

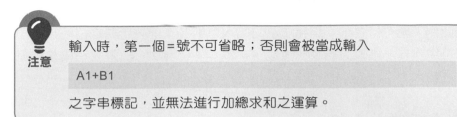

指標法

有時，亦可採用所謂『指標法』，來完成前述之運算公式。假定，C1儲存格，應為A1與B1兩儲存格之和。以指標法進行輸入之操作步驟為：

1 於指標停於C1儲存格時，先輸入=號

2 直接以滑鼠單按A1儲存格，=號後將顯示A1

3 再輸入+號，目前所組成者為=A1+

4 續以滑鼠單按B1儲存格，目前所組成者為=A1+B1

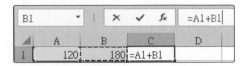

5 按 `Enter` 鍵或 ☑ 鈕結束，完成所要之運算公式。C1儲存格即依公式自動求算其值：

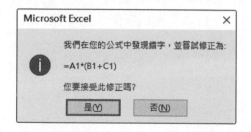

由此例，應可體會出『指標法』的輸入原則為：選按所要之位址後，即以運算符號作為一階段之結束。最後，再以 `Enter` 鍵或 ☑ 鈕，完成整組運算公式之輸入工作。

各錯誤值之意義

輸入公式時若發生錯誤，Excel除顯示錯誤訊息外；還會盡可能將其修正過來。如輸入 =A1*(B1+C1，未打右括號即按 `Enter` ，將獲致錯誤訊息：

Microsoft Excel	×
ⓘ 我們在您的公式中發現錯字，並嘗試修正為:	
=A1*(B1+C1)	
您要接受此修正嗎?	
是(Y) 否(N)	

且詢問是否願意由Excel自動補上右括號，將其更正為 =A1*(B1+C1)？若接受其修正方式，可按 是(Y) 鈕，完成輸入；否則，按 否(N) 鈕，由我們自行修改其錯誤。

秘訣 由於括號須成對使用，有左括號即應另有一右括號配合。Excel會善意地於公式中將各組括號以不同顏色標示，以方便使用者判斷括號是否已成對使用？

通常，公式輸入後，可於其儲存格上顯示出應有的計算結果。但有時仍會因運算式安排錯誤而獲致如表1-2之錯誤值。

表 1-2　各錯誤值之意義

錯誤值	發生原因
#DIV/0!	除數為零
#N/A	參照到沒有可用數值之儲存格。此公式可能包含某一函數，具有遺漏或不適當的引數，或使用空白儲存格為參照位址。
#NAME?	公式裡有 Excel 無法辨識之名稱或函數。
#NULL!	所指定的兩個區域沒有交集。
#NUM!	所輸入之數字有問題。如：要求出現正數的地方卻出現負數，或是數字超出範圍。
#REF!	參照到無效之儲存格，如：該儲存格已被刪除。
#VALUE!	使用錯誤之引數或運算元。
######	欄寬不夠大，無法顯示整個運算結果，只要加大欄寬即可，原運算結果並不受影響。

編修公式

完成公式之輸入後（範例『FunCh01.xlsx\編修公式』），若再次對其進行編修，Excel 會將其內所使用到的相關儲存格或範圍，以不同顏色之方框標示出來：

且運算式內所輸入之對應位址或範圍，亦使用同於框線之顏色來標示，以方便使用者進行除錯。

1-8　複製公式

利用拖曳填滿控點複製公式

由於要填入公式之資料通常不只一個，如，延續前例以 AVERAGE() 求得第一個學生之平時作業均數後：（詳範例『FunCh01.xlsx\複製公式』工作表）

H2	▼	:	×	✓	fx	=AVERAGE(B2:C2,E2:F2)		

◢	A	B	C	D	E	F	G	H	I
1	姓名	作業1	作業2	期中	作業3	作業4	期末	平時	平均
2	李碧華	88	91	75	82	70	70	82.75	
3	林淑芬	90	90	73	88	80	75		
4	王嘉育	75	85	48	95	82	78		
5	吳育仁	88	88	85	95	95	82		
6	呂姿瀅	75	70	56	70	80	83		
7	孫國華	85	90	70	90	87	80		

由於學生不只一位，我們不可能為每一個學生都重新再輸入一次公式來求算。故得學會複製公式，其方法很多，但最常被使用的還是以拖曳填滿控點來複製公式。

目前H2儲存格右下角之小方塊稱為『填滿控點』：

F	G	H	I
作業4	期末	平時	平均
70	70	82.75	
80	75		

── 填滿控點

假定，欲將H2之平時作業均數，抄給H3:H7之範圍，以拖曳『填滿控點』進行處理之步驟為：

1 將滑鼠指標指在H2的『填滿控點』上，其外觀將由空心十字（✛）轉為粗十字線（✚）

2 按住滑鼠往下拖曳，所拖過之儲存格將以框線包圍

H2	▼	:	×	✓	fx	=AVERAGE(B2:C2,E2:F2)		

◢	A	B	C	D	E	F	G	H	I
1	姓名	作業1	作業2	期中	作業3	作業4	期末	平時	平均
2	李碧華	88	91	75	82	70	70	82.75	
3	林淑芬	90	90	73	88	80	75		
4	王嘉育	75	85	48	95	82	78		
5	吳育仁	88	88	85	95	95	82		
6	呂姿瀅	75	70	56	70	80	83		
7	孫國華	85	90	70	90	87	80		

3 鬆開滑鼠，即可將框線所包圍之儲存格填滿對應之公式，一舉求得所有人平時作業的均數

	A	B	C	D	E	F	G	H	I
								H2	

H2　　　　│　✕　✓　*fx*　=AVERAGE(B2:C2,E2:F2)

	A	B	C	D	E	F	G	H	I
1	姓名	作業1	作業2	期中	作業3	作業4	期末	平時	平均
2	李碧華	88	91	75	82	70	70	82.75	
3	林淑芬	90	90	73	88	80	75	87	
4	王嘉育	75	85	48	95	82	78	84.25	
5	吳育仁	88	88	85	95	95	82	91.5	
6	呂姿瀅	75	70	56	70	80	83	73.75	
7	孫國華	85	90	70	90	87	80	88	
8									

目前，這幾格尚呈被選取之狀態（以淡灰色顯示），將滑鼠移往其他處按一下，即可解除選取狀態。

秘訣　　前述整個複製動作，亦可以直接雙按『填滿控點』來達成。

按快速鍵複製公式

按快速鍵來複製公式的作法，與拖曳『填滿控點』來複製公式有著異曲同工之妙。使用頻率雖不很高，但增長一下見聞也好，就讓我們以這種方式來輸入前例之總平均成績吧！

假定，總平均之算法為平時作業佔40%、期中及期末考各佔30%。欲將公式一次就輸入於I2:I7之範圍，以按快速鍵進行之處理步驟為：

1　選取欲輸入公式之範圍（I2:I7）

將滑鼠移往I2，按住滑鼠往下拖曳到I7處，所拖過之儲存格將以淺灰色顯示，表其等已被選取

I2　　　　│　✕　✓　*fx*

	A	B	C	D	E	F	G	H	I
1	姓名	作業1	作業2	期中	作業3	作業4	期末	平時	平均
2	李碧華	88	91	75	82	70	70	82.75	
3	林淑芬	90	90	73	88	80	75	87	
4	王嘉育	75	85	48	95	82	78	84.25	
5	吳育仁	88	88	85	95	95	82	91.5	
6	呂姿瀅	75	70	56	70	80	83	73.75	
7	孫國華	85	90	70	90	87	80	88	

2 輸入

=D2*30%+G2*30%+H2*40%

公式，所輸入之內容，將顯示於儲存格內

	A	B	C	D	E	F	G	H	I	J	K
AVERAGE ▼		×	✓	fx	=D2*30%+G2*30%+H2*40%						
1	姓名	作業1	作業2	期中	作業3	作業4	期末	平時	平均		
2	李碧華	88	91	75	82	70	70	82.75	=D2*30%+G2*30%+H2*40%		
3	林淑芬	90	90	73	88	80	75	87			
4	王嘉育	75	85	48	95	82	78	84.25			
5	吳育仁	88	88	85	95	95	82	91.5			
6	呂姿瀅	75	70	56	70	80	83	73.75			
7	孫國華	85	90	70	90	87	80	88			

3 按 [Ctrl] + [Enter] 鍵結束，即可將選取之所有儲存格，均填入公式內容，求得每位學生之平均成績

	A	B	C	D	E	F	G	H	I
I2 ▼		×	✓	fx	=D2*30%+G2*30%+H2*40%				
1	姓名	作業1	作業2	期中	作業3	作業4	期末	平時	平均
2	李碧華	88	91	75	82	70	70	82.75	76.6
3	林淑芬	90	90	73	88	80	75	87	79.2
4	王嘉育	75	85	48	95	82	78	84.25	71.5
5	吳育仁	88	88	85	95	95	82	91.5	86.7
6	呂姿瀅	75	70	56	70	80	83	73.75	71.2
7	孫國華	85	90	70	90	87	80	88	80.2

別擔心，這些公式會自動依相對位址完成各儲存格之公式，並非每一格均為：

=D2*30%+G2*30%+H2*40%

各儲存格之公式應為下圖 J2:J7 所式之內容：

	D	E	F	G	H	I	J	K	L
I7 ▼		×	✓	fx	=D7*30%+G7*30%+H7*40%				
1	期中	作業3	作業4	期末	平時	平均			
2	75	82	70	70	82.75	76.6	← =D2*30%+G2*30%+H2*40%		
3	73	88	80	75	87	79.2	← =D3*30%+G3*30%+H3*40%		
4	48	95	82	78	84.25	71.5	← =D4*30%+G4*30%+H4*40%		
5	85	95	95	82	91.5	86.7	← =D5*30%+G5*30%+H5*40%		
6	56	70	80	83	73.75	71.2	← =D6*30%+G6*30%+H6*40%		
7	70	90	87	80	88	80.2	← =D7*30%+G7*30%+H7*40%		

公式轉常數

公式之運算結果，會隨儲存格、時間、日期改變而異。如：以

```
=NOW()
```

記錄建表日期及時間，並無法真正記下完成建表之日期及時間。因該函數會隨時更新，過幾秒鐘後來看它，它已不是原先記錄之時間了！故而，得將其由公式轉為常數，以抑制其變動。

假定，範例『FunCh01.xlsx\公式轉常數』工作表執行前之內容為：

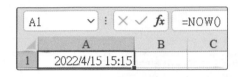

欲將其公式轉為常數，除可按『貼上』 之下拉鈕，續選「值(V)」 外；亦可使用另一種更簡便之方式：

1 於公式所在之儲存格上雙按滑鼠左鍵（或按 F2 鍵），轉入『編輯』模式

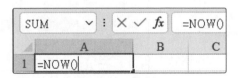

2 按 F9 鍵，即可將公式轉為常數

3 按 Enter 鍵或 ✓ 鈕，返回『就緒』狀態

A1		✕ ✓ fx	2022/4/15 03:15:55 PM		
	A	B	C	D	
1	2022/4/15 15:15				

可發現其公式之函數已改為常數，且時間也已更新為當時之最新時間。但因其內容已為常數，故其時間再也不會自動更新了。

若來源為不連續之範圍，即便僅是按『複製/貼上』鈕進行複製，其
結果將為不含公式之值。如，範例『FunCh01.xlsx\成績』工作表平
均成績是經過平時、期中與期末等欄運算而得，J欄原為公式之計算
結果：

J2	▼	:	×	✓	fx	=E2*30%+H2*30%+I2*40%			
	A	B	C	D	E	F	G	H	I	J
1	學號	姓名	作業1	作業2	期中	作業3	作業4	期末	平時	平均
2	12301	李碧華	88	91	75	82	70	70	82.8	76.6
3	12302	林淑芬	90	90	73	88	80	75	87.0	79.2

但於學期末送成績時，只要送出學號、姓名及平均即可。此時，可
選定如下之不連續範圍為來源：

	A	B	C	D	E	F	G	H	I	J
1	學號	姓名	作業1	作業2	期中	作業3	作業4	期末	平時	平均
2	12301	李碧華	88	91	75	82	70	70	82.8	76.6
3	12302	林淑芬	90	90	73	88	80	75	87.0	79.2
4	12303	王嘉育	75	85	48	95	82	78	84.3	71.5
5	12304	吳育仁	88	88	85	95	95	82	91.5	86.7
6	12305	呂姿瀅	75	70	56	70	70	83	73.8	71.2
7	12306	孫國華	85	90	70	90	87	80	88.0	80.2

按『複製』 🗐 複製 ▼ 鈕記下來源，
移到A9位置，按『貼上』 📋 鈕
（或 Ctrl + V 鍵）進行複製，其
平均成績已自動由公式轉為常數：

C10	▼	:	×	✓	fx	76.6
	A	B	C	D	E
9	學號	姓名	平均		
10	12301	李碧華	76.6		
11	12302	林淑芬	79.2		
12	12303	王嘉育	71.5		
13	12304	吳育仁	86.7		
14	12305	呂姿瀅	71.2		
15	12306	孫國華	80.2		

1-9 不同工作表間之位址

若公式中，須使用多個工作表之儲存格內容，得將其工作表名稱標示清楚。否則，光使用一個A1，誰知道是哪個工作表之A1？（若不標明，預設將其視為當時所在工作表的A1）

假定，『工作表5』之A1內容為『工作表1』～『工作表4』之A1的總和。其公式可為：（本部份請使用『Ch01.xlsx』範例檔）

=工作表1!A1+工作表2!A1+工作表3!A1+工作表4!A1

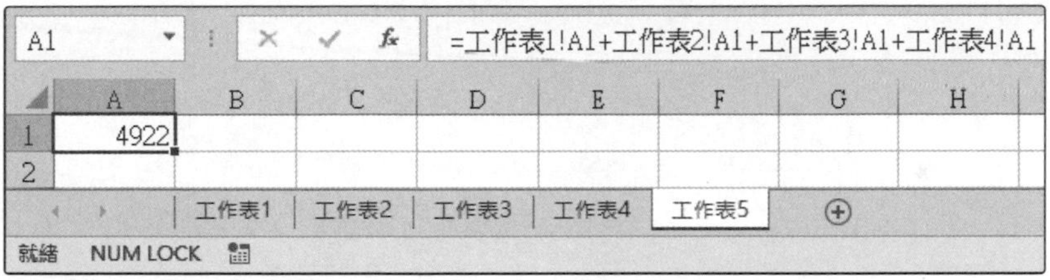

若利用SUM()函數，於兩工作表間加一冒號（:）標明工作表範圍，亦可將公式安排為：

=SUM(工作表1:工作表4!A1)

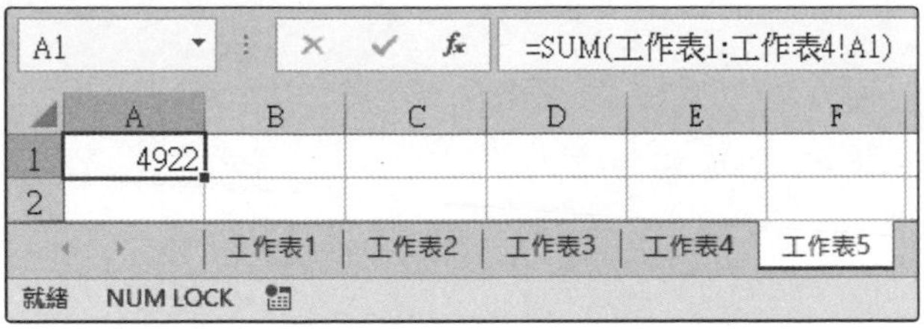

若『工作表1』～『工作表4』已依序分別改為『東區』、『南區』、『西區』與『北區』。則前述公式將自動轉為：（本部份請使用『Ch01更名後.xlsx』範例檔）

=SUM(東區:北區!A1)

也就是，分別以『東區』及『北區』替換原『工作表1』及『工作表4』。

而若工作表5之A5應為『東區』～『北區』之A1:C1等四個範圍之總和，則應將其公式安排為：

=SUM(東區:北區!A1:C1)

僅須於前一公式後，再以一冒號（:），標出A1:C1範圍即可：

公式進階

2-1　檢視公式

一般狀況，僅有將儲存格指標移往含公式之儲存格上，才能於『資料編輯列』上看到其公式 內容：（範例『FunCh02.xlsx\檢視公式』工作表）

	A	B	C	D	E
		B5 ▼ ⋮ × ✓ fx =SUM(B1:B3)			
1	基本薪	48,000			
2	加班費	6,200			
3	獎金	16,000			
4		--------------			
5	總薪資	70,200			
6	所得稅	7,020			
7		--------------			
8	淨所得	63,180			

當工作表內之公式較多或較複雜，閱讀起來就不是很方便（像於目前畫面上，就無法看到B5與B6之公式）。

有時，為研究多組公式之相互關係，可按 Ctrl + ` （ Esc 鍵下方之反單引號）鍵，將所有使用公式之儲存格，均轉為顯示出原輸入之公式；無公式之儲存格則仍維持原狀：

	A	B
		B5 ▼ ⋮ × ✓ fx =SUM(B1:B3)
1	基本薪	48000
2	加班費	6200
3	獎金	16000
4		-
5	總薪資	=SUM(B1:B3)
6	所得稅	=B5*10%
7		-
8	淨所得	=B5-B6

於閱讀並安排妥所有公式後，再按一次 Ctrl + ` 鍵，取消此一設定，即可使公式轉回顯示其運算結果而已。

2-2 隱藏與保護公式

將儲存格設定為保護格式，除可避免重要運算公式被人窺見外；尚可防止其內容被更動。設定保護之處理步驟為：（範例『FunCh02.xlsx\保護』工作表）

1 選取欲保護之儲存格範圍（允許多個，連續或不連續均可），目前資料編輯列上仍可看到其運算式之內容

2 於任一選取範圍上單按滑鼠右鍵，續選「儲存格格式(F)…」，轉入『設定儲存格格式/保護』標籤

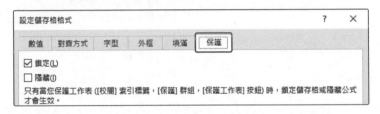

進行設定。其設定項之作用分別為：

鎖定(L)：防止寫入

隱藏(I)：將編輯列上之公式隱藏

3 選取「鎖定(L)」與「隱藏(I)」

4 按 確定 鈕，回就緒狀態，該儲存格之公式並未隱藏

5 按『校閱/變更/保護工作表』鈕，轉入『保護工作表』對話方塊

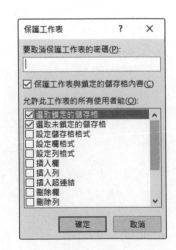

6 輸入密碼及選擇允許執行之動作（本例維持原預設值）

7 輸入密碼後，按 `確定` 鈕，續轉
入『確認密碼』對話方塊

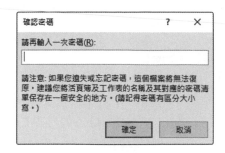

注意！密碼是有分大小寫的。

8 再次輸入密碼後，續按 `確定`
鈕。必須兩次密碼完全吻合，
才算完成保護設定。

	A	B	C	D
1	目前日期	2022/4/15	目前時間	15:23
2	經過			
3		36	天	
4		18	時	
5		25	分	
6				
7	新日期	2022/5/22	新時間	9:48

回原工作表後，可發現先前選取各儲存格之公式已被隱藏，資料編
輯列上已看不到任何內容，但儲存格上仍可看到應有之運算結果。

完成保護設定後，若於『儲存格格式/保護』標籤內係設定「鎖定
(L)」，則當遇有要更動被保護內容的情況，將顯示警告訊息，並拒
絕其輸入：

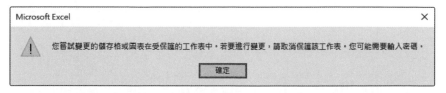

欲解除所做之保護設定，可按『校閱
/變更/取消保護工作表』 鈕，轉
入『取消保護工作表』對話方塊輸入
密碼，必須輸入正確之密碼方可解除
保護設定：

由於，前例於『儲存格格式』對話方塊『保護』標籤內，係設定「鎖定(L)」，將不允許使用者於B3:B5輸入新的日、時或分資料，以測試其計算結果。如此，公式都已看不到了，還不讓人測試，似乎有點不合情理！

此時，可以下示步驟，將範例『FunCh02.xlsx\部份不保護』工作表設定為僅能於B3:B5輸入日、時、分，進行查詢新日期及新時間，其他位置則不允許輸入任何資料：

1　按『校閱/變更/取消保護工作表』　　　鈕，轉入『取消保護工作表』對話方塊，輸入正確密碼，解除保護設定，方能進行後續之變更設定。

2　選取B3:B5。

	A	B	C	D
1	目前日期	2022/4/15	目前時間	15:23
2	經過			
3		36	天	
4		18	時	
5		25	分	
6				
7	新日期	2022/5/22	新時間	9:48

3　於任一選取範圍上單按滑鼠右鍵，續選「儲存格格式(F)…」，轉入『保護』標籤，取消「鎖定(L)」與「隱藏(I)」

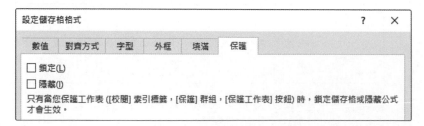

設定儲存格格式　　　　　　　　　　　　　　　　　　　　？　×

數值　對齊方式　字型　外框　填滿　保護

☐ 鎖定(L)
☐ 隱藏(I)
只有當您保護工作表 ([校閱] 索引標籤，[保護] 群組，[保護工作表] 按鈕) 時，鎖定儲存格或隱藏公式才會生效。

4　按　確定　鈕

5　按『校閱/變更/保護工作表』　　　鈕，輸入密碼，續按　確定　鈕

6 再輸入一次完全相同之密碼

7 按 ⬚確定 鈕，即可完成設定

如此，僅能於B3:B5輸入日、時、分，進行查詢新日期及新時間：

	A	B	C	D
1	目前日期	2022/4/15	目前時間	15:29
2	經過			
3		40	天	
4		15	時	
5		36	分	
6				
7	新日期	2022/5/26	新時間	7:05

而B3:B5以外的其它位置，是不允許輸入任何資料、編輯或刪除儲存格內容。

2-3 公式稽核

『公式/公式稽核』群組內的各指令按鈕，可用來追蹤目前儲存格公式的前導/從屬參照情況，或找出與目前錯誤有關之原因：

茲以範例『FunCh02.xlsx\稽核』工作表內容為例，進行說明如何使用『公式/公式稽核』群組內的各指令按鈕：

D5		× ✓ fx	=-PMT(A3,B3,C3*B5)	
	A	B	C	D	E

	A	B	C	D	E
2	利率	期數(年)	貸款	每年應還	每月應還
3	2.20%	20	$1,000,000	$62,343	$5,154
4					
5	若貸	2	倍，每年應還	$124,687	$10,308
6					
7	每年收入	800,000	償還貸款後尚餘	675,313	
8	每月收入	66,667	償還貸款後尚餘	56,358	

```
D3    =-PMT(A3,B3,C3)
E3    =-PMT(A3/12,B3*12,C3)
D5    =-PMT(A3,B3,C3*B5)
E5    =-PMT(A3/12,B3*12,C3*B5)
D7    =B7-D5
B8    =B7/12
D8    =B8-E5
```

PMT()函數之語法為：

> PMT(利率,期數,本金,[未來值],[期初或期末])

用以傳回每期付款金額及利率固定之年金期付款數額。如：於利率與期數固定之情況下，貸某金額之款項，每期應償還多少金額。

追蹤前導參照

追蹤前導參照之作用為：以箭號指出目前儲存格所參照使用之各儲存格。

將指標停於D5上，按『公式/公式稽核/追蹤前導參照』 　追蹤前導參照　 鈕。將以箭號指出D5所參照使用者，為A3、B3、C3及B5等儲存格：

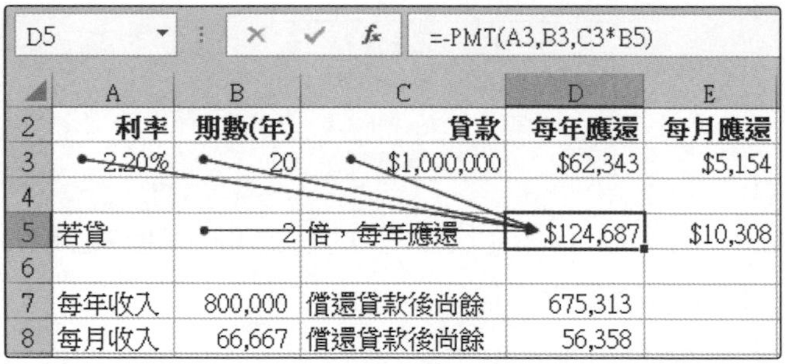

移除箭號

按『公式/公式稽核/移除箭號』 　移除箭號　 鈕，可清除所有已顯示之箭號。

追蹤從屬參照

追蹤從屬參照之作用為：以箭號指出參照使用到目前儲存格之各儲存格。

將指標停於A3上，按『公式/公式稽核/追蹤從屬參照』 鈕，將以箭號指出D3、E3、D5與E5係第一層參照使用到A3內容的儲存格：

	A	B	C	D	E
2	**利率**	**期數(年)**	**貸款**	**每年應還**	**每月應還**
3	2.20%	20	$1,000,000	$62,343	$5,154
4					
5	若貸		2 倍，每年應還	$124,687	$10,308

續再按『追蹤從屬參照』 鈕，則其箭號將續拉到D7、D8位置，指出D7、D8係第二層參照使用到A3內容的儲存格：

	A	B	C	D	E
2	**利率**	**期數(年)**	**貸款**	**每年應還**	**每月應還**
3	2.20%	20	$1,000,000	$62,343	$5,154
4					
5	若貸		2 倍，每年應還	$124,687	$10,308
6					
7	每年收入	800,000	償還貸款後尚餘	675,313	
8	每月收入	66,667	償還貸款後尚餘	56,358	

追蹤錯誤

若目前儲存格為錯誤時，追蹤錯誤可以紅色箭號指出導致錯誤之來源儲存格。

於B5輸入非數值之"A"字元，將導致D5、E5、D7與D8儲存格變為#VALUE!之錯誤：（詳範例FunCh02.xlsx之『追蹤錯誤』工作表）

	A	B	C	D	E
1					
2	**利率**	**期數(年)**	**貸款**	**每年應還**	**每月應還**
3	2.20%	20	$1,000,000	$62,343	$5,154
4					
5	若貸	A	倍，每年應還	#VALUE!	#VALUE!
6					
7	每年收入	800,000	償還貸款後尚餘	#VALUE!	
8	每月收入	66,667	償還貸款後尚餘	#VALUE!	

將指標停於D7上，按『公式/公式稽核/錯誤檢查』右側下拉鈕，續選「追蹤錯誤(E)」：

指標將自動移回D5，並以紅色箭號指出，由於D5已變為錯誤內容，故因而導致D7亦變為錯誤：

因此，僅須找出D5之錯誤原因，並加以更正，D7即可獲得一正確值。

錯誤檢查

接著，按『公式/公式稽核/錯誤檢查』 ⚠錯誤檢查 ⌄ 右側下拉鈕，續選「錯誤檢查(K)…」，將以

顯示D5之錯誤原因係來自於：『公式中所使用的某值其資料類型錯誤』。若回頭檢查其前導參照藍線所指出之幾個儲存格，當可發現係因B5內輸入非數值之"A"字元，才導致此一錯誤。

評估值公式

若仍無法發現錯誤原因，可關閉『錯誤檢查』對話方塊。停於D5，續按『公式/公式稽核/評估值公式』 ⒡評估值公式 鈕，可轉入『評估值公式』對話方塊，顯示出D5的公式內容：

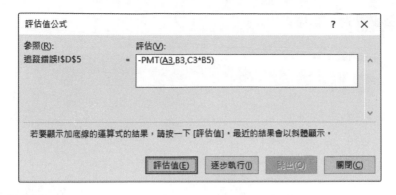

按 評估值(E) 鈕，可將含底線之引數（目前之A3，轉為其內容0.022）代入目前公式（以斜體字表示）：

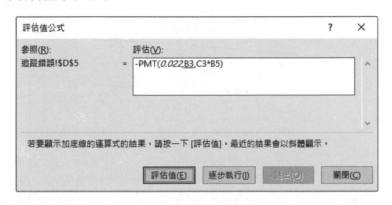

按 評估值(E) 鈕到第三次時，已經將C3轉為1000000代入公式，到目前為止，運算式中並無任何錯誤：

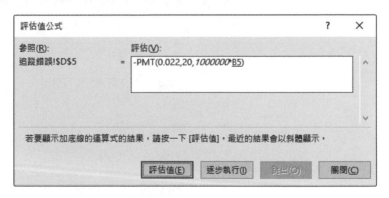

再按 評估值(E) 鈕，將獲致

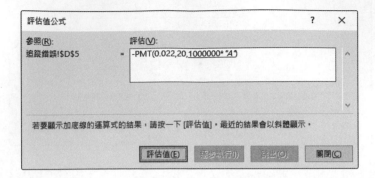

表示下一步驟，要將"A"代入B5，求算1000000*"A"。再按一次 評估值(E)
鈕，運算式中已出現錯誤（#VALUE），故可得知錯誤原因係B5為"A"，所
惹出來的：

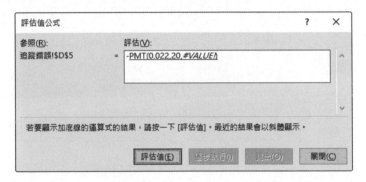

按 關閉(C) 鈕，關閉『評估值公式』對話方塊。將B5改為數字2，即可解除
錯誤：

▲	A	B	C	D	E
1					
2	利率	期數(年)	貸款	每年應還	每月應還
3	2.20%	20	$1,000,000	$62,343	$5,154
4					
5	若貸	2	倍，每年應還	$124,687	$10,308
6					
7	每年收入	800,000	償還貸款後尚餘	675,313	
8	每月收入	66,667	償還貸款後尚餘	56,358	

顯示監看視窗

按『公式/公式稽核/監看視窗』 監看視窗 鈕，將可以另一『監看視窗』，同時監
看所指定之多個儲存格公式及其運算結果。

其處理步驟為：（詳範例『FunCh02.xlsx\監看視窗』工作表）

1️⃣ 首先，先選取想要監看之儲存格（如：D3）或範圍

2️⃣ 按『公式/公式稽核/監看視窗』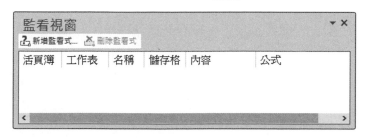 鈕，轉入『監看視窗』

拖曳框邊或各欄標題按鈕邊緣，可調整其寬度。

3️⃣ 按  鈕，可顯示出原選取之儲存格位址（仍允許重選）

4️⃣ 按 新增(A) 鈕，將其加入到『監看視窗』

雙按各欄標題之框邊，可調整成最適寬度。拖曳其框邊，可調整其寬度。雙按欄標題可依該欄內容，進行排序。

5️⃣ 重複步驟1～步驟4，將所有要監看之儲存格或範圍均加入

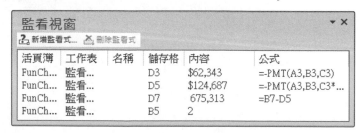

可同時顯示其等之內容及公式（省去逐一點選，才可查知其公式之麻煩）。

若選錯了，可於『監看式視窗』內將其選取，續按  鈕，將其刪除。

往後，只要『監看視窗』處於開啟之狀態下，任何資料異動，均可顯示於『監看視窗』內。由於，可重點式的選取少數幾個監看內容，故可集中注意力於幾個關鍵內容，將有助於找出其變化或錯誤。

圈選錯誤資料

輸入資料後，若曾按『資料/資料工具/資料驗證』 資料驗證 鈕，對儲存格設定過允收資料範圍。如，僅要接受0～100之整數成績：

往後，欲檢查資料之正確性，可按『資料驗證』 資料驗證 之下拉鈕，續選「圈選錯誤資料(I)」

將可圈選出所有的錯誤資料，紅圈內所圈選者，即為超過允收範圍0~100之資料：

將其修改成正確之資料後，其紅圈會自動消失。

	A	B
1	學號	成績
2	1001	96
3	1002	125
4	1003	72
5	1004	-50
6	1005	85
7	1006	880

清除錯誤圈選

圈選出超過允收範圍之資料後，可按『資料/資料工具/資料驗證』  之下拉鈕，續選「清除錯誤圈選(R)」，來清除其用以表示錯誤之紅圈。

2-4 目標搜尋

通常，於建妥分析所需之模式公式後，常會聯想到『若...會...』之問題。如，PMT()函數之語法為：

PMT(利率,期數,本金,[未來值],[期初或期末])

用以傳回每期付款金額及利率固定之年金期付款數額。如：於利率與期數固定之情況下，貸某金額之款項每期應償還多少金額。

如於範例『FunCh02.xlsx\目標搜尋』工作表運算模式中，其D3與E3儲存格之公式內容分別為：

D3　=-PMT(A3,B3,C3)
E3　=-PMT(A3/12,B3*12,C3)

若想知道：當貸款增加為2,500,000時，則每年應還或每月應還多少金額？

	A	B	C	D	E
2	利率	期數(年)	貸款	每年應還	每月應還
3	2.20%	20	$1,000,000	$62,343	$5,154

D3 ▼ : × ✓ fx =-PMT(A3,B3,C3)

僅需於C3輸入2500000，即可立刻得知每年應還$155,859，每月應還$12,885：

C3		▼	⋮	×	✓	fx	2500000	
◢	A	B	C	D	E			
2	利率	期數(年)	貸款	每年應還	每月應還			
3	2.20%	20	$2,500,000	$155,859	$12,885			

但若所欲求解之問題為：假定每月最高償還上限為$20,000，則最多可貸多少錢？原E3公式為：

E3		▼	⋮	×	✓	fx	=-PMT(A3/12,B3*12,C3)	
◢	A	B	C	D	E			
2	利率	期數(年)	貸款	每年應還	每月應還			
3	2.20%	20	$2,500,000	$155,859	$12,885			

此時，則無法於E3輸入20000，而逆向求得C3之貸款金額，因為，如此將僅直接覆蓋E3儲存格之公式而已，C3:D3之內容並無任何變化：

E3		▼	⋮	×	✓	fx	20000	
◢	A	B	C	D	E			
2	利率	期數(年)	貸款	每年應還	每月應還			
3	2.20%	20	$2,500,000	$155,859	$20,000			

此時，即得按『資料/預測/模擬分析』 鈕之「目標搜尋(G)…」來處理

它將調整指定儲存格的數值，直到與該儲存格內有關公式達到所指定之結果。其處理步驟為：

1 以滑鼠單按欲進行求解之公式格E3

E3		▼	⋮	×	✓	fx	=-PMT(A3/12,B3*12,C3)	
◢	A	B	C	D	E			
2	利率	期數(年)	貸款	每年應還	每月應還			
3	2.20%	20	$2,500,000	$155,859	$12,885			

2 選按『資料/預測/模擬分析』 鈕之「目標搜尋(G)…」，轉入『目標搜尋』對話方塊

此時，『目標儲存格(E)：』處正顯示著執行前所選取之公式格位址E3。

注意　該儲存格必須是存放欲進行求解的公式，不可為常數。若有錯，仍可利用滑鼠重選或直接輸入正確位址。

3 於『目標值(V)：』處單按滑鼠，並輸入每月償還之上限20000

4 於『變數儲存格(C)：』處單按滑鼠，續選按C3儲存格

希望Excel改變$C$3儲存格的貸款金額，代入到目標儲存格E3之公式內，以求解：應貸多少金額，方可使E3達成『目標值(V)：』處所輸入之20000。

注意　變數儲存格必須直接或間接地被目標儲存格公式參照到。

5 設妥後，按 確定 鈕。即可獲致『目標搜尋狀態』對話方塊

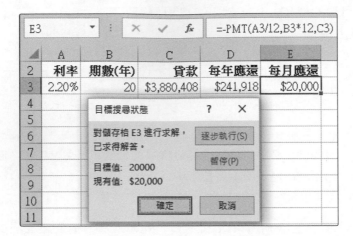

顯示出目前之求解狀態，並已於C3變數儲存格計算出：當貸款金額為$3,880,408時，每月應償還金額恰為$20,000。

6 若欲於工作表上保留目前求算結果，按 確定 鈕；若欲還原為原工作表內容，則按 取消 。均可結束目標求解，而回到原工作表。

續上例，假定貸款為2,000,000，於利率為2.0%之情況下。若每月擬償還30,000，應幾個月才可償還？

	A	B	C	D	E
2	利率	期數(年)	貸款	每年應還	每月應還
3	2.00%	5.89	$2,000,000	$363,096	$30,000
4					
5		70.7286966	月可清償		

2-5 安裝分析工具箱

Excel之預設狀況並未安裝一些統計分析方法，這將使得您無法操作本書稍後幾個章節，所將提到之資料分析工作。為避免此一類之錯誤及困擾，得於執行本書之各例前，先安裝『分析工具箱』。其處理步驟為：

1 執行「檔案/選項」，轉入『Excel 選項』視窗

2 於左側選按「增益集」，轉入『增益集』標籤，於『名稱』下，列出目前使用中與非使用中的增益集名稱

3 續按 執行(G)... 鈕，轉入『增益集』對話方塊

4 於『現有的增益集』下，選「分析工具箱」

5 續按 確定 鈕，即可將所有函數及統計分析工具均安裝進來

安裝後，並無任何提示。但『資料/分析』群組內，會多一個「資料分析」指令按鈕

▶NOTE

CHAPTER

3

數學函數

Excel中之函數,大抵可分成:數學及三角、文字、統計、日期、時間、財務、資料庫、邏輯、檢視與參照等幾大類。其內之函數多到數不清,若再安裝增益集巨集(如:工程函數、計算票息的財務函數、……等,安裝方法參見第二章),其函數將更多。本章先介紹一些常用之數學函數。

3-1 取整數 INT()

```
INT(數值)
INT(number)
```

僅取得一數字或數值運算結果的整數部份,而將其小數部份無條件捨去。如:(範例『FunCh03-數學.xlsx\求整數』工作表)

```
=INT(8/3)        之結果為2
```

若處理對象為負值,其結果為捨棄小數並降位到更小的整數。如:

```
=INT(-7.5)       之結果為-8
```

C2		▼	⋮	×	✓	*fx*	=INT(A2/B2)	

◢	A	B	C	D	E
1	甲數	乙數	商之整數		
2	8	3	2	← =INT(A2/B2)	
3	-15	2	-8	← =INT(A3/B3)	

使用機會如:每部車使用四個輪子,30個輪子最多就只能組裝 =INT(30/4) 之7部車而已。薪資為12500,可領得之1000元鈔票為12(=INT(12500/1000))張。

馬上練習

某商品的單價為360元，若只帶1000元，最多可買幾個？（範例『FunCh03-數 學.xlsx\INT』工作表）

	A	B	C
1	所有錢	單價	可買個數
2	1,000	360	2

本函數可取得一數值之整數部份；若僅欲取得其小數部份，只須將原數減去整數即可：（範例『FunCh03-數學.xlsx\求整數』工作表）

B7		× ✓ fx	=INT(B6)
	A	B	C	D
6	實數	123.456		
7	整數	123	← =INT(B6)	
8	小數	0.456	← =B6-INT(B6)	

我們已知一實數（如：=NOW()）可顯示成含日期與時間之外觀，也可只取其整數顯示日期；而只取其小數顯示時間。如：

H3		× ✓ fx	=INT(H1)
	G	H	I	J
1	實數	43838.53	← =Now()	
2	日期與時間	2020/1/8 12:42	← =H1	
3	日期	2020/1/8	← =INT(H1)	
4	時間	12:42	← =H1-INT(H1)	

3-2 商的整數 QUOTIENT()

QUOTIENT(被除數,除數)
QUOTIENT(numerator,denominator)

求被除數除以除數後之商的整數，即兩數相除之結果的整數部分。被除數與除數均可為實數，但若除數為0，本函數將獲致#DIV/0!之錯誤值。（注意，兩引數之間是使用逗號而非除號）如：（範例『FunCh03-數學.xlsx\求商』工作表）

C2		× ✓ fx	=QUOTIENT(A2,B2)
	A	B	C	D	E	F
1	甲數	乙數	商之整數	餘數		
2	17	3	5	2	← =A2-B2*C2	
3	16	4	4	0		
4	5	0	#DIV/0!	#DIV/0!		
5	2.8	1.3	2	0.2		

3-3　餘數 MOD()

MOD(被除數,除數)
MOD(number,divisor)

求**被除數**除以**除數**後之餘數,被除數與除數均可為實數,但若除數為 0,本函數將獲致 #DIV/0! 之錯誤值。(注意,兩引數之間是使用逗號而非除號)
如:(範例『FunCh03- 數學 .xlsx\求餘數』工作表)

=MOD(17,3)　　之結果為 2
=MOD(16,4)　　之結果為 0

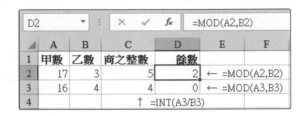

此函數與 INT() 函數之關係為:

MOD(x, y) =x - INT(x/y) * y

除了求餘數外;我們也常用此函數來判斷甲數是否能被乙數整除(以餘數是否為 0)?如:

=IF(MOD(A8,B8)=0,"可整除","否")

若 A8 除以 B8 後之餘數為 0,則 A8 可被 B8 整除。

	A	B	C	D	E	F	G
7	甲數	乙數	是否整除				
8	137	4	否	← =IF(MOD(A8,B8)=0,"可整除","否")			
9	25	5	可整除	← =IF(MOD(A9,B9)=0,"可整除","否")			
10	1679	3	否	← =IF(MOD(A10,B10)=0,"可整除","否")			
11	36	6	可整除	← =IF(MOD(A11,B11)=0,"可整除","否")			

國際電話之實例一

假定，國際電話以6秒為1單位，每單位0.36元，未滿1單位者仍以1單位計。如：（範例『FunCh03-數學.xlsx\國際電話』工作表）

	A	B	C	D	E	F
	通話時間	通話秒數	計費單位	費用		
2	00:03:15	195	33	11.9	<-- 每單位0.36元	
3	00:10:12	612	102	36.7		
4	00:20:31	1231	206	74.2		
5	00:05:16	316	53	19.1		
6	00:07:00	420	70	25.2		

C2 = =INT(B2/6)+IF(MOD(B2,6)=0,0,1)

通話時間事實上仍為零點幾天（如：0:03:15即0.002256944天），故B2之運算式為：

```
=A2*24*60*60
```

將其乘以一天之24*60*60秒數，即可換算出通話秒數（但記得選按『常用/數值/數值格式』 自訂 ▾ 之下拉鈕，將其格式由「自訂」改變成「一般」「通用格式」）。

C2之運算式為：

```
=INT(B2/6)+IF(MOD(B2,6)=0,0,1)
```

以IF(MOD(B2,6)=0,0,1)判斷B2通話秒數是否可被6整除？若無法整除，即增加1個計費單位。

發放薪水的實例

在以前，發放薪水尚未委託金融機構轉帳時，每個月發放薪水就得準備好各種面額之鈔票及零錢，分別裝入薪水袋。

假定，要發放範例『FunCh03-數學.xlsx\薪水』工作表幾個員工之薪水。問應準備幾張一千元、五百元、一百元與五十元之鈔票？以及多少十元、五元及一元之零錢？

	薪水	鈔票類別				零錢類別		
		1000	500	100	50	10	5	1
3	32,685							
4	48,131							
5	56,868							
6	12,345							
7	25,000							
8	合計							

B3之公式可為

```
=INT($A3/B$2)
```

加入$組成混合參照位址，係考慮
到要向下抄錄之故。抄後，即可
得千元大鈔之張數：

	薪水	鈔票類別			
		1000	500	100	50
3	32,685	32			
4	48,131	48			
5	56,868	56			
6	12,345	12			
7	25,000	25			
8	合計				

C3之公式可為：

```
=INT(MOD($A3,B$2)/C$2)
```

計算扣除千元大鈔後之餘額，應準備幾張面額500的鈔票？加入$組成混合
參照位址，係考慮到要向右抄錄之故。將其向右抄錄到D3:H3，即可算出
1000以外的各種面額之鈔票張數及零錢個數：

	薪水	鈔票類別				零錢類別		
		1000	500	100	50	10	5	1
3	32,685	32	1	1	1	3	1	0
4	48,131	48						
5	56,868	56						
6	12,345	12						
7	25,000	25						
8	合計							

續將C3:H3抄到C4:H7，算出每個人之薪水應準備的各種面額之鈔票張數及
零錢個數：

	A	B	C	D	E	F	G	H
1	薪水		鈔票類別			零錢類別		
2		1000	500	100	50	10	5	1
3	32,685	32	1	1	1	3	1	0
4	48,131	48	0	1	0	3	0	1
5	56,868	56	1	3	1	1	1	3
6	12,345	12	0	3	0	4	1	0
7	25,000	25	0	0	0	0	0	0
8	合計							

C3 儲存格公式：`=INT(MOD($A3,B$2)/C$2)`

續於B8輸入：

`=SUM(B3:B7)`

並將其抄給C8:H8，即可知道應準備各種面額之鈔票總張數及零錢總個數：

	A	B	C	D	E	F	G	H
1	薪水		鈔票類別			零錢類別		
2		1000	500	100	50	10	5	1
3	32,685	32	1	1	1	3	1	0
4	48,131	48	0	1	0	3	0	1
5	56,868	56	1	3	1	1	1	3
6	12,345	12	0	3	0	4	1	0
7	25,000	25	0	0	0	0	0	0
8	合計	173	2	8	2	11	3	4

B8 儲存格公式：`=SUM(B3:B7)`

馬上練習

美金常用之紙幣有100、20、10、5、1元，硬幣有25分（quarter，0.25元）、十分（dime，0.1元）、五分（nickel，0.05元）與一分（cent，0.01元）。試分析要發放範例『FunCh03-數學.xlsx\零錢』工作表所示之薪水，各種紙幣及硬幣應準備多少？

	A	B	C	D	E	F	G	H	I	J	K	L
1	員工	薪水	鈔票類別					硬幣類別				驗算
2			100	50	10	5	1	0.25	0.1	0.05	0.01	
3	1001	2,568.93	25	1	1	1	3	3	1	1	3	2,568.93
4	1002	1,376.18	13	1	2	1	1	0	1	1	3	1,376.18
5	1003	785.41	7	1	3	1	0	1	1	1	1	785.41
6	1004	1,257.77	12	1	0	1	2	3	0	0	2	1,257.77
7	1005	2,386.96	23	1	3	1	1	3	2	0	1	2,386.96
8	合計	8,375.25	80	5	9	5	7	10	5	3	10	8,375.25

提示：K3之公式可為

`=(MOD($B3,1)-H$2*H3-I$2*I3-J$2*J3)*100`

3-4 四捨五入ROUND()

ROUND(數值,小數位數)
ROUND(number,num_digits)

數值是要進行四捨五入的數字或運算式。小數位數係用來指定要由第幾位小數以下四捨五入。若為0，表整數以下四捨五入。如：（範例『FunCh03-數學.xlsx\四捨五入』工作表）

B4	▼ : × ✓ fx	=ROUND($A$2,A4)		
▲	A	B	C	D
1	某數			
2	1234.5678			
3	第幾位	四捨五入		
4	0	1235	← =ROUND($A$2,A4)	
5	1	1234.6	← =ROUND($A$2,A5)	
6	2	1234.57	← =ROUND($A$2,A6)	
7	3	1234.568	← =ROUND($A$2,A7)	

如果小數位數小於0，數字將被四捨五入到小數點左邊的指定位數。如：1234.5678求到小數點左邊2位四捨五入，就變成1200了：

B13	▼ : × ✓ fx	=ROUND($A$2,A13)			
▲	A	B	C	D	E
10	第幾位	四捨五入			
11	0	1235	← =ROUND($A$2,A11)		
12	-1	1230	← =ROUND($A$2,A12)		
13	-2	1200	← =ROUND($A$2,A13)		
14	-3	1000	← =ROUND($A$2,A14)		

與固定小數位之差異

注意，四捨五入與將資料以固定小數位之格式顯示並不相同。前者將原值改為只留下所指定之小數位數而已（如：12.5變13）；而後者只是外觀留下所指定之小數位數，但其原值並未改變（外觀雖為13但實際值仍為12.5）。如：（範例『FunCh03-數學.xlsx\與固定小數位之差異』工作表）

B2	▼ : × ✓ fx	=ROUND(B1,0)		
▲	A	B	C	D
1	顯示到整數	13		
2	整數四捨五入	13	← =ROUND(B1,0)	

將兩數均乘4後，將更能看出其差異，B1之外觀雖為13但實際值仍為12.5，乘4後之結果為50而非52：

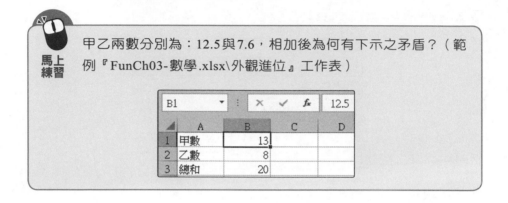

	A	B	C	D
1	顯示到整數	13		
2	整數四捨五入	13	← =ROUND(B1,0)	
3				
4	B1乘4	50	← =B1*4	
5	B2乘4	52	← =B2*4	

> 馬上練習
>
> 甲乙兩數分別為：12.5與7.6，相加後為何有下示之矛盾？（範例『FunCh03-數學.xlsx\外觀進位』工作表）
>
> | | A | B | C | D |
> |---|---|---|---|---|
> | 1 | 甲數 | 13 | | |
> | 2 | 乙數 | 8 | | |
> | 3 | 總和 | 20 | | |

支票之實例

實務上，使用到四捨五入之機會相當多。這是我的一位任職學校會計單位學員所面臨之問題。一般薪資或月退休金，通常是經過複雜之運算公式而得，難免會含小數：（範例『FunCh03-數學.xlsx\支票』工作表）

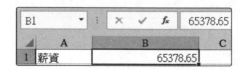

	A	B	C
1	薪資	65378.65	

因實發金額是四捨五入到整數，若只是將顯示結果安排成不含小數，因其實際值仍含小數，就會發生如下示之矛盾：

	A	B
1	薪資	65379
2		
3	支票金額	陸萬伍仟參佰柒拾捌.陸伍

應開之支票金額仍顯示小數部份，該格是按『常用/數值/數值格式』

通用格式 之下拉鈕，選「其他數值格式(M)…」，將其格式安排『數值/特殊』格式：

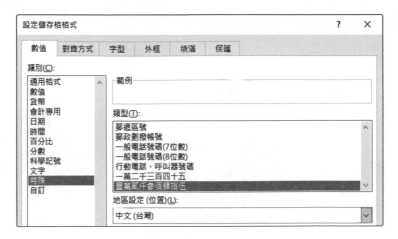

若使用四捨五入函數：

```
=ROUND(B1,0)
```

取整數後四捨五入，則無此缺點：

3-5 四捨五入到指定之倍數MROUND()

與ROUND()函數有關的，還有四捨五入到指定之倍數的MROUND()函數。其語法為：

```
MROUND(數值,四捨五入的倍數)
MROUND(number,multiple)
```

如：

=MROUNDUP(11,3)　　之結果為12

表示要將11四捨五入到3的倍數，將11/3其給結果為3.67，四捨五入後得4，將3*4即可求得最後之結果12。

同理

=MROUNDUP(10,4)　　之結果為12

表示要將10四捨五入到4的倍數，將10/4其給結果為2.5，四捨五入後得3，將4*3即可求得最後之結果12。（範例『FunCh03-數學.xlsx\四捨五入到指定之倍數』工作表）

C1	▼	:	×	✓	f_x	=MROUND(A1,B1)

◢	A	B	C	D	E
1	11	3	12	← =MROUND(A1,B1)	
2	10	4	12	← =MROUND(A1,B2)	

3-6　無條件進位ROUNDUP()

與ROUND()函數有關的，還有無條件進位的ROUNDUP()函數。其語法為：

ROUNDUP(數值,小數位數)
ROUNDUP(number,num_digits)

如：

=ROUNDUP(4/3,1)　　之結果為1.4

原為1.333…自小數1位以下無條件進位，即為1.4；而

=ROUNDUP(4/3,0)　　之結果為2

原為1.333…自整數以下無條件進位，即為2。如：（範例『FunCh03-數學
.xlsx\無條件進位』工作表）

A2		▼	:	×	✓	*fx*	=ROUNDUP(4/3,1)

◢	A	B	C	D	E
1	無條件進位				
2	1.4	← =ROUNDUP(4/3,1)			
3	2.0	← =ROUNDUP(4/3,0)			

什麼時候會這麼黑心，無條件進位？

可多著呢！電話費以每分鐘為一單位，即便是使用61秒也會被當成兩分鐘
來計費。KTV包廂使用費每小時300元，未滿一小時者仍以一小時計。這不
都是無條件進位的實例嗎？

停車費之實例

假定，停車場的計費方式為每30分50元，未滿30分以30分計。則下表之計
費結果為：（範例『FunCh03-數學.xlsx\停車費』工作表）

E2		▼	:	×	✓	*fx*	=ROUNDUP(D2/30,0)

◢	A	B	C	D	E	F
1	進入時間	離開時間	停車時間	分鐘數	計費單位	費用
2	15:30	18:00	02:30	150	5	250
3	18:15	21:40	03:25	205	7	350
4	20:00	22:00	02:00	120	4	200
5	19:05	23:10	04:05	245	9	450

停車時間事實上仍為零點幾天（如：02:30為0.104167天），將其乘以一天之
60*24分鐘，即可換算出停車時間的分鐘數。故而，D2分鐘數之公式為：

```
=C2*24*60
```

就E2之計費單位言，以

```
=ROUNDUP(D2/30,0)
```

無條件於整數進位，即可算出計費單位。

再乘以費率50元，即為F2之停車費：

```
=E2*50
```

如果不分層求算，也可以：

```
=ROUNDUP((C2*60*24)/30,0)*50
```

一舉求算出停車費：

H2			fx	=ROUNDUP((C2*60*24)/30,0)*50	

	C	D	E	F	G	H	I
1	停車時間	分鐘數	計費單位	費用		直接求費用	
2	02:30	150	5	250		250	
3	03:25	205	7	350		350	
4	02:00	120	4	200		200	
5	04:05	245	9	450		450	

國際電話之實例二

前面，我們曾以MOD()函數處理過類似之國際電話費求算實例。但最簡單之方法，應該是使用ROUNDUP()函數。

以範例『FunCh03- 數學.xlsx\國際電話二』工作表之資料為例，其開始及結束時間均已標示出明確的日期。故並不會有因跨越凌晨12點，而導致結束時間比開始時間小之情況發生。故C2處可直接以

```
=B2-A2
```

求得通話時間，並將其設定為hh:mm:ss格式：

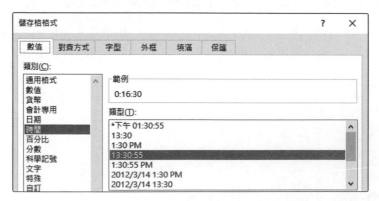

複製到C2:C7：

C2		fx	=B2-A2	
	A	B	C	
1	開始時間	結束時間	通話時間	
2	2019/6/10 23:55:36	2019/6/11 00:12:06	0:16:30	
3	2019/6/11 23:08:12	2019/6/11 23:20:14	0:12:02	
4	2019/6/13 18:55:06	2019/6/13 19:10:08	0:15:02	
5	2019/6/15 05:30:18	2019/6/15 05:42:16	0:11:58	
6	2019/6/16 12:20:30	2019/6/16 12:22:30	0:02:00	
7	2019/6/18 23:57:06	2019/6/19 00:08:20	0:11:14	

通話時間事實上仍為零點幾天，D2處以

```
=C2*24*60*60
```

將其乘以一天之24*60*60秒數，即可換算出通話秒數：（記得按『常用/數值/數值格式』 時間 ▼ 之下拉鈕，將其格式由「時間」改變成「通用格式」）

D2		fx	=C2*24*60*60	
	A	B	C	D
1	開始時間	結束時間	通話時間	秒數
2	2019/6/10 23:55:36	2019/6/11 00:12:06	0:16:30	990
3	2019/6/11 23:08:12	2019/6/11 23:20:14	0:12:02	722
4	2019/6/13 18:55:06	2019/6/13 19:10:08	0:15:02	902
5	2019/6/15 05:30:18	2019/6/15 05:42:16	0:11:58	718
6	2019/6/16 12:20:30	2019/6/16 12:22:30	0:02:00	120
7	2019/6/18 23:57:06	2019/6/19 00:08:20	0:11:14	674

假定，國際電話以6秒為1單位，未滿1單位者仍以1單位計。E2處將通話秒數直接除以6，若無法整除，即無條件進位：

```
=ROUNDUP(D2/6,0)
```

即可算出計費單位：

E2		fx	=ROUNDUP(D2/6,0)		
	A	B	C	D	E
1	開始時間	結束時間	通話時間	秒數	計費單位
2	2019/6/10 23:55:36	2019/6/11 00:12:06	0:16:30	990	166
3	2019/6/11 23:08:12	2019/6/11 23:20:14	0:12:02	722	121
4	2019/6/13 18:55:06	2019/6/13 19:10:08	0:15:02	902	151
5	2019/6/15 05:30:18	2019/6/15 05:42:16	0:11:58	718	120
6	2019/6/16 12:20:30	2019/6/16 12:22:30	0:02:00	120	20
7	2019/6/18 23:57:06	2019/6/19 00:08:20	0:11:14	674	113

若開始通話時間8:00 ～ 22:59為『一般』時段；23:00 ～ 07:59為『減價』時段。F2處可以

```
=IF(AND(A2-INT(A2)>=TIME(8,0,0),A2-INT(A2)<TIME(23,0,0)),"一般","減價")
```

判斷通話時段為『一般』或『減價』：

F2		× ✓ fx	=IF(AND(A2-INT(A2)>=TIME(8,0,0),A2-INT(A2) <TIME(23,0,0)),"一般","減價")			
	A	B	C	D	E	F	G
1	開始時間	結束時間	通話時間	秒數	計費單位	時段	費用
2	2019/6/10 23:55:36	2019/6/11 00:12:06	0:16:30	990	166	減價	
3	2019/6/11 23:08:12	2019/6/11 23:20:14	0:12:02	722	121	減價	
4	2019/6/13 18:55:06	2019/6/13 19:10:08	0:15:02	902	151	一般	
5	2019/6/15 05:30:18	2019/6/15 05:42:16	0:11:58	718	120	減價	
6	2019/6/16 12:20:30	2019/6/16 12:22:30	0:02:00	120	20	一般	
7	2019/6/18 23:57:06	2019/6/19 00:08:20	0:11:14	674	113	減價	

其中之A2-INT(A2)，係在將開始時間內之日期部份排除掉。如2019/6/10 23:55:36之數值為43626.9969444444，其整數部份表日期，小數部份表時間。將其減去整數後，其小數部份即為時間23:55:36。

若『一般』時段，每單位0.36元；『減價』時段，每單位0.24元。續於G2利用

```
=IF(F2="減價",0.24,0.36)*E2
```

依其時段之費率，乘以計費單位，算出電話費用：

G2		× ✓ fx	=IF(F2="減價",0.24,0.36)*E2				
	A	B	C	D	E	F	G
1	開始時間	結束時間	通話時間	秒數	計費單位	時段	費用
2	2019/6/10 23:55:36	2019/6/11 00:12:06	0:16:30	990	166	減價	39.84
3	2019/6/11 23:08:12	2019/6/11 23:20:14	0:12:02	722	121	減價	29.04
4	2019/6/13 18:55:06	2019/6/13 19:10:08	0:15:02	902	151	一般	54.36
5	2019/6/15 05:30:18	2019/6/15 05:42:16	0:11:58	718	120	減價	28.8
6	2019/6/16 12:20:30	2019/6/16 12:22:30	0:02:00	120	20	一般	7.2
7	2019/6/18 23:57:06	2019/6/19 00:08:20	0:11:14	674	113	減價	27.12

3-7 　無條件捨位ROUNDDOWN()

與無條件進位恰好相反的，為用來進行無條件捨位的ROUNDDOWN()。其語法為：

```
ROUNDDOWN(數值,小數位數)
ROUNDDOWN(number,num_digits)
```

這就比較有良心了。如：

```
=ROUNDDOWN(999/500,0)       之結果為1
```

原為1.998，自整數以下無條件捨位，其結果為1：（範例『FunCh03-數學.xlsx\捨位』工作表）

A2	▼	⋮	×	✓	fx	=ROUNDDOWN(999/500,0)

▲	A	B	C	D	E	F
1	無條件捨位					
2	1.0	← =ROUNDDOWN(999/500,0)				

像計程車跳表的方式就是無條件捨位，若每500公尺跳表一次，即使499公尺也不會自動加跳一次。

秘訣　處理正值資料時，ROUNDDOWN()函數若取整數無條件捨位，其效果就相當以INT()函數來求整數。但若處理負值，INT()係取最接近之最小整數（=INT(-4.2)為-5）；ROUNDDOWN()函數則是無條件捨位（=ROUNDDOWN(-4.2,0)為-4）。（範例『FunCh03-數學.xlsx\捨位』工作表）

A4	▼	⋮	×	✓	fx	=ROUNDDOWN(-4.2,0)

▲	A	B	C	D	E
4	-4	← =ROUNDDOWN(-4.2,0)			
5	-5	← =INT(-4.2)			

計程車費實例

假定，目前之計程車資的算法為：70元起跳，滿1.25公里跳第一次，以後每隔250公尺加跳一次，每跳加收5元。因此，針對範例『FunCh03-數學.xlsx\計程車費』工作表A2之公里數，其B2計費公式可為：

```
=IF(A2<1.25,70,70+ROUNDDOWN((A2-1)/0.25,0)*5)
```

	A	B	C	D	E	F	G	H
1	里程(公里)	費用						
2	1.75	85						
3	2.40	95						
4	1.24	70						
5	1.25	75						
6	6.80	185						

B2 ▼ ⦂ × ✓ ƒx =IF(A2<1.25,70,70+ROUNDDOWN((A2-1)/0.25,0)*5)

3-8 無條件捨位 TRUNC()

```
TRUNC(數值,小數位數)
TRUNC(number,num_digits)
```

本函數之效果同ROUNDDOWN()函數，也是用來進行無條件捨位。如：（範例『FunCh03-數學.xlsx\TRUNC捨位』工作表）

```
=TRUNC(-4.8)        之結果為-4
=TRUNC(999/500,0)   之結果為1
```

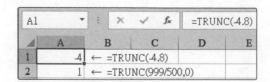

A1 ▼ ⦂ × ✓ ƒx =TRUNC(-4.8)

	A	B	C	D	E
1	-4	← =TRUNC(-4.8)			
2	1	← =TRUNC(999/500,0)			

3-9 乘積 PRODUCT()

PRODUCT(數值1,[數值2], ...)
PRODUCT(number1,[number2], ...)

可求算最多可達255個數值引數之乘積。式中，方括號所包圍之內容，表該部份可省略。

引數可以是數值或含數值之範圍，範圍內之空白儲存格、邏輯值、文字或錯誤值都會被忽略。如果儲存格範圍A1:D1之數值分別為10、3、6和4，則：

PRODUCT(A1:D1)　　　　等於720

即 10×3×6×4；而

PRODUCT(A1:D1,0.05)　　等於36

即 10 × 3 × 6 × 4 × 0.05。如：(範例『FunCh03-數學.xlsx\乘積』工作表)

B4	▼	:	×	✓	fx	=PRODUCT(A1:D1,0.05)

◢	A	B	C	D	E
1	10	3	6	4	
2					
3	A1:D1乘積	720	← =PRODUCT(A1:D1)		
4	A1:D1與0.05乘積	36	← =PRODUCT(A1:D1,0.05)		

因此，如下例之D2的金額，可以

=B2*C2

或

=PRODUCT(B2:C2)

來求得：(範例『FunCh03-數學.xlsx\金額』工作表)

D2	▼	:	×	✓	fx	=PRODUCT(B2:C2)

◢	A	B	C	D	E	F
1	貨品編號	單價	數量	金額		
2	A02	36.25	15	543.75		
3	A03	40.00	18	720.00		
4	B01	125.60	6	753.60		
5	B03	6.50	24	156.00		

3-10 乘積和 SUMPRODUCT()

```
SUMPRODUCT(陣列1,[陣列2],[陣列3], ...)
SUMPRODUCT(array1,[array2],[array3], ...)
```

可求算最多可達255個數值陣列（範圍）引數之乘積的加總。式中，方括號所包圍之內容，表該部份可省略。

以範例『FunCh03-數學.xlsx\乘積和』工作表之資料為例：

```
=SUMPRODUCT(A1:C1,A2:C2)
```

表示求A1:C1與A2:C2兩範圍之內容 {2,3,6} 與 {3,1,2}，一一對應兩兩相乘後，再加總起來：

```
2*3 + 3*1 + 6*2 = 21
```

F2			f_x	=SUMPRODUCT(A1:C1,A2:C2)	
	A	B	C	D	E	F
1	2	3	6			
2	3	1	2		乘積和	21

二進位轉十進位之實例

範例『FunCh03-數學.xlsx\二進位轉十進位』工作是用來計算將二進位之數字，轉換為十進位後其數值應為多少？其B3之內容為：

```
=$A$4^B2
```

用以計算2的幾次方之結果，B3所計算者為2的4次方等於16，將其抄給C3:F3即可算出2的3 ～ 0次方之結果，分別為8、4、2、1：

B3			f_x	=$A$4^B2			
	A	B	C	D	E	F	G	H
1		第4位數字	第3位數字	第2位數字	第1位數字	第0位數字		
2		4	3	2	1	0		
3	基底	16	8	4	2	1		十進位
4	2	1	0	1	0	1		

H4是用來計算B4:F4所輸入之二進位10101_2，應為十進位之多少？其公式為：

```
=SUMPRODUCT(B3:F3,B4:F4)
```

表示求B3:F3與B4:F4兩範圍之內容，一一對應兩兩相乘後，再加總起來：

```
16*1 + 8*0 + 4*1 + 2*0 + 1*1 = 21
```

所以，二進位10101_2，應為十進位之21：

H4	▼	⋮	×	✓	f_x	=SUMPRODUCT(B3:F3,B4:F4)	
▲	A	B	C	D	E	F	G	H
1		第4位數字	第3位數字	第2位數字	第1位數字	第0位數字		
2		4	3	2	1	0		
3	基底	16	8	4	2	1		十進位
4	2	1	0	1	0	1		21

二進位11111_2，應為十進位之31：

H4	▼	⋮	×	✓	f_x	=SUMPRODUCT(B3:F3,B4:F4)	
▲	A	B	C	D	E	F	G	H
1		第4位數字	第3位數字	第2位數字	第1位數字	第0位數字		
2		4	3	2	1	0		
3	基底	16	8	4	2	1		十進位
4	2	1	1	1	1	1		31

秘訣 事實上，Excel已提供一個可將二進位轉為十進位之DECIMAL()函數，詳本章後文之說明。

八進位轉十進位之實例

範例『FunCh03-數學.xlsx\八進位轉十進位』工作表，仿前例之作法，稍微變化一下基底，將A2之基底由2改為8，其餘之運算式維持不變，即可輕易算出八進位轉十進位之結果。如，八進位之00107_8轉應為十進位之71：

```
1*8^2 + 0*8^1 + 7*8^0 = 71
1*64 + 0*8 + 7*1 = 71
```

H4			fx	=SUMPRODUCT(B3:F3,B4:F4)			
	A	B	C	D	E	F	G	H

	A	B	C	D	E	F	G	H
1		第4位數字	第3位數字	第2位數字	第1位數字	第0位數字		
2		4	3	2	1	0		
3	基底	4096	512	64	8	1		十進位
4	8	0	0	1	0	7		71

八進位之 01657_8 轉十進位應為943：

H4			fx	=SUMPRODUCT(B3:F3,B4:F4)			

	A	B	C	D	E	F	G	H
1		第4位數字	第3位數字	第2位數字	第1位數字	第0位數字		
2		4	3	2	1	0		
3	基底	4096	512	64	8	1		十進位
4	8	0	1	6	5	7		943

秘訣　事實上，Excel已提供一個可將八進位轉為十進位之DECIMAL()函數，詳本章後文之說明。

3-11　平方根SQRT()

SQRT(數值)
SQRT(number)

本函數是用來求某數值的平方根，若數值為負值，本函數將回應#NUM!之錯誤。如：（範例『FunCh03-數學.xlsx\平方根』工作表）

SQRT(64)　　等於8

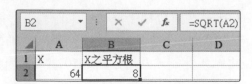

B2			fx	=SQRT(A2)

	A	B	C	D
1	X	X之平方根		
2	64	8		

事實上，有無此函數並不很重要。以前，曾聽過有人以『根號179』來罵人，您知道其所指為何嗎？（=SQRT(179)即13.38）

利用 ^ 運算符號也可達成開方之動作。如：=64^(1/2) 之結果即=SQRT(64)；但若要求開三方，那SQRT() 可就無能為力了。但仍可利用 ^ 運算符號來解決（乘冪為1/3即等於開三方）。如：

=64^(1/3)　　等於4

C6	▼	⁝	✕	✓	*fx*	=A6^B6	
◢	A		B		C		D
5	X		次方		結果		
6	64		1/3		4		
7			↑				
8		此處是以0 1/3之方式所輸入之分數					

馬上練習　完成範例『FunCh03-數學.xlsx\加分』工作表之新成績，假定老師大發慈悲，擬將原成績開根號乘以10並無條件進位，且將不及格者改為以紅字顯示：

◢	A	B	C
1	姓名	原成績	新成績
2	李宛珊	26	51
3	林明清	65	81
4	李佳凌	52	73
5	陳堅志	72	85

3-12　乘冪POWER()

POWER(底數,指數)
POWER(number,power)

計算底數的指數次方之結果，底數可為任意實數，指數為底數所要乘的次方。若將其寫成

=POWER(x,y)

其效果同於

=x^y

如：（範例『FunCh03-數學.xlsx\乘冪』工作表）

=POWER(4,3)	之結果為64
=POWER(64,1/3)	之結果為4

C2	▼	:	×	✓	fx	=POWER(A2,B2)

▲	A	B	C	D	E
1	x	y	x^y		
2	4	3	64	←=POWER(A2,B2)	
3	64	1/3	4	←=POWER(A3,B3)	
4		↑			
5		此處是以0 1/3之方式所輸入之分數			

馬上
練習

完成範例『FunCh03-數學.xlsx\
開y方』工作表，輸入x及y之數
字，即自動對x開y方：

▲	A	B	C
1	x	y	x開y方
2	81	4	3

3-13 絕對值ABS()

ABS(數值)
ABS(number)

本函數在求某數值或運算式結果的絕對值。如：

=ABS(-5)	之結果為5
=ABS(20)	之結果為20

如，實際值與預測值之差距，通常
是以絕對值表示：（範例『FunCh03-
數學.xlsx\絕對值』工作表）

C2	▼	:	×	✓	fx	=ABS(B2-A2)

▲	A	B	C	D	E
1	實際值	預測值	|誤差|		
2	5800	5094	706		
3	12000	18633	6633		
4	24000	25400	1400		
5	30000	28750	1250		

馬上練習

完成範例『FunCh03-數學.xlsx\賺賠』工作表，於A3顯示適當之『賺/賠』字串，並以絕對值顯示賺或賠之金額：

	A	B
1	售價	425
2	成本	360
3	賺	65

	A	B
1	售價	345
2	成本	360
3	賠	15

3-14 圓周率 PI()

PI()

傳回數值圓周率（π）3.14159265358979，其精準度可達15位數。（範例『FunCh03-數學.xlsx\圓周率』工作表）

B1		:	×	✓	f_x	=PI()
	A		B		C	
1	π		3.1415927			

如，已知半徑後，即可求其圓周及面積：

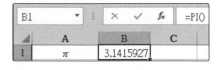

	A	B	C	D
4	半徑	5		
5	圓周(2 π r)	31.42	← =2*PI()*B4	
6	圓面積(π r²)	78.54	← =PI()*B4^2	

3-15 亂數 RAND()

RAND()

會隨機產生一介於0 ~ 1之亂數。如範例『FunCh03-數學.xlsx\亂數1』工作表，每一個儲存格之內容均為：

=RAND()

A2		:	×	✓	f_x	=RAND()
	A	B	C	D	E	
1	亂數表					
2	0.728287	0.123732	0.630484	0.856763	0.708508	
3	0.281173	0.29881	0.105899	0.798535	0.685635	
4	0.423064	0.037076	0.141913	0.772108	0.322999	

秘訣 每當遇有輸入資料、運算式、按 `F9` 鍵或按『公式/計算/立即重算』 `⊞立即重算` 鈕，要求重新計算，亂數結果將會重算。

隨機抽樣之實例

假定，擬於全班50位同學中，以隨機方式抽出15位接受問卷調查。可於範例『FunCh03-數學.xlsx\隨機抽樣1』工作表A2輸入

```
=1+RAND()*49
```

由於RAND()之值，為介於0～1之隨機亂數。當RAND()為0，本式可得1；當RAND()為1，本式可得50。因此，每個學生都有可能會被抽到。

將A2抄給B2:E2，再將A2:E2抄給A3:E4，以『常用/數值/減少小數位數』 `.00` 鈕，將其等縮減到只顯示整數：

A2	⋮ × ✓ fx	=1+RAND()*49		
	A	B	C	D	E
1	於50位同學中，以隨機方式抽出15位接受調查				
2	46	37	18	7	38
3	14	22	44	25	23
4	47	21	30	1	46

即可用來隨機抽出15位學生之編號。（每按一次 `F9` 鍵或按『立即重算』 `⊞立即重算` 鈕，讓其重新計算可獲致另一組隨機抽樣之結果，但難免會有重號之情況）

假定，全公司有1000人，1~100號為主管，101~1000為普通員工。擬隨機抽出10位主管及50位員工，接受問卷調查。範例『FunCh03-數學.xlsx\隨機抽樣2』工作表內，主管部份的抽取公式可為：

```
=$C$1+RAND()*($E$1-$C$1)
```

可取得介於1～100之隨機編號：

A3	⋮ × ✓ fx	=$C$1+RAND()*($E$1-$C$1)			
	A	B	C	D	E	F
1		開始編號	1	結束編號	100	
2	主管部份					
3	38	33	11	4	57	
4	49	91	68	49	81	

而一般員工部份之抽取公式，則為

```
=$C$6+RAND()*($E$6-$C$6)
```

可取得介於101 ～ 1000之隨機編號：

	A	B	C	D	E	F
6		開始編號	101	結束編號	1000	
7	員工部份					
8	375	889	918	415	790	
9	802	714	549	557	538	
10	736	899	482	661	724	

A8 ▼ : × ✓ ƒx =$C$6+RAND()*($E$6-$C$6)

模擬預測之實例

氣象局預測明天天氣：下雨的機率為30%、陰天50%、晴天20%。讓我們抽一個亂數，看看會是什麼天氣？範例『FunCh03-數學.xlsx\模擬預測』工作表B6之公式應為：

```
=IF(B5<=C1,"下雨",IF(B5<=SUM(C1:C2),"陰天","晴天"))
```

B6 ▼ : × ✓ ƒx =IF(B5<=C1,"下雨",IF(B5<=SUM(C1:C2),"陰天","晴天"))

	A	B	C	D	E	F	G	H
1	天氣	下雨的機率	30%					
2		陰天的機率	50%					
3		晴天的機率	20%					
4								
5	隨機亂數	0.10686649						
6	預測結果	下雨						

3-16　亂數RANDBETWEEN()

同樣求亂數，但這個函數比RAND()更容易懂。其語法為：

```
RANDBETWEEN(下限,上限)
RANDBETWEEN(bottom,top)
```

可傳回介於下限與上限兩數字間的亂數。其上下限為兩個整數，若為實數將被自動四捨五入。同樣也是，每遇重新計算或按 F9 鍵，均將再獲致另一組隨機亂數。

假定，全公司有2500人，1~100號為主管，101~2500為普通員工。擬隨機抽出10位主管及50位員工，接受問卷調查。（範例『FunCh03-數學.xlsx\亂數2』工作表）

主管部份的抽取公式，由於C1為1，E1為100，故：

=RANDBETWEEN($C$1,$E$1)

可取得介於1～100之隨機編號：

A3	▼	⋮	×	✓	fx	=RANDBETWEEN($C$1,$E$1)

	A	B	C	D	E	F
1	主管部份	開始編號	1	結束編號	100	
2						
3	26	58	83	55	3	
4	86	15	91	44	43	

而一般員工部份之抽取公式，由於C6為101，E6為2500則為

=RANDBETWEEN($C$6,$E$6)

可取得介於101～2500之隨機編號：

A8	▼	⋮	×	✓	fx	=RANDBETWEEN($C$6,$E$6)

	A	B	C	D	E	F
6	員工部份	開始編號	101	結束編號	2500	
7						
8	1701	1842	1502	1312	1324	
9	492	713	2095	1278	1170	
10	600	924	1160	1155	630	

馬上
練習

大樂透彩券的號碼為1～49。利用亂數，隨機抽六個號碼。（範例『FunCh03-數學.xlsx\大樂透』工作表）

	A	B	C
1	隨機產生六個1~49之亂數		
2	45	39	36
3	26	35	29

進位到最接近之倍數CEILING()、 CEILING.PRECISE()或CEILING.MATH()

CEILING(數值,基底)
CEILING(number,significance)

將**數值**進位到最接近之**基底**的倍數。如：

=CEILING(108,20)　　　結果為120
=CEILING(5.2,0.5)　　　結果為5.5

例如，某產品價格是93，因不想使用一或五元的零錢，可使用

=CEILING(93,10)

將產品價格進位到最接近之10
的倍數100。（範例『FunCh03-
數學.xlsx\CEILING』工作表）

	A	B	C	D	E
			=CEILING(A2,B2)		
1	原數	基準	進位到最接近之倍數		
2	108	20	120		
3	5.2	0.5	5.5		
4	93	10	100		

CEILING.PRECISE()函數語法為：

CEILING.PRECISE(數值,[基準])
CEILING.PRECISE(number,[significance])

其作用與CEILING()函數同，將**數值**進位到最接近之**基底**的倍數。只差
省略**基準**，其預設值為1；而CEILING()函數則不允許省略基準：（範例
『FunCh03-數學.xlsx\CEILING.PRECISE』工作表）

	A	B	C	D	E	F
			=CEILING.PRECISE(A3)			
1	原數	基準	進位到最接近之倍數			
2	108	20	120	← =CEILING.PRECISE(A2,B2)		
3	5.2		6	← =CEILING.PRECISE(A3)		
4	93	10	100	← =CEILING.PRECISE(A2,B4)		

CEILING.MATH()函數語法為：

CEILING.MATH(數值,[基準],[模式])
CEILING.MATH(number,[significance],[mode])

其作用與CEILING()函數同，將數值進位到最接近之基底的倍數。省略基準，其預設值為1；其差異為多一個控制負值顯示結果的模式，省略時，其結果比原值大，加標-1時，其結果比原值小。例如，-179以10為基準時，省略模式，其結果為-170；若加標-1為模式，其結果為-180：（範例『FunCh03-數學.xlsx\CEILING. MATH』工作表）

=CEILING.MATH(-179,10)   結果為-170
=CEILING.MATH(-179,10,-1)   結果為-180

	C2		▼	:	×	✓	fx	=CEILING.MATH(A2,B2)	

▲	A	B	C	D	E	F
1	原數	基準	進位到最接近之倍數			
2	108	20	120	← =CEILING.MATH(A2,B2)		
3	5.2		6	← =CEILING.MATH(A3)		
4	93	10	100	← =CEILING.MATH(A4,B4)		
5	-179	10	-180	← =CEILING.MATH(A5,B5,-1)		
6	-179	10	-170	← =CEILING.MATH(A6,B6)		

3-18 捨位到最接近之倍數FLOOR()、FLOOR.PRECISE()或FLOOR.MATH()

FLOOR(數值,基底)
FLOOR(number,significance)

將數值捨位到最接近之基底的倍數。如：

=FLOOR(108,20)   結果為100
=FLOOR(5.2,0.5)   結果為5.0

例如，某產品價格是93，因不想使用到一或五元的零錢，可使用

```
=FLOOR(93,10)
```

將產品價格捨位到最接近之10的倍數90。（範例『FunCh03-數學.xlsx\FLOOR』工作表）

FLOOR.PRECISE()函數語法為：

```
FLOOR.PRECISE(數值,[基準])
FLOOR.PRECISE(number,[significance])
```

其作用與FLOOR()函數同，將數值捨位到最接近之基底的倍數。只差省略基準，其預設值為1；而FLOOR()函數則不允許省略基準：（範例『FunCh03-數學.xlsx\FLOOR.PRECISE』工作表）

FLOOR.MATH()函數語法為：

```
FLOOR.MATH(數值,[基準],[模式])
FLOOR.MATH(number,[significance],[mode])
```

其作用與FLOOR()函數同，將數值捨位到最接近之基底的倍數。省略基準，其預設值為1；其差異為多一個控制負值顯示結果的模式，省略時，其結果比原值小，加標-1時，其結果比原值大。例如，-179.9以10為基準時，省略模式，其結果為-180；若加標-1為模式，其結果為-170：（範例『FunCh03-數學.xlsx\FLOOR. MATH』工作表）

```
=FLOOR.MATH(-179.9,10)        結果為-180
=FLOOR.MATH(-179.9,10,-1)      結果為-170
```

C5			× ✓ fx	=FLOOR.MATH(A5,B5,-1)		
▲	A	B	C	D	E	F
1	原數	基準	捨位到最接近之倍數			
2	108	20	100	← =FLOOR.MATH(A2,B2)		
3	5.2		5	← =FLOOR.MATH(A3)		
4	93	10	90	← =FLOOR.MATH(A4,B4)		
5	-179.9	10	-170	← =FLOOR.MATH(A5,B5,-1)		
6	-179.9	10	-180	← =FLOOR.MATH(A6,B6)		

3-19 最接近的倍數 MROUND()

MROUND(數值,乘數)
MROUND(number,multiple)

將數值轉換為乘數最接近的倍數（必須小於原數值），其作用同於FLOOR()
函數。如：（範例『FunCh03-數學.xlsx\MROUND』工作表）

```
=MROUND(16,3)        之結果為15
=MROUND(18.2,4.5)     之結果為18
```

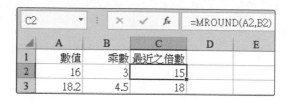

C2			× ✓ fx	=MROUND(A2,B2)	
▲	A	B	C	D	E
1	數值	乘數	最近之倍數		
2	16	3	15		
3	18.2	4.5	18		

3-20 最接近之偶數 EVEN()

EVEN(數值)
EVEN(number)

將數值進位到最接近的偶數整數。如：(範例『FunCh03-數學.xlsx\EVEN』工作表)

```
=EVEN(3.7)    結果為4
=EVEN(14.1)   結果為16
```

B2		:	×	✓	fx	=EVEN(A2)

▲	A	B	C	D
1	數字	進位到最接近之偶數		
2	3.7	4		
3	14.1	16		
4	-4.8	-6		
5	-3.2	-4		

3-21 最接近之奇數 ODD()

```
ODD(數值)
ODD(number)
```

將數值進位到最接近的奇數整數。如：(範例『FunCh03-數學.xlsx\ODD』工作表)

```
=ODD(3.7)    結果為5
=ODD(14.1)   結果為15
```

B2		:	×	✓	fx	=ODD(A2)

▲	A	B	C	D
1	數字	進位到最接近之奇數		
2	4.2	5		
3	14.1	15		
4	-4.8	-5		
5	-3.2	-5		

3-22 最大公因數 GCD()

GCD(數值1,[數值2], ...)
GCD(number1,[number2], ...)

求算最多255組數字之最大公因數（greatest common divisor），方括號所包圍之內容，表該部份可省略。如果所列之數值不是整數，會被自動捨去小數。如：（範例『FunCh03-數學.xlsx\GCD』工作表）

=GCD(12,42)　　　結果為6
=GCD(36,16)　　　結果為4
=GCD(18.5,42.3)　　結果為6

	A	B	C	D	E
1	12	42	之最大公因數為	6	
2	36	16	之最大公因數為	4	
3	18.5	42.3	之最大公因數為	6	
4				↑ 小數被自動捨棄	

D1　=GCD(A1,B1)

分組之實例

某班有男生35人女生28人，擬將男女分開進行分組，但每組人數應相同。若組數最少時，每組有幾人？範例『FunCh03-數學.xlsx\分組』工作表以

=GCD(A2:B2)

可求得最大公因數7，即每組應為7人。另以

=SUM(A2:B2)/GCD(A2:B2)

可求得應分為9組。

	A	B	C	D	E	F
1	男生	女生	每組人數	可分為幾組		
2	35	28	7	9		
3			↑ =GCD(A2:B2)			

D2　=SUM(A2:B2)/GCD(A2:B2)

最小公倍數LCM()

```
LCM(數值1,[數值2], ...)
LCM(number1,[number2], ...)
```

求算最多255組數字之最小公倍數（lowest common multiple），方括號所包圍之內容，表該部份可省略。各引數不得小於1，如果所列之數值不是整數，會被自動捨去小數。如：（範例『FunCh03-數學.xlsx\LCM』工作表）

```
=LCM(5,3,6)        結果為30
=LCM(12,15,5)      結果為60
```

	A	B	C	D	E
				=LCM(A2:C2)	
1	X₁	X₂	X₃	最小公倍數	
2	5	3	6	30	
3	12	15	5	60	
4	3.8	6	8	24	
5			小數被自動捨棄	↑	

求某數之實例

某數以15、9、5除均餘3，則某數小為多少？範例『FunCh03-數學.xlsx\求某數』工作表先以

```
=LCM(15,9,5)
```

求得最小公倍數45，再加3，48即為所求。

	A	B	C	D	E
				=LCM(A2:C2)	
1	X₁	X₂	X₃	最小公倍數	某數
2	15	9	5	45	48
3					
4	被除數	除數	商	餘數	
5	48	15	3	3	
6	48	9	5	3	
7	48	5	9	3	

///

FACT(n)
FACT(number)

傳回數字n的階乘（n! = n × (n-1) × (n-2) × … × 1）。如：（範例『FunCh03-數學.xlsx\階乘』工作表）

=FACT(5)　　結果為5 * 4 * 3 * 2 * 1 = 120

如果數字不是整數，小數部份會被自動捨去。而0的階乘為1。

=FACT(6.5)　　結果為6 * 5 * 4 * 3 * 2 * 1 = 720

B2		:	×	✓	fx	=FACT(A2)	
	A	B		C		D	
1	N	階乘					
2	5	120					
3	6.5	720					
4	0	1					

排列之實例

自n件完全相異之物品，任取r件排成一列，其排列方式有幾種方法之公式為：

$$P_r^n = \frac{n!}{(n-r)!}$$

故若有五幅不同之圖畫，任取三幅排成一列之排法計有幾種？其公式為：

=FACT(5)/FACT(5-3)

計有60種排法：（範例『FunCh03-數學.xlsx\排列』工作表）

C2		:	×	✓	fx	=FACT(A2)/FACT(A2-B2)	
	A	B	C	D	E	F	
1	總數	取幾種	排法				
2	5	3	60				

3-25 重複排列PERMUTATIONA()

前文，我們求自n件完全相異之物品，任取r件排成一列，其排列方式有幾種方法之公式為：

$$P_r^n = \frac{n!}{(n-r)!}$$

這是一種不重複之排列方法。

函數PERMUTATIONA()之語法為：

PERMUTATIONA(總數 , 選取數)
PERMUTATIONA(number,number-chosen)

則為一種重複之排列方法。其公式為：

$$P = n^r$$

如，若有三幅不同之圖畫，任取二幅排成一列之排法計有：

AB BA BC CB CA AC

六種不重複之排列方式；若允許重複排列，則有：

AA AB AC BA BB BC CA CB CC

等九種重複之排列方式：（範例『FunCh03-數學.xlsx\排列函數』工作表）

D2		▼	:	×	✓	fx	=PERMUTATIONA(A2,B2)	
◢	A	B		C		D		E
1	總數	取幾種		不重複排法		重複排法		
2	3	2		6		9		
3				↑ =FACT(A2)/FACT(A2-B2)				

3

數學函數

3-26 雙階乘FACTDOUBLE()

FACTDOUBLE(數值)
FACTDOUBLE(number)

傳回某數字的雙階乘。如果number是偶數：

$$n!! = n \times (n-2) \times (n-4) \times \cdots \times 4 \times 2$$

如果number是奇數：

$$n!! = n \times (n-2) \times (n-4) \times \cdots \times 3 \times 1$$

如：（範例『FunCh03-數學.xlsx\雙階乘』工作表）

=FACTDOUBLE(5)　　之結果為5*3*1=15

如果數字不是整數，小數部份會被自動捨去。若數字為負值，將獲得
#VALUE!錯誤值。而0的雙階乘為1。

=FACTDOUBLE(4.5)　　結果為4*2=8

| B2 | ▼ | : | × | ✓ | fx | =FACTDOUBLE(A2) |

▲	A	B	C	D	E
1	**N**	**雙階乘**			
2	5	15	← =FACTDOUBLE(A2)		
3	4.5	8	← =FACTDOUBLE(A3)		
4	0	1	← =FACTDOUBLE(A4)		
5	-2	#NUM!	← =FACTDOUBLE(A5)		

3-27 不重複組合COMBIN()

COMBIN(n,r)
COMBIN(number,number_chosen)

傳回自n個相異之項目中，任取r個進行不重複組合之方式總數。兩引數均必須為數值，若含小數將被自動捨去小數。如果 n<0、r<0或n<r，將傳回#NUM!之錯誤值。

其公式為：

$$C_r^n = \frac{n!}{r!(n-r)!}$$

如，將5名學生分成二人一組，其組合方式計有10種：（範例『FunCh03-數學.xlsx\不重複組合』工作表）

```
=COMBIN(5,2)
```

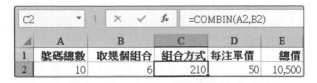

樂透彩實例

最近，樂透彩流行以所謂『包牌』方式進行簽注，某君自認已算出下期樂透彩券開獎號碼的明牌，共有10個最可能出現之號碼。擬分別組合成六個號碼以進行投注。若每注50元，每個組合只投1注，請問他得花多少錢？

由

```
=COMBIN(A2,B2)
```

可算出其組合方式計有210種，故得花10,500元。（範例『FunCh03-數學.xlsx\包牌』工作表）

若擬以11~18個號碼分別進行組合，其花費分別應為多少？以18個號碼為例，其費用已接近百萬（928,200），看您還敢輕易『包牌』嗎？

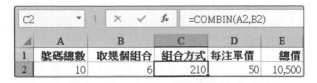

3-28 重複組合COMBINA()

COMBINA(n,r)
COMBINA(number,number_chosen)

傳回自n個相異之項目中，任取r個進行重複組合之方式總數。兩引數均必須為數值，若含小數將被自動捨去小數。如果 n<0、r<0 或n<r，將傳回#NUM! 之錯誤值。

如，將A, B, C三名學生分成二人一組，其不重複之組合方式計有3種：

AB AC BC

=COMBIN(3,2)　　　結果為3

若允許重複組合，其組合方式則有6種：

AB AC BC BA CA CB

=COMBINA(3,2)　　　結果為6

詳範例『FunCh03-數學.xlsx\重複組合』工作表：

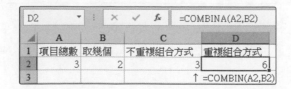

3-29 羅馬字ROMAN()

ROMAN(數值)
ROMAN(number)

將阿拉伯數字表示之數值,改為以羅馬數字顯示。其數值不得為負值,且不超過3999,否則將獲致#VALUE!之錯誤。如:(範例『FunCh03-數學.xlsx\羅馬字』工作表)

ROMAN(4)　　之結果為IV

	A	B	C	D	E
1	阿拉伯字	羅馬字			
2	4	IV			
3	6	VI			
4	10	X			
5	55	LV			
6	100	C			
7	163	CLXIII			

B2　　　fx　=ROMAN(A2)

3-30 將羅馬數字轉換成阿拉伯數字 ARABIC()

ARABIC(文字)
ARABIC(Text)

用以將羅馬數字表示之文字,改為以阿拉伯數字顯示之數值:(範例『FunCh03-數學.xlsx\羅馬字轉阿拉伯數字』工作表)

B2　　　fx　=ARABIC(A2)

	A	B	C	D
1	羅馬字	阿拉伯數字		
2	IV	4		
3	VI	6		
4	X	10		
5	LV	55		
6	C	100		
7	CLXIII	163		
8	M	1000		
9	ML	1050		
10	LM	950		

3-31 指數 EXP()

EXP(數值)
EXP(number)

傳回自然對數基底 e（2.71828182845904）的數值次方值。如：（範例
『FunCh03-數學.xlsx\EXP』工作表）

=EXP(0)　　等於 1
=EXP(1)　　等於 2.718281（即 e）
=EXP(2)　　等於 7.389056（即 e 的平方）

	A	B	C	D
	B2		fx	=EXP(A2)
1	次方	Exp		
2	0	1	← =EXP(A2)	
3	1	2.718282	← =EXP(A3)	
4	2	7.389056	← =EXP(A4)	

假定，根據下表之 X 與 Y，求得其間對應關係之函數為：

$$y = 0.9794 e^{1.0143x}$$

要於 C8 輸入其函數，其公式應為：

=0.9794*EXP(1.0143*A8)

	A	B	C	D	E	F
	C8		fx	=0.9794*EXP(1.0143*A8)		
7	X	Y	函數	← y = 0.9794e^{1.0143x}		
8	0	1.0	1.0			
9	1	2.5	2.7			
10	2	7.6	7.4			
11	3	24.0	20.5			
12	4	50.0	56.6			
13	5	150.0	156.1			
14	6	450.0	430.5			

若僅取A7:A14與C7:C14之資料（按 Ctrl 鍵，再分別選取），按『插入/圖表/插入XY散佈圖或泡泡圖』 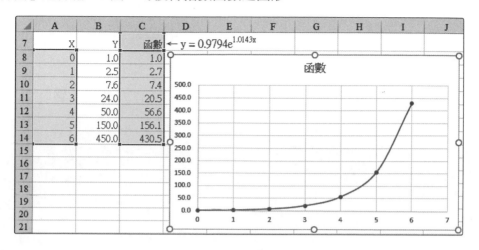 鈕，選『散佈圖/帶有平滑線及資料標記的散佈圖』進行繪XY圖，可獲得指數函數之圖形：

3-32　自然對數LN()

LN(數值)
LN(number)

傳回數值的自然對數，自然對數以常數項e(2.71828182845904)為基底。即數值應為e的幾次方，本函數為EXP()的反函數。如：（範例『FunCh03-數學.xlsx\LN』工作表）

=LN(1)	等於0（任何數之0次方為1）
=LN(2.7182818)	等於1
=LN(EXP(4))	等於4

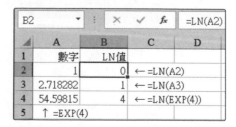

3-33 對數 LOG()

LOG(數值,[基底])
LOG(number,[base])

計算數值為[基底]的幾次方，省略[基底]，預設其值為10。如：（範例『FunCh03-數學.xlsx\LOG』工作表）

=LOG(64,4)　　等於3（64為4^3）
=LOG(100)　　等於2（相當 =LOG(100,10)）

C2	▼	⋮	× ✓	fx	=LOG(A2,B2)

◢	A	B	C	D	E
1	數字	基底	LOG		
2	64	4	3	← =LOG(A2,B2)	
3	100		2	← =LOG(A3)	

3-34 基底10的對數 LOG10()

LOG10(數值)
LOG10(number)

計算數值為10的幾次方。如：（範例『FunCh03-數學.xlsx\LOG10』工作表）

=LOG10(10)　　　等於1
=LOG10(100)　　等於2
=LOG10(1000)　　等於3

B2	▼	⋮	× ✓	fx	=LOG10(A2)

◢	A	B	C	D
1	數字	LOG_{10}		
2	10	1		
3	100	2		
4	1000	3		
5	0.1	-1		
6	0.01	-2		
7	0.001	-3		

3-35 十進位轉二進位數字DEC2BIN()

DEC2BIN(數值,[長度])
DEC2BIN(Number,[places])

用以將十進位之**數值**轉為二進位。**數值**必須是介於 -512~511 之整數。

由於其結果為文字串,可另外以**長度**來標示其輸出長度,不足位時於前面補 0,其長度上限為10;省略時,將以其實際長度為長度;設定太短或超過10 均將產生#NUM!錯誤。如:

=DEC2BIN(2)　　　　2_{10} 等於 10_2

十進位2,應為二進位之 10_2,僅二位數字;設定四位數字,其前面將自動補 0為 0010_2:

=DEC2BIN(2,4)　　　2_{10} 等於 0010_2

	A	B	C	D	E
1	十進位數字	數字長度	二進位數字		
2	2		10	← =DEC2BIN(A2)	
3	2	4	0010	← =DEC2BIN(A3,B3)	
4	7	4	0111	← =DEC2BIN(A4,B4)	
5	16	8	00010000		
6	63	8	00111111		
7	64	8	01000000		
8	64	6	#NUM!	←長度不夠	
9	511	10	0111111111		
10	368	11	#NUM!	←長度太長	

C2　　　fx　=DEC2BIN(A2)

3-36 十進位轉八進位數字DEC2OCT()

DEC2OCT(數值,[長度])
DEC2OCT(Number,[places])

用以將十進位之數值轉為八進位。數值必須是介於-536,870,912~
536,870,911之整數。

由於其結果為文字串,可另外以長度來標示其輸出長度,不足位時於前面補
0,其長度上限為10;省略時,將以其實際長度為長度;設定太短或超過10
均將產生#NUM!錯誤。如:

=DEC2OCT(15) 15_{10}等於17_8

十進位15,應為八進位之17_8,僅二位數字;設定四位數字,其前面將自動
補0為0017_8:

=DEC2OCT(15,4) 15_{10}等於0017_8

	A	B	C	D	E
	十進位數字	數字長度	八進位數字		
2	15		17	← =DEC2OCT(A2)	
3	15	4	0017	← =DEC2OCT(A3,B3)	
4	63	4	0077		
5	1024	8	00002000		
6	1021	3	#NUM!	←長度不夠	
7	961024	8	03525000		
8	64	11	#NUM!	←長度太長	

C2 ▼ : × ✓ fx =DEC2OCT(A2)

3-37 十進位轉十六進位數字DEC2HEX()

DEC2HEX(數值,[長度])
DEC2HEX(Number,[places])

用以將十進位之數值轉為十六進位。數值必須是介於-549,755,813,888~549,755,813,887之整數。

由於其結果為文字串，可另外以長度來標示其輸出長度，不足位時於前面補0，其長度上限為10；省略時，將以其實際長度為長度；設定太短或超過10均將產生#NUM!錯誤。如：

=DEC2HEX(31)　　　31_{10}等於$1F_{16}$

十進位31，應為十六進位之$1F_{16}$，僅二位數字；設定四位數字，其前面將自動補0為$001F_{16}$：

=DEC2HEX(31,4)　　　31_{10}等於$001F_{16}$

	A	B	C	D	E
	十進位數字	數字長度	十六進位數字		
2	31		1F	← =DEC2HEX(A2)	
3	31	4	001F	← =DEC2HEX(A3,B3)	
4	63	4	003F		
5	1024	8	00000400		
6	64589	3	#NUM!	←長度不夠	
7	64589	8	0000FC4D		
8	1024	11	#NUM!	←長度太長	
9	10	4	000A		
10	13	4	000D		
11	15	4	000F		

（C2儲存格：=DEC2HEX(A2)）

3-38 十進位轉其他進位之數字BASE()

BASE(數值,基底,[長度])
BASE(Number,Radix,[Length])

用以將數值轉為指定基底所表示之數字，如將十進位數轉為二進位、八進位、十六進位、……等其他進位。數值必須是大於或等於0，且小於2^{53}的整數。基底必須是一個大於或等於2，不一定要為2的幾次方，只要小於或等於36的整數均可。

由於其結果為文字串，可另外以**長度**來標示其輸出長度，不足位時於前面補0，其長度上限為255；省略或設定太短時，將以其實際長度為長度。如：

=BASE(15,2)　　　15_{10}等於1111_2

十進位15，應為二進位之1111_2，僅四位數字；設定八位數字，其前面將自動補0為00001111_2：

=BASE(15,2,8)　　　15_{10}等於00001111_2

	A	B	C	D	E
	十進位數字	基數	長度	BASE	
1					
2	15	2		1111	
3	15	2	8	00001111	
4	64	4	8	00001000	
5	81	9		100	
6	10	16	4	000A	
7	15	16	4	000F	
8	1000	16	4	03E8	
9	1023	16	4	03FF	
10	1024	32	4	0100	

D2　　f_x　=BASE(A2,B2,C2)

3-39　各種進位轉為十進位DECIMAL()

DECIMAL(文數字,基底)
DECIMAL(Text,Radix)

用以將非十進位之**文數字**轉為指定基底所表示之十進位數字。如：將二進位、三進位、八進位、十六進位、……等其他進位，轉為十進位數。文數字必須是大於或等於0，且小於 2^{53} 的整數。基底必須是一個大於或等於2，不一定要為2的幾次方，只要小於或等於36的整數均可。如：

=DECIMAL(110,2)　　　110_2等於6
=DECIMAL(17,8)　　　17_8等於15
=DECIMAL(1F,16)　　　$1F_{16}$等於31

C2			×	✓	fx	=DECIMAL(A2,B2)	

▲	A	B	C	D	E	F
1	二進位數字	基底	十進位數字			
2	1	2	1			
3	10	2	2			
4	110	2	6			
5	1111	2	15			
6						
7	八進位數字	基底	十進位數字			
8	7	8	7	← =DECIMAL(A8,B8)		
9	17	8	15			
10	147	8	103			
11	765	8	501			
12						
13						
14	十六進位數字	基底	十進位數字			
15	A	16	10	← =DECIMAL(A15,B15)		
16	B	16	11			
17	7A	16	122			
18	AFD	16	2813			
19	104	16	260			

3-40　三角函數 SIN()、COS()、TAN()

SIN(x)	正弦
COS(x)	餘弦
TAN(x)	正切

分別傳回 x 角度的正弦、餘弦與正切值，x 為以弧度為單位的角度。如果角度的單位是度，得將其乘上 PI()/180 轉換為弧度。（範例『FunCh03- 數學.xlsx\三角』工作表）

C2			×	✓	fx	=SIN(B2)

▲	A	B	C	D	E
1	角度	弧度	Sin	Cos	Tan
2	0	0	0.000	1.000	0.000
3	15	0.261799	0.259	0.966	0.268
4	30	0.523599	0.500	0.866	0.577
5	45	0.785398	0.707	0.707	1.000
6	60	1.047198	0.866	0.500	1.732
7	90	1.570796	1.000	0.000	1.63E+16

3-41 反三角函數ASIN()、ACOS()、ATAN()

ASIN(x)	反正弦
ACOS(x)	反餘弦
ATAN(x)	反正切

x係指某角度，這些函數可分別傳回x的反正弦、反餘弦與反正切值，傳回的值是一種以弳度表示的角度，有效範圍是-pi/2到pi/2。如果想用度來表示，可將結果乘上180/PI()即可。(範例『FunCh03-數學.xlsx\反三角』工作表)

	A	B	C	D	E	F	G
B2		✕ ✓ fx	=ASIN(A2)				
1	x	ASin	角度		x	Acos	角度
2	0.0000	0.0000	0		0.0000	1.5708	90
3	0.2590	0.2620	15		0.2590	1.3088	75
4	0.5000	0.5236	30		0.5000	1.0472	60
5	0.7070	0.7852	45		0.7070	0.7855	45
6	0.8660	1.0471	60		0.8660	0.5236	30
7	0.9660	1.3093	75		0.9660	0.2615	15
8	1.0000	1.5708	90		1.0000	0.0000	0
9							
10	x	ATan	角度				
11	0.0	0.0000	0				
12	0.3	0.2618	15				
13	0.6	0.5236	30				
14	1.0	0.7854	45				
15	1.7	1.0472	60				
16	1.63E+16	1.5708	90				

文字函數

4-1 左子字串LEFT()與LEFTB()

```
LEFT(文字串,[字數])
LEFT(text,[num_chars])
LEFTB(文字串,[位元數])
LEFTB(text,[num_bytes])
```

自某文字串左邊取出指定[字數]（或[位元數]）之子字串。式中，方括號所
包圍之內容，表該部份可省略。於這幾個函數中，[字數]或[位元數]，必須
大於等於0；若省略，其值自動補為1；若其值大於文字串之總長度，將取
得整個文字串之全部內容。

像於姓名中，要取得其姓氏；於電話中，要取得區域碼或前三碼、……等，
均是此類函數的使用時機。

以字數為單位時，全型中文與半型英文/數字均無差異，均為一個字。如：
（範例『FunCh04-字串.xlsx\LEFT』工作表）

=LEFT("Excel中文版",7)　　　　為"Excel中文"

而以位元數為單位時，半型英文/數字仍佔一個位元；而一個中文字或全型
字則佔兩個位元。如：

=LEFTB("Excel中文版",7)　　　　為"Excel中"

若所定長度於最尾部，僅能取出半個全型字，將自動轉為空白。如：

=LEFTB("Excel中文版",6)　　為"Excel "（尾部有一空白），半個"中"字將轉為空白

	B8		✕ ✓ fx	=B7&"2021"	
	A	B	C	D	E
1	Excel中文版			台北市民生東路三段69號	
2				16500 Moody Rd.	
3					
4	**公式**	**結果**		**公式**	**結果**
5	=LEFT(A1,7)	Excel中文		=LEFT(D1,3)	台北市
6	=LEFTB(A1,7)	Excel中		=LEFTB(D1,6)	台北市
7	=LEFT(A1,6)	Excel		=LEFT(D2,10)	16500 Mood
8	=B7&"2021"	Excel 2021		=LEFTB(D2,10)	16500 Mood

	B20		✕ ✓ fx	=LEFT($A$10,A20)	
	A	B	C	D	
10	Excel中文版				
11					
12	**左邊取幾個字**	**結果**			
13	1	E			
14	2	Ex			
15	3	Exc			
16	4	Exce			
17	5	Excel			
18	6	Excel中			
19	7	Excel中文			
20	8	Excel中文版			

馬上練習　使用範例『FunCh04-字串.xlsx\左字串1』與『FunCh04-字串.xlsx\左字串2』工作表，以LEFT()函數完成下示內容：

	A	B	C
1	Microsoft Excel		
2			
3	1	M	
4	3	Mic	
5	5	Micro	
6	7	Microso	
7	9	Microsoft	
8	11	Microsoft E	
9	13	Microsoft Exc	
10	15	Microsoft Excel	
11	13	Microsoft Exc	
12	11	Microsoft E	
13	9	Microsoft	
14	7	Microso	
15	5	Micro	
16	3	Mic	
17	1	M	

	A	B	C	D	E
1	Microsoft Excel				
2					
3	1		M	M	
4	3		Mic	Mic	
5	5		Micro	Micro	
6	7		Microso	Microso	
7	9		Microsoft	Microsoft	
8	11		Microsoft E	Microsoft E	
9	13		Microsoft Exc	Microsoft Exc	
10	15		Microsoft Excel	Microsoft Excel	
11	13		Microsoft Exc	Microsoft Exc	
12	11		Microsoft E	Microsoft E	
13	9		Microsoft	Microsoft	
14	7		Microso	Microso	
15	5		Micro	Micro	
16	3		Mic	Mic	
17	1		M	M	

取出姓氏連結"先生"或"小姐"

範例『FunCh04-字串.xlsx\字串連結』工作表，於姓名中取出左邊第一個字（姓），以&連結上依性別所判斷出之"先生"或"小姐"：

=LEFT(B2,1)&IF(C2="男","先生","小姐")

可獲致稱呼欄之內容：

D2		fx	=LEFT(B2,1)&IF(C2="男","先生","小姐")			
	B	C	D	E	F	G
1	姓名	性別	稱呼			
2	邵功新	男	邵先生			
3	沈靜芬	女	沈小姐			
4	楊其峰	男	楊先生			
5	盧孫妮	女	盧小姐			

一定有人會問：那碰上複姓者怎麼辦？老實說，LEFT()函數並沒聰明到可判斷姓氏字數的能力！所以，這就是為什麼有人要將『姓』與『名』分存於兩欄之原因。

加上居住地區的稱呼

同理，若同時擁有地址資料。自其左側取出2個字，恰為其居住地區之名稱。續以&連結上前文之姓氏與"先生"或"小姐"

=LEFT(D11,2)&LEFT(B11,1)&IF(C11="男","先生","小姐")

即可獲致一更完整的稱呼：（範例『FunCh04-字串.xlsx\字串連結』工作表）

E11		fx	=LEFT(D11,2)&LEFT(B11,1)&IF(C11="男","先生","小姐")			
	B	C	D	E	F	G	H	I
10	姓名	性別	地址	稱呼			
11	邵功新	男	台北市合江街15號	台北邵先生			
12	沈靜芬	女	桃園市成功路36號	桃園沈小姐			
13	楊其峰	男	高雄市福建街136號	高雄楊先生			
14	盧孫妮	女	新竹市中正路3號	新竹盧小姐			

CONCATENATE()

CONCATENATE(文字串1,文字串2, ...)
CONCATENATE(Text1,Text2, ...)

此一函數可將其內所包含的引數,首尾相連,連結在一起,其實就是以&連結,只差其間是以逗號標開個引數而已。這是一個幾乎是多餘的函數,光要拼出正確的函數名稱就已經不容易!如,上兩例改為:(範例『FunCh04-字串.xlsx\ CONCATENATE』工作表)

=CONCATENATE(LEFT(B2,1),IF(C2="男","先生","小姐"))

與

=CONCATENATE(LEFT(D11,2),LEFT(B11,1),IF(C11="男","先生","小姐"))

其結果相同:

D2		f_x	=CONCATENATE(LEFT(B2,1),IF(C2="男","先生","小姐"))					
	B	C	D	E	F	G	H	I
1	姓名	性別	稱呼					
2	邵功新	男	邵先生					
3	沈靜芬	女	沈小姐					
4	楊其峰	男	楊先生					

E11		f_x	=CONCATENATE(LEFT(D11,2),LEFT(B11,1), IF(C11="男","先生","小姐"))			
	B	C	D	E	F	G	H
10	姓名	性別	地址	稱呼			
11	邵功新	男	台北市合江街15號	台北邵先生			
12	沈靜芬	女	桃園市成功路36號	桃園沈小姐			
13	楊其峰	男	高雄市福建街136號	高雄楊先生			

您會考慮使用它嗎?

CONCAT()

CONCAT(文字串1,文字串2, ...)
CONCAT(Text1,Text2, ...)

此一函數可將其內所包含的引數，首尾相連，連結在一起，其實就是以 & 連結，只差其間是以逗號標開個引數而已。本函數是為了要完全取代 CONCATENATE()函數，只是為了新舊版本相容的問題，先讓兩函數暫時並存而已！

如，上兩例改為：（範例『FunCh04-字串.xlsx\ CONCAT 』工作表）

=CONCAT(LEFT(B2,1),IF(C2="男","先生","小姐"))
=CONCAT(LEFT(D11,2),LEFT(B11,1),IF(C11="男","先生","小姐"))

其結果相同：

D2		✕ ✓ fx	=CONCAT(LEFT(B2,1),IF(C2="男","先生","小姐"))					
	B	C	D	E	F	G	H	I
1	姓名	性別	稱呼					
2	邵功新	男	邵先生					
3	沈靜芬	女	沈小姐					
4	楊其峰	男	楊先生					

E11		✕ ✓ fx	=CONCAT(LEFT(D11,2),LEFT(B11,1),IF(C11="男","先生","小姐"))				
	B	C	D	E	F	G	H
10	姓名	性別	地址	稱呼			
11	邵功新	男	台北市合江街15號	台北邵先生			
12	沈靜芬	女	桃園市成功路36號	桃園沈小姐			
13	楊其峰	男	高雄市福建街136號	高雄楊先生			

TEXTJOIN()

TEXTJOIN(界限符號,忽略空白,文字串1,[文字串2], ...)
TEXTJOIN(delimiter,ignore_empty,text1,[text2], ...)

用以將其內所包含的文字串引數，視忽略空白之邏輯設定，決定是否要放棄引數內之空白儲存格，然後以界限符號作為間格，首尾相連，連結在一起。文字串最多可有 252 個。

如，範例『FunCh04-字串.xlsx\ TEXTJOIN』工作表之內容，以：

```
=TEXTJOIN(" ",FALSE,A2&","&CHAR(13),B2&",",C2,D2)
```

可將分散於各欄之地址內容，以空白為界限符號，組合成一完整之地址：

E2	▼	:	×	✓	fx	=TEXTJOIN(" ",FALSE,A2&","&CHAR(13),B2&",",C2,D2)

	A	B	C	D	E
1	Address	City	State	Zip	Full Address
2	4412 Main St.	Norwalk	CA	90650	4412 Main St., Norwalk, CA 90650
3	3355 Palo Ave	Long Beach	CA	90808	3355 Palo Ave, Long Beach, CA 90808
4	3355 S. Las Vegas Blvd	Las Vegas	NV	89109	3355 S. Las Vegas Blvd, Las Vegas, NV 89109
5	53 S River Rd	St George	UT	84790	53 S River Rd, St George, UT 84790

4-3　右子字串RIGHT()與RIGHTB()

```
RIGHT(文字串,[字數])
RIGHT(text,[num_chars])
RIGHTB(文字串,[位元數])
RIGHTB(text,[num_bytes])
```

自某文字串右尾取出指定[字數]（或[位元數]）之子字串。式中，方括號所包圍之內容，表該部份可省略。於這幾個函數中，[字數]或[位元數]，必須大於等於0；若省略，其值自動補為1；若其值大於文字串之總長度，將取得整個文字串之全部內容。

像於姓名中，要取得其名字；於電話中，要取得右尾四碼、……等，均是此類函數的使用時機。

以字數為單位時，全型中文與半型英文/數字均無差異，均為一個字。如：（範例『FunCh04-字串.xlsx\RIGHT』工作表）

```
=RIGHT("Excel中文版2021",7)        為"中文版2021"
```

而以位元數為單位時，半型英文/數字仍佔一個位元；而一個中文字或全型字則佔兩個位元。想得到前例之內容，得自右尾取得10位元。如：

```
=RIGHTB("Excel中文版2021",10)        才為"中文版2021"
```

若所定長度於最左邊，僅能取出半個全型字，將自動轉為空白。如：

=RIGHTB("Excel中文版2021",5)　　　　　為 " 2021"，最前面還含一個空白，因半個 "版"字將轉為空白

B8	✓ ： ✕ ✓ ƒx	="Excel"&B7			
	A	B	C	D	E
1	Excel中文版2021			台北市民生東路三段69號	
2				16500 Moody Rd.	
3					
4	公式	結果		公式	結果
5	=RIGHT(A1,7)	中文版2021		=RIGHT(D1,5)	三段69號
6	=RIGHTB(A1,10)	中文版2021		=RIGHTB(D1,8)	三段69號
7	=RIGHTB(A1,5)	2021		=RIGHT(D2,9)	Moody Rd.
8	="Excel"&B7	Excel 2021		=RIGHTB(D2,9)	Moody Rd.

B20	✓ ： ✕ ✓ ƒx	=RIGHT($A$11,A20)	
	A	B	C
11	Excel中文版2021		
12			
13	右邊取幾個字	結果	
14	1	1	
15	3	021	
16	5	版2021	
17	7	中文版2021	
18	9	el中文版2021	
19	11	xcel中文版2021	
20	13	Excel中文版2021	

馬上練習 使用範例『FunCh04-字串.xlsx\左&右字串』工作表，以LEFT()及RIGHT()函數完成下示內容：

	A	B	C	D	E
1	Microsoft Excel				
2					
3	1		M		1
4	3		Mic		cel
5	5		Micro		Excel
6	7		Microso		t Excel
7	9		Microsoft		oft Excel
8	11		Microsoft E		osoft Excel
9	13		Microsoft Exc		crosoft Excel
10	15		Microsoft Excel		Microsoft Excel
11	13		Microsoft Exc		crosoft Excel
12	11		Microsoft E		osoft Excel
13	9		Microsoft		oft Excel
14	7		Microso		t Excel
15	5		Micro		Excel
16	3		Mic		cel
17	1		M		1

將姓名拆成兩欄

既有 LEFT() 與 RIGHT()，就可將某欄內容拆分成兩欄。如，範例『FunCh04-字串.xlsx\拆姓名』工作表將姓名欄拆分成『姓』與『名』兩欄，取得此兩欄之公式分別為：

```
=LEFT(B2,1)
=RIGHT(B2,2)
```

使用範例『FunCh04-字串.xlsx\Tel』工作表，將下列電話拆成區碼與電話兩欄：

	A	B	C
1	原電話	區碼	電話
2	02-2502-1520	02	2502-1520
3	02-2785-6655	02	2785-6655
4	07-2662-7890	07	2662-7890

更親密的稱呼

範例『FunCh04-字串.xlsx\稱呼』工作表，以

```
=RIGHT(B2,2)&IF(C2="男","先生","小姐")
```

僅取得姓名中之名字部份，連結上以性別進行判斷所獲得之"先生"與"小姐"：

MID(文字串,第幾個字開始,字數)
MID(text,start_num,num_chars)
MIDB(文字串,第幾個位元開始,位元數)
MIDB(text,start_num,num_bytes)

自某文字串之第幾個字開始,取出指定字數(或位元數)之子字串。像於地址中,要取得其街道名稱;於加有區域碼之電話中,要跳過區域碼只取得電話之前三碼、……等,均是此類函數的使用時機。

以字數為單位時,全型中文與半型英文/數字均無差異,均為一個字。如:(範例『FunCh04-字串.xlsx\MID』工作表)

=MID("Excel中文版",6,2)　　　　為"中文"

以位元數為單位時,半型英文/數字仍佔一個位元;而一個中文字或全型字則佔兩個位元。如:

=MIDB("Excel中文版",6,2)　　　　為"中"

若所定長度於最尾部,僅能取出半個全型字,將自動轉為空白。如:

=MIDB("Excel中文版",6,3)　　　　為"中 "(尾部有一空白),半個"文"字將轉為空白

B8		× ✓ fx	=MIDB(A1,6,3)&"英文"		
▲	A	B	C	D	E
1	Excel中文版			台北市民生東路三段69號	
2				16500 Moody Rd.	
3					
4	公式	結果		公式	結果
5	=MID(A1,6,2)	中文		=MID(D1,4,4)	民生東路
6	=MIDB(A1,6,2)	中		=MIDB(D1,7,8)	民生東路
7	=MIDB(A1,6,3)	中		=MID(D2,7,5)	Moody
8	=MIDB(A1,6,3)&"英文"	中英文		=MIDB(D2,7,5)	Moody

| C14 | ▼ : × ✓ fx | =MID($A$11,A14,B14) |

	A	B	C	D
11	台北市民生東路三段69號			
12				
13	**起始位置**	**長度**	**結果**	
14	1	3	台北市	
15	4	4	民生東路	
16	4	2	民生	
17	8	5	三段69號	

事實上，以MID()中間子字串即可完全取代LEFT()與RIGHT()。如：

=MID(文字串,1,長度)	即	=LEFT(文字串,長度)
=MID(文字串,總長度-長度+1,長度)	即	=RIGHT(文字串,長度)

其中之總長度可用LEN()函數來求得。只是，有LEFT()及RIGHT()後，大家就不太願意去傷腦筋了。

拆開電話號碼並加括號

擬將範例『FunCh04-字串.xlsx\電話號碼』工作表A欄之原電話拆成區碼與電話兩欄，並於區碼左右加一對括號。最後，再將區碼與電話兩欄合併成新電話（中間加一格空白）。

	A	B	C	D
1	拆開電話號碼並加括號			
2	原電話	區碼	電話	新電話
3	02-2502-1520	(02)	2502-1520	(02) 2502-1520
4	03-365-6655	(03)	365-6655	(03) 365-6655
5	07-2662-7890	(07)	2662-7890	(07) 2662-7890
6	04-802-3388	(04)	802-3388	(04) 802-3388

B3之公式為：

```
="("&LEFT(A3,2)&")"
```

可取得原電話之區碼，並於左右加上一對括號。

| B3 | ▼ : × ✓ fx | ="("&LEFT(A3,2)&")" |

	A	B	C	D	E
2	原電話	區碼	電話	新電話	
3	02-2502-1520	(02)			
4	03-365-6655	(03)			
5	07-2662-7890	(07)			
6	04-802-3388	(04)			

C3之公式為：

```
=MID(A3,4,9)
```

將其抄給C4:C6，可取得原電話之
區碼以外的電話號碼。因A欄各電
話長度並不一致，故其效果並不同
於將=RIGHT(A3,9)抄給C4:C6。

C3		▼	:	×	✓	fx	=MID(A3,4,9)

	A	B	C	D
2	原電話	區碼	電話	新電話
3	02-2502-1520	(02)	2502-1520	
4	03-365-6655	(03)	365-6655	
5	07-2662-7890	(07)	2662-7890	
6	04-802-3388	(04)	802-3388	

D3之公式為：

```
=B3&" "&C3
```

係用以連結B、C兩欄之內容，並於
中間加一格空白。

D3		▼	:	×	✓	fx	=B3&" "&C3

	A	B	C	D
2	原電話	區碼	電話	新電話
3	02-2502-1520	(02)	2502-1520	(02) 2502-1520
4	03-365-6655	(03)	365-6655	(03) 365-6655
5	07-2662-7890	(07)	2662-7890	(07) 2662-7890
6	04-802-3388	(04)	802-3388	(04) 802-3388

4-5 找尋子字串FIND()與FINDB()

```
FIND(要找尋之子字串,文字串,[第幾個字開始])
FIND(find_text,within_text,[start_num])
FINDB(要找尋之子字串,文字串,[第幾個位元開始])
FINDB(find_text,within_text,[start_num])
```

自某文字串之[第幾個字開始]，找尋第一個出現某一要找尋之子字串的位
置。式中，方括號所包圍之內容，表該部份可省略。若省略，即自動補為1。

FIND()回應字數；FINDB()回應位元數。以字數為單位時，全型中文與半
型英文/數字均為一個字。以位元數為單位時，半型英文/數字仍佔一個位
元；而一個中文字或全型字則佔兩個位元。如：（範例『FunCh04-字串.xlsx\
FIND』工作表）

=FIND("中山","台北市中山北路",1)	為4
=FINDB("中山","台北市中山北路",1)	為7

| C4 | ▼ | : | × | ✓ | fx | =FIND(A4,$A$1,1) |

▲	A	B	C
1	台北市中山北路六段六十九號六樓		
2			
3	**找尋內容**	**公式**	**結果**
4	中山	=FIND(A4,$A$1,1)	4
5	中山	=FINDB(A5,$A$1,1)	7
6	北	=FIND(A6,$A$1,1)	2
7	北	=FINDB(A7,$A$1,1)	3
8	六十	=FIND(A8,$A$1,1)	10
9	六十	=FINDB(A9,$A$1,1)	19

省略標定由[第幾個字開始]，表示由第一個字開始找。允許加標由第幾個字開始找，其目的在跳過某些重複出現之內容。如：

=FIND("北","台北市中山北路",1)	為2
=FIND("北","台北市中山北路",3)	為6

分別找尋第1及2個"北"字之位置。

| C18 | ▼ | : | × | ✓ | fx | =FIND(A18,A11,C17+1) |

▲	A	B	C
11	台北市中山北路六段六十九號六樓		
12			
13	**找尋內容**	**公式**	**結果**
14	北	=FIND(A14,A11)	2
15	北	=FIND(A15,A11,C14+1)	6
16	六	=FIND(A16,A11)	8
17	六	=FIND(A17,A11,C16+1)	10
18	六	=FIND(A18,A11,C17+1)	14

若找不到、開始找尋位置不大於零或其值超過字串之總長度，本函數之結果為錯誤值#VALUE!。

此二函數，視大小寫為不同字元。如：

=FIND("M","Miriam McGovern")	為1
=FIND("m","Miriam McGovern")	為6
=FINDB("M","Miriam McGovern")	為1
=FINDB("m","Miriam McGovern")	為6

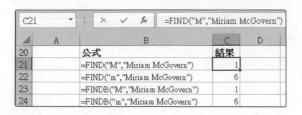

| C21 | ▼ | : | × | ✓ | fx | =FIND("M","Miriam McGovern") |

▲	A	B	C	D
20		**公式**	**結果**	
21		=FIND("M","Miriam McGovern")	1	
22		=FIND("m","Miriam McGovern")	6	
23		=FINDB("M","Miriam McGovern")	1	
24		=FINDB("m","Miriam McGovern")	6	

馬上練習

使用範例『FunCh04-字串.xlsx\找空格』工作表，找出A1內容中兩個空白所在之位置：

	A	B
1	Microsoft Excel 2019	
2		
3	第一個空格	10
4	第二個空格	16

將英文姓名拆分兩欄

將範例『FunCh04-字串.xlsx\英文姓名』工作表英文作者之姓名拆分兩欄，其共通點是以逗號及空格標開姓（Last Name）與名(First Name)。故使用：

```
=LEFT(A2,FIND(", ",A2)-1)
```

找到", "逗號及空格之位置，將其減1即姓氏之長度。以LEFT()自左邊取該長度之內容，即可得到姓氏：

B2		× ✓ fx	=LEFT(A2,FIND(", ",A2)-1)		
	A	B	C	D	E
1	Author	Last Name	First Name		
2	Donnely, Paul	Donnely			
3	Jewell, Tom	Jewell			
4	Boyd, James	Boyd			
5	Deitmer, Steve	Deitmer			

至於，名的部份，則使用：

```
=MID(A2,FIND(", ",A2)+2,200)
```

於找到", "逗號及空格之位置，將其加2即名字之開始位置。但因不知其長度應為多少？故意安排一個很大之數字200，大概沒有人有那麼長的名字，故可以MID()取得名字之內容：

C2		× ✓ fx	=MID(A2,FIND(", ",A2)+2,200)		
	A	B	C	D	E
1	Author	Last Name	First Name		
2	Donnely, Paul	Donnely	Paul		
3	Jewell, Tom	Jewell	Tom		
4	Boyd, James	Boyd	James		
5	Deitmer, Steve	Deitmer	Steve		

4

文字函數

若覺得使用200為長度，不是很有道理（笨笨的）。可使用LEN()判斷出整個姓名之長度，續以：

```
=MID(A2,FIND(", ",A2)+2,LEN(A2))
```

也可取得名字之內容。

C2		fx	=MID(A2,FIND(", ",A2)+2,LEN(A2))		
	A	B	C	D	E	F
1	Author	Last Name	First Name			
2	Donnely, Paul	Donnely	Paul			
3	Jewell, Tom	Jewell	Tom			
4	Boyd, James	Boyd	James			
5	Deitmer, Steve	Deitmer	Steve			

此外，本例也可使用RIGHT()來處理。如：

```
=RIGHT(A9,LEN(A9)-FIND(", ",A9)-1)
```

C9		fx	=RIGHT(A9,LEN(A9)-FIND(", ",A9)-1)		
	A	B	C	D	E	F
8	Author	Last Name	First Name			
9	Donnely, Paul	Donnely	Paul			
10	Jewell, Tom	Jewell	Tom			
11	Boyd, James	Boyd	James			
12	Deitmer, Steve	Deitmer	Steve			

秘訣 於資料庫中將姓與名分開存放，也有其好處。將來要進行查詢時，就可省去不少以函數轉換之動作。

前例，亦可利用Excel『快速填入』功能，智慧性判斷並填入適當內容。（範例『FunCh04-字串.xlsx\自動輸入』工作表）首先，於B2輸入"Donnely"：

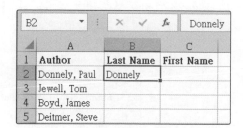

B2		fx	Donnely	
	A	B	C
1	Author	Last Name	First Name
2	Donnely, Paul	Donnely	
3	Jewell, Tom		
4	Boyd, James		
5	Deitmer, Steve		

然後，選取 B2:B5：

	A	B	C
1	Author	Last Name	First Name
2	Donnely, Paul	Donnely	
3	Jewell, Tom		
4	Boyd, James		
5	Deitmer, Steve		

執行「資料/資料工具/快速填入」 快速填入（或按 Ctrl + E ），即可取得所有 Last Name 字串：

	A	B	C
1	Author	Last Name	First Name
2	Donnely, Paul	Donnely	
3	Jewell, Tom	Jewell	
4	Boyd, James	Boyd	
5	Deitmer, Steve	Deitmer	

First Name 部分也可以比照辦理，於 C2 輸入 "Paul"，然後，選取 C2:C5：

	A	B	C
1	Author	Last Name	First Name
2	Donnely, Paul	Donnely	Paul
3	Jewell, Tom	Jewell	
4	Boyd, James	Boyd	
5	Deitmer, Steve	Deitmer	

續執行「資料/資料工具/快速填入」 快速填入（或按 Ctrl + E ），即可取得所有 First Name 字串：

	A	B	C
1	Author	Last Name	First Name
2	Donnely, Paul	Donnely	Paul
3	Jewell, Tom	Jewell	Tom
4	Boyd, James	Boyd	James
5	Deitmer, Steve	Deitmer	Steve

找出街道名稱

試就範例『FunCh04-字串.xlsx\街道名稱』工作表地址內容，找出其街道名稱。由於輸入地址資料時，有時會輸入完整之都市名稱（如：台北市）；有時，則否（如：北市）。但其共通點為"市"之後即接其路名（○○路），問題是應該取幾個字才是完整的路名？

	A	B
1	地址	街道
2	北市中山北路二段 40 巷 6 弄 3 號	
3	北市內湖路一段 47 巷 58 號	

首先，以：

```
FIND("市",A2)+1
```

可取得"市"之後第一個字之位置，即路名位置；以

```
FIND("路",A2)
```

可取得"路"（路名之最後一個字）之位置；那麼

FIND("路",A2)-FIND("市",A2)

即可算出應取出幾個字？所以，完整之公式應為：

=MID(A2,FIND("市",A2)+1,FIND("路",A2)-FIND("市",A2))

B2	▼	:	×	✓	fx	=MID(A2,FIND("市",A2)+1,FIND("路",A2)-FIND("市",A2))		

◢	A	B	C	D	E	F
1	地址	街道				
2	北市中山北路二段 40 巷 6 弄 3 號	中山北路				
3	北市內湖路一段 47 巷 58 號	內湖路				
4	台北市民生東路五段 165 號 5F	民生東路				
5	台北市長安東路 256 巷 14 號 4F	長安東路				

再將問題弄複雜點，地址內可能是○○街。那又該怎麼處理？如：

◢	A	B
11	地址	街道
12	北市中山北路二段40巷6弄3號	
13	北市內湖路一段47巷58號	
14	台北市龍江街165號5F	

只好以

IF(ISERR(FIND("街",A12)),FIND("路",A12),FIND("街",A12))

判斷應以"街"或"路"，來找出街道之名稱的結束位置？由於FIND()找不到所要找之內容，其結果為錯誤值#VALUE!，此時ISERR()函數之結果將為TRUE。若

ISERR(FIND("街",A12))

成立，表地址內無"街"字，故應以"路"進行判斷；否則，以"街"進行處理。故完整公式將為：

=MID(A12,FIND("市",A12)+1,IF(ISERR(FIND("街",A12)),FIND("路",A12),
FIND("街",A12))-FIND("市",A12))

其處理結果為：

B12		×	✓	fx	=MID(A12,FIND("市",A12)+1,IF(ISERR(FIND("街",A12)), FIND("路",A12),FIND("街",A12))-FIND("市",A12))

	A	B	C	D	E	F
11	**地址**	**街道**				
12	北市中山北路二段40巷6弄3號	中山北路				
13	北市內湖路一段47巷58號	內湖路				
14	台北市龍江街165號5F	龍江街				

如果問題更複雜，地址內還可能有○○○○大道。那又該怎麼處理？此部份就交給讀者當家庭作業自行處理了！

4-6 找尋子字串SEARCH()與SEARCH B()

SEARCH(要找尋之子字串,文字串,[第幾個字開始])
SEARCH(find_text,within_text,[start_num])
SEARCHB(要找尋之子字串,文字串,[第幾個位元開始])
SEARCHB(find_text,within_text,[start_num])

這兩個函數之效果同於FIND()與FINDB()，均是用來自某文字串之第幾個字開始，找尋第一個出現某一子字串之位置。但本類函數，可使用 * 及 ? 之萬用字元進行找尋；而FIND()與FINDB()則不行。

式中，方括號所包圍之內容，表該部份可省略。若省略，即自動補為1。

SEARCH()回應字數；SEARCHB()回應位元數。以字數為單位時，全型中文與半型英文/數字均為一個字。以位元數為單位時，半型英文/數字佔一個位元；而一個中文字或全型字則佔兩個位元。如：（範例『FunCh04-字串.xlsx\SEARCH』工作表）

=SEARCH("中山","台北市中山北路",1)	為4
=SEARCHB("中山","台北市中山北路",1)	為7

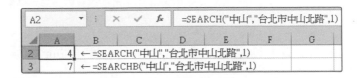

A2	▼	:	×	✓	fx	=SEARCH("中山","台北市中山北路",1)	
	A	B	C	D	E	F	G
2	4	← =SEARCH("中山","台北市中山北路",1)					
3	7	← =SEARCHB("中山","台北市中山北路",1)					

但其與FIND()或FINDB()之差別為：SEARCH()與SEARCHB()中要找尋之
子字串，允許使用*及?等萬用字元。如：

=SEARCH("中*","台北市中山北路",1)	為4
=SEARCHB("中??","台北市中山北路",1)	為7

注意，因為找尋內容為兩個位元之中文字，故最後一式不可只使用一個問號
（?）。若找半型之英文/數字，則無此顧慮。

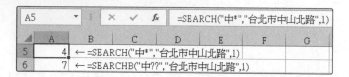

由於，可使用 * 及 ? 之萬用字元。萬一，要找尋者恰含星號"*"或問號"?"，
則可於其前加一波浪符號"~"。如：

=SEARCH("~*","=B4*B5+6",1)

表要找星號"*"之位置，其結果為4。若省略波浪符號"~"：

=SEARCH("*","=B4*B5+6",1)

其結果將為1，因任何字均符合要求。

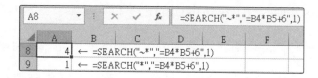

4-7　複製文字REPT()

REPT(文字串,複製次數)
REPT(text,number_times)

依指定次數複製文字串之內容，其複製結果的長度不可超過32,767個字元。
若複製次數含有小數，則僅取其整數。如：（範例『FunCh04-字串.xlsx\
REPT』工作表）

=REPT("-",15)	可複製15個"-"號
=REPT("----+",15)	可複製15個"----+"號

B3	▼ : × ✓ fx	=REPT("----+",15)	

▲	A	B	C	D
1	公式	結果		
2	=REPT(" ",15)	---------------		
3	=REPT("----+",	----+----+--+----+----+----+----+----+-- +----+----+----+----+----+		

以星號表示成績條狀圖

將範例『FunCh04-字串.xlsx\REPT』工作表之成績，以5分一個星號表示其條狀圖。其公式為：

=REPT("*",ROUND(B7/5,0))

或

=REPT("*",B7/5)

因複製次數若含有小數，將僅取其整數。故前式會有四捨五入；後式則無。

C7	▼ : × ✓ fx	=REPT("*",ROUND(B7/5,0))

▲	A	B	C
6	姓名	成績	條狀圖
7	陳淑惠	85	*****************
8	吳順德	92	*******************
9	陳傳明	68	**************
10	梁鈴芬	45	*********

而下例則將其內欲複製之文字串，改為條狀符號，並設定顏色：

C16	▼ : × ✓ fx	=REPT("■",ROUND(B16/5,0))

▲	A	B	C
15	姓名	成績	條狀圖
16	陳淑惠	85	■■■■■■■■■■■■■■■■■
17	吳順德	92	■■■■■■■■■■■■■■■■■■■
18	陳傳明	68	■■■■■■■■■■■■■■
19	梁鈴芬	45	■■■■■■■■■

所使用之公式

=REPT("■",ROUND(B16/5,0))

看似簡單，請利用另一個『REPT-練習』工作表，自行輸入一次看看，那條狀符號要怎麼打？

其處理步驟為：（範例『FunCh04-字串.xlsx\REPT』工作表）

1 到C16，按『插入/符號/符號』 Ω符號 鈕，將顯示

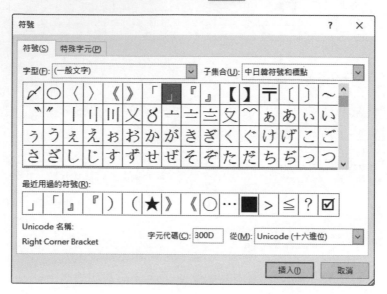

2 利用右側之垂直捲動鈕，捲到

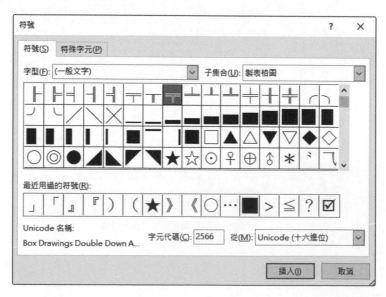

3 雙按第二列最後倒數第三個方塊符號,將其輸入到儲存格內。 按
 ■ 鈕結束,該儲存格仍處於編輯狀態

4 將游標移到最左邊,插入公式 =REPT("

5 續完成整個公式之輸入

	A	B	C
15	**姓名**	**成績**	**條狀圖**
16	陳淑惠	85	=REPT("■",ROUND(B16/5,0))

儲存格名稱方塊:CONCAT... ✕ ✓ fx =REPT("■",ROUND(B16/5,0))

6 並進行複製到其他儲存格,並設定字型色彩,即為所求

使用範例『FunCh04-字串.xlsx\條狀圖』工作表,將成績顯示成
5分一個"☆"符號之條狀圖:

	A	B	C
1	**姓名**	**成績**	**條狀圖**
2	陳淑惠	85	☆☆☆☆☆☆☆☆☆☆☆☆☆☆☆☆☆
3	吳順德	92	☆☆☆☆☆☆☆☆☆☆☆☆☆☆☆☆☆☆
4	陳傳明	68	☆☆☆☆☆☆☆☆☆☆☆☆☆☆

4-8 取代字串REPLACE()與REPLACEB()

REPLACE(舊字串,起始位置,移出字元長度,新字串)
REPLACE(old_text,start_num,num_chars,new_text)
REPLACEB(舊字串,起始位置,移出位元長度,新字串)
REPLACEB(old_text,start_num,num_bytes,new_text)

將**舊字串**由**起始位置**開始,消去**移出字元長度**所指定之字元數(或位元數),代之以**新字串**內容。

以字數為單位時,全型中文與半型英文/數字均為一個字。以位元數為單位時,半型英文/數字佔一個位元;而一個中文字或全型字則佔兩個位元。如:(範例『FunCh04-字串.xlsx\REPLACE』工作表)

=REPLACE("台北市中山北路二段47號",4,2,"重慶")
=REPLACEB("台北市中山北路二段47號",7,4,"重慶")

之結果均為"台北市重慶北路二段47號"。

A3	▼	:	×	✓	fx	=REPLACE(A1,4,2,"重慶")	
	A	B	C	D	E	F
1	台北市中山北路二段47號					
2						
3	台北市重慶北路二段47號			← =REPLACE(A1,4,2,"重慶")		
4	台北市重慶北路二段47號			← =REPLACEB(A1,7,4,"重慶")		

只要安排得當,本函數可用來更改**舊字串**中的任何內容。當新內容為""或全無內容之儲存格,其結果相當刪除要移出之內容。如下例將刪除其第8個字開始的2個字("二段"):

D13	▼	:	×	✓	fx	=REPLACE($A$6,A13,B13,C13)	
	A	B	C	D	E	F
6	台北市中山北路二段47號					
7						
8	起始位置	移出字數	新字串	結果		
13	8	2		台北市中山北路47號		

當移出0個字時，其結果相當於插入指定之新字串，如下例將插入指定之新字串"中山區"：

D14		×	✓	fx	=REPLACE($A$6,A14,B14,C14)	
	A	B	C	D	E	F
6	台北市中山北路二段47號					
7						
8	起始位置	移出字數	新字串	結果		
14	4	0	中山區	台北市中山區中山北路二段47號		

當新內容恰與移出之舊內容等字數時，其結果相當於替換，如下例將"台北"替換成"高雄"：

D9		×	✓	fx	=REPLACE($A$6,A9,B9,C9)	
	A	B	C	D	E	F
6	台北市中山北路二段47號					
7						
8	起始位置	移出字數	新字串	結果		
9	1	2	高雄	高雄市中山北路二段47號		

其餘各例，請參見下表：

D12		×	✓	fx	=REPLACE($A$6,A12,B12,C12)	
	A	B	C	D	E	F
6	台北市中山北路二段47號					
7						
8	起始位置	移出字數	新字串	結果		
9	1	2	高雄	高雄市中山北路二段47號		
10	4	4	合江街	台北市合江街二段47號		
11	8	1	六	台北市中山北路六段47號		
12	10	2	168	台北市中山北路二段168號		
13	8	2		台北市中山北路47號		
14	4	0	中山區	台北市中山區中山北路二段47號		

馬上
練習

使用範例『FunCh04-字串.xlsx\REPLACE-地址』工作表，將A1之地址，以REPLACE()將其更改為A3:A7所示之子字串：

	A	B	C
1	台北市南京東路五段45號		
2			
3	南京東路五段45號		
4	台民生東路五段45號		
5	台北市南京西路五段45號		
6	台北市南京東路		
7	台北市中山區南京東路五段45號		

更改電話

由於台北地區之電話字首已加一個2，試將範例『FunCh04-字串.xlsx\更改電話』工作表中區域碼為 "(02)" 之電話字首，均加一個2字。其公式為：

```
=IF(ISERR(FIND("(02)",B2)),B2,REPLACE(B2,FIND("(02)",B2)+5,0,"2"))
```

以ISERR(FIND("(02)",B2))判斷出不含 "(02)" 內容，即不用更改電話號碼；反之，若電話中含 "(02)"，即以

```
REPLACE(B2,FIND("(02)",B2)+5,0,"2")
```

於其原電話前加上 "2"（移走0個字，替換成 "2" ）。

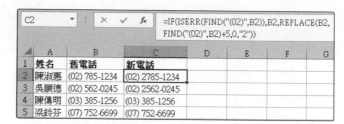

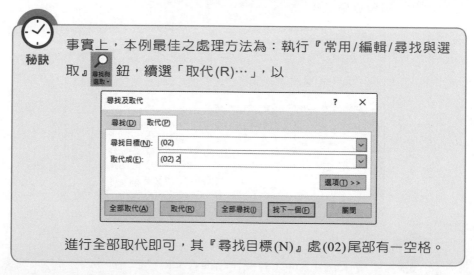

進行全部取代即可，其『尋找目標(N)』處(02)尾部有一空格。

更改街名

範例『FunCh04-字串.xlsx\更改街名』工作表，以

```
=IF(ISERR(FIND("介壽路",A2)),A2,REPLACE(A2,FIND("介壽路",A2),3,"凱達格蘭
大道"))
```

將地址中之"介壽路"更改為"凱達格蘭大道"。

	A	B	C
1	地址	更改後	
2	北市中山北路二段40巷6弄3號	北市中山北路二段40巷6弄3號	
3	北市介壽路一段47巷58號	北市凱達格蘭大道一段47巷58號	
4	台北市龍江街165號5F	台北市龍江街165號5F	

B2 公式:`=IF(ISERR(FIND("介壽路",A2)),A2,REPLACE(A2,FIND("介壽路",A2),3,"凱達格蘭大道"))`

秘訣　本例最佳之處理方法為：執行『常用/編輯/尋找與選取』

鈕，續選「取代(R)…」，以

尋找及取代　　　　　　　　　　? ×

尋找(D)　取代(P)

尋找目標(N):　介壽路

取代成(E):　凱達格蘭大道

選項(T) >>

全部取代(A)　取代(R)　全部尋找(I)　找下一個(F)　關閉

進行全部取代即可。

4-9　取代文字串 SUBSTITUTE()

SUBSTITUTE(文字串,要取代之舊字串,要換成之新字串,[第幾組])
SUBSTITUTE(text,old_text,new_text,[instance_num])

可將文字串中的指定的某一組要取代之舊字串（原內容可能有多組要更換之舊字串），更換為要換成之新字串。式中，方括號所包圍之內容，表該部份可省略。如：（範例『FunCh04-字串.xlsx\SUBSTITUTE』工作表）

=SUBSTITUTE("台北市北平街","北","南",1)

之結果為"台南市北平街"，將第1個"北"換為"南"；而

=SUBSTITUTE("台北市北平街","北","南",2)

之結果為"台北市南平街"，將第2個"北"換為"南"。

本函數是用於知道要處理之舊字串時，其控制內容是字串；而若是以位置進行處理，則必須使用REPLACE()函數，其控制內容是數字。

若省略控制要處理之[第幾組]引數，則文字串中的每一組舊字串均會被取代為要換成之新字串。如：

=SUBSTITUTE("台北市北平街","北","南")

之結果為"台南市南平街"，
全部之"北"均換為"南"：

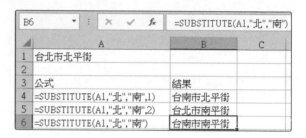

更換電話內容

將範例『FunCh04-字串.xlsx\更換電話』工作表內，區碼為"(02)"之電話的字首加上"2"，使用之方法為將"(02)"改為"(02) 2"，其公式為：

=SUBSTITUTE(A2,"(02)","(02) 2",1)

秘訣 針對此類替換動作，最佳途徑還是執行『常用/編輯/尋找與選取』🔍 鈕，續選「取代(R)…」。

更換地址內容

將範例『FunCh04-字串.xlsx\更換地址』工作表內，"台北縣"改為"新北市"，使用之公式為：

```
=SUBSTITUTE(A2,"台北縣","新北市",1)
```

	A	B
1	地址	更改後
2	台北縣中山路二段40巷6弄3號	新北市中山路二段40巷6弄3號
3	台中市介壽路一段47巷58號	台中市介壽路一段47巷58號
4	台北縣禮仁街165號5F	新北市禮仁街165號5F
5	高雄市中山一路256巷14號4F	高雄市中山一路256巷14號4F
6	台北縣介壽路三段24弄9號	新北市介壽路三段24弄9號
7	台北市南京東路五段45號5F-3	台北市南京東路五段45號5F-3

B2 欄 `=SUBSTITUTE(A2,"台北縣","新北市",1)`

秘訣 針對此類替換動作，最佳途徑還是執行『常用/編輯/尋找與選取』鈕，續選「取代(R)…」。

4-10 以ASCII碼產生字元CHAR()

```
CHAR(數字)
CHAR(number)
```

此函數用來產生數字值所代表的ASCII（American Standard Code for Information Interchange）字元，數字之值應介於1到255。如：（範例『FunCh04-字串.xlsx\CHAR』工作表）

=CHAR(65)	為"A"
=CHAR(90)	為"Z"
=CHAR(97)	為"a"
=CHAR(122)	為"z"

B2 欄 `=CHAR(A2)`

	A	B	C	D
1	數值	Char()字元		
2	35	#		
3	48	0		
4	57	9		
5	65	A		
6	90	Z		
7	97	a		
8	122	z		

4-11 以Unicode碼產生字元UNICHAR()

UNICHAR(數字)
UNICHAR(number)

CHAR()函數是用來產生數字值所代表的ASCII字元，其數字值只能介於1到255。因此，很多全/半型的多國語言文字或符號，並無法表現出來。Unicode（標準萬國碼）則新增了很多原無法表現出來的字元，其前面的256個字元與ASCII字元相同，以利二者互通。

此函數用來產生數字值所代表的Unicode字元。如：（範例『FunCh04-字串.xlsx\UNICHAR』工作表）

	A	B	C
1	數值	Char()字元	UniChar()字元
2	35	#	#
3	48	0	0
4	65	A	A
5	97	a	a
6	255	ÿ	ÿ
7	256	#VALUE!	Ā
8	257	#VALUE!	ā
9	365	#VALUE!	ŭ
10	366	#VALUE!	Ů
11	960	#VALUE!	π
12	961	#VALUE!	ρ
13	12354	#VALUE!	あ

=UNICHAR(960)　　　為"π"
=UNICHAR(961)　　　為"ρ"
=UNICHAR(12354)　　為"あ"

4-12 查字元的ASCII碼CODE()

CODE(文字串)
CODE(text)

此函數用來傳回文字串之『第一個』字所代表的ASCII數值。如：（範例『FunCh04-字串.xlsx\CODE』工作表）

	A	B
1	文字串	Code值
2	ABC	65
3	Z	90
4	a	97
5	zip	122
6	0	48
7	96.99	57

=CODE("ABC")　　為65
=CODE("Z")　　　為90
=CODE("a")　　　為97
=CODE("zip")　　為122

本函數也可用來查中文字之代碼,只是使用機會較少而已。

	A	B	C	D	E
10	文字串	Code值			
11	中	42148			
12	文	42213			
13	版	43689			

B11 ▼ × ✓ fx =CODE(A11)

控制貨品編號首字為大寫字母

有時,利用『資料驗證』控制所輸入之內容必須為某特定值(如:大寫英文字母、介於0~9),就得應用此一函數。

假定,範例『FunCh04-字串.xlsx\貨品編號』工作表內,貨品編號首字必須為大寫字母。按『資料/資料工具/資料驗證』 ⤵ **資料驗證** 鈕,轉入『資料驗證』對話方塊,於『儲存格內允許』處選「自訂」,另於『公式』處輸入條件式:

```
=AND(CODE(A2)>=65,CODE(A2)<=90)
```

輸入條件式時,可於外面之任意儲存格內進行輸入。正確後,再以剪貼技巧將其貼到『公式』處。如此,將較易進行編輯與除錯。

其餘各標籤之設定內容分別為：

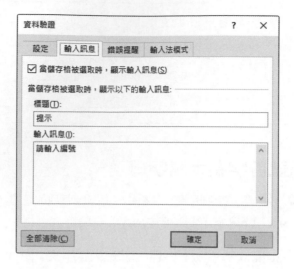

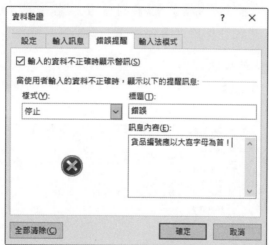

即可控制所輸入之貨品編號首字必須為大寫字母。注意，雖然公式中只使用到A2，但對整個A2:A10之範圍均有同樣效果。如：

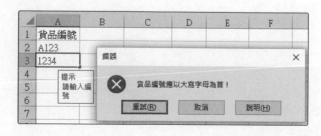

4-13　查字元的UNICODE碼

UNICODE(文字串)
UNICODE(text)

用來傳回文字串之『第一個』字所代表的Unicode（標準萬國碼）數值。如：（範例『FunCh04-字串.xlsx\UNICODE』工作表）

=UNICODE("π")	為960
=UNICODE("ρ")	為961
=UNICODE("あ")	為12354

B13	▼	：	×	✓	*fx*	=UNICODE(A13)

▲	A	B	C	D
1	Unicode字元	Unicode數值		
2	#	35		
3	0	48		
4	A	65		
5	a	97		
6	ÿ	255		
7	Ā	256		
8	ā	257		
9	ŭ	365		
10	Ŭ	366		
11	π	960		
12	ρ	961		
13	あ	12354		

4-14　字串長度LEN()與LENB()

LEN(文字串)
LEN(text)
LENB(文字串)
LENB(text)

可算出文字串之字數或位元數（包括空白）。以字數為單位時，全型中文與半型英文/數字均為一個字。以位元數為單位時，半型英文/數字佔一個位元；而一個中文字或全型字則佔兩個位元。如：（範例『FunCh04-字串.xlsx\LEN』工作表）

LEN("長安東路256巷14號4F")	為13
LENB("長安東路256巷14號4F")	為19

B3	▼	：	×	✓	*fx*	=LEN(A1)

▲	A	B	C	D
1	長安東路256巷14號4F			
2				
3	字數	13	← =LEN(A1)	
4	位元數	19	← =LENB(A1)	

檢查貨品編號

檢查範例『FunCh04-字串.xlsx\控制貨品編號』工作表中之貨品編號是否存有錯誤？假定，貨品編號首字為大寫字母且總長度為4。使用之公式為：

=IF(AND(LEN(A3)=4,CODE(A3)>=65,CODE(A3)<=90),"OK","編號錯誤")

若改使用A12之資料，假定要明確指出所犯之錯誤，如：首字非大寫字母、長度錯誤或字母與長度均錯。其公式應為：

=IF(AND(LEN(A12)=4,CODE(A12)>=65,CODE(A12)<=90),"OK",IF(AND(LEN(A12)
<>4,OR(CODE(A12)<65,CODE(A12)>90)),"兩者均錯",IF(OR(CODE(A12)<65,
CODE(A12)>90),"字母錯誤","長度錯誤")))

馬上
練習

使用範例『FunCh04-字串.xlsx\控制貨品編號』工作表，利用『資料驗證』控制學號不得超過8位長度。

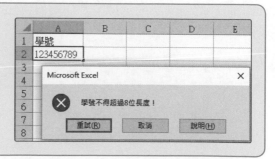

以MID替代RIGHT

前文介紹MID()函數時，曾介紹過其可完全替代RIGHT()：

=MID(文字串,總長度-長度+1,長度)

即

=RIGHT(文字串,長度)

如：

=MID(A2,LEN(A2)-B2+1,B2)

與

=RIGHT(A2,B2)

之效果相同。（範例『FunCh04-字串.xlsx\以MID替代RIGHT』工作表）

	A	B	C	D
1	地址	右尾幾位	以RIGHT	以MID
2	北市中山北路二段40巷6弄3號	4	6弄3號	6弄3號
3	北市介壽路一段47巷58號	5	7巷58號	7巷58號
4	台北市龍江街165號5F	3	號5F	號5F
5	台北市長安東路256巷14號4F	6	巷14號4F	巷14號4F

D2 儲存格公式：=MID(A2,LEN(A2)-B2+1,B2)

4-15 數值轉文字TEXT()

TEXT(數值,格式字串)
TEXT(value,format_text)

將數值結果（只要是可轉成數值之數字或字串均可），依格式字串指定的格式轉成文字串。如：（範例『FunCh04-字串.xlsx\TEXT』工作表）

=TEXT(12345,"$#,##0")   為 "$12,345"
=TEXT(345,"000000")   為 "000345"

=TEXT("1234.5","\$#,##0")	為"\$1,235"
=TEXT(DATE(2019,6,20),"dd-mmm-yyyy")	為"20-Jun-2019"

B5	▼ : × ✓ fx	=TEXT(DATE(2019,6,20),"dd-mmm-yyyy")	

▲	A	B	C	D
1	公式	TEXT結果		
2	=TEXT(12345,"\$#,##0")	\$12,345		
3	=TEXT(345,"000000")	000345		
4	=TEXT("1234.5","\$#,##0")	\$1,235		
5	=TEXT(DATE(2019,6,20),"dd-mmm-yyyy")	20-Jun-2019		

以前的程式語言,將資料型態劃分得很嚴格。數值與字串進行運算是不被允許的,故得以轉換函數將其轉為同一類(數值轉字串或字串轉數值),才可進行運算。

但Excel已無此限制,通常,當用上字串連結符號(&)將兩個數值資料進行連結。Excel即自動會將兩個數字轉為文字串後,再進行連結:(範例『FunCh04-字串.xlsx\字串連結1』工作表)

C2	▼ : × ✓ fx	=A2&B2	

▲	A	B	C	D
1	x	y	x&y	
2	\$26,500	\$3,000	265003000	

故只差其原格式無法保留而已;但若使用TEXT()則可另安排上格式:

C5	▼ : × ✓ fx	=TEXT(A5,"\$#,##0")&TEXT(B5,"\$#,##0")			

▲	A	B	C	D	E	F	G
4	x	y	x&y				
5	\$36,500	\$3,000	\$36,500\$3,000				

馬上練習

將範例『FunCh04-字串.xlsx\日期格式之字串』工作表之日期轉為以"mmm dd, yyyy"格式顯示之字串:

▲	A	B
1	原日期	新日期
2	2019/10/19	Oct-19, 2019
3	2010/8/8	Aug-08, 2010
4	2004/9/4	Sep-04, 2004
5	2001/12/21	Dec-21, 2001
6	1998/9/25	Sep-25, 1998

組合貨品編號

假定，原在範例『FunCh04-字串.xlsx\組合貨品編號』工作表安排貨號時，將類別與編號分存於兩欄：

此時，就算輸入001之編號，也會自動轉為1而已。因為那些0並不影響數值結果（即無作用之0）。

今擬將其類別與編號合併成新貨品編號，編號未滿3位數，於其前面自動補0。若僅以

=A2&B2

進行合併，其結果為：

	A	B	C	D	E
1	類別	編號	貨品編號		
2	A	1	A1		
3	A	33	A33		

（C2 ＝A2&B2）

並無法達成要求，數字前未自動補0。

正確之作法為：

=A2&TEXT(B2,"000")

以"000"格式，要求顯示出所有無作用之0，然後再進行合併：

	A	B	C	D	E	F
1	類別	編號	貨品編號			
2	A	1	A001			
3	A	33	A033			
4	A	125	A125			
5	B	2	B002			

（C2 ＝A2&TEXT(B2,"000")）

即可讓未滿3位數之數字，於前面自動補0。

貨幣數值轉文字DOLLAR()

DOLLAR(數值,[小數位])
DOLLAR(number,[decimals])

將數值依貨幣格式，以指定之[小數位]將其轉換為文字。式中，方括號所包圍之內容，表該部份可省略。若省略[小數位]，系統將預設為2。如：（範例『FunCh04-字串.xlsx\DOLLAR』工作表）

=DOLLAR(1234.5,1)   為"$1,234.5"
=DOLLAR(1234.5,0)   為"$1,235"
=DOLLAR(1234.567)   為"$1,235.57"，因小數位預設為2
=DOLLAR(-3205.5,0)   為"-$3,206"

B2	▼	⋮	×	✓	fx	=DOLLAR(1234.5,1)

▲	A	B	C	D
1	公式	結果		
2	=DOLLAR(1234.5,1)	$1,234.5		
3	=DOLLAR(1234.5,0)	$1,235		
4	=DOLLAR(1234.567)	$1,234.57		
5	=DOLLAR(-3205.5,0)	-$3,206		

固定小數位數值轉文字FIXED()

FIXED(數值,[小數位],[不要逗號])
FIXED (number,[decimals],[no_commas])

將數值依逗點和句點格式，於指定之小數位將其轉換為文字。式中，方括號所包圍之內容，表該部份可省略。若省略小數位，其預設值為2。

不要逗號為一邏輯值，省略時，其預設值為FALSE，處理結果將含千分位之逗號。其與DOLLAR()之差別僅在最前面無金錢符號而已。如：（範例『FunCh04-字串.xlsx\FIXED』工作表）

```
=FIXED(1234.5,1)              為"1,234.5"
=FIXED(1234.5,0)              為"1,235"
=FIXED(1234.5,0,TRUE)        為"1235"
=FIXED(-3205.5,0)            為"-3,206"
```

	A	B	C
1	公式	結果	
2	=FIXED(1234.5,1)	1,234.5	
3	=FIXED(1234.5,0)	1,235	
4	=FIXED(1234.5,0,TRUE)	1235	
5	=FIXED(-3205.5,0)	-3,206	

B2 　fx =FIXED(1234.5,1)

4-18　比較兩字串EXACT()

```
EXACT(文字串1,文字串2)
EXACT(text1,text2)
```

本函數用以比較兩字串是否完全相同？通常，直接以等號（＝）進行字串內容之比較時，會視大小寫為相同內容。如：（範例『FunCh04-字串.xlsx\EXACT』工作表）

```
="Excel"="EXCEL"              為TRUE
```

若想區別出大小寫之不同，就得使用EXACT()函數，因它會區分出大小寫。如：

```
=EXACT("Excel","EXCEL")       為FALSE
```

B5 　fx =EXACT(A1,B1)

	A	B	C	D
1	Excel	EXCEL		
2				
3	公式	比較結果		
4	=A1=B1	TRUE		
5	=EXACT(A1,B1)	FALSE		

TRIM(文字串)
TRIM(text)

本函數會消除文字串前、後及中間之多餘空白字元。但無論是中文或英文字串，字間仍均保有一格空白。這對英文是合理的，但對中文卻是一種錯誤。如：（範例『FunCh04-字串.xlsx\TRIM』工作表）

=TRIM(" 台北市　民生東路　三段 69號")

之結果為："台北市 民生東路 三段 69號"，原字間之多餘空白並未全數消除，仍保留有一格空白。而

= TRIM (" The　　TRIM　　Function　")

之結果為："The TRIM Function"，文字串前、後及中間之多餘空白字元，均被消除，僅於各字間留下一格空白而已。

B8	▼ ⋮ ✕ ✓ ƒx	=LEN(TRIM(A1))				
▲	A	B	C	D	E	F	G
1	台北市　民生東路　三段 69號					
2	The　　TRIM　　Function					
3						
4	公式	結果				
5	=TRIM(A1)	台北市 民生東路 三段 69號	← 中文字間也留下一格空白			
6	=TRIM(A2)	The TRIM Function				
7	=LEN(A1)	20				
8	=LEN(TRIM(A1))	15	← 取消多餘空白後，長度變短了			

秘訣　針對清除中文間之多餘空白，最佳途徑還是執行『常用/編輯/尋找與選取』🔍 鈕，續選「取代(R)…」。

4-20 標題大寫PROPER()

PROPER(文字串)
PROPER(text)

可將文字串之每個英文全字（word）的第一個字母轉成大寫；其餘字母轉為小寫。如：（範例『FunCh04-字串.xlsx\PROPER』工作表）

=PROPER("THE PROPER FUNCTION")

之結果為："The Proper Function"。

B4	▼	:	×	✓	fx	=TRIM(PROPER(A4))	

	A	B	C
1	原字串	PROPER	
2	THE PROPER FUNCTION	The Proper Function	← =PROPER(A2)
3	the PROPER function	The Proper Function	← =PROPER(A3)
4	the proper function	The Proper Function	← =TRIM(PROPER(A4))
5	the proPER funcTION	The Proper Function	← =PROPER(A5)

4-21 轉小寫LOWER()

LOWER(文字串)
LOWER(text)

將文字串中之英文字母均轉換成小寫字體（lower case letter）。如：（範例『FunCh04-字串.xlsx\LOWER』工作表）

=LOWER("THE LOWER FUNCTION")

之結果為："the lower function"。

B2	▼	:	×	✓	fx	=LOWER(A2)

	A	B
1	原字串	LOWER
2	THE LOWER FUNCTION	the lower function
3	the LOWER() function	the lower() function
4	EXCEL 2021中文版	excel 2021中文版

4-22 轉大寫UPPER()

UPPER(文字串)
UPPER(text)

將文字串中之英文字母均轉換成大寫字體（upper case letter）。如：（範例『FunCh04-字串.xlsx\UPPER』工作表）

=UPPER("The UPPER() Function")

之結果為："THE UPPER() FUNCTION"。

	A	B
	B2 ∨ : × ✓ fx =UPPER(A2)	
1	原字串	UPPER
2	THE UPPER FUNCTION	THE UPPER FUNCTION
3	the UPPER() function	THE UPPER() FUNCTION
4	Excel 2021中文版	EXCEL 2021中文版

4-23 文字轉數值VALUE()

VALUE(文字串)
VALUE(text)

本函數可將數字組成之文字串轉換成數值；若無法轉換，其結果為#VALUE!。如：（範例『FunCh04-字串.xlsx\VALUE』工作表）

=VALUE("123")+100	為223
=VALUE("2019/06/25")+100	為437416

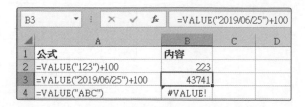

	A	B	C	D
	B3 ▾ : × ✓ fx =VALUE("2019/06/25")+100			
1	公式	內容		
2	=VALUE("123")+100	223		
3	=VALUE("2019/06/25")+100	43741		
4	=VALUE("ABC")	#VALUE!		

第二式，若定為日期格式，其結果為：

	A	B	C	D
B3	f_x	=VALUE("2019/06/25")+100		
1	公式	內容		
2	=VALUE("123")+100	223		
3	=VALUE("2019/06/25")+100	2019/10/3		
4	=VALUE("ABC")	#VALUE!		

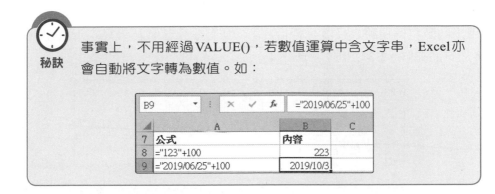

> **秘訣** 事實上，不用經過VALUE()，若數值運算中含文字串，Excel亦會自動將文字轉為數值。如：

	A	B	C
B9	f_x	="2019/06/25"+100	
7	公式	內容	
8	="123"+100	223	
9	="2019/06/25"+100	2019/10/3	

4
文字函數

控制貨品編號首字為大寫字母後接三位數字

假定，貨品編號之總長度為4，首字必須為大寫字母，後接三位數字。於範例『FunCh04-字串.xlsx\控制貨品編號1』工作表A3，輸入一正確之編號A123。然後，於B3輸入

```
=AND(CODE(A3)>=65,CODE(A3)<=90)
```

用以判斷其首字是否為大寫字母？目前，B3之值為TRUE：

	A	B	C	D	E	F	G
B3		f_x	=AND(CODE(A3)>=65,CODE(A3)<=90)				
2	貨品編號						
3	A123	TRUE					

若於A3輸入全為數字或首字為小寫字母，B3均將獲得錯誤：

	A	B	C	D	E	F	G
B3		f_x	=AND(CODE(A3)>=65,CODE(A3)<=90)				
2	貨品編號						
3	1234	FALSE					

B3	▾	:	×	✓	*fx*	=AND(CODE(A3)>=65,CODE(A3)<=90)		
	A	B	C	D	E	F	G	
2	貨品編號							
3	b235	FALSE						

於可順利判斷首字是否為大寫字母後，將B3之公式改為

`=AND(LEN(A3)=4,CODE(A3)>=65,CODE(A3)<=90,LEN(A3)=4)`

用以判斷整個編號之長度是否恰為4？唯有輸入首字為大寫字母且總長度為4之貨品編號，B3之值才會成立：

B3	▾	:	×	✓	*fx*	=AND(LEN(A3)=4,CODE(A3)>=65, CODE(A3)<=90,LEN(A3)=4)		
	A	B	C	D	E	F	G	
2	貨品編號							
3	S235	TRUE						

B3	▾	:	×	✓	*fx*	=AND(LEN(A3)=4,CODE(A3)>=65, CODE(A3)<=90,LEN(A3)=4)		
	A	B	C	D	E	F	G	
2	貨品編號							
3	S2357	FALSE						

但B3之值為TRUE，並不保證大寫字母後恰為三位數字：

B3	▾	:	×	✓	*fx*	=AND(LEN(A3)=4,CODE(A3)>=65, CODE(A3)<=90,LEN(A3)=4)		
	A	B	C	D	E	F	G	
2	貨品編號							
3	ABCD	TRUE						

故將B3之公式改為：

`=AND(LEN(A3)=4,CODE(A3)>=65,CODE(A3)<=90,VALUE(MID(A3,2,3))>=0,`
`VALUE(MID(A3,2,3))<=999)`

以MID(A3,2,3)取得貨品編號之第2~4位內容，續以VALUE(MID(A3,2,3))將其轉為數值。兩組VALUE()函數是用以判斷編號之第2~4位內容，是否可順利轉為0~999之數值。此時，若數入正確貨品編號，B3之值是為TRUE：

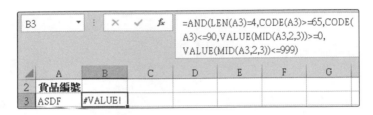

但若輸入全為文字之編號，B14之值並非FALSE；而是因VALUE()函數無法順利轉換之錯誤值#VALUE!：

不過，這並不會影響『資料驗證』的執行結果，錯誤值#VALUE!仍難逃被拒絕之命運。

最後，轉入編輯狀態，將B3之公式內容全數選取，按『常用/剪貼簿/複製』 ![複製] 鈕，將其存入剪貼簿暫存區。先選取欲進行『資料驗證』之範圍（A3:A10），續按『資料/資料工具/資料驗證』 ![資料驗證] 鈕，轉入『資料驗證』對話方塊，於『儲存格內允許』處選「自訂」，另於『公式』以 Ctrl + V 輸入所記憶之條件式：

其餘各標籤之設定內容分別為：

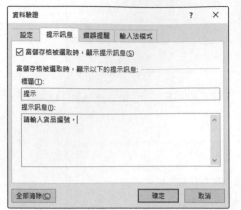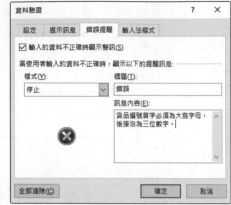

即可控制所輸入貨品編號之總長度為4，首字必須為大寫字母，後接三位數字。如：

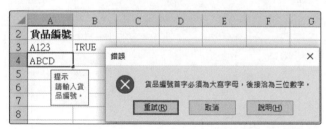

將不符規定之文數字串轉為數值 NUMBERVALUE()

NUMBERVALUE(文字串,[小數符號],[分組符號])
NUMBERVALUE(Text,[Decimal_separator],[Group_separator])

原VALUE()函數於將文字串轉換成數值時,若遇上不符規定之文數字串,
如:"25%%"、"12.34,00"、"12　05　　2013"、……等,均無法轉換,其結果
為#VALUE!;而NUMBERVALUE()函數則儘可能將其合理化並轉為數值。
如:(範例『FunCh04-字串.xlsx\NUMBERVALUE』工作表)

=NUMBERVALUE("25%%")　　　　　　為0.0025
=NUMBERVALUE("12 34,0.0")　　　　為12340
=NUMBERVALUE("12 05　2020")　　　為12052020

小數符號是用來標定非原來使用之小數符號;分組符號是用來標定非原
來使用之千分位分組符號。例如:123.456,05在系統格式設定為中文時,
是會被當為不合理的文數字,以VALUE()進行轉換也是會獲得#VALUE!
錯誤。但若將","逗號設定為小數符號,"."點號設定為分組符號。透過
NUMBERVALUE()可將其轉換為123456.05之數值。

=NUMBERVALUE("123.456,05",",",".")　為123456.05

同樣地,423-888$95以VALUE()進行轉換也是會獲得#VALUE!錯誤,但若
將"$"設定為小數符號;"-"設定為分組符號,透過NUMBERVALUE()可將
其轉換為423888.85之數值:

=NUMBERVALUE("423-888$95","$","-")　為423888.95

注音標示PHONETIC()

///

PHONETIC(參照)
PHONETIC(reference)

如果，當初輸入文字內容時，曾使用『常用/字型/顯
示或隱藏標示注音欄位』 之「編輯注音標示(E)」：

於其上方輸入過注音符號、日文或英文拼音文字：(範
例『FunCh04-字串.xlsx\注音』工作表）

則可利用此一函數，取得所輸入之注音符號、日文或英文拼音文字：

日期與時間函數

5-1 目前日期與時間 NOW()

NOW()

本函數內存放目前日期與時間之數值,其整數部份表自1900年元旦至今天計經過了幾天;其小數部份表自午夜零時整到現在經過了多久。

初輸入此一函數時,其預設格式為yyyy/m/d hh:mm將顯示日期及時間。如,範例『FunCh05-日期.xlsx\Now』A2:D2均輸入 =NOW():

分別以『常用/數值/數值格式』 通用格式 鈕,將B2設定為僅顯示日期,將C2設定為僅顯示時間,將D2設定為顯示一般通用數字:

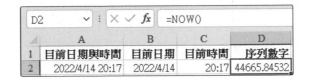

讓我們再度複習到:時間與日期均為一實數之序列數字,顯示日期時僅取其整數;顯示時間時則僅取其小數部份。當然,也可以同時取用整數與小數,而顯示出完整的日期與時間。

秘訣 一旦有任何輸入動作，NOW()函數均會自動更新最新時刻；也可以按 **F9** 鍵，促使其重新計算以更新時刻。所以，在您電腦上所看到之NOW()值，肯定是不會跟書上一樣的啦！

5-2 目前日期TODAY()

TODAY()

本函數內存放目前之日期，故此函數若轉為序列數字，其值將為不含小數之整數。初輸入此一函數時，其預設格式為yyyy/m/d。如：（範例『FunCh05-日期.xlsx\年月日』）

B1	∨ : × ✓ fx	=TODAY()		
	A	B	C	D
1	今天日期	2022/4/14	← =TODAY()	

5-3 年月日YEAR()、MONTH()與DAY()

YEAR(日期)
YEAR(serial_number)
MONTH(日期)
MONTH(serial_number)
DAY(日期)
DAY(serial_number)

此三個函數在求某日期的西元年代、月份與日期值。如：（範例『FunCh05-日期.xlsx\年月日』）

B3	∨ : × ✓ fx	=YEAR(NOW())		
	A	B	C	D
1	今天日期	2022/4/14	← =TODAY()	
2				
3	年	2022	← =YEAR(NOW())	
4	月	4	← =MONTH(NOW())	
5	日	14	← =DAY(NOW())	

馬上練習

將範例『FunCh05-日期.xlsx\拆日期』生日欄之年、月、日,拆分成三欄:

	A	B	C	D
1	生日	年	月	日
2	2000/2/21	2000	2	21
3	2001/10/22	2001	10	22
4	1997/3/13	1997	3	13

求年齡

有了這幾個函數,就可用來計算年齡、年資、利息、查詢某月壽星……等。如,範例『FunCh05-日期.xlsx\年齡』工作表以目前日期之年減生日之年

```
=YEAR(NOW())-YEAR(C4)
```

可用來求算年齡:

D4 f_x =YEAR(NOW())-YEAR(C4)

	A	B	C	D	E
1	今天日期	2022/4/14			
2					
3	姓名	性別	生日	年齡	
4	張惠真	女	1984/07/07	38	
5	呂姿瑩	女	1980/05/07	42	
6	吳志明	男	1970/01/09	52	

找某年出生者

若無YEAR()函數,要找出1983 ~ 1984年出生者。可執行『資料/排序與篩選/篩選』 鈕,按生日欄右側之下拉鈕續選「日期篩選(F)/自訂篩選(F)…」,其於生日欄所設定之『自訂自動篩選』條件式應為:(範例『FunCh05-日期.xlsx\找某年出生』)

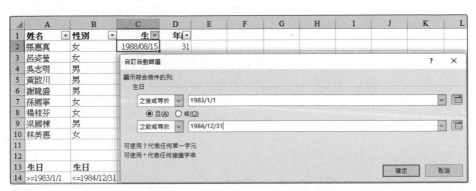

按 ┃ 確定 ┃ 鈕後，其執行結果為：

	A	B	C	D
1	姓名	性別	生日	年齡
3	呂姿瑩	女	1984/06/15	35
6	謝龍盛	男	1983/06/17	36

重按一次『篩選』 鈕，可還原。

若按『資料/排序與篩選/進階』 _{進階...} 鈕，於『進階』篩選，其條件式可為：

	A	B
13	生日	生日
14	>=1983/1/1	<=1984/12/31

或

A18	▼	⋮	✕ ✔ *fx*	=AND(C2>=DATE(1983,1,1),C2<=DATE(1984,12,31))				
	A	B	C	D	E	F	G	H
17	條件							
18	FALSE							

> **注意**
>
> 條件式不可為
>
> =AND(C2>=1983/1/1,C2<=1984/12/31)
>
> 因為1983/1/1與1984/12/31於此式中均為數值運算式。如1983/1/1之值為將1983除以1再除以1，其結果為1983（1900年1月1日經過1983天的日期序列數字，相當1905年6月5日）並非1983年1月1日。

而有了YEAR()函數，條件式即可簡化成：

=AND(YEAR(C2)>=1983,YEAR(C2)<=1984)

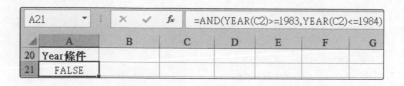

A21	▼	⋮	✕ ✔ *fx*	=AND(YEAR(C2)>=1983,YEAR(C2)<=1984)			
	A	B	C	D	E	F	G
20	Year條件						
21	FALSE						

執行『進階』篩選：

	A	B	C	D	E	F
7	孫國寧	女	1981/05/09	38		
8	楊桂芬	女	1979/05/11	40		
9	梁國棟	男	198			
10	林美惠	女	197			
11						
12						
13	**生日**	**生日**				
14	>=1983/1/1	<=1984/12/31				
15						
16						
17	**條件**					
18	FALSE					
19						
20	**Year條件**					
21	FALSE					

進階篩選 ? ×

執行
● 在原有範圍顯示篩選結果(F)
○ 將篩選結果複製到其他地方(O)

資料範圍(L): $A$1:$D$10

準則範圍(C): !$A$20:$A$21

複製到(T):

□ 不選重複的記錄(R)

確定 取消

其篩選結果為：

	A	B	C	D
1	**姓名**	**性別**	**生日**	**年齡**
3	呂姿瑩	女	1984/06/15	35
6	謝龍盛	男	1983/06/17	36

找某月份之壽星

利用MONTH()函數，可用來找某月出生，或介於某兩個月出生之員工。如，
範例『FunCh05-日期.xlsx\找某月壽星1』條件式為：

```
=MONTH(C2)=5
```

表要找出五月份出生者：

A13	▼	:	× ✓ fx	=MONTH(C2)=5

	A	B	C	D
1	**姓名**	**性別**	**生日**	
7	孫國寧	女	1981/05/09	
8	楊桂芬	女	1979/05/11	
11				
12	**條件**			
13	FALSE			

若要將條件式變為允許使用者輸入任意月份進行找尋,可將範例『FunCh05-日期.xlsx\找某月壽星2』設計成要於B12輸入月份,而於A14之條件式記得要使用$B$12之絕對參照位址:

```
=MONTH(C2)=$B$12
```

A14		× ✓ fx	=MONTH(C2)=$B$12	
	A	B	C	D	E
1	姓名	性別	生日		
7	孫國寧	女	1981/05/09		
8	楊桂芬	女	1979/05/11		
11					
12	請輸入月份	5			
13	條件				
14	FALSE				

5-4 日期轉換DATE()

前面三個函數是將日期拆開成年、月、日,而DATE()函數則恰好相反,係用來將原已拆開之年、月、日,再組合成日期。其語法為:

```
DATE(年,月,日)
DATE(year,month,day)
```

如:

```
=DATE(2020,6,18)
```

將求得2020/6/18之日期。注意,三個引數間是以逗號標開;而不是除號(/)或減號(-)。如:(範例『FunCh11-參照.xlsx/DATE』)

D2		× ✓ fx	=DATE(A2,B2,C2)	
	A	B	C	D	E
1	年	月	日	日期	
2	2020	6	18	2020/6/18	

月之數字,如果大於12,則會換算為適當之年,加到年的數字內,僅取其所剩之月份而已。同理,日之數字,如果大於該月之天數,亦會換算為適當之月,加到月的數字內,僅取其所剩之日數而已。如:

```
=DATE(2019,14,30)
```

應為2020/3/1。月份部份14大於12，先將年進位為2019，然後扣除12後餘2；2020年為閏年，其2月為29天，30減29後餘1，故又進位為3月1日：

	A	B	C	D	E
	D3	▾	: × ✓ fx	=DATE(A3,B3,C3)	
1	年	月	日	日期	
2	2020	6	18	2020/6/18	
3	2019	14	30	2020/3/1	

> **秘訣** 於資料庫中將年月日分開存放，也有其好處。將來要進行查詢時，就可省去不少以函數轉換之動作。如，要找某月之壽星，直接輸入數字即可進行查詢。但若未將日期拆開，則必須經過MONTH()函數轉換，方可以月份進行查詢。

判斷是否已滿幾歲

先前幾個例子，於計算年齡或年資時，我們均以簡單之

```
今年－生日之年
YEAR(NOW())-YEAR(生日)
```

來計算。簡單是簡單，但並不很科學！因為，很多機會要計算出否滿幾歲？如：年滿20歲方有選舉權，差一天都沒辦法！年資差一天也沒辦法領到獎章（金），只好等明年了。因此，如範例『FunCh05-日期.xlsx\是否已滿幾歲』工作表所計算之年齡結果：

	A	B	C	D	E
	D4	✓ : × ✓ fx	=YEAR(NOW())-YEAR(C4)		
1	今天日期	2022/4/14			
2					
3	姓名	性別	生日	年齡	
4	張惠真	女	1991/05/12	31	
5	呂姿瑩	女	1987/03/12	35	
6	吳志明	男	1976/11/13	46	

事實上，有很多人是未滿該年齡的。

要判斷是否已滿幾歲，可以

```
=IF(TODAY()>=DATE(YEAR(TODAY()),MONTH(C4),DAY(C4)),"已滿","未滿")
```

判斷今天是否已超過其今年生日？式中

```
DATE(YEAR(TODAY()),MONTH(C4),DAY(C4))
```

所求得者即其今年生日。若已超過，即表示其所計算之年齡是已滿。

E4	$\vee$: $\times$ $\checkmark$ f_x	=IF($B$1>=DATE(YEAR(TODAY()),MONTH(C4), DAY(C4)),"已滿","未滿")				
	A	B	C	D	E	F	G
1	今天日期	2022/4/14				
2						
3	姓名	性別	生日	年齡	已/未滿	
4	張惠真	女	1991/05/12	31	未滿	
5	呂姿瑩	女	1987/03/12	35	已滿	
6	吳志明	男	1976/11/13	46	未滿	

計算已滿之年齡

所以，要計算出已滿之年齡或年資，尚應判斷月與日是否已達某特定日期。範例『FunCh05-日期.xlsx\已滿年齡』工作表，以

```
=YEAR(NOW())-YEAR(C4)-IF(TODAY()>=DATE(YEAR(TODAY()),MONTH(C4),
DAY(C4)),0,1)
```

計算已滿之年齡。

前半部之

```
YEAR(NOW())-YEAR(C4)
```

是依普通方式所計算之年齡；後半之

```
IF(TODAY()>=DATE(YEAR(TODAY()),MONTH(C4),DAY(C4)),0,1)
```

用以判斷是否該少一歲？式中

```
DATE(YEAR(TODAY()),MONTH(C4),DAY(C4))
```

將取得原生日之月與日，但將年改為今年，所組成者即該員今年之生日。如果，今天已超過其今年之生日，表所算得之年齡為已滿（不用減任何值，-0）；否則，表所算得之年齡為未滿，故年齡應少一歲（-1）：

D4		fx	=YEAR(NOW())-YEAR(C4)-IF($B$1>=DATE(YEAR($B$1),MONTH(C4),DAY(C4)),0,1)		
	A	B	C	D	E	F
1	今天日期	2022/4/14				
2						
3	姓名	性別	生日	已滿年齡		
4	張惠真	女	1999/07/29	22		
5	呂姿瑩	女	1995/05/29	26		
6	吳志明	男	1985/01/30	37		

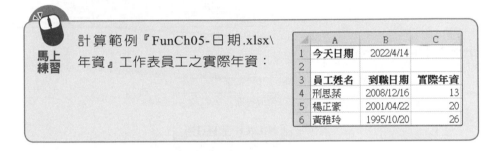

馬上練習　計算範例『FunCh05-日期.xlsx\年資』工作表員工之實際年資：

	A	B	C
1	今天日期	2022/4/14	
2			
3	員工姓名	到職日期	實際年資
4	刑思榮	2008/12/16	13
5	楊正豪	2001/04/22	20
6	黃雅玲	1995/10/20	26

找年資已滿10年者

若執行前範例『FunCh05-日期.xlsx\年資』工作表之到職日資料為：

A12		fx	=B4<=DATE(YEAR(NOW())-10,MONTH(NOW()),DAY(NOW()))				
	A	B	C	D	E	F	G
1	今天日期	2022/4/14					
2							
3	員工姓名	到職日期					
4	李碧莊	2009/05/06					
5	林淑芬	2013/05/12					
6	王嘉育	2016/08/08					
7	吳育仁	2008/06/01					
8	呂姿瀅	2016/02/20					
9	孫國華	2018/03/27					
10							
11	條件式						
12	TRUE						

於A12使用之過濾條件式為

=B4<=DATE(YEAR(NOW())-10,MONTH(NOW()),DAY(NOW()))

式中

> DATE(YEAR(NOW())-10,MONTH(NOW()),DAY(NOW()))

所求得者,即10年前的今天。
若到職日(B4)小於等於10年
前的今天,即表示其年資已滿
10年。故而,以『資料/排序與
篩選/進階』 ⛃進階... 鈕

可過濾出年資已滿10年者:

5-5 時分秒HOUR()、MINUTE()與 SECOND()

此三個函數在求時間的時、分與秒的數值,其語法為:

```
HOUR(時間)
HOUR(serial_number)
MINUTE(時間)
MINUTE(serial_number)
SECOND(時間)
SECOND(serial_number)
```

如：（範例『FunCh05-日期.xlsx\時分秒』工作表）

B3	:	× ✓ _fx_	=HOUR(NOW())		
	A	B	C	D	E
1	目前時間	15:11:07			
2					
3	時	15	← =HOUR(NOW())		
4	分	11	← =MINUTE(NOW())		
5	秒	7	← =SECOND(NOW())		

假定，已知某人此次國際電話使用時間為0:05:16。要將其換算為秒數，最快之方式為將其乘以一天之秒數(24*60*60)，因為時間是代表0.xxxx天。若您無法接受這個算法，也可將其轉成時、分、秒，分別將時與分轉成秒數後，再與秒數進行相加。如：

=HOUR(A9)*60*60+MINUTE(A9)*60+SECOND(A9)

B9	:	× ✓ _fx_	=HOUR(A9)*60*60+MINUTE(A9)*60+SECOND(A9)				
	A	B	C	D	E	F	G
8	通話時間	總秒數					
9	00:05:16	316					

停車時間

將下列停車時間轉為以小時為單位，未滿30分以半小時計，30分以上未滿60分者以一小時計。範例『FunCh05-日期.xlsx\停車時間1』工作表使用之公式為：

=HOUR(A2)+ROUNDUP(MINUTE(A2)/30,0)/2

B2	:	× ✓ _fx_	=HOUR(A2)+ROUNDUP(MINUTE(A2)/30,0)/2				
	A	B	C	D	E	F	G
1	停車時間	小時數					
2	01:15	1.5					
3	03:00	3.0					
4	01:42	2.0					
5	02:10	2.5					

亦可使用：（範例『FunCh05-日期.xlsx\停車時間2』）

=HOUR(A2)+IF(MINUTE(A2)=0,0,IF(MINUTE(A2)<=30,0.5,1))

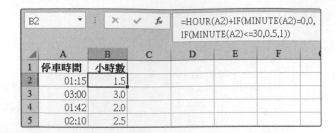

B2			✕	✓	fx	=HOUR(A2)+IF(MINUTE(A2)=0,0,
						IF(MINUTE(A2)<=30,0.5,1))

	A	B	C	D	E	F
1	停車時間	小時數				
2	01:15	1.5				
3	03:00	3.0				
4	01:42	2.0				
5	02:10	2.5				

馬上
練習

國際機場停車常有車連停好幾天之情況,計算範例『FunCh05-日期.xlsx\機場停車』各筆資料,計停了幾天、幾小時幾分鐘?停車時間轉為以小時為單位,未滿30分以半小時計,30分以上未滿60分者以一小時計。每半小時之停車費為30元:

	A	B	C	D	E	F	G
1				停車時間			
2	進入時間	離開時間	天	時	分	總小時數	費用
3	2020/04/08 08:15	2020/04/15 03:15	6	19	0	163.0	9,780
4	2020/04/08 20:15	2020/04/12 06:10	3	9	55	82.0	4,920
5	2020/04/09 03:00	2020/04/12 03:00	3	0	0	72.0	4,320

5-6 時間轉換 TIME()

前面三個函數是將時間拆開成時、分、秒,而TIME()函數則恰好相反,係用來將原已拆開之時、分、秒,再組合成時間。其語法為:

```
TIME(時,分,秒)
TIME(hour,minute,second)
```

如:

```
=TIME(10,50,20)
```

將求得10:50:20之時間。注意,三個引數間是以逗號標開;而不是冒號(:)。如:(範例『FunCh05-日期.xlsx\TIME』)

D2			✕	✓	fx	=TIME(A2,B2,C2)
	A	B	C	D	E
---	---	---	---	---	---
1	時	分	秒	時間	
2	10	50	20	10:50:20	

時之範圍可為0~32767，任何比23大的值將會被除於24再取其餘數。分與秒之範圍亦可為0~32767，任何比59大的值，將被進位為適當之時與分。如：

```
=TIME(26,75,80)
```

之結果為3:16:20。

5-7 日期值DATEVALUE()

```
DATEVALUE(日期字串)
DATEVALUE(date_text)
```

本函數可將以文字串表示之日期字串，轉為該日期之序列數字。如：（範例『FunCh05-日期.xlsx\DATEVALLUE』）

```
=DATEVALUE("1900/1/1")      為1
=DATEVALUE("2020/6/25")     為44007
```

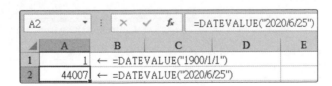

當然，只要將其轉為適當之日期格式，即可看到日期之外觀。

函數內之日期字串只要是Excel可辨識之日期格式，均可順利轉換：

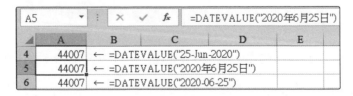

民國表示之字串轉日期資料

假定，要將範例『FunCh05-日期.xlsx\
DATEVALLUE1』工作表資料，以"民
90.1.12"方式輸入之日期字串，轉為數值
之日期資料。

	A	B	C
1	員工姓名	到職日期	到職日期(西)
2	李碧莊	民90.1.12	
3	林淑芬	民87.8.23	

由於，前面之"民"字並無法用來轉換，可以

`=SUBSTITUTE(MID(B2,2,8),".","/")`

放棄"民"字，將其後之日期轉為如"90/1/12"之字串：

C2		⋮	× ✓ fx	=SUBSTITUTE(MID(B2,2,8),".","/")		
▲	A	B	C	D	E	
1	員工姓名	到職日期	到職日期(西)			
2	李碧莊	民90.1.12	90/1/12			
3	林淑芬	民87.8.23	87/8/23			
4	王嘉育	民98.7.1	98/7/1			

但其日期外觀之字串因仍為民國年代，以

`=DATEVALUE(SUBSTITUTE(MID(B2,2,8),".","/"))`

進行轉換將為錯誤之西元日期（如民國90年將轉為西元1990年，得將計算
結果之數字設定為日期格式）：

C2		⋮	× ✓ fx	=DATEVALUE(SUBSTITUTE(MID(B2,2,8),".","/"))			
▲	A	B	C	D	E	F	G
1	員工姓名	到職日期	到職日期(西)				
2	李碧莊	民90.1.12	1990/1/12				
3	林淑芬	民87.8.23	1987/8/23				
4	王嘉育	民98.7.1	1998/7/1				

得將其轉為西元年代才行，故將其拆成兩部份。以

`(1911+MID(B2,2,2)`

取民國年代，加上1911轉為西元年代。至於，月與日部份，則仍以

`SUBSTITUTE(MID(B2,4,8),".","/")`

取得，將其等以&連結

```
=(1911+MID(B2,2,2)&SUBSTITUTE(MID(B2,4,8),".","/"))
```

取得新西元日期字串：

	A	B	C	D	E	F	G
	C2			fx	=(1911+MID(B2,2,2)&SUBSTITUTE(MID(B2,4,8),".","/"))		
1	員工姓名	到職日期	到職日期(西)				
2	李碧莊	民90.1.12	2001/1/12				
3	林淑芬	民87.8.23	1998/8/23				
4	王嘉育	民98.7.1	2009/7/1				

最後，再以

```
=DATEVALUE((1911+MID(B2,2,2)&SUBSTITUTE(MID(B2,4,8),".","/")))
```

將其轉為真正的日期資料：

	A	B	C	D	E
	C2		fx	=DATEVALUE((1911+MID(B2,2,2)& SUBSTITUTE(MID(B2,4,8),".","/")))	
1	員工姓名	到職日期	到職日期(西)		
2	李碧莊	民90.1.12	2001/1/12		
3	林淑芬	民87.8.23	1998/8/23		
4	王嘉育	民98.7.1	2009/7/1		
5	吳育仁	民88.11.20	1999/11/20		

5-8　時間值TIMEVALUE()

```
TIMEVALUE(時間字串)
TIMEVALUE(time_text)
```

本函數可將以文字串表示之時間字串，轉為該時間之序列數字。如：(範例『FunCh05-日期.xlsx\TIMEVALUE』)

```
=TIMEVALUE("6:00")          為0.25
=TIMEVALUE("18:30:25")      為0.771123
```

A1	▼	⋮	×	✓	fx	=TIMEVALUE("6:00")

◢	A	B	C	D	E
1	0.25	← =TIMEVALUE("6:00")			
2	0.771123	← =TIMEVALUE("18:30:25")			

函數內時間字串只要是Excel可辨識之時間格式，均可順利轉換：

A4	▼	⋮	×	✓	fx	=TIMEVALUE("6:00 pm")

◢	A	B	C	D	E	F
4	0.75	← =TIMEVALUE("6:00 pm")				
5	0.75	← =TIMEVALUE("18:00")				

5-9　星期幾WEEKDAY()

WEEKDAY(日期,[類型])
WEEKDAY(serial_number,[return_type])

依指定之類型，傳回某日期係星期幾之數字。日期可以是日期、日期字串（如："2020/06/25"）或日期資料之序列數字（44007即2020/06/25）。式中，方括號所包圍之內容，表該部份可省略。

[類型]用以決定應傳回何種類型之數字：

類型	傳回數字
1或省略	1（週日）到7（週末）
2	1（週一）到7（週日）
3	0（週一）到6（週日）

如：（範例『FunCh05- 日期.xlsx\WEEKDAY』）

=WEEKDAY("2020/7/12",2)　　　為7，該日為週日

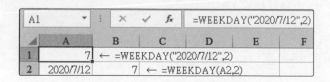

A1	▼	⋮	×	✓	fx	=WEEKDAY("2020/7/12",2)

◢	A	B	C	D	E	F
1	7	← =WEEKDAY("2020/7/12",2)				
2	2020/7/12	7	← =WEEKDAY(A2,2)			

要將日期序列數字顯示成星期幾之外觀,只須於其上單按滑鼠右鍵,續選「儲存格格式(F)…」,轉入

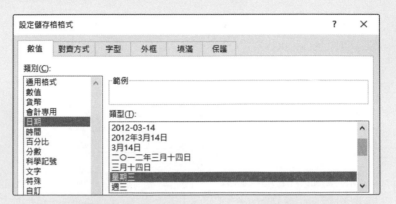

進行設定格式即可。如:

若處理對象為日期字串,則以

=TEXT(日期字串,"aaa")

顯示中文之星期幾,"aaa"用以顯示"週幾";"aaaa"用以顯示"星期幾"。或以

=TEXT(日期字串,"ddddddd")

以顯示完整的英文之星期幾,"ddd"則僅顯示英文星期幾之縮寫:

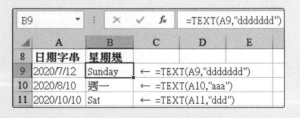

兩日期之間差幾天DAYS()

DAYS(end_date,start_date)
DAYS(結束日期,開始日期)

用以回應結束日期與開始日期之間的天數。如：（範例『FunCh05-日期.xlsx\DAYS』）

| C2 | ▼ | : | × | ✓ | fx | =DAYS(B2,A2) |

▲	A	B	C	D	E
1	開始日期	結束日期	天數		
2	2020/6/20	2020/6/30	10		

其實，這個函數並不是那麼重要！本來日期資料就是一種數值資料，只需將兩者相減，就可求出結束日期與開始日期之間的天數。如：

| C5 | ▼ | : | × | ✓ | fx | =B5-A5 |

▲	A	B	C	D
4	開始日期	結束日期	天數	
5	2020/6/20	2020/6/30	10	

以每月30天計算兩日期之間差幾天 DAYS360()

DAYS360(start_date,end_date)
DAYS360(開始日期,結束日期)

以一年12個月，每月30天之計算方式，回應開始日期與結束日期之間的天數。如，2020/5/20到2020/6/20應為31天，但以每月30天之計算方式，其回應值為30：（範例『FunCh05-日期.xlsx\DAYS360』）

| C2 | ▼ | : | × | ✓ | fx | =DAYS360(A2,B2) |

▲	A	B	C	D	E
1	開始日期	結束日期	DAYS360天數	實際天數	
2	2020/5/20	2020/6/20	30	31	← =B2-A2

年數、月數與日數 DATEDIF()

DATEDIF(開始日期,結束日期,單位)

依指定之單位（年、月、日），計算兩個日期之間的年數、月數或天數。開始日期與結束日期可以是日期、日期字串（如："2019/7/15"）或日期資料之序列數字（43661即2019/7/15），且結束日期應大於開始日期。

單位用以決定應傳回年數、月數或天數：

單位	作用
"Y"	兩日期差距之整年數，即已滿幾年。
"M"	兩日期差距之整月數，即已滿幾月。
"D"	兩日期差距之天數，即兩者相減之數字。
"MD"	兩日期中天數的差，忽略日期中的月和年。
"YM"	兩日期中月數的差，忽略日期中的日和年。
"YD"	兩日期中天數的差，忽略日期中的年。

如，開始日期為2017/5/5，結束日期為2019/7/9。則各不同單位所求得之結果將為：（範例『FunCh05-日期.xlsx\DATEDIF』）

所以，要求出兩日期實際之差距為幾年？幾月？幾日？應使用"Y"、"YM"與"MD"之單位。本例之日期差距應為1年2個月又4天。

求實際年資

下例，以目前日期為準，依其到職日期計算實際年資應為幾年？幾月？又幾日？範例『FunCh05-日期.xlsx\實際年資』工作表C4:E4之公式分別為：

C4	=DATEDIF(B4,$B$1,"Y")
D4	=DATEDIF(B4,$B$1,"YM")
E4	=DATEDIF(B4,$B$1,"MD")

C4		:	× ✓ fx	=DATEDIF(B4,$B$1,"Y")	
▲	A	B	C	D	E	F

	A	B	C	D	E	F
1	目前日期	2022/4/14				
2				年資		
3	員工姓名	到職日期	年	月	日	
4	李碧莊	2017/9/23	4	6	22	
5	林淑芬	2005/2/4	17	2	10	
6	王嘉育	2007/12/27	14	3	18	

有了年資，要求算年資加薪當然也不是什麼難事！

求範例『FunCh05-日期.xlsx\實際年齡』工作表幼童之實際年齡為幾歲又幾個月：

	A	B	C	D
1	目前日期	2022/04/14		
2				
3	姓名	生日	幾歲	幾個月
4	吳美慧	2015/05/06	6	11
5	林嘉昇	2018/05/17	3	10
6	葉幼民	2015/12/06	6	4

5-13 幾月前/後之日期EDATE()

EDATE(開始日期,月數)
EDATE(start_date,months)

傳回開始日期之前（或後）幾個月的某一天之日期的序列數字。開始日期可以是字串（如："2020/05/31"）或日期資料之序列數字（43982即2020/05/31）。如：（範例『FunCh05-日期.xlsx\EDATE』）

=EDATE("2020/5/31",-1)	為2020/4/30
=EDATE("2020/5/12",2)	為2020/7/12

| C2 | ▼ | : | × | ✓ | fx | =EDATE(A2,B2) |

	A	B	C	D	E
1	日期	幾月前/後	新日期		
2	2020/5/31	-1	2020/4/30	← =EDATE(A2,B2)	
3	2020/5/12	2	2020/7/12	← =EDATE(A3,B3)	

馬上練習　計算範例『FunCh05-日期.xlsx\定存到期日』工作表定存之到期日：

	A	B	C
1	存入日期	期數(月)	到期日
2	2018/04/04	24	2020/04/04
3	2017/10/31	12	2018/10/31
4	2016/11/25	36	2019/11/25

5-14 | 幾月前/後之月底EOMONTH()

EOMONTH(開始日期,月數)
EOMONTH(start_date,months)

傳回開始日期之前（或後）幾個月數的那一個月，最後一天的日期序列數字。用以計算剛好在該月的最後一天。如：（範例『FunCh05-日期.xlsx\EOMONTH』）

=EOMONTH("2020/6/12",2)　　為2020/8/31

2020/6/12經過2個月之日期應為2020/8/12，所以該月月底為2020/8/31。

| D3 | ▼ | : | × | ✓ | fx | =EOMONTH(A3,B3) |

	A	B	C	D	E	F
1	日期	幾月前/後	日期	月底日期		
2	2020/6/21	-1	2020/5/21	2020/5/31	← =EOMONTH(A2,B2)	
3	2020/6/12	2	2020/8/12	2020/8/31	← =EOMONTH(A3,B3)	

5-15 傳回給定日期該年 ISO 週數的數字

ISOWEEKNUM(日期)
ISOWEEKNUM(date)

本函數用以傳回某日期的ISO週數。ISO週數為國際標準週的數字，並不是以當年1月1日為第一週；而是以當年1月4日所在的週為第一週，這樣可避免因跨年而使週數中斷。一週的定義是星期一到星期日；而不是傳統的星期日到星期六。

如，2018/12/30為星期日，它是2018年第52週的最後一天。2018/12/31為星期一，雖屬於2018年，但並不是2018年的第53週的第一天；因為它與2019/1/4同一週，故是屬於2019年的第1週：

=ISOWEEKNUM("2018/12/30")   為52
=ISOWEEKNUM("2018/12/31")   為1
=ISOWEEKNUM("2019/1/4")   為1

	A	B	C	D	E
			fx	=ISOWEEKNUM(A2)	
1	日期	星期幾	當年週數		
2	2018/12/30	星期日	52		
3	2018/12/31	星期一	1		
4	2019/1/4	星期五	1		

5-16 某期間佔一年的比例

YEARFRAC(開始日期,結束日期,[類型])
YEARFRAC(start_date,end_date,[basis])

傳回開始日期到結束日期這段期間，佔了該年的多少比例。用以計算要指定給某個特定項目的整年利潤或負擔的部分。式中，方括號所包圍之內容，表該部份可省略。

其[類型]部份之計算方法為：

類型	計算方法
0 或省略	US (NASD) 30/360
1	實際天數/實際天數
2	實際/360
3	實際/365
4	歐洲 30/360

如：2020/3/5~2020/9/1計有180天，以2類型進行計算恰佔了0.5：（範例『FunCh05-日期.xlsx\佔一年的比例』）

B7		× ✓ fx	=YEARFRAC($A$2,$B$2,A7)			
▲	A	B	C	D	E	F
1	開始日期	結束日期	天數			
2	2020/3/5	2020/9/1	180			
3						
4	類型	比例				
5	0	0.488889	← =YEARFRAC($A$2,$B$2,A5)			
6	1	0.491803	← =YEARFRAC($A$2,$B$2,A6)			
7	2	0.5	← =YEARFRAC($A$2,$B$2,A7)			
8	3	0.493151	← =YEARFRAC($A$2,$B$2,A8)			
9	4	0.488889	← =YEARFRAC($A$2,$B$2,A9)			

▲	A	B
1	生日	星期幾
2	1995/6/15	Thursday
3		週四

▶ NOTE

CHAPTER

6

統計函數（一）

> **注意**　若找不到『資料/分析/資料分析』 鈕。請執行「檔案/選項」，轉入『Excel選項』視窗『增益集』標籤，安裝『分析工具箱』，即可解決。（參見第二章）

6-1　筆數 COUNT() 與 COUNTA()

```
COUNT(範圍1,[範圍2], ...)
COUNT(value1,[value2], ...)
COUNTA(範圍1,[範圍2], ...)
COUNTA(value1,[value2], ...)
```

這兩個函數均是用來求算儲存格個數，於資料表中可用來計算記錄筆數。

數值1,[數值2], ... 為要進行處理之範圍引數，最多可達255個。式中，方括號所包圍之內容，表該部份可省略。

COUNT() 係計算所選範圍內所有含數值資料的儲存格個數；而COUNTA() 則計算所選範圍內所有非空白的儲存格個數。如，於範例『FunCh06-統計1.xlsx\筆數』工作表：

雖然，兩函數之處理範圍均為B2:B8。但其結果並不相同：

=COUNTA(B2:B8)　　　為7
=COUNT(B2:B8)　　　　為6

因B4為"缺考"字串並非數值，故COUNT()函數所計算之結果只為6筆。

但要求記錄筆數，並沒限制僅能使用數值欄，利用姓名欄逐一『點名』算人頭，不是更貼切嗎？但是，此時就只能以COUNTA()函數來求算；若使用COUNT()函數其結果將為0，因為姓名欄內可無任何數值。如：

	A	B	C	D	E	F
15	**針對姓名欄求筆數**					
16	以COUNTA求		7	← =COUNTA(A2:A8)		
17	以COUNT求		0	← =COUNT(A2:A8)		

C17　　　　　fx　=COUNT(A2:A8)

6-2　依條件算筆數COUNTIF()

COUNTIF(範圍,條件準則)
COUNTIF(range,criteria)

此函數也是用來求算儲存格個數，但卻可加入條件式，於指定之範圍內，依條件準則進行求算符合條件之筆數。

條件準則可以是數字、比較式或文字。但除非使用數值，否則應以雙引號將其包圍。如：70、"男"或">=80"。

如，擬於範例『FunCh06-統計1.xlsx\分組筆數』工作表中分別求男女人數：

F2			:	×	✓	fx	=COUNTIF(B2:B8,"男")		
▲	A	B	C	D	E	F	G	H	I
1	姓名	性別	成績						
2	郭源龍	男	70		男性人數	3	← =COUNTIF(B2:B8,"男")		
3	蔡珮姍	女	89		女性人數	4	← =COUNTIF(B2:B8,"女")		
4	鄧智豪	男	78		80分及以上	4	← =COUNTIF(C2:C8,">=80")		
5	鄭宇廷	男	82		80分以下	3	← =COUNTIF(D2:D8,"<80")		
6	陳薇羽	女	83		男	3	← =COUNT($B$2:$B$8,E6)		
7	陳綺雯	女	87		女	4	← =COUNT($B$2:$B$8,E7)		
8	張逸寧	女	68		>=80	4	← =COUNT($C$2:$C$8,E8)		
9					<80	3	← =COUNT($C$2:$C$8,E9)		

其F2求男性人數之公式應為：

```
=COUNTIF(B2:B8,"男")
```

表要在B2:B8之性別欄中，求算內容為"男"之人數。同理，其F3求女性人數之公式則為：

```
=COUNTIF(B2:B8,"女")
```

較特殊者為：加有比較符號之條件式仍得以雙引號將其包圍。如，於F4求成績80分及以上之人數的公式應為：

```
=COUNTIF(C2:C8,">=80")
```

表要在C2:C8之成績欄中，求算內容大於等於80（">=80"）之人數。同理，其F5求80分以下之人數的公式則為：

```
=COUNTIF(C2:C8,"<80")
```

如此，若成績欄中存有不及格之分數，您應該也會求及格與不及格之人數才對。

馬上練習

於範例『FunCh06-統計1.xlsx\ 成績』工作表，求全班及格與 不及格之人數：

	A	B	C	D
1	**成績**			
2	85			
3	25		及格	47
4	60		不及格	25

以COUNTIF()求次數分配表

範例『FunCh06-統計1.xlsx\ 便利商店1』工作表，為於受 訪之200人中，訪問取得其性 別及最常去的便利商店：

	A	B	C	D	E	F
1	編號	便利商店	性別		代碼	便利商店
2	1	1	2		1	7-11
3	2	1	1		2	全家
4	3	1	1		3	萊爾富
5	4	2	2		4	OK
6	5	1	1		5	其他

以COUNTIF()函數來求得最 常去的便利商店之人數後， 將其除以總樣本數，即為最 常去的便利商店之分配情況：

	E	F	G	H
1	代碼	便利商店	人數	比例
2	1	7-11	116	58.0%
3	2	全家	31	15.5%
4	3	萊爾富	20	10.0%
5	4	OK	13	6.5%
6	5	其他	20	10.0%
7		總計	200	100.0%

其建表之步驟為：

1 輸妥E欄之代碼、F欄之便利商店名稱，以及第1列之標題字

	A	B	C	D	E	F	G	H
1	編號	便利商店	性別		代碼	便利商店	人數	比例
2	1	1	2		1	7-11		
3	2	1	1		2	全家		
4	3	1	1		3	萊爾富		
5	4	2	2		4	OK		
6	5	1	1		5	其他		
7	6	2	1			總計		

2 停於G2，輸入

```
=COUNTIF(
```

Excel會先顯示該函數之語法提示

	A	B	C	D	E	F	G	H
CONCAT... ▼		✕	✓	*fx*	=COUNTIF(			
1	編號	便利商店	性別		代碼	便利商店	人數	比例
2	1	1	2		1	7-11	=COUNTIF(	
3	2	1	1		2	全家	COUNTIF(range, criteria)	

3 以滑鼠點按B2，續按 Ctrl + Shift + ↓ 鍵，可選取連續之範圍 B2:B201。函數轉成

=COUNTIF(B2:B201

由於，考慮到整組公式要向下抄，故按 F4 『絕對』鍵，將範圍轉為 $B$2:$B$201。函數轉成

=COUNTIF($B$2:$B$201

意指無論如何複製，函數內之範圍永遠固定在 $B$2:$B$201。

	A	B	C	D	E	F	G	H	I
B2 ▼		✕	✓	*fx*	=COUNTIF($B$2:$B$201				
1	編號	便利商店	性別		代碼	便利商店	人數	比例	
2	1	1	2		1	7-11	=COUNTIF($B$2:$B$201		
3	2	1	1		2	全家	COUNTIF(range, criteria)		

4 補上標開參數之逗號，續點選E2儲存格，函數轉成

=COUNTIF($B$2:$B$201,E2

	A	B	C	D	E	F	G	H	I
E2 ▼		✕	✓	*fx*	=COUNTIF($B$2:$B$201,E2				
1	編號	便利商店	性別		代碼	便利商店	人數	比例	
2	1	1	2		1	7-11	=COUNTIF($B$2:$B$201,E2		
3	2	1	1		2	全家	COUNTIF(range, criteria)		

5 補上函數結尾之右括號，函數轉成

=COUNTIF($B$2:$B$201,E2)

其意義指：要於 $B$2:$B$201 之範圍內，找尋便利商店代碼恰為E2 儲存格之值（1）的筆數（儲存格個數）。

6 按 ✔ 鈕結束，將求得7-11之樣本數

G2	▼	:	×	✔	*fx*	=COUNTIF($B$2:$B$201,E2)

	A	B	C	D	E	F	G	H
1	編號	便利商店	性別		代碼	便利商店	人數	比例
2	1	1	2		1	7-11	116	
3	2	1	1		2	全家		

7 拖曳G2右下角之複製控點，將其複製到G6位置，將求得各便利商店之樣本數

G2	▼	:	×	✔	*fx*	=COUNTIF($B$2:$B$201,E2)

	A	B	C	D	E	F	G	H
1	編號	便利商店	性別		代碼	便利商店	人數	比例
2	1	1	2		1	7-11	116	
3	2	1	1		2	全家	31	
4	3	1	1		3	萊爾富	20	
5	4	2	2		4	OK	13	
6	5	1	1		5	其他	20	
7	6	2	1			總計		

8 停於G7，按『常用/編輯/自動加總』Σ 鈕，將自動取得 =SUM(G2:G6)之公式

CONCAT...	▼	:	×	✔	*fx*	=SUM(G2:G6)

	E	F	G	H	I
1	代碼	便利商店	人數	比例	
2	1	7-11	116		
3	2	全家	31		
4	3	萊爾富	20		
5	4	OK	13		
6	5	其他	20		
7		總計	=SUM(G2:G6)		
8			SUM(number1, [number2], ...)		

9 按 ✔ 鈕，完成加總

G7	▼	:	×	✔	*fx*	=SUM(G2:G6)

	E	F	G	H	I
1	代碼	便利商店	人數	比例	
2	1	7-11	116		
3	2	全家	31		
4	3	萊爾富	20		
5	4	OK	13		
6	5	其他	20		
7		總計	200		

10 停於H2，輸入 =G2/$G$7之公式，意指無論如何複製，分母將永遠固定為G7（可先輸入 =G2/G7，再按 F4 『絕對』鍵，將分母轉為絕對）

H2	▼	:	×	✔	*fx*	=G2/$G$7

	E	F	G	H
1	代碼	便利商店	人數	比例
2	1	7-11	116	0.58
3	2	全家	31	
4	3	萊爾富	20	
5	4	OK	13	
6	5	其他	20	
7		總計	200	

11　按『常用/數值/百分比樣式』 % 鈕，將格式設定為百分比樣式

12　按『常用/數值/增加小數位數』
　　 鈕，增加1位小數

	E	F	G	H
	代碼	便利商店	人數	比例
2	1	7-11	116	58.0%
3	2	全家	31	

H2　fx =G2/$G$7

13　拖曳H2右下角之複製控點，將
　　其複製到填滿H2:H7，即為所求

H2　fx =G2/$G$7

	E	F	G	H
	代碼	便利商店	人數	比例
2	1	7-11	116	58.0%
3	2	全家	31	15.5%
4	3	萊爾富	20	10.0%
5	4	OK	13	6.5%
6	5	其他	20	10.0%
7		總計	200	100.0%

我們就可以說，根據此次調查之結果顯示：受訪者中，最常去的便
利商店為『7-11』（58.0%）。

6-3　依多重條件求算筆數COUNTIFS()

COUNTIFS()之用法類似COUNTIF()，只差其允許使用多重條件，最多允許
使用127組條件準則。其語法為：

COUNTIFS(criteria_range1,criteria1,[criteria_range2,criteria2], ...)
COUNTIFS(準則範圍1,條件準則1,[準則範圍2,條件準則2], ...)

如，擬於範例『FunCh06-統計1.xlsx\COUNTIFS函數1』工作表中，分別求
男性月費600以下、男性月費600及以上、女性月費600以下與女性月費600
及以上，四種組合條件之人數：

F2　fx =COUNTIFS($C$1:$C$201,"男",$B$1:$B$201,"<600")

	B	C	D	E	F	G H I J K
1	月費	性別				
2	400	男		男性月費600以下	62	←=COUNTIFS($C$1:$C$201,"男",$B$1:$B$201,"<600")
3	800	男		男性月費600及以上	41	← =COUNTIFS($C$1:$C$201,"男",$B$1:$B$201,">=600")
4	400	女				
5	600	女		女性月費600以下	66	← =COUNTIFS($C$1:$C$201,"女",$B$1:$B$201,"<600")
6	800	男		女性月費600及以上	31	← =COUNTIFS($C$1:$C$201,"女",$B$1:$B$201,">=600")
7	400	女				
8	400	男		總人數	200	← =COUNT(B2:B201)

其 F2 求男性月費 600 以下之人數的公式應為：

=COUNTIFS($C$1:$C$201,"男",$B$1:$B$201,"<600")

表要在 $C$2:$C$201 之性別欄中，求算內容為 " 男 "；且於 $B$2:$B$201 之月費欄中，內容 <600 之人數。其位址分別加上 $，轉為絕對位址，係為了方便向下抄錄之故。

同理，其 F3 求男性月費 600 及以上之人數的公式則為：

=COUNTIFS($C$1:$C$201,"男",$B$1:$B$201,">=600")

F5 求女性月費 600 以下之人數的公式為：

=COUNTIFS($C$1:$C$201,"女",$B$1:$B$201,"<600")

F6 求女性月費 600 及以上之人數的公式則為：

=COUNTIFS($C$1:$C$201,"女",$B$1:$B$201,">=600")

同樣之例子，也可將**條件準則**輸入於儲存格內，省去於函數內得加雙引號包圍之麻煩，且也方便抄錄：（詳『FunCh06-統計 1.xlsx\COUNTIFS 函數 2』工作表）

G2	▼	:	✕	✓	fx	=COUNTIFS($C$1:$C$201,E2,$B$1:$B$201,F2)			
	A	B	C	D	E	F	G	H	I	J
1	編號	月費	性別		性別	月費	人數			
2	1	400	男		男	<600	62			
3	2	800	男		男	>=600	41			
4	3	400	女		女	<600	66			
5	4	600	男		女	>=600	31			
6	5	800	男		總計		200	← =COUNT(B2:B201)		

G2 求男性月費 600 以下之人數的公式為：

=COUNTIFS($C$1:$C$201,E2,$B$1:$B$201,F2)

以拖曳複製控點之方式，向下依序向下抄給 G3:G5，即可分別求出：男性月費 600 以下、男性月費 600 及以上、女性月費 600 以下與女性月費 600 及以上，四種組合條件之人數。

利用COUNTIFS()求交叉分析表

既然，COUNTIFS()允許使用多重條件，我們就可利用它來求算同時擁有兩組條件的交叉分析表：(詳『FunCh06-統計1.xlsx\月費交叉性別』工作表)

	A	B	C	D	E	F	G	H
1	編號	月費	性別					
2	1	400	男			性別	性別	
3	2	800	男		月費	男	女	合計
4	3	400	女		<600	62	66	128
5	4	600	男		>=600	41	31	72
6	5	800	男		合計	103	97	200

其建表之步驟為：

1 輸妥F2:H3之標題及性別、E3:E6之標題及月費之條件

	A	B	C	D	E	F	G	H
1	編號	月費	性別					
2	1	400	男			性別	性別	
3	2	800	男		月費	男	女	合計
4	3	400	女		<600			
5	4	600	男		>=600			
6	5	800	男		合計			

2 停於F4，輸入

```
=COUNTIFS($C$1:$C$201,F$3,$B$1:$B$201,$E4)
```

3 輸入時，絕對位址及混合位址可利用 F4 按鍵進行切換。求算出男性其月費小於600之樣本數：

F4		:	×	✓	fx	=COUNTIFS($C$1:$C$201,F$3,$B$1:$B$201,$E4)		
	A	B	C	D	E	F	G	H	I
---	---	---	---	---	---	---	---	---	---
1	編號	月費	性別						
2	1	400	男			性別	性別		
3	2	800	男		月費	男	女	合計	
4	3	400	女		<600	62			
5	4	600	男		>=600				
6	5	800	男		合計				

4 拖曳其右下角之複製控點，往下拖曳將其複製到F5

F4		:	× ✓	fx	=COUNTIFS($C$1:$C$201,F$3,$B$1:$B$201,$E4)

▲	A	B	C	D	E	F	G	H	I
1	編號	月費	性別						
2	1	400	男			性別	性別		
3	2	800	男		月費	男	女	合計	
4	3	400	女		<600	62			
5	4	600	男		>=600	41			
6	5	800	男		合計				

5 於F4:F5尚呈選取狀態，拖曳其右下角之複製控點，往右拖曳將其複製到G4:G5，完成各種條件組合情況的樣本數

F4		:	× ✓	fx	=COUNTIFS($C$1:$C$201,F$3,$B$1:$B$201,$E4)

▲	A	B	C	D	E	F	G	H	I
1	編號	月費	性別						
2	1	400	男			性別	性別		
3	2	800	男		月費	男	女	合計	
4	3	400	女		<600	62	66		
5	4	600	男		>=600	41	31		
6	5	800	男		合計				

6 選取F4:H6，各合計欄及列，均尚無加總結果

▲	A	B	C	D	E	F	G	H
1	編號	月費	性別					
2	1	400	男			性別	性別	
3	2	800	男		月費	男	女	合計
4	3	400	女		<600	62	66	
5	4	600	男		>=600	41	31	
6	5	800	男		合計			

7 按『常用/編輯/自動加總』∑ 鈕，即可一次求得合計欄及合計列的加總結果，完成整個交叉表

▲	A	B	C	D	E	F	G	H
1	編號	月費	性別					
2	1	400	男			性別	性別	
3	2	800	男		月費	男	女	合計
4	3	400	女		<600	62	66	128
5	4	600	男		>=600	41	31	72
6	5	800	男		合計	103	97	200

以F欄之資料為例，可知男性其月費小於600之樣本數為62，男性其月費大於等於600之樣本數為41，男性總人數為103。最右下角之200，為總樣本數。

計算空白儲存格COUNTBLANK()

> COUNTBLANK(範圍)
> COUNTBLANK(range)

計算指定範圍內，空白儲存格之個數。如果儲存格內之公式結果為虛字串（""），此儲存格仍會被計算在內；但如果是0，則不予計算。如，範例『FunCh06-統計1.xlsx\COUNTBLANK』工作表B10之公式內容為：

> =COUNTBLANK(B2:B8)

可算出B2:B8內有兩個儲存格為空白。

B10	▼	:	✕	✓	fx	=COUNTBLANK(B2:B8)

◢	A	B	C	D	E	F
1	**姓名**	**成績**				
2	郭源龍	70				
3	蔡珮姍	89				
4	鄱智豪					
5	鄭宇廷	82				
6	陳薇羽					
7	陳綺雯	87				
8	張逸寧	68				
9						
10	**無成績者**	2				

依條件算加總SUMIF()

此函數功能類似COUNTIF()函數，但所求對象改為求某欄中符合條件部份之加總。其語法為：

> SUMIF(準則範圍,條件準則,[加總範圍])
> SUMIF(range,criteria,[sum_range])

式中，方括號所包圍之內容，表該部份可省略。

準則範圍是條件準則用來進行條件比較的範圍。

條件準則可以是數字、比較式或文字。但除非使用數值，否則，應以雙引號將其包圍。如：50000、"門市"或">=800000"。

[加總範圍]則用以標出要進行加總的儲存格範圍，如果省略，則計算準則範圍中的儲存格。僅適用於準則範圍為數值時，如：

```
=SUMIF(C2:C8,">=30000")
```

將加總C2:C8範圍內，大於或等於30000者。

如，擬於範例『FunCh06-統計1.xlsx\分組加總』工作表中，分別求各部門之業績的總和：

	A	B	C	D E F G
	部門	姓名	業績	
1				
2	門市	郭源龍	12500	
3	業務	蔡珮姍	36200	
4	門市	鄧智豪	18700	
5	門市	鄭宇廷	40800	
6	業務	陳薇羽	51650	
7	業務	陳綺雯	32500	
8	業務	張逸寧	22500	
9				
10	門市部業績合計		72000	← =SUMIF(A2:A8,"門市",C2:C8)
11	業務部業績合計		142850	← =SUMIF(A2:A8,"業務",C2:C8)
12				
13	業績大於等於30000合計		161150	← =SUMIF(C2:C8,">=30000")
14	業績未滿30000合計		53700	← =SUMIF(C2:C8,"<30000")

（C10 儲存格內容為 =SUMIF(A2:A8,"門市",C2:C8)）

其C10求『門市』部業績合計的公式應為：

```
=SUMIF(A2:A8,"門市",C2:C8)
```

表要在A2:A8之部門欄中，求算內容為"門市"業績合計。同理，其C11求『業務』部業績合計的公式則應為：

```
=SUMIF(A2:A8,"業務",C2:C8)
```

而若擬將業績分成三萬及以上與三萬以下兩組，並分別求其業績總和，則可使用：

```
=SUMIF(C2:C8,">=30000")
=SUMIF(C2:C8,"<30000")
```

或

```
=SUMIF(C2:C8,">=30000",C2:C8)
=SUMIF(C2:C8,"<30000",C2:C8)
```

因為，省略[加總範圍]將計算準則範圍中的儲存格（C2:C8）內容。

6-6　依多重條件求總計SUMIFS()

SUMIFS()之用法類似SUMIF()，同樣可依條件求總計；只差允許使用多重條件而已，最多可使用127組條件準則。其語法為：

```
SUMIFS(SUM_range,criteria_range1,criteria1,[criteria_range2,criteria2], ...)
SUMIFS(總計範圍,準則範圍1,條件準則1,[準則範圍2,條件準則2], ...)
```

應注意：各範圍所使用相同之列數。如，擬於範例『FunCh06-統計1.xlsx\性別與地區分組求業績總計1』工作表中：

	A	B	C	D
1	姓名	性別	地區	業績
2	古雲翰	男	北區	2,159,370
3	陳善鼎	男	北區	678,995
4	羅惠泱	女	南區	1,555,925
5	王得翔	男	中區	1,065,135

分別求：北區、中區、南區及東區四個區域，不同性別之業績總計：

G2	fx	=SUMIFS($D$1:$D$101,$B$1:$B$101,"男",$C$1:$C$101,"北區")

	F	G	H I J K L M N
1			
2	北區男性業績總計	15,106,586	← =SUMIFS($D$1:$D$101,$B$1:$B$101,"男",$C$1:$C$101,"北區")
3	中區男性業績總計	10,467,223	← =SUMIFS($D$1:$D$101,$B$1:$B$101,"男",$C$1:$C$101,"中區")
4	南區男性業績總計	12,791,173	← =SUMIFS($D$1:$D$101,$B$1:$B$101,"男",$C$1:$C$101,"南區")
5	東區男性業績總計	8,324,985	← =SUMIFS($D$1:$D$101,$B$1:$B$101,"男",$C$1:$C$101,"東區")
6			
7			
8	北區女性業績總計	28,809,787	← =SUMIFS($D$1:$D$101,$B$1:$B$101,"女",$C$1:$C$101,"北區")
9	中區女性業績總計	16,954,457	← =SUMIFS($D$1:$D$101,$B$1:$B$101,"女",$C$1:$C$101,"中區")
10	南區男性業績總計	21,200,297	← =SUMIFS($D$1:$D$101,$B$1:$B$101,"女",$C$1:$C$101,"南區")
11	東區男性業績總計	14,043,291	← =SUMIFS($D$1:$D$101,$B$1:$B$101,"女",$C$1:$C$101,"東區")

其中，G2內求北區男性業績總計之公式為：

```
=SUMIFS($D$1:$D$101,$B$1:$B$101,"男",$C$1:$C$101,"北區")
```

表求算總計之範圍為$D$1:$D$101之業績欄，其條件為：在$B$1:$B$101之性別欄內容為"男"；且於$C$1:$C$101之地區欄內容為"北區"。其位址分別加上$，轉為絕對位址，係為了方便向下抄錄之故。

同理，其G3:G5求中區、南區與東區，男性業績總計之公式則分別為：

```
=SUMIFS($D$1:$D$101,$B$1:$B$101,"男",$C$1:$C$101,"中區")
=SUMIFS($D$1:$D$101,$B$1:$B$101,"男",$C$1:$C$101,"南區")
=SUMIFS($D$1:$D$101,$B$1:$B$101,"男",$C$1:$C$101,"東區")
```

而G8:G11範圍內，求各地區女性業績總計之公式則分別為：

```
=SUMIFS($D$1:$D$101,$B$1:$B$101,"女",$C$1:$C$101,"北區")
=SUMIFS($D$1:$D$101,$B$1:$B$101,"女",$C$1:$C$101,"中區")
=SUMIFS($D$1:$D$101,$B$1:$B$101,"女",$C$1:$C$101,"南區")
=SUMIFS($D$1:$D$101,$B$1:$B$101,"女",$C$1:$C$101,"東區")
```

同樣之例子，也可將條件準則輸入於儲存格內，省去於函數內得加雙引號包圍之麻煩，且也方便抄錄：（詳範例『FunCh06-統計1.xlsx\性別與地區分組求業績總計2』工作表）

I3	▼	:	× ✓ fx	=SUMIFS($D$1:$D$101,$B$1:$B$101,G3,$C$1:$C$101,H3)				
	A	B	C	D	E	F	G	H	I
1	姓名	性別	地區	業績					
2	古雲翰	男	北區	2,159,370			性別	地區	業績總計
3	陳善鼎	男	北區	678,995			男	北區	15,106,586
4	羅惠決	女	南區	1,555,925			男	中區	10,467,223
5	王得翔	男	中區	1,065,135			男	南區	12,791,173
6	許馨尹	女	北區	1,393,475			男	東區	8,324,985
7	鄭欣怡	女	中區	1,216,257			女	北區	28,809,787
8	鍾詩婷	女	南區	1,531,583			女	中區	16,954,457
9	梁國棟	男	北區	1,125,285			女	南區	21,200,297
10	吳貞儀	女	中區	546,210			女	東區	14,043,291

I3內，求北區男性業績總計之公式為：

```
=SUMIFS($D$1:$D$101,$B$1:$B$101,G3,$C$1:$C$101,H3)
```

以拖曳複製控點之方式，向下依序向下抄給I4:I10，即可分別求出北區、中區、南區及東區四個區域，不同性別之業績總計。

利用SUMIFS()求含總計之交叉分析表

既然，SUMIFS()允許使用多重條件，我們就可利用它於同時擁有兩組條件的交叉分析表內，求某數值欄之總計：（詳範例『FunCh06-統計1.xlsx\性別交叉地區求業績總計』工作表）

G4		× ✓ *fx*	=SUMIFS($D$1:$D$101,$B$1:$B$101,G$3,$C$1:$C$101,$F4)					
▲	A	B	C	D	E	F	G	H	I
1	姓名	性別	地區	業績					
2	古雲翰	男	北區	2,159,370				性別	
3	陳善鼎	男	北區	678,995		業績總計	男	女	全體
4	羅惠泱	女	南區	1,555,925		北區	15,106,586	28,809,787	43,916,373
5	王得翔	男	中區	1,065,135		中區	10,467,223	16,954,457	27,421,680
6	許馨尹	女	北區	1,393,475		南區	12,791,173	21,200,297	33,991,470
7	鄭欣怡	女	中區	1,216,257		東區	8,324,985	14,043,291	22,368,276
8	鍾詩婷	女	南區	1,531,583		全體	46,689,967	81,007,832	127,697,799

其建表之步驟為：

1 輸妥標題、性別及地區

▲	A	B	C	D	E	F	G	H	I
1	姓名	性別	地區	業績					
2	古雲翰	男	北區	2,159,370				性別	
3	陳善鼎	男	北區	678,995		業績總計	男	女	全體
4	羅惠泱	女	南區	1,555,925		北區			
5	王得翔	男	中區	1,065,135		中區			
6	許馨尹	女	北區	1,393,475		南區			
7	鄭欣怡	女	中區	1,216,257		東區			
8	鍾詩婷	女	南區	1,531,583		全體			

2 停於G4，輸入

```
=SUMIFS($D$1:$D$101,$B$1:$B$101,G$3,$C$1:$C$101,$F4)
```

輸入時，絕對位址及混合位址可利用 **F4** 按鍵進行切換。設妥含逗號之格式，求算出北區男性業績總計：

G4		× ✓ *fx*	=SUMIFS($D$1:$D$101,$B$1:$B$101,G$3,$C$1:$C$101,$F4)					
▲	A	B	C	D	E	F	G	H	I
1	姓名	性別	地區	業績					
2	古雲翰	男	北區	2,159,370				性別	
3	陳善鼎	男	北區	678,995		業績總計	男	女	全體
4	羅惠泱	女	南區	1,555,925		北區	15,106,586		
5	王得翔	男	中區	1,065,135		中區			

3 拖曳其右下角之複製控點，往下拖曳將其複製到G7

4 於 G4:G7 尚呈選取狀態，拖曳其右下角之複製控點，往右拖曳，將其複製到 H4:H7，完成各種條件組合情況的業績總計

G4			✕ ✓ *fx*	=SUMIFS($D$1:$D$101,$B$1:$B$101,G$3,$C$1:$C$101,$F4)				
	A	B	C	D	E	F	G	H	I
1	姓名	性別	地區	業績				
2	古雲翰	男	北區	2,159,370			性別		
3	陳善鼎	男	北區	678,995		業績總計	男	女	全體
4	羅惠決	女	南區	1,555,925		北區	15,106,586	28,809,787	
5	王得翔	男	中區	1,065,135		中區	10,467,223	16,954,457	
6	許馨尹	女	北區	1,393,475		南區	12,791,173	21,200,297	
7	鄭欣怡	女	中區	1,216,257		東區	8,324,985	14,043,291	
8	鍾詩婷	女	南區	1,531,583		全體			

5 選取 G4:I8，各總計欄及列，均尚無全體總計之結果

	F	G	H	I
2		性別		
3	業績總計	男	女	全體
4	北區	15,106,586	28,809,787	
5	中區	10,467,223	16,954,457	
6	南區	12,791,173	21,200,297	
7	東區	8,324,985	14,043,291	
8	全體			

6 按『常用/編輯/自動加總』∑ 鈕，即可一次求得各總計欄及列的業績總計，完成整個交叉表，以 G 欄之資料為例，可知北區男性業績總計為 15,106,586，全體男性之業績總計為 46,689,967。

	F	G	H	I
2		性別		
3	業績總計	男	女	全體
4	北區	15,106,586	28,809,787	43,916,373
5	中區	10,467,223	16,954,457	27,421,680
6	南區	12,791,173	21,200,297	33,991,470
7	東區	8,324,985	14,043,291	22,368,276
8	全體	46,689,967	81,007,832	127,697,799

6-7 均數 AVERAGE() 與 AVERAGEA()

這兩個函數均是用來求算一串數值的均數，其語法為：

AVERAGE(數值1,[數值2], ...)
AVERAGE(value1,[value2], ...)
AVERAGEA(數值1,[數值2], ...)
AVERAGEA(value1,[value2], ...)

數值1,[數值2], ... 為要計算平均數之儲存格或範圍引數，最多可達255個。式中，方括號所包圍之內容，表該部份可省略。

AVERAGE()係計算所有含數值資料的儲存格之均數；而AVERAGEA()則計算所有非空白的儲存格之均數。如範例『FunCh06-統計1.xlsx\均數1』工作表：

C11			✕ ✓	f_x	=AVERAGEA(B2:B8)	
	A	B	C	D	E	F
1	姓名	成績				
2	郭源龍	88				
3	蔡珮姍	90				
4	鄧智豪	缺考				
5	鄭宇廷	88				
6	陳薇羽	75				
7	陳綺雯	85				
8	李慶昭	68				
9						
10	求成績欄均數					
11	以AVERAGEA求		70.6	←=AVERAGEA(B2:B8)		
12	以AVERAGE求		82.3	←=AVERAGE(B2:B8)		

C11與C12處，同樣以B2:B8為處理範圍

```
=AVERAGEA(B2:B8)
=AVERAGE(B2:B8)
```

怎麼所求之均數會不同？這是因B4為"缺考"字串並非數值，故AVERAGE()函數會將其排除掉，也就是說其分母為6；而非AVERAGEA()函數的7。

所以，在此例中，以AVERAGE()函數所求之均數是較合理些，將缺考者亦納入來求均數，只會把全班的平均成績拉低。

但應注意，如範例『FunCh06-統計1.xlsx\均數2』工作表中，B4若未曾輸入任何資料。則兩函數所求之結果是一樣，均會將B4捨棄，同樣以分母為6進行求均數。如此，在本例中是合理的：

C11			✕ ✓	f_x	=AVERAGEA(B2:B8)	
	A	B	C	D	E	F
1	姓名	成績				
2	郭源龍	88				
3	蔡珮姍	90				
4	鄧智豪					
5	鄭宇廷	88				
6	陳薇羽	75				
7	陳綺雯	85				
8	李慶昭	68				
9						
10	求成績欄均數					
11	以AVERAGEA求		82.3	←=AVERAGEA(B2:B8)		
12	以AVERAGE求		82.3	←=AVERAGE(B2:B8)		

但若例子改為於範例『FunCh06-統計1.xlsx\均數3』工作表，求學生平時作業之均數：

	A	B	C	D	E	F	G
E2				fx	=AVERAGE(B2:D2)		
1	姓名	作業1	作業2	作業3	平均		
2	郭源龍	88		82	85.0	← =AVERAGE(B2:D2)	
3	蔡珮姍	90	60	88	79.3	← =AVERAGE(B3:D3)	

其中，第一位學生並未繳交『作業2』。但無論以AVERAGE()或AVERAGEA()函數求算，均是只交兩次作業者的平均（85.0）高過三次全交者（79.3）。這…這…，這還有天理嗎？

所以，若您是老師，應記得於未繳作業處輸入0。以避免前面之不合理情況：

	A	B	C	D	E	F	G
E2				fx	=AVERAGE(B2:D2)		
1	姓名	作業1	作業2	作業3	平均		
2	郭源龍	88	0	82	56.7	← =AVERAGE(B2:D2)	
3	蔡珮姍	90	60	88	79.3	← =AVERAGE(B3:D3)	

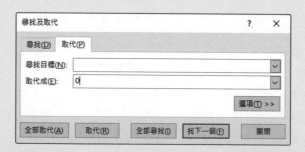

秘訣　最方便之方式為：以『常用/編輯/尋找與選取』 鈕之「取代(R)…」，一舉將全部之空白儲存格均改為0，其『尋找目標(N)』處並不必輸入任何內容：

要不，就於未繳作業處補個"缺"字，續利用AVERAGEA()來求算平均數，也可以獲得正確值：

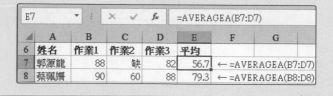

	A	B	C	D	E	F	G
E7				fx	=AVERAGEA(B7:D7)		
6	姓名	作業1	作業2	作業3	平均		
7	郭源龍	88	缺	82	56.7	← =AVERAGEA(B7:D7)	
8	蔡珮姍	90	60	88	79.3	← =AVERAGEA(B8:D8)	

6-8 依條件求平均AVERAGEIF()

AVERAGEIF()之用法同於SUMIF()，只差所求算之對象是均數而非加總而已。其語法為：

AVERAGEIF(準則範圍,條件準則,[加總範圍])
AVERAGEIF(range,criteria,[sum_range])

範例『FunCh06-統計1.xlsx\分組均數』工作表中，C10與C11之公式分別為：

=AVERAGEIF(A2:A8,"門市",C2:C8)
=AVERAGEIF(A2:A8,"業務",C2:C8)

可直接求算出各部門之平均業績。

C10		× ✓ fx	=AVERAGEIF(A2:A8,"門市",C2:C8)			
▲	A	B	C	D	E	F	G
1	部門	姓名	業績				
2	門市	郭源龍	12500				
3	業務	蔡珮姍	36200				
4	門市	郜智豪	18700				
5	門市	鄭宇廷	40800				
6	業務	陳薇羽	51650				
7	業務	陳綺雯	30000				
8	業務	張逸寧	22500				
9							
10	門市部業績均數		24000.0	← =AVERAGEIF(A2:A8,"門市",C2:C8)			
11	業務部業績均數		35087.5	← =AVERAGEIF(A2:A8,"業務",C2:C8)			

馬上練習　依範例『FunCh06-統計1.xlsx\不同性別之運動時間均數』工作表內容，計算男女性每次平均運動時間。

▲	B	C	D	E	F
1	性別	每次運動時間/分			
2	1	120		性別	平均每次運動時間/分
3	1	10		男	91.95
4	2	0		女	75.36

6-9 依多重條件求平均AVERAGEIFS()

AVERAGEIFS()之用法類似AVERAGEIF()，同樣可依條件求平均；只差允許使用多重條件而已，最多可使用127組條件準則。其語法為：

> AVERAGEIFS(average_range,criteria_range1,criteria1,[criteria_range2,criteria2], ...)
> AVERAGEIFS(平均範圍,準則範圍1,條件準則1,[準則範圍2,條件準則2], ...)

應注意：各範圍所使用相同之列數。如，擬於範例『FunCh06-統計1.xlsx\性別與地區分組求平均業績1』工作表中：

	A	B	C	D
1	姓名	性別	地區	業績
2	古雲翰	男	北區	2,159,370
3	陳善鼎	男	北區	678,995
4	羅惠決	女	南區	1,555,925
5	王得翔	男	中區	1,065,135

分別求：北區、中區、南區及東區四個區域，不同性別之平均業績：

G2		× ✓ fx	=AVERAGEIFS($D$1:$D$101,$B$1:$B$101,"男",$C$1:$C$101,"北區")						
	F	G	H	I	J	K	L	M	N
1									
2	北區男性平均業績	1,162,045	← =AVERAGEIFS($D$1:$D$101,$B$1:$B$101,"男",$C$1:$C$101,"北區")						
3	中區男性平均業績	1,308,403	← =AVERAGEIFS($D$1:$D$101,$B$1:$B$101,"男",$C$1:$C$101,"中區")						
4	南區男性平均業績	1,279,117	← =AVERAGEIFS($D$1:$D$101,$B$1:$B$101,"男",$C$1:$C$101,"南區")						
5	東區男性平均業績	1,189,284	← =AVERAGEIFS($D$1:$D$101,$B$1:$B$101,"男",$C$1:$C$101,"東區")						
6									
7									
8	北區女性平均業績	1,440,489	=AVERAGEIFS($D$1:$D$101,$B$1:$B$101,"女",$C$1:$C$101,"北區")						
9	中區男性平均業績	1,304,189	=AVERAGEIFS($D$1:$D$101,$B$1:$B$101,"女",$C$1:$C$101,"中區")						
10	南區男性平均業績	1,177,794	=AVERAGEIFS($D$1:$D$101,$B$1:$B$101,"女",$C$1:$C$101,"南區")						
11	東區男性平均業績	1,276,663	=AVERAGEIFS($D$1:$D$101,$B$1:$B$101,"女",$C$1:$C$101,"東區")						

其中，G2內求北區男性業績總和之公式為：

> =AVERAGEIFS($D$1:$D$101,$B$1:$B$101,"男",$C$1:$C$101,"北區")

表求算均數之範圍為$D$1:$D$101之業績欄，其條件為：在$B$1:$B$101之性別欄內容為"男"；且於$C$1:$C$101之地區欄內容為"北區"。其位址分別加上$，轉為絕對位址，係為了方便向下抄錄之故。

同理，其G3:G5求中區、南區與東區，男性業績均數之公式則分別為：

> =AVERAGEIFS($D$1:$D$101,$B$1:$B$101,"男",$C$1:$C$101,"中區")
> =AVERAGEIFS($D$1:$D$101,$B$1:$B$101,"男",$C$1:$C$101,"南區")
> =AVERAGEIFS($D$1:$D$101,$B$1:$B$101,"男",$C$1:$C$101,"東區")

而 G8:G11 範圍內，求各地區女性平均業績之公式則分別為：

```
=AVERAGEIFS($D$1:$D$101,$B$1:$B$101,"女",$C$1:$C$101,"北區")
=AVERAGEIFS($D$1:$D$101,$B$1:$B$101,"女",$C$1:$C$101,"中區")
=AVERAGEIFS($D$1:$D$101,$B$1:$B$101,"女",$C$1:$C$101,"南區")
=AVERAGEIFS($D$1:$D$101,$B$1:$B$101,"女",$C$1:$C$101,"東區")
```

同樣之例子，也可將條件準則輸入於儲存格內，省去於函數內得加雙引號包圍之麻煩，且也方便抄錄：（詳範例『FunCh06-統計1.xlsx\性別與地區分組求業績均數2』工作表）

	A	B	C	D	E	F	G	H	I	J
1	姓名	性別	地區	業績			性別	地區	平均業績	
2	古雲翰	男	北區	2,159,370			男	北區	1,162,045	
3	陳善鼎	男	北區	678,995			男	中區	1,308,403	
4	羅惠泱	女	南區	1,555,925			男	南區	1,279,117	
5	王得翔	男	中區	1,065,135			男	東區	1,189,284	
6	許馨尹	女	北區	1,393,475			女	北區	1,440,489	
7	鄭欣怡	女	中區	1,216,257			女	中區	1,304,189	
8	鍾詩婷	女	南區	1,531,583			女	南區	1,177,794	
9	梁國棟	男	北區	1,125,285			女	東區	1,276,663	
10	吳貞儀	女	中區	546,210						

（I3：=AVERAGEIFS($D$1:$D$101,$B$1:$B$101,G3,$C$1:$C$101,H3)）

I3 內，求北區男性業績均數之公式為：

```
=AVERAGEIFS($D$1:$D$101,$B$1:$B$101,G3,$C$1:$C$101,H3)
```

以拖曳複製控點之方式，向下依序向下抄給I4:I10，即可分別求出北區、中區、南區及東區四個區域，不同性別之業績均數。

利用AVERAGEIFS()求含平均之交叉分析表

既然，AVERAGEIFS()允許使用多重條件，我們就可利用它來於同時擁有兩組條件的交叉分析表內，求某數值欄之平均：（詳範例『FunCh06-統計1.xlsx\性別交叉地區求業績均數』工作表）

	A	B	C	D	E	F	G	H	I
1	姓名	性別	地區	業績			性別		
2	古雲翰	男	北區	2,159,370					
3	陳善鼎	男	北區	678,995		平均業績	男	女	全體
4	羅惠泱	女	南區	1,555,925		北區	1,162,045	1,440,489	1,301,267
5	王得翔	男	中區	1,065,135		中區	1,308,403	1,304,189	1,306,296
6	許馨尹	女	北區	1,393,475		南區	1,279,117	1,177,794	1,228,456
7	鄭欣怡	女	中區	1,216,257		東區	1,189,284	1,276,663	1,232,973
8	鍾詩婷	女	南區	1,531,583		全體	1,234,712	1,299,784	1,267,248

其建表之步驟為：

1 輸妥標題、性別及地區

	B	C	D	E	F	G	H	I
1	**性別**	**地區**	**業績**					
2	男	北區	2,159,370				**性別**	
3	男	北區	678,995		**平均業績**	**男**	**女**	**全體**
4	女	南區	1,555,925		**北區**			
5	男	中區	1,065,135		**中區**			
6	女	北區	1,393,475		**南區**			
7	女	中區	1,216,257		**東區**			
8	女	南區	1,531,583		**全體**			

2 停於 G4，輸入

=AVERAGEIFS($D$1:$D$101,$B$1:$B$101,G$3,$C$1:$C$101,$F4)

輸入時，絕對位址及混合位址可利用 `F4` 按鍵進行切換。設妥含逗號之格式，求算出北區男性平均業績：

G4		× ✓ *fx*	=AVERAGEIFS($D$1:$D$101,$B$1:$B$101,G$3,$C$1:$C$101,$F4)

	B	C	D	E	F	G	H	I	J	K
1	**性別**	**地區**	**業績**							
2	男	北區	2,159,370				**性別**			
3	男	北區	678,995		**平均業績**	**男**	**女**	**全體**		
4	女	南區	1,555,925		**北區**	1,162,045				
5	男	中區	1,065,135		**中區**					
6	女	北區	1,393,475		**南區**					
7	女	中區	1,216,257		**東區**					
8	女	南區	1,531,583		**全體**					

3 拖曳其右下角之複製控點，往下拖曳將其複製到 G7

4 於 G4:G7 尚呈選取狀態，拖曳其右下角之複製控點，往右拖曳，將其複製到 H4:H7，完成各種條件組合情況的平均業績

G4		× ✓ *fx*	=AVERAGEIFS($D$1:$D$101,$B$1:$B$101,G$3,$C$1:$C$101,$F4)

	B	C	D	E	F	G	H	I	J	K
1	**性別**	**地區**	**業績**							
2	男	北區	2,159,370				**性別**			
3	男	北區	678,995		**平均業績**	**男**	**女**	**全體**		
4	女	南區	1,555,925		**北區**	1,162,045	1,440,489			
5	男	中區	1,065,135		**中區**	1,308,403	1,304,189			
6	女	北區	1,393,475		**南區**	1,279,117	1,177,794			
7	女	中區	1,216,257		**東區**	1,189,284	1,276,663			
8	女	南區	1,531,583		**全體**					

5　選取G4:I8，各總計欄及列，均尚無全體平均之結果

	A	B	C	D	E	F	G	H	I
1	姓名	性別	地區	業績					
2	古雲翰	男	北區	2,159,370			性別		
3	陳善鼎	男	北區	678,995		平均業績	男	女	全體
4	羅惠泱	女	南區	1,555,925		北區	1,162,045	1,440,489	
5	王得翔	男	中區	1,065,135		中區	1,308,403	1,304,189	
6	許馨尹	女	北區	1,393,475		南區	1,279,117	1,177,794	
7	鄭欣怡	女	中區	1,216,257		東區	1,189,284	1,276,663	
8	鍾詩婷	女	南區	1,531,583		全體			

6　按『常用/編輯/自動加總』 Σ▾ 右側之下拉鈕，選「平均值(A)」，即可一次求得各總計欄及列的平均業績，完成整個交叉表，以G欄之資料為例，可知北區男性平均業績為1,162,045，全體男性之平均業績為1,234,712。

	F	G	H	I
2			性別	
3	平均業績	男	女	全體
4	北區	1,162,045	1,440,489	1,301,267
5	中區	1,308,403	1,304,189	1,306,296
6	南區	1,279,117	1,177,794	1,228,456
7	東區	1,189,284	1,276,663	1,232,973
8	全體	1,234,712	1,299,784	1,267,248

6-10　極大MAX()與MAXA()

這兩個函數均是用來求算一串數值的極大值，其語法為：

```
MAX( 數值1,[數值2], ...)
MAX(value1,[value2], ...)
MAXA( 數值1,[數值2], ...)
MAXA(value1,[value2], ...)
```

數值1,[數值2], ... 為要求極大之儲存格或範圍引數，最多可達255個。式中，方括號所包圍之內容，表該部份可省略。

MAX()係求所有數值資料的極大值；而MAXA()則求所有非空白儲存格之極大值。如：（範例『FunCh06-統計1.xlsx\極大值』工作表）

	B11		× ✓ fx	=MAXA(B2:B8)	
▲	A	B	C	D	E
1	姓名	成績			
2	郭源龍	88			
3	蔡珮姍	90			
4	鄧智豪	缺考			
5	鄭宇廷	88			
6	陳薇羽	75			
7	陳綺雯	85			
8	張逸寧	68			
9					
10	求成績欄之極大值				
11	以MAXA求	90	← =MAXA(B2:B8)		
12	以MAX求	90	← =MAX(B2:B8)		

注意

注意，當處理者全為負值時，若其內含文字串之儲存格，以MAXA()所求之極大值將為0（即文字串）。如：

	B18		× ✓ fx	=MAX(A14:E14)	
▲	A	B	C	D	E
16	求極大值				
17	以MAXA求	0	← =MAXA(A14:E14)		
18	以MAX求	-5	← =MAX(A14:E14)		

6-11　極小MIN()與MINA()

這兩個函數均是用來求算一串數值的極小值，其語法為：

```
MIN(數值1,[數值2], ...)
MIN(value1,[value2], ...)
MINA(數值1,[數值2], ...)
MINA(value1,[value2], ...)
```

數值1,[數值2], ... 為要計算極小之儲存格或範圍引數，最多可達255個。式中，方括號所包圍之內容，表該部份可省略。

MIN()係求所有數值的極小值；而MINA()則求所有非空白儲存格之極小值。注意，若處理者全為正值及含文字串之儲存格，以MINA()所求之極

小值將為0（即文字串）如：（範例『FunCh06-統計1.xlsx\極小值』工作表）

	A	B	C	D	E
		成績			
1	姓名	成績			
2	郭源龍	88			
3	蔡珮姍	90			
4	鄧智豪	缺考			
5	鄭宇廷	88			
6	陳薇羽	75			
7	陳綺雯	85			
8	張逸寧	68			
9					
10	求成績欄之極小值				
11	以MINA求	0	← =MINA(B2:B8)		
12	以MIN求	68	← =MIN(B2:B8)		

B11 =MINA(B2:B8)

生產之實例

某產品，須甲零件10、乙零件3、丙零件4，才可組合一個成品。今庫房內分別有甲零件170、乙零件160、丙零件85。最多可組成幾個成品？（範例『FunCh06-統計1.xlsx\生產』工作表）

D6 =MIN(D2:D4)

	A	B	C	D	E	F
1	零件別	零件數	完成一件要幾個零件	可完成數		
2	甲	170	10	17	← =INT(B2/C2)	
3	乙	160	3	53	← =INT(B3/C3)	
4	丙	85	4	21	← =INT(B4/C4)	
5						
6			這些零件最多可完成	17		

雖然，個別零件分別可完成17、53與21件成品，但得三者均有，才可組合成一完整之成品。故其答案17，為求此三者的極小值 =MIN(D2:D4)。

體操評分

範例『FunCh06-統計1.xlsx\體操』工作表為體操選手的比賽成績，為求公平（避免偏袒或惡意）會將最大與最小值先排除掉，再求其總分。試就下表求各選手之總分數，其公式為：

```
=SUM(B2:H2)-MIN(B2:H2)-MAX(B2:H2)
```

	I2		▼	:	×	✓	*fx*	=SUM(B2:H2)-MIN(B2:H2)-MAX(B2:H2)	

▲	A	B	C	D	E	F	G	H	I
1	選手	裁判1	裁判2	裁判3	裁判4	裁判5	裁判6	裁判7	總分
2	1001	5.0	8.0	8.0	8.0	8.0	8.0	10.0	40.0
3	1002	8.6	9.2	7.8	8.5	9.1	8.8	8.7	43.7
4	1025	7.5	7.6	7.4	7.5	7.8	8.1	9.0	38.5
5	1026	9.1	8.5	8.6	8.5	8.7	9.2	9.6	44.1

6-12　平均絕對差AVEDEV()

平均絕對差（MAD，mean absolute deviation）之公式為：

$$MAD = \frac{\sum_{i=1}^{n}\left|x_i - \overline{x}\right|}{n}$$

即取每一觀測值與其均數間差異的絕對值之算術平均，取其絕對值就是因為無論正差或負差，取絕對值後均為正值，就不會產生正負相抵銷之情況。

於Excel，平均絕對差可利用AVEDEV()函數來求算，其語法為：

> AVEDEV(數值1,[數值2], ...)
> AVEDEV(number1,[number2], ...)

式中，方括號包圍之部份表其可省略。**數值1,[數值2], ...** 為要計算平均絕對差之儲存格或範圍引數，最多可到255個引數。

範例『FunCh06-統計1.xlsx\平均絕對差』工作表，以D欄計算所有成績與均數差之絕對值

> =ABS(C2-$B$12)、=ABS(C3-$B$12)、…、=ABS(C8-$B$12)

的總和，再除以筆數

> =COUNT(C2:C8)

求得平均絕對差10.49（=D9/D10）。其結果同於直接以

> =AVEDEV(C2:C8)

所求得平均絕對差：

	A	B	C	D	E	F
				D14		=AVEDEV(C2:C8)
1	學號	姓名	成績	|成績-均數|		
2	23001	廖晨帆	88	9.43	← =ABS(C2-$B$12)	
3	23002	廖彗君	90	11.43		
4	23003	程家嘉	56	22.57		
5	23004	劉荏蓉	88	9.43		
6	23005	林耀宗	75	3.57		
7	23006	李晥瑜	85	6.43		
8	23007	莊媛智	68	10.57		
9		合計		73.43	← =SUM(D2:D8)	
10		樣本數		7	← =COUNT(C2:C8)	
11		平均絕對差		10.49	← =D9/C10	
12	平均	78.57143				
13						
14		平均絕對差		10.49	← =AVEDEV(C2:C8)	

在直覺上，它是一個很理想的離散程度之衡量方法。其值越小，表離散程度越小。它的優點是：考慮到資料群內的每一個值；但其缺點為：易受極端值之影響，且公式因得取絕對值，不適合代數處理，所以才有變異數與標準差之發明。

6-13 樣本標準差STDEV()、STDEV.S()與 STDEVA()

```
STDEV(數值1,[數值2], ...)
STDEV(number1,[number2], ...)
STDEV.S(數值1,[數值2], ...)
STDEV.S(number1,[number2], ...)
STDEVA(數值1,[數值2], ...)
STDEVA(number1,[number2], ...)
```

這三個函數均用來計算樣本標準差。式中，方括號所包圍之內容，表該部份可省略。

數值1,[數值2], ...為要計算標準差之儲存格或範圍引數，最多可達255個，它是於某母群體中所抽選出的樣本。

樣本標準差的計算公式為：

$$\sqrt{\frac{n\sum x^2 - \left(\sum x\right)^2}{n(n-1)}}$$

標準差主要是用來衡量觀測值與平均值間的離散程度，其值越小表母體的齊質性越高。如兩班平均成績同為75，但甲班之標準差為7.8；而乙班為12.4。這表示甲班之程度較為一致（齊質）；而乙班之程度則變化較大，好的很好，差的很差。

STDEV()係求所有數值的標準差；而STDEVA()則求所有非空白儲存格之標準差。如：（範例『FunCh06-統計1.xlsx\標準差』工作表）

	A	B	C	D	E
	B12		f_x =STDEV.S(B2:B8)		
1	姓名	成績			
2	郭源龍	88			
3	蔡珮姍	90			
4	鄧智豪	缺考			
5	鄭宇廷	88			
6	陳薇羽	75			
7	陳綺雯	85			
8	張逸寧	68			
9					
10	標準差				
11	以STDEV	8.824209	← =STDEV(B2:B8)		
12	以STDEV.S	8.824209	← =STDEV.S(B2:B8)		
13	以STDEVA	32.14476	← =STDEVA(B2:B8)		

B13之公式，因將"缺考"，當成0納入計算，故其標準差明顯增大。

6-14　母體標準差STDEVP()、STDEV.P()與STDEVPA()

STDEVP(數值1,[數值2], ...)
STDEVP(number1,[number2], ...)
STDEV.P(數值1,[數值2], ...)
STDEV.P(number1,[number2], ...)
STDEVPA(數值1,[數值2], ...)
STDEVPA(number1,[number2], ...)

這三個函數均用來計算母體標準差。式中，方括號所包圍之內容，表該部份可省略。

數值1,[數值2], … 為要計算標準差之儲存格或範圍引數,它是對應於母群體的1到255個數字引數。

STDEVP()與STDEV.P()係求所有數值的母體標準差;而STDEVPA()則求所有非空白儲存格之母體標準差。母體標準差的計算公式為:

$$\sqrt{\frac{n\sum x^2 - \left(\sum x\right)^2}{n^2}}$$

其與樣本標準差之公式:

$$\sqrt{\frac{n\sum x^2 - \left(\sum x\right)^2}{n(n-1)}}$$

只差在後者之分母為n*(n-1);而前者為n*n。當樣本個數n愈大時,樣本標準差與母體標準差會愈趨近於相等。

6-15 樣本變異數VAR()、VAR.S()與VARA()

```
VAR(數值1,[數值2], ...)
VAR(number1,[number2], ...)
VAR.S(數值1,[數值2], ...)
VAR.S(number1,[number2], ...)
VARA(數值1,[數值2], ...)
VARA(number1,[number2], ...)
```

這三個函數均用來計算樣本變異數。式中,方括號所包圍之內容,表該部份可省略。

數值1,[數值2], … 為要計算變異數之儲存格或範圍引數,它是對應於某母群體抽樣選出的1到255個數字引數樣本。

樣本變異數的計算公式為:

$$\frac{n\sum x^2 - \left(\sum x\right)^2}{n(n-1)}$$

其值恰為樣本標準差之平方，也是用來衡量觀測值與平均值間的離散程度。

VAR() 與 VAR.S() 係求所有數值的樣本變異數；而 VARA() 則求所有非空白儲存格之樣本變異數：(範例『FunCh06-統計1.xlsx\變異數』工作表)

E12	▼	:	× ✓	fx	=VAR.S(B2:B8)		
▲	A	B	C	D	E	F	G
1	姓名	成績					
2	郭源龍	88					
3	蔡珮姍	90					
4	鄧智豪	缺考					
5	鄭宇廷	88					
6	陳薇羽	75					
7	陳綺雯	85					
8	張逸寧	68					
9							
10	標準差			變異數			
11	以STDEV	8.824209		以VAR	77.86667	← =VAR(B2:B8)	
12	以STDEV.S	8.824209		以VAR.S	77.86667	← =VAR.S(B2:B8)	
13	以STDEVA	32.14476		以VARA	1033.286	← =VARA(B2:B8)	

E13 之公式，因將 "缺考"，當成 0 納入計算，故其變異數明顯增大。

6-16 母體變異數 VARP()、VAR.P() 與 VARPA()

VARP(數值1,[數值2], ...)
VARP(number1,[number2], ...)
VAR.P(數值1,[數值2], ...)
VAR.P(number1,[number2], ...)
VARPA(數值1,[數值2], ...)
VARPA(number1,[number2], ...)

這三個函數均用來計算母體變異數。式中，方括號所包圍之內容部份，表該部份可省略。

數值1,[數值2], ...為要計算變異數之儲存格或範圍引數，它是對應於母群體的1到255個數字引數。

VARP() 與 VAR.P() 係求所有數值的母體變異數；而 VARPA() 則求所有非空白儲存格之母體變異數。母體變異數的計算公式為：

$$\frac{n\sum x^2 - \left(\sum x\right)^2}{n^2}$$

其與樣本變異數之公式

$$\frac{n\sum x^2 - \left(\sum x\right)^2}{n(n-1)}$$

只差在後者之分母為n*(n-1)；而前者為n*n。當樣本個數n愈大時，樣本變異數與母體變異數會愈趨近於相等。

6-17 排名次RANK()

有成績之資料，就常讓人聯想到排名次（等級）之問題。這可交由RANK()函數來處理，其語法為：

```
RANK(數值,範圍,[順序])
RANK(number,ref,[order])
```

數值為要安排等級之數字（如：某人之成績）。

範圍是標定要將進行排名次之數值範圍（如：全班之成績），非數值將被忽略。

[順序]是用來指定排等級順序之方式，為0或省略，表要遞減排等級，即數值大者在前；小者在後。反之，若不是0，則表要遞增排等級，即數值小者在前；大者在後。

當有同值之情況，會給相同之等級。如，第三名有兩位同分，其等級均為3；且下一位就變成第5名，而無第4名。

假定，要針對範例『FunCh06-統計1.xlsx\排名次』工作表之成績排名次。其內有兩位學生之成績同為88分：

	A	B	C
1	姓名	成績	名次
2	郭源龍	88	
3	蔡珮姍	90	
4	鄧智豪	85	
5	鄭宇廷	88	
6	陳薇羽	75	
7	陳綺雯	85	
8	張逸寧	68	

於C2輸入

```
=RANK(B2,$B$2:$B$8)
```

表要根據B2之分數，於$B$2:$B$8之全體成績內，以遞減方式排列名次（高分者在前）。續將C2抄給C3:C8，即可排出正確之名次：

	A	B	C	D	E	F
1	姓名	成績	名次			
2	郭源龍	88	2	← =RANK(B2,$B$2:$B$8)		
3	蔡珮姍	90	1	← =RANK(B3,$B$2:$B$8)		
4	鄧智豪	85	4	← =RANK(B4,$B$2:$B$8)		
5	鄭宇廷	88	2	← =RANK(B5,$B$2:$B$8)		
6	陳薇羽	75	6	← =RANK(B6,$B$2:$B$8)		
7	陳綺雯	85	4	← =RANK(B7,$B$2:$B$8)		
8	張逸寧	68	7	← =RANK(B8,$B$2:$B$8)		

可發現兩位同為88分之學生均為第2名，接下來之85分的學生即排為第4名（而非第3名）。

馬上練習

求範例『FunCh06-統計1.xlsx\排名』工作表體操選手之總分的名次，總分部份得排除最高及最低分：

	A	B	C	D	E	F	G	H	I	J
1	選手	裁判1	裁判2	裁判3	裁判4	裁判5	裁判6	裁判7	總分	名次
2	1001	5.0	8.0	8.0	8.0	8.0	8.0	10.0	40.0	4
3	1002	8.6	9.2	7.8	8.5	9.1	8.8	8.7	43.7	2
4	1025	7.5	7.6	7.4	7.5	7.8	8.1	9.0	38.5	5
5	1026	9.1	8.5	8.6	8.5	8.7	9.2	9.6	44.1	1
6	1034	6.9	6.5	7.3	7.5	7.4	6.5	8.1	35.6	7
7	1037	8.0	8.2	7.6	8.5	6.5	7.2	7.3	38.3	6
8	1102	8.0	9.1	7.8	8.7	7.4	8.6	7.5	40.6	3

若情況相反，數值高的反而要排在後面。如範例『FunCh06-統計1.xlsx\高球名次』工作表之高爾夫球比賽成績，其內有兩位選手之成績同為72桿：

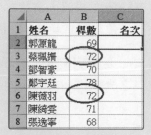

	A	B	C
1	姓名	桿數	名次
2	郭源龍	69	
3	蔡珮姍	72	
4	鄧智豪	70	
5	鄭宇廷	78	
6	陳薇羽	72	
7	陳綺雯	71	
8	張逸寧	68	

由於[順序]若不是0，則表要遞增排等級，即數值小者在前；大者在後。故而，C2求名次之運算式可為：

```
=RANK(B2,$B$2:$B$8,1)
```

第三個引數，只要安排為非0之內容即可將數值小者在前：

	C2	▼	⋮	×	✓	*fx*	=RANK(B2,$B$2:$B$8,1)	
▲	A	B	C	D	E	F	
1	姓名	桿數	名次				
2	郭源龍	69	2				
3	蔡珮姍	72	5				
4	鄧智豪	70	3				
5	鄭宇廷	78	7				
6	陳薇羽	72	5				
7	陳綺雯	71	4				
8	張逸寧	68	1				

兩位同為72桿之選手均為第5名，接下來78桿之選手即排為第7名（而非第6名）。

6-18　同分同等級 RANK.EQ()

```
RANK.EQ(數值,範圍,[順序])
RANK.EQ(number,ref,[order])
```

其作用完全同於RANK()函數，為了讓其名稱與下文之RANK.AVG()較符合字面意思。[順序]，為0或省略，表要遞減排等級，即數值大者在前；小者在後。反之，若不是0，則表要遞增排等級，即數值小者在前；大者在後。

當有同值之情況，會給相同之等級。如，第三名有兩位同分，其等級均為3；且下一位就變成第5名，而無第4名。

假定，要針對範例『FunCh06-統計1.xlsx\同分同等級』工作表成績排名次。其內有兩位學生之成績同為91分：

	A	B	C
1	姓名	成績	名次
2	郭源龍	88	
3	蔡珮姍	90	
4	鄧智豪	91	
5	鄭宇廷	91	
6	陳薇羽	75	
7	陳綺雯	85	
8	張逸寧	68	

C2求名次之運算式可為：

```
=RANK.EQ(B2,$B$2:$B$8)
```

表要根據B2之分數，於\$B\$2:\$B\$8之全體成績內，以遞減方式排列名次（高分者在前），相同分數者其排名等級相同：

C2			fx	=RANK.EQ(B2,$B$2:$B$8)		
	A	B	C	D	E	F
1	姓名	成績	名次			
2	郭源龍	88	4			
3	蔡珮姍	90	3			
4	鄧智豪	91	1			
5	鄭宇廷	91	1			
6	陳薇羽	75	6			
7	陳綺雯	85	5			
8	張逸寧	68	7			

可發現兩位同為91分之學生均為第1名，接下來之90分的學生即排為第3名（而非第2名）。

6-19 平均等級RANK.AVG()

```
RANK.AVG(數值,範圍,[順序])
RANK.AVG(number,ref,[order])
```

其使用規定完全同於RANK()或RANK.EQ()函數；只差當有同值之情況，不再安排為同等級；而是安排為其等級之平均數。如，第1名有兩位同分，其等級將為第1與第2之平均數1.5。

假定，要針對範例『FunCh06-統計1.xlsx\平均等級』工作表成績排名次。其內有兩位學生之成績同為91分：

	A	B	C
1	姓名	成績	名次
2	郭源龍	88	
3	蔡珮姍	90	
4	鄧智豪	91	
5	鄭宇廷	91	
6	陳薇羽	75	
7	陳綺雯	85	
8	張逸寧	68	

C2求名次之運算式為：

```
=RANK.AVG(B2,$B$2:$B$8)
```

表要根據B2之分數，於$B$2:$B$8之全體成績內，以遞減方式排列名次（高分者在前），相同分數者其排名之均數：

C2			f_x =RANK.AVG(B2,$B$2:$B$8)			
	A	B	C	D	E	F
1	姓名	成績	名次			
2	郭源龍	88	4			
3	蔡珮姍	90	3			
4	鄧智豪	91	1.5			
5	鄭宇廷	91	1.5			
6	陳薇羽	75	6			
7	陳綺雯	85	5			
8	張逸寧	68	7			

可發現兩位同為91分之學生均為第1.5名，而無第1名或第2名。

6-20　次數分配FREQUENCY()

```
FREQUENCY(資料陣列,組界範圍陣列)
FREQUENCY(data_array,bins_array)
```

計算某一個範圍內各不同值出現的次數，但其回應值為一縱向之陣列，故輸入前應先選取相當陣列元素之儲存格，輸妥公式後，以 Ctrl + Shift + Enter 完成輸入。

資料陣列是一個要計算次數分配的數值陣列或數值參照位址。

組界範圍陣列是一個陣列或儲存格範圍參照位址，用來安排各答案之分組結果。

如，於範例『FunCh06-統計1.xlsx\便利商店次數分配2』工作表中，擬以
FREQUENCY()函數求算各便利商店之次數分配表：

其處理步驟為：

1 輸妥F欄便利商店名稱以及第1列之標題字

2 於E欄便利商店代碼處，輸入所有可能出現之答案，如：1、2、…、
5，作為**組界範圍陣列**

3 選取恰與答案數同格數之垂直範圍G2:G6

4 輸入

=FREQUENCY(

Excel會先顯示該函數之語法提示

5 以滑鼠點按B2，續按 `Ctrl` + `Shift` + `↓` 鍵，可選取連續之範圍 B2:B201。函數轉成

=FREQUENCY(B2:B201

6 補上標開參數之逗號，續選取E2:E6所有可能出現之答案，作為組界範圍陣列。函數轉成

=FREQUENCY(B2:B201,E2:E6

E2	▾	⋮	×	✓	fx	=FREQUENCY(B2:B201,E2:E6		
	B	C	D	E	F	G	H	I
1	便利商店	性別		代碼	便利商店	人數	比例	
2	1	2		1	7-11	=FREQUENCY(B2:B201,E2:E6		
3	1	1		2	全家	FREQUENCY(data_array, bins_array)		
4	1	1		3	萊爾富			
5	2	2		4	OK			
6	1	1		5	其他			
7	2	1			總計			

7 補上函數結尾之右括號，函數轉成

=FREQUENCY(B2:B201,E2:E6)

8 按 `Ctrl` + `Shift` + `Enter` 完成輸入，即可獲致一陣列之內容，求得各答案之次數分配表

G2	▾	⋮	×	✓	fx	{=FREQUENCY(B2:B201,E2:E6)}	
	B	C	D	E	F	G	H
1	便利商店	性別		代碼	便利商店	人數	比例
2	1	2		1	7-11	116	
3	1	1		2	全家	31	
4	1	1		3	萊爾富	20	
5	2	2		4	OK	13	
6	1	1		5	其他	20	
7	2	1			總計		

秘訣 原公式左右以一對大括號（{ }）包圍,表其為陣列內容。這五格內容將視為一個整體,要刪除時,必須五個一起刪。也無法僅單獨變更某一格之內容。其錯誤訊息為:

若範圍選錯了(如:選成G2:G5),或公式打錯了,如:
=FREQUENCY(B2:B201,E2):

| G2 | ▼ | ⋮ | × | ✓ | fx | {=FREQUENCY(B2:B201,E2)} |

	B	C	D	E	F	G	H
1	便利商店	性別		代碼	便利商店	人數	比例
2	1	2		1	7-11	116	
3	1	1		2	全家	84	
4	1	1		3	萊爾富	#N/A	
5	2	2		4	OK	#N/A	
6	1	1		5	其他		
7	2	1			總計		

可重選正確範圍(G2:G6),然後以滑鼠點按編輯列之公式,即可進入編輯狀態:

| AVERAGE | ▼ | ⋮ | × | ✓ | fx | =FREQUENCY(B2:B201,E2) |

	B	C	D	E	F	G	H
1	便利商店	性別		代碼	便利商店	人數	比例
2	1	2		1	7-11	201,E2)	
3	1	1		2	全家	84	
4	1	1		3	萊爾富	#N/A	
5	2	2		4	OK	#N/A	
6	1	1		5	其他		
7	2	1			總計		

僅須就錯誤部份進行修改即可,不用整組公式重新輸入。修改後,記得按 Ctrl + Shift + Enter 完成輸入。

9 完成 G7 之加總及 H 欄之比例

H2		fx	=G2/$G$7

代碼	便利商店	人數	比例
1	7-11	116	58.0%
2	全家	31	15.5%
3	萊爾富	20	10.0%
4	OK	13	6.5%
5	其他	20	10.0%
	總計	200	100.0%

馬上練習

以範例『FunCh06-統計1.xlsx\次數分配1』工作表之資料，利用FREQUENCY()函數，求性別、第一題及第二題之答案分佈情況：

	A	B	C	D	E	F	G	H
1	問卷編號	性別	第一題	第二題				
2	1001	1	3	1		第一題	答案數	%
3	1002	2	2	2		1	1	9.1%
4	1003	1	1	4		2	4	36.4%
5	1004	2	2	3		3	6	54.5%
6	1005	1	3	2		合計	11	100.0%
7	1006	1	2	3				
8	1007	1	3	4				
9	1008	2	3	3		第二題	答案數	%
10	1009	2	3	4		1	1	9.1%
11	1010	1	2	4		2	3	27.3%
12	1011	2	3	2		3	3	27.3%
13						4	4	36.4%
14	性別	人數	%			合計	11	100.0%
15	1	6	54.5%					
16	2	5	45.5%					
17	總計	11	100.0%					

若您不在乎各答案之百分比，而只想於各題之下以一對一之方式，標示出其次數分配。也可以單一答案範圍（如範例『FunCh06-統計1.xlsx\次數分配2』工作表之A15:A18）作為組界範圍陣列，供所有FREQUENCY()函數使用：

D15		fx	{=FREQUENCY(D2:D12,A15:A18)}

	A	B	C	D	E	F	G
1	問卷編號	性別	第一題	第二題			
2	1001	1	3	1			
3	1002	2	2	2			
4	1003	1	1	4			
5	1004	2	2	3			
6	1005	1	3	2			
7	1006	1	2	3			
8	1007	1	3	4			
9	1008	2	3	3			
10	1009	2	3	4			
11	1010	1	2	4			
12	1011	2	3	2			
13							
14	答案	性別	第一題	第二題			
15	1	6	1	1			
16	2	5	4	3			
17	3		6	3			
18	4			4			

分組資料之次數分配

前面幾個例子，其答案均非連續性之數字資料。若碰上如範例『FunCh06-統計1.xlsx\分組次數分配』工作表之所得資料，就得將其資料分成幾個區間，再計算落於各區間之所得分佈情況。如，H3:H6之**組界範圍陣列**，相當於將其分為：~30000、30000~50000、5000~70000 與 70000~ 等四個組別：

	E	F	G	H	I	J	K
1	所得						
2	36000		所得分組		次數	百分比	
3	52000			30000	3		
4	64000			50000	3		
5	18000			70000	3		
6	22000				2		
7	76000				個		
8	65000						

I3 {=FREQUENCY(E2:E12,H3:H6)}

更適當之作法，還可於G3:G6輸入字串，讓G3:H6看似標示區間之內容，更能讓使用者看出其次數分配結果所代表之意義：

I3 {=FREQUENCY(E2:E12,H3:H6)}

	E	F	G	H	I	J	K	L
1	所得							
2	36000		所得分組		次數	百分比		
3	52000		0~	30000	3	27.3%		
4	64000		30001~	50000	3	27.3%		
5	18000		50001~	70000	3	27.3%		
6	22000		70001~		2	18.2%		
7	76000		合計		11	100.0%		

注意 若恰有一數字正好等於分組之依據，如:30000，則應歸入先出現之一組內（~30000）。

馬上練習 將範例『FunCh06-統計1.xlsx\成績次數分配』工作表之成績分為~60、61~70、71~80與81~等四組，並求各組之人數及百分比：

	A	B	C	D	E	F
1	成績					
2	65		成績		次數	百分比
3	87		0~	60	25	31.3%
4	75		61~	70	21	26.3%
5	58		71~	80	11	13.8%
6	69		81~		23	28.8%
7	72		合計		80	100.0%

字串資料

FREQUENCY()函數並無法處理字串資料，若資料恰好是文字串之內容。解決之方法可有：（範例『FunCh06-統計1.xlsx\字串次數分配』工作表）

■ 將其轉為數值另存於一新欄（如C欄，以 =IF(B2="男",1,2)將性別轉數字），續以FREQUENCY()函數處理（E1:F3）

■ 以COUNTIF()處理（E6:F7）

■ 執行『資料/資料工具/模擬分析/運算列表(T)…』，利用DCOUNTA()處理（E10:F12）

計算累計人數及百分比

統計實務上，於求得次數分配表後，常得再計算累計人數及百分比，以方便求算中位數、四分位數、……等。如：（範例『FunCh06-統計1.xlsx\累計百分比』工作表）

其計算方法並不困難，如J3:J5之累計次數的公式分別為：

```
J3：=H3
J4：=H3+H4
```

將J4抄給J5即得到

```
J4：=H4+H5
```

算得累計次數後，選取J3:J5，向右抄給K3:K5即可得到累計百分比。其公式
分別為：

```
K3：=I3
K4：=I3+I4
K5：=I4+I5
```

然後將K3:K5安排為百分比格式，就大功告成。

6-21　利用『直方圖』求次數分配並繪圖

若曾安裝『分析工具箱』（詳第二章說明），則可以『資料分析』協助完成資
料分析之工作，其內之『直方圖』，也可用來求次數分配表及繪製直方圖或
柏拉圖（經排序的直方圖）。

間斷性質之類別變數

假定，要求範例『FunCh06-統計
1.xlsx\教育程度次數分配直方圖』
工作表之『教育程度』的次數分配
表並繪製直方圖。

	D	E	F	G	H
1	第二題	教育程度		教育程度	
2	1	2		1	
3	2	2		2	
4	4	3		3	
5	3	4		4	
6	2	1			
7	3	1			
8	4	4			
9	3	3			
10	4	4			
11	4	4			
12	2	1			

其處理步驟為：

1 按『資料/分析/資料分析』 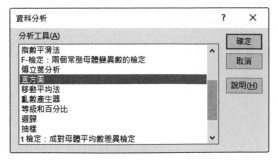 鈕，進入『資料分析』對話方塊，選「直方圖」

2 續按 確定 鈕

3 於『輸入範圍』處，設定要處理之資料範圍（E1:E12）

4 於『組界範圍』處，設定組界範圍（G1:G4）（此處要少定一組，否則會多一組『其他』）

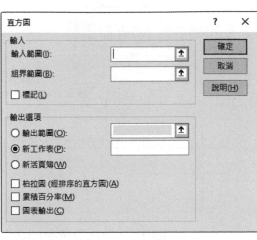

5 點選「標記(L)」

6 選「累計百分率(M)」，可計算出累計百分比

7 選「圖表輸出(C)」，依原答案順序繪製直方圖

8 設定輸出範圍，本例安排於目前工作表之I2位置

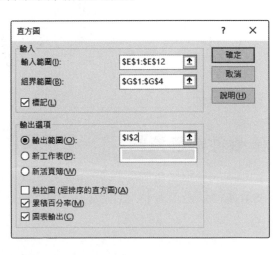

9 按 確定 鈕結束。可同時獲致次數分配表及其直方圖

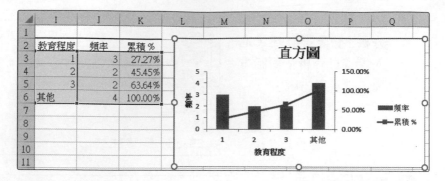

10 將I6之『其他』，改最後一組答案（4），才符合我們的答案內容

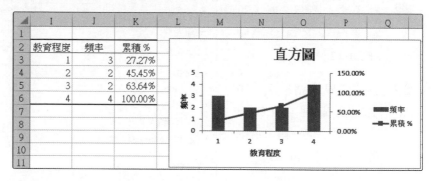

也可以將I3:I6改為教育程度之文字，使圖表更易看懂：

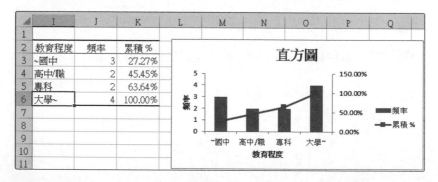

連續性數值資料

前例之教育程度為間斷性質之類別變數，利用『資料分析/直方圖』，也可用來求連續性數值資料之次數分配表並繪製直方圖。

假定，要求範例『FunCh06-統計1.xlsx\所得分組次數分配與直方圖』工作表之所得的次數分配表並繪製直方圖。先輸妥G2:G5之組界範圍，表示要將其分為：~30000、30001~50000、50001~70000與70001~等 四個組別：

	E	F	G
1	所得		所得組界
2	36000		30000
3	52000		50000
4	64000		70000
5	18000		

接著，以下示步驟進行處理：

1 按『資料/分析/資料分析』 資料分析 鈕，進入『資料分析』對話方塊，選「直方圖」，續按 確定 鈕

2 於『輸入範圍』處，設定要處理之資料範圍（E1:E15）

3 於『組界範圍』處，設定組界範圍（G1:G5）

4 由於前述兩範圍均含文字標題，故加選「標記(L)」項

5 選「累計百分率(M)」，可計算出累計百分比

6 選「圖表輸出(C)」，依原答案順序繪製直方圖

7 設定輸出範圍，本例安排於目前工作表之I2位置

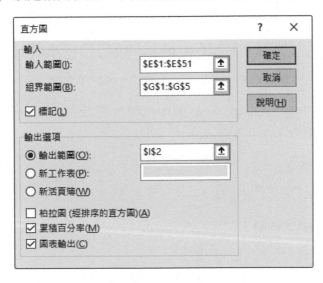

8 按 確定 鈕結束，可同時獲致次數分配表及其直方圖

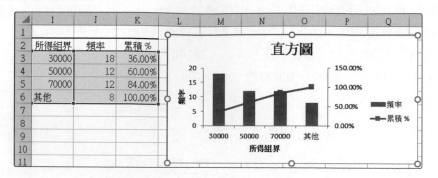

9 將I3:I6改為所得組界之文字（0~30000、30001~50000、……），並調整圖形大小，使圖表更易看懂；並稍微調整一下圖表大小，以免橫軸標題字重疊

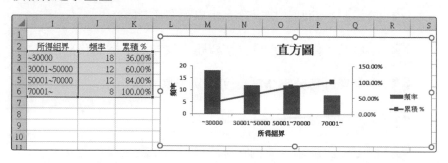

<table>
<tr><td></td></tr>
</table>

6-22 眾數MODE.SNGL()與MODE.MULT()

眾數（Mode，以M_o表示）係指在一群體中出現次數最多的那個數值，於Excel係利用MODE.SNGL()函數來求得。其語法為：

MODE.SNGL(數值1,[數值2], ...)
MODE.SNGL(number1,[number2], ...)

數值1,[數值2], ... 為要求眾數之儲存格或範圍引數，最多可達255個。式中，方括號所包圍之內容，表該部份可省略。如：

$$3，2，1，3，1，3，3，2，3$$

之眾數為3：（詳範例『FunCh06-統計1.xlsx\眾數』工作表）

B3			×	✓	f_x	=MODE.SNGL(A1:H1)		
◢	A	B	C	D	E	F	G	H	I
1	3	2	1	3	1	3	2	3	
2									
3	眾數	3	← =MODE.SNGL(A1:H1)						

眾數、中位數與平均數，均是用來衡量母體的集中趨勢。眾數與中位數是較不會受極端值。不過，眾數並非衡量集中趨勢的好方法，因為當分配不規則或無顯著之集中趨勢，眾數就無意義。

如，可能會同時有好幾個眾數的情況發生：

$$3，2，1，3，1，3，2，2$$

之眾數為3與2，但僅傳回3而已：

B6			×	✓	f_x	=MODE.SNGL(A5:H5)		
◢	A	B	C	D	E	F	G	H	I
5	3	2	1	3	1	3	2	2	
6	眾數	3							

同時，也可能會沒有眾數！如果資料組中不包含重複的資料點，本函數將傳回#N/A的錯誤值：

B9			×	✓	f_x	=MODE.SNGL(A8:H8)		
◢	A	B	C	D	E	F	G	H	I
8	1	2	3	4	5	6	7	8	
9	眾數	#N/A							

若懷疑資料中可能會同時有好幾個眾數：

$$3，2，1，3，1，3，2，2$$

其眾數為3與2，可利用

MODE.MULT(數值1,[數值2], ...)
MODE.MULT(number1,[number2], ...)

一次取得多個眾數。執行前先選取多格範圍，如：B13:B14

◢	A	B	C	D	E	F	G	H
12	3	2	1	3	1	3	2	2
13	眾數							
14								

輸入公式：

=MODE.MULT(A12:H12)

	CONCAT... ▼		:	×	✓	f_x		=MODE.MULT(A12:H12)	

◢	A	B	C	D	E	F	G	H	I
12	3	2	1	3	1	3	2	2	
13	眾數	H12)							
14									

以 Ctrl + Shift + Enter 結束，即可一次取得多個眾數：

	B13	▼		:	×	✓	f_x		{=MODE.MULT(A12:H12)}	

◢	A	B	C	D	E	F	G	H	I
12	3	2	1	3	1	3	2	2	
13	眾數	3							
14		2							

通常，對於類別性資料（非連續性之名目變數），如：性別、使用品牌、購買原因、支持那位候選人、……等。問卷上填答之1、2、3、……答案間，並無大小或比例之關係（3並不大於1；3並非1的三倍），只是一個代表類別的數字而已。對於這種性質之資料，就以眾數來代表母體的集中趨勢。如：全班以男性居多、市場上主要以使用A品牌者居多、○○候選人最受選民支持、餐飲科學生主要以選修烘培者居多、……。如：（詳範例『FunCh06-統計1.xlsx\餐飲科主修類別』工作表）

	C13	▼	:	×	✓	f_x		=MODE.SNGL(B2:B11)	

◢	A	B	C	D	E	F
1	學號	主修餐飲	性別			
2	1001	3	1	←1表男性，2表女性		
3	1002	3	2			
4	1003	1	2	主修類別		
5	1004	2	1	1. 中餐		
6	1005	3	2	2. 西餐		
7	1006	1	2	3. 烘培		
8	1007	3	2	4. 調酒		
9	1008	3	1			
10	1009	2	2			
11	1010	4	2			
12						
13	主修最多之餐飲類別		3	← =MODE.SNGL(B2:B11)		
14	受訪者主要性別		2	← =MODE.SNGL(C2:C11)		

這類資料是不會以平均數代表其集中趨勢，像假定求得『主修餐飲』欄之均數為2.2，又將如何解釋其意義呢？

中位數MEDIAN()

中位數（Median）是指將所有數字依大小順序排列後，排列在最中間之數字，其上與其下的數字個數各佔總數的二分之一。也就是說，將所有次數當100%，累積之次數達50%的位置，其觀測值就是中位數（用M_e來表示）。

於Excel是以MEDIAN()函數來求算中位數，其語法為：

```
MEDIAN(數值1,[數值2], ...)
MEDIAN(number1,[number2], ...)
```

用以求一陣列或範圍資料的中位數，若這數字為偶數個數，將計算中間兩個數字的平均值。其算法很簡單，當n為奇數，按大小排列後，第(n+1)/2個觀測值，就是中位數。當n為偶數，則取第n/2與(n+2)/2個觀測值之平均數為中位數。

數值1,[數值2], ... 為要求中位數之儲存格或範圍引數，最多可達255個。式中，方括號所包圍之內容，表該部份可省略。

如：

$$10，3，4，5，8，7，12$$

等7個數字資料，n為7是個奇數，依大小排列後為：

$$3，4，5，7，8，10，12$$

第(7+1)/2=4個觀測值7，就是中位數。而

$$3，4，5，8，12，7$$

等6個數字資料，n為6是個偶數，依大小排列後為：

$$3，4，5，7，8，12$$

則取第6/2=3與(6+2)/2=4個觀測值之平均數(5+7)/2=6為中位數。(詳範例『FunCh06-統計1.xlsx\中位數』工作表)

	A	B	C	D	E	F	G	H
	B2			f_x =MEDIAN(A1:G1)				
1	10	3	4	5	8	12	7	
2	中位數	7	← =MEDIAN(A1:G1)					
3								
4		3	4	5	8	12	7	
5	中位數	6	← =MEDIAN(A4:F4) 取(5+7)/2					

中位數與平均數,均是用來衡量母體的集中趨勢。但中位數不會受極端值影響。如:

$$3,4,5,7,8,10,90$$

之平均數為18.43比六個數字中之五個數字都大,以它來代表這組數字;反不如使用中位數7,來得恰當一點!

中位數不會受極端值影響,且無論極端值如何變化,中位數均不變。如:

$$3,4,5,7,8,10,500$$

或

$$-200,4,5,7,8,10,90$$

之中位數均還是7。(詳範例『FunCh06-統計1.xlsx\中位數較不受極端值影響』工作表)

	A	B	C	D	E	F	G
	B3			f_x =MEDIAN(A1:G1)			
1	3	4	5	8	7	12	90
2							
3	中位數	7	← =MEDIAN(A1:G1)				
4	平均數	18.43	← =AVERAGE(A1:G1)				
5							
6	3	4	5	8	7	12	500
7	中位數	7	← =MEDIAN(A6:G6)				
8	平均數	77	← =AVERAGE(A6:G6)				
9							
10	-200	4	5	8	7	12	500
11	中位數	7	← =MEDIAN(A9:G9)				
12	平均數	48	← =AVERAGE(A10:G10)				

通常,對於排順位(次序)之等級資料(如:1表最喜歡、2次之、……,那只表示1將排於2之前的一種順序而已,並無2是1的兩倍之數字關係),我們係以中位數來當其代表值。如:(詳範例『FunCh06-統計1.xlsx\注重順序之中位數』工作表)

	B14			⋮	×	✓	fx	=MEDIAN(B2:B11)	

▲	A	B	C	D	E	F
1	編號	對價格的注重順序	對外觀的注重順序	對品質的注重順序		
2	1001	1	2	3	←1表最注重	
3	1002	1	2	3		
4	1003	1	3	2		
5	1004	3	2	1		
6	1005	2	1	3		
7	1006	1	3	2		
8	1007	1	3	2		
9	1008	3	1	2		
10	1009	1	3	2		
11	1010	1	3	2		
12						
13	注重順序之中位數					
14	價格	1	← =MEDIAN(B2:B11)			
15	外觀	2.5	← =MEDIAN(C2:C11)			
16	品質	2	← =MEDIAN(D2:D11)			

所以，對價格的注重順序是優先於對品質及外觀。而對品質的注重順序又優先於對外觀的注重順序。

6-24 四分位數QUARTILE()

QUARTILE(陣列,類型)
QUARTILE(array,quart)

求一個數值陣列或儲存格範圍的第幾個四分位數。即將所有數字依大小順序排列後，排列在25%、50%與75%之數字，如果該位置介於兩數之間，將計算該點左右兩個數字的平均值。

陣列是要求得四分位數的數值陣列或儲存格範圍。

類型用以指出要傳回的數值：

0	表最小值
1	表第一個四分位數(25%處)，Q_1
2	表第二個四分位數(50%處)，即中位數，Q_2
3	表第三個四分位數(75%處)，Q_3
4	表最大值

最大值減最小值就是全距，是一種離中量數，是用來表示群體中各分數之分散情形，數字大表母體中之數值高的很高，但低的卻很低。全距是表示一群體全部數值的變動範圍。計算方法很簡單且意義顯明，但反應卻不夠靈敏，當極大、極小數值不變，而其它各項數值皆改變時，全距仍不能反應出變化。且全距易受兩極端數值的影響。

第三個四分位數 Q_3 減去第一個四分位數 Q_1 後的一半：

$$\frac{1}{2}(Q_3 - Q_1)$$

即四分位差（Q. D.），其意義為：以母群體居中百分之五十的數值所分散之距離的一半為差量，數字小表分配情況的集中程度高。如：（範例『FunCh06-統計1.xlsx\四分位數』工作表）

H13		:	× ✓ fx	=(B15-B13)/2			
▲	A	B	C	D	E	F	G	H
8	80	85	75	80	78	88	41	70
9	88	85	82	85	70	85	58	83
10								
11								
12	極小	25	← =QUARTILE($A$1:$H$9,0)				全距	68
13	Q₁	74.25	← =QUARTILE($A$1:$H$9,1)				四分位差	5.375
14	Q₂	80	← =QUARTILE($A$1:$H$9,2)					
15	Q₃	85	← =QUARTILE($A$1:$H$9,3)					
16	極大	93	← =QUARTILE($A$1:$H$9,4)					

6-25 百分位數 PERCENTILE.INC()

PERCENTILE.INC(陣列, 百分比)
PERCENTILE.INC(array, percent)

可用來求一個數值陣列或儲存格範圍的第幾個百分位數：將所有數字依大小順序排列後，排列在百分比所指定位置之數字。如果該位置介於兩數之間，將計算該點左右兩個數字的平均值。

陣列是要求得百分位數的數值陣列或儲存格範圍。

百分比是介於0 ～ 1之百分比數字，如：0.25將求得第一個四分位數(Q_1，25%處，也可以P_{25}表示)，0.5將求得第二個四分位數(Q_2，50%處，也可以P_{50}表示)，即中位數。當其百分比為10的倍數，則求得者即為十分位數。如：0.3將求得第三個十分位數D_3（也可以P_{30}表示），0.9將求得第九個十分位數D_9（也可以P_{90}表示）。

前文QUARTILE.INC()四分位數函數只能求四分位數，本函數則可求任何百分位數，F15係求D_3（P_{30}）:（詳範例『FunCh06-統計1.xlsx\成績之百分位數』工作表）

=PERCENTILE.INC($A$1:$H$9,E15)

F12	▼ : × ✓ fx	=PERCENTILE.INC($A$1:$H$9,E12)								
◢	A	B	C	D	E	F	G	H	I	J	K
8	80	85	75	80	78	88	41	70			
9	88	85	82	85	70	85	58	83			
10											
11		以QUARTILE()求				以PERCENTILE()求					
12	1	Q_1	74.25		25%	74.25	← =PERCENTILE.INC($A$1:$H$9,E12)				
13	2	Q_2	82.00		50%	80.00	← =PERCENTILE.INC($A$1:$H$9,E13)				
14	3	Q_3	85.00		75%	85.00	← =PERCENTILE.INC($A$1:$H$9,E14)				
15				D_3	30%	75.90	← =PERCENTILE.INC($A$1:$H$9,E15)				
16				D_9	90%	88.00	← =PERCENTILE.INC($A$1:$H$9,E16)				

馬上練習

依範例『FunCh06-統計1.xlsx\運動時間之百分位數』工作表內容，計算P_{20}、P_{80}，$P_{80} - P_{20}$之數字代表何種意義？

◢	A	B	C	D	E	F
1	編號	性別	每次運動時間/分		每次運動時間/分	
2	1	1	120		P_{20}	30
3	2	1	10		P_{80}	120
4	3	2	0		$P_{80}-P_{20}$	90

偏態SKEW()與SKEW.P()

樣本偏態係數函數SKEW()之語法為：

SKEW(數值1,[數值2], ...)
SKEW(number1,[number2], ...)

數值1,[數值2], ...為要進行處理之數值資料的範圍或陣列。式中，方括號所包圍之內容，表該部份可省略。

其公式為：

$$sk = \frac{n}{(n-1)(n-2)} \sum_{i=1}^{N} \left(\frac{x_i - \bar{x}}{s} \right)^3$$

本函數用以傳回一個分配的偏態，指出一個分配以其平均值為中心的不對稱程度。其值有下列三種情況：

■ =0：此分配為對稱分配

■ >0：此分配為左偏或正偏分配，分配集中在低數值方面，不對稱的尾端向較大值方向延伸

■ <0：此分配為右偏或負偏分配，分配集中在高數值方面，不對稱的尾端向較小方向延伸

母體偏態係數函數SKEW.P()之語法為：

SKEW.P(數值1,[數值2], ...)
SKEW.P(number1,[number2], ...)

其作用也是求偏態係數。只是其處理對象為母體的偏態。其公式為：

$$v = \frac{1}{N} \sum_{i=1}^{N} \left(\frac{x_i - \bar{x}}{\sigma} \right)^3$$

兩者所使用之標準差不同，一為母體標準差；另一個則使用樣本標準差，故其結果會有些許不同；隨樣本數增加兩個數字會越接近。（範例『FunCh06-統計1.xlsx\偏態』工作表）

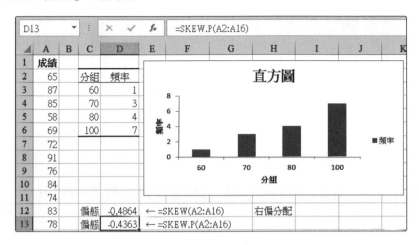

6-27　峰度 KURT()

KURT(數值1,[數值2], ...)
KURT(number1,[number2], ...)

數值1,[數值2], ... 為要進行處理之數值資料的範圍或陣列。式中，方括號所包圍之內容，表該部份可省略。

本函數用以傳回一個資料組的峰度（kurtosis），峰度值係顯示與常態分配相較時，尖峰集中或平坦分佈的程度。（範例『FunCh06-統計1.xlsx\峰度』工作表）其情況有三：

■　=3：此分配為常態峰

■　>3：此分配為高狹峰，分佈較為尖峰集中

■　<3：此分配為低闊峰，分佈較為平坦

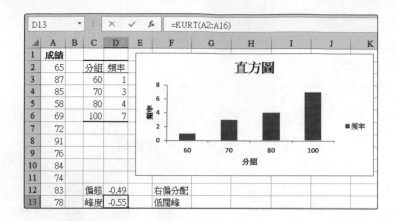

6-28 去除極端值後求均數 TRIMMEAN()

TRIMMEAN(數列或範圍, 百分比)
TRIMMEAN(array, percent)

可去除指定之百分比的極端值後，再求某數列或範圍之數值的均數。

如同體操選手的成績要排除最高與最低值後，才進行計算會較公允般。將一組數字去除上下之極端值後，再求均數，也是一種消除極端值對全體均數之影響。如，將全球首富比爾蓋茲之所得排除後，求得之所得均數將更能代表實際之所得情況。如：將兩名因作弊被判為0分之學生成績，亦納入全班平均之計算中，然後責備全班平均成績太差，肯定叫全班不服。

本函數以百分比計算要消除幾個極端值時，會將數值向下取至最接近之2的倍數，以使上下各能排除同樣個數之極端值。如，於30個數字中，要排除0.1之極端值，應為3個數字。但因無法於最小及最大值中各排除1.5個數字，故將其捨位為各僅排除1個極端數字。如：（範例『FunCh06-統計1.xlsx\TRIMMEAN』工作表）

	A	B	C	D	E	F	G
1	10	78	80	83	86	99	
2							
3	原均數	72.66667	← =AVERAGE(A1:F1)				
4	排除最大及最小後之均數			81.75	← =TRIMMEAN(A1:F1,0.4)		
5				81.75	← =AVERAGE(B1:E1)		

D4 : ✕ ✓ fx =TRIMMEAN(A1:F1,0.4)

馬上練習

求範例『FunCh06-統計1.xlsx\體操平均成績』工作表體操選手之平均成績及其名次，總分及平均成績部份得排除最高及最低分：

	A	B	C	D	E	F	G	H	I	J	K
1	選手	裁判1	裁判2	裁判3	裁判4	裁判5	裁判6	裁判7	總分	平均	名次
2	1001	5.0	8.0	8.0	8.0	8.0	8.0	10.0	40.0	8.00	4
3	1002	8.6	9.2	7.8	8.5	9.1	8.8	8.7	43.7	8.74	2
4	1025	7.5	7.6	7.4	7.5	7.8	8.1	9.0	38.5	7.70	5
5	1026	9.1	8.5	8.6	8.5	8.7	9.2	9.6	44.1	8.82	1
6	1034	6.9	6.5	7.3	7.5	7.4	6.5	8.1	35.6	7.12	7
7	1037	8.0	8.2	7.6	8.5	6.5	7.2	7.3	38.3	7.66	6
8	1102	8.0	9.1	7.8	8.7	7.4	8.6	7.5	40.6	8.12	3

6-29　第K大的資料LARGE()

LARGE(數列或範圍, 第幾大)
LARGE(array,k)

傳回某數列或範圍中，第幾大之數值。如：(範例『FunCh06-統計1.xlsx\LARGE』工作表)

B4		✕ ✓ fx	=LARGE($A$1:$E$1,A4)		
	A	B	C	D	E	F
1	85	90	75	92	68	
2						
3	第幾大					
4	1	92	← =LARGE($A$1:$E$1,A4)			
5	2	90	← =LARGE($A$1:$E$1,A5)			
6	3	85	← =LARGE($A$1:$E$1,A6)			
7	4	75	← =LARGE($A$1:$E$1,A7)			

第K小的資料SMALL()

> SMALL(數列或範圍,第幾小)
> SMALL(array,k)

傳回某數列或範圍中,第幾小之數值。如:(範例『FunCh06-統計1.xlsx\SMALL』工作表)

B4	▼	:	×	✓	fx		=SMALL($A$1:$E$1,A4)

▲	A	B	C	D	E	F
1	85	90	75	92	68	
2						
3	第幾小					
4	1	68	← =SMALL($A$1:$E$1,A4)			
5	2	75	← =SMALL($A$1:$E$1,A5)			
6	3	85	← =SMALL($A$1:$E$1,A6)			
7	4	90	← =SMALL($A$1:$E$1,A7)			

範例『FunCh06-統計1.xlsx\取五次較高成績』工作表內,有學生這學期之七次小考成績,計算學期平均時,擬僅取五次較高之成績進行平均。I2求算學期平均之公式可為:

> =(SUM(B2:H2)-SMALL(B2:H2,1)-SMALL(B2:H2,2))/5

I2	▼	:	×	✓	fx	=(SUM(B2:H2)-SMALL(B2:H2,1)-SMALL(B2:H2,2))/5

▲	A	B	C	D	E	F	G	H	I	J
1	姓名	小考1	小考2	小考3	小考4	小考5	小考6	小考7	學期平均	
2	郭源龍	67	63	95	26	44	56	41	65	
3	蔡珮姍	53	77	96	34	62	84	63	76	
4	鄧智豪	42	93	85	66	86	90	30	84	
5	鄭宇廷	72	70	71	33	72	66	66	70	

敘述統計

若曾以「檔案/選項」,轉入『Excel選項』視窗『增益集』標籤,安裝『分析工具箱』。則往後,可以『資料/分析/資料分析』 [資料分析] 鈕,來呼叫『敘述統計』計算一組資料內之各相關統計值。如:均數、變異數、標準差、中位數、眾數、偏態、峰度、第幾大、第幾小、⋯⋯等。

假定，要處理範例『FunCh06-統計1\敘述統計1』工作表
之資料：

	A	B
1	學號	分數
2	279001	86
3	279002	45
4	279003	89

擬使用『資料分析/敘述統計』來計算分數之各敘述統計值。其處理步
驟為：

1 按『資料/分析/資料
分析』 資料分析 鈕，於
『分析工具』處選「敘
述統計」。按 確定 鈕

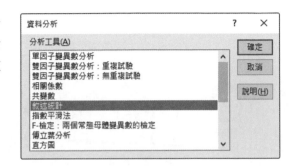

2 於『輸入範圍』處，設定要處理之資料範圍（B1:B51）

3 於『分組方式』選「逐欄(C)」。點選「類別軸標記是在第一列上
(L)」（因資料含『分數』之字串標記）

4 設定輸出範圍，本例安排於目前工作表之D1位置

5 點選「摘要統計(S)」

6 設定要求第2大之數值

7 設定要求第2小之數值

8 按 確定 鈕結束，即可獲致詳細之相關統計數字

	A	B	C	D	E
1	學號	分數		分數	
2	279001	86			
3	279002	45		平均數	76.74
4	279003	89		標準誤	2.978674
5	279004	76		中間值	82.5
6	279005	61		眾數	72
7	279006	38		標準差	21.0624
8	279007	85		變異數	443.6249
9	279008	78		峰度	1.539171
10	279009	73		偏態	-1.45421
11	279010	90		範圍	85
12	279011	26		最小值	15
13	279012	83		最大值	100
14	279013	82		總和	3837
15	279014	83		個數	50
16	279015	15		第 K 個最	100
17	279016	82		第 K 個最	22

秘訣 『敘述統計』也可適用於多組資料，如:(詳範例『FunCh06-統計1.xlsx\敘述統計2』工作表)

	A	B	C	D	E	F
1	期中	期末			期中	期末
2	85	85				
3	25	80		平均數	66.33333	69.46667
4	60	45		標準誤	5.817598	4.297138
5	80	85		中間值	80	76
6	87	52		眾數	80	85
7	90	88		標準差	22.53146	16.64274
8	80	38		變異數	507.6667	276.981
9	32	68		峰度	-1.09678	-0.90544
10	80	85		偏態	-0.67596	-0.69019
11	45	76		範圍	65	50
12	85	48		最小值	25	38
13	52	65		最大值	90	88
14	88	77		總和	995	1042
15	38	66		個數	15	15
16	68	84		第 K 個最大	88	85
17				第 K 個最小	32	45

馬上練習 依範例『FunCh06-統計1.xlsx\一週飲料花費之敘述統計』工作表內容，以『敘述統計』求其相關統計數字。

	A	B	C	D	E
1	編號	一週飲料錢		一週飲料錢	
2	1	100			
3	2	60		平均數	83.225
4	3	200		標準誤	5.813139
5	4	30		中間值	50
6	5	200		眾數	50
7	6	25		標準差	82.2102
8	7	75		變異數	6758.517
9	8	20		峰度	11.62896
10	9	100		偏態	2.930844
11	10	200		範圍	500
12	11	100		最小值	0
13	12	100		最大值	500
14	13	150		總和	16645
15	14	150		個數	200
16	15	50		第 K 個最大值(2)	500
17	16	150		第 K 個最小值(2)	0

6-32 均方和 SUMSQ()

SUMSQ(數值1,[數值2], ...)
SUMSQ(number1,[number2], ...)

數值1,[數值2], ... 為要進行處理之數值資料的範圍或陣列。式中,方括號所包圍之內容,表該部份可省略。本函數用以傳回將所有引數平方後的總和。如:(範例『FunCh06-統計1.xlsx\SUMSQ』工作表)

B3		:	×	✓	fx	=SUMSQ(A1:C1)
	A	B	C	D	E	
1	2	3	4			
2						
3	均方和	29	← =SUMSQ(A1:C1)			

6-33 小計 SUBTOTAL()

SUBTOTAL(函數類別,數列或範圍1,[數列或範圍2], ...)
SUBTOTAL(function_num,ref1,[ref2], ...)

依指定之函數類別,傳回幾個**數列或範圍**之某一統計量。式中,方括號所包圍之內容,表該部份可省略。其函數類別之代碼及作用分別為:

- 1或101:AVERAGE
- 2或102:COUNT
- 3或103:COUNTA
- 4或104:MAX
- 5或105:MIN
- 6或106:PRODUCT

- 7或107:STDEV.S 即 STDEV
- 8或108:STDEV.P 即 STDEVP
- 9或109:SUM
- 10或110:VAR.S 即 VAR
- 11或111:VAR.P 即 VARP

於資料沒有被隱藏時，兩者之結果是一樣的：（範例『FunCh06-統計1.xlsx\SUBTOTAL』工作表）

姓名	性別	成績
呂玉鳳	女	75
蕭惠真	女	85
林美惠	女	91
蘇儀義	男	63
黃啟川	男	48
梁國棟	男	64

函數類別	作用		函數類別	作用	
1	AVERAGE	71.0	101	AVERAGE	71.0
2	COUNT	6.0	102	COUNT	6.0
3	COUNTA	6.0	103	COUNTA	6.0
4	MAX	91.0	104	MAX	91.0
5	MIN	48.0	105	MIN	48.0
6	PRODUCT	1122750072000.0	106	PRODUCT	1122750072000.0
7	STDEV.S	15.8	107	STDEV.S	15.8
8	STDEV.P	14.5	108	STDEV.P	14.5
9	SUM	426.0	109	SUM	426.0
10	VAR.S	250.8	110	VAR.S	250.8
11	VAR.P	209.0	111	VAR.P	209.0

但若資料曾執行過『資料/大綱/小計』小計 鈕，被分組求過小計：

姓名	性別	成績
呂玉鳳	女	75
蕭惠真	女	85
林美惠	女	91
	女 平均值	84
蘇儀義	男	63
黃啟川	男	48
梁國棟	男	64
	男 平均值	58
	總計平均數	71

左側會有大綱按鈕（1 2 3），可逐層隱藏資料；還有縮合鈕(–)，可將資料隱藏。此時，編號1~11之計算結果仍含被隱藏之資料；編號101~111之計算結果則否（僅求算目前之男性資料而已）：

姓名	性別	成績
	女 平均值	84
蘇儀義	男	63
黃啟川	男	48
梁國棟	男	64
	男 平均值	58
	總計平均數	71

函數類別	作用		函數類別	作用	
1	AVERAGE	71.0	101	AVERAGE	58.3
2	COUNT	6.0	102	COUNT	3.0
3	COUNTA	6.0	103	COUNTA	3.0
4	MAX	91.0	104	MAX	64.0
5	MIN	48.0	105	MIN	48.0
6	PRODUCT	1122750072000.0	106	PRODUCT	193536.0
7	STDEV.S	15.8	107	STDEV.S	9.0
8	STDEV.P	14.5	108	STDEV.P	7.3
9	SUM	426.0	109	SUM	175.0
10	VAR.S	250.8	110	VAR.S	80.3
11	VAR.P	209.0	111	VAR.P	53.6

統計函數（二）

若『資料/分析』群組內，找不到「資料分析」 📊 資料分析 按鈕。
請執行「檔案/選項」，轉入『Excel選項』視窗『增益集』標
籤，安裝『分析工具箱』，即可解決。（參見第二章）

7-1 標準常態分配

NORMSDIST()

NORMSDIST(z)

求自標準常態分配（$\mu = 0$，$\sigma = 1$）的左尾開始，累加到z值處的總面積
（機率）。即，下圖之陰影部份（$P(Z < z)$）：

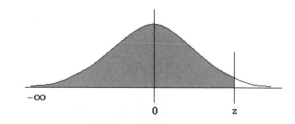

有了此函數，即可省去查常態分配表之麻煩。如：（範例『FunCh07-統計
2.xlsx\NORMSDIST』工作表）

=NORMSDIST(-1.96)	為 0.025
=NORMSDIST(0)	為 0.5
=NORMSDIST(1.96)	為 0.975

B6		:	×	✓	fx	=NORMSDIST(A6)
	A	B	C	D	E
1	常態分配				
2	z	自左尾累積			
3	-3.000	0.001			
4	-1.960	0.025			
5	-1.645	0.050			
6	0.000	0.500			
7	0.500	0.691			
8	1.000	0.841			
9	1.645	0.950			
10	1.960	0.975			
11	3.000	0.999			

秘訣

常態分配（normal distribution）是次數分配呈中間集中，而逐漸向左右兩端做勻稱分散的鐘形曲線分佈。根據中央極限定理，不論原母體的分配為何？只要樣本數夠大（n>=30），樣本平均數 $\overline{X}$ 的分配，會趨近於常態分配。常態分配的優點：

1. 增加了解釋便利；
2. 瞭解原始分數的次數分配；
3. 很多測驗的分數確實就呈常態分佈

NORM.S.DIST()

NORM.S.DIST(z,是否要累加)
NORM.S.DIST(z,cumulative)

cumulative字面意思為累加，用以安排是否要累加？為FALSE時，其作用為求於標準常態分配（$\mu = 0$，$\sigma = 1$）上，特定值z的機率。是否要累加為TRUE時，其作用為求自標準常態分配（$\mu = 0$，$\sigma = 1$）的左尾開始，累加到z值處的總面積（由 $-\infty$ 積分到z後之結果）。即，下圖之陰影部份：

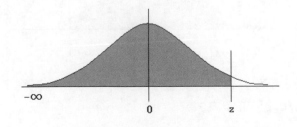

有了此函數，即可省去查常態分配表某z值之機率的麻煩。如：（詳範例『FunCh07-統計2.xlsx\NORM.S.DIST』工作表）

=NORM.S.DIST(-1.96,TRUE)	為0.025
=NORM.S.DIST(-1.645,TRUE)	為0.05
=NORM.S.DIST(0,TRUE)	為0.5
=NORM.S.DIST(1.96,TRUE)	為0.975

B6	▼	⋮	× ✓	fx	=NORM.S.DIST(A6,TRUE)		
▲	A	B	C	D	E		
1		常態分配					
2	z	自左尾累積					
3	-3.000	0.001					
4	-1.960	0.025					
5	-1.645	0.050	← =NORM.S.DIST(A5,TRUE)				
6	0.000	0.500	← =NORM.S.DIST(A6,TRUE)				
7	0.500	0.691					
8	1.000	0.841					
9	1.645	0.950					
10	1.960	0.975	← =NORM.S.DIST(A10,TRUE)				
11	3.000	0.999					

傳回較標準常態累加分配小0.5的值GUASS()

GAUSS(z)

用以計算一標準正常母體的一個成員落在平均值與z標準差之間的機率。當z為負值，本函數即求下圖之陰影部份：

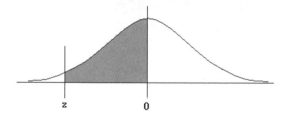

當z為正值，本函數即求下圖之陰影部份：

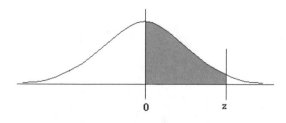

由於NORM.S.DIST(0,True)一律會傳回0.5，因此，GAUSS(z)永遠會較
NORM.S.DIST(z,True)小0.5；因此，用0.5減去本函數值，即等於由右尾
累加到該z值之總面積（由∞積分到z後之結果）。即，下圖之陰影部份：（詳
範例『FunCh07-統計2.xlsx\GAUSS』工作表）

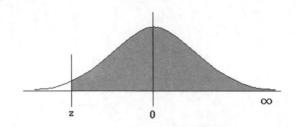

	A	B	C	D	E	F	G
1	常態分配						
2	z	自右尾累積	Gauss()	自左尾累積			
3	-3.000	0.999	-0.499	0.001	← =NORM.S.DIST(A3,TRUE)		
4	-1.960	0.975	-0.475	0.025			
5	-1.645	0.950	-0.450	0.050			
6	0.000	0.500	0.000	0.500			
7	0.500	0.309	0.191	0.691			
8	1.000	0.159	0.341	0.841			
9	1.645	0.050	0.450	0.950			
10	1.960	0.025	0.475	0.975			
11	3.000	0.001	0.499	0.999			
12		↑ =0.5-GAUSS(A11)					

B3 的公式為 =0.5-GAUSS(A3)

7-2　標準常態分配反函數

NORMSINV()

NORMSINV(累計機率)
NORMSINV(probability)

於標準常態分配（$\mu=0$，$\sigma=1$），求某累計機率所對應之z值。有了此
函數，即可省去查常態分配表之麻煩：（詳範例『FunCh07-統計2.xlsx\
NORMSINV』工作表）

B7	▼	:	×	✓	f_x	=NORMSINV(A7)

▲	A	B	C	D	I
1	標準常態分配，均數為0，標準差為1				
2					
3		NORMSINV()			
4	自左尾累積	z			
5	0.001	-3.09			
6	0.025	-1.96			
7	0.050	-1.64			
8	0.100	-1.28			
9	0.250	-0.67			
10	0.500	0.00			
11	0.600	0.25			
12	0.750	0.67			
13	0.900	1.28			
14	0.950	1.64			
15	0.975	1.96			
16	0.990	2.33			

NORM.S.INV()

> NORM.S.INV(累計機率)
>
> NORM.S.INV(probability)

其作用為於標準常態分配（$\mu=0$，$\sigma=1$），求某累計機率所對應之z值。有了此函數，即可省去查常態分配表之z值的麻煩。如：（詳範例『FunCh07-統計2.xlsx\NORM.S.INV』工作表）

=NORM.S.INV(0.025)	為 -1.96
=NORM.S.INV(0.05)	為 -1.645
=NORM.S.INV(0.5)	為 0
=NORM.S.INV(0.95)	為 1.645
=NORM.S.INV(0.975)	為 1.96

B6	▼	:	×	✓	f_x	=NORM.S.INV(A6)

▲	A	B	C	D	E
3		NORM.S.INV()			
4	自左尾累積	z			
5	0.001	-3.09			
6	0.025	-1.96	← =NORM.S.INV(A6)		
7	0.050	-1.64	← =NORM.S.INV(A7)		
8	0.100	-1.28			
9	0.250	-0.67			
10	0.500	0.00	← =NORM.S.INV(A10)		
11	0.600	0.25			
12	0.750	0.67			
13	0.900	1.28			
14	0.950	1.64	← =NORM.S.INV(A14)		
15	0.975	1.96	← =NORM.S.INV(A15)		
16	0.990	2.33			

標準常態分配表

一般統計學之教科書，均會附有標準常態分配表（如：附錄A），以利查常態數值（z）。由於，常態分配是對稱的分配，故一般僅附上正值之部分，表內之累計機率，是由z值為0時開始累計。如：z值1.96，查得1.96之0.475，表示由標準常態分配中央（z=0）開始，累計到z=1.96的機率。即，下圖之陰影部份：

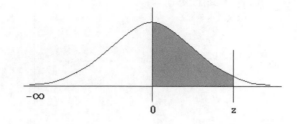

如要查負值之部份，仍以正值查表。然後，以0.5減去表內之累計機率即可。如：Z值-1.96，查得1.96之0.475，以0.5-0.475=0.025，即是自左尾開始累計到Z值為-1.96的機率。

相反地，若要計算由Z值為-1.96開始累計到右尾的機率，則將查得之值（0.475）加上0.5，即0.975。通常，$\alpha = 0.05$時，如要查$Z_{\alpha/2}$值，是找尋右尾機率為0.025時之Z值，即找出由左尾累積得0.975之Z值1.96。若用Excel之NORM.S.INV()函數來求算，其公式應為：（詳範例『FunCh07-統計2.xlsx\依α查Z值』工作表）

```
=NORM.S.INV(1-0.05/2)
```

B6		✕ ✓ fx	=NORM.S.INV(1-A6/2)		
◢	A	B	C	D	E
3	NORM.S.INV()				
4	α值	$Z_{\alpha/2}$值			
5	0.01	2.576			
6	0.05	1.960			
7	0.10	1.645			
8	0.20	1.282			

於Excel下，利用NORM.S.DIST()函數即可輕易建立標準常態分配表。其建立步驟為：（詳範例『FunCh07-統計2.xlsx\常態分配表』工作表）

1 於A2輸 入Z字 串，A3輸 入0.0（僅顯示0），A4輸入0.1

A4		✕ ✓ fx	0.1
◢	A	B	C	D
1				
2	Z			
3	0			
4	0.1			

2 選取A3:A4，按『常用/數值/增加小數位數』 ⬆️⁰₀₀ 鈕，續按『常用/數值/減少小數位數』 ⁰₀⬇️ 鈕，使兩數均可擁有一位小數

	A
1	
2	Z
3	0.0
4	0.1

3 拖曳A3:A4右下角之複製控點，拉到A33位置，複製出0.0、0.1、0.2、……、2.9、3.0等數值

	A
30	2.7
31	2.8
32	2.9
33	3.0
34	

4 於B1輸入『Z值的小數第二位』字串

5 於B2輸入0.00（僅顯示0），C2輸入0.01

6 選取B2:C2，按『常用/數值/增加小數位數』 ⬆️⁰₀₀ 鈕；續按『常用/數值/減少小數位數』 ⁰₀⬇️ 鈕，使兩數均可擁有2位小數

	A	B	C
1		Z值的小數第二位	
2	Z	0.00	0.01
3		0.0	

7 拖曳B2:C2右下角之複製控點，拉到K2位置，複製出0.00、0.01、0.02、……、0.08、0.09等數值

	H	I	J	K
1				
2	0.06	0.07	0.08	0.09
3				

8 於B2:K2尚呈選取之狀態，按『常用/儲存格/格式』 格式▾ 鈕，續選「自動調整欄寬(I)」，將各欄調整成最適欄寬

	A	B	C	D	E	F	G	H	I	J	K
1		Z值的小數第二位									
2	Z	0.00	0.01	0.02	0.03	0.04	0.05	0.06	0.07	0.08	0.09
3		0.0									

9 選取B1:K1，按『常用/對齊方式/跨欄置中』 跨欄置中 鈕，讓『Z值的小數第二位』字串，於這幾欄內跨欄置中

B1	▾	⋮	✕	✓	fx	Z值的小數第二位

	A	B	C	D	E	F	G	H	I	J	K
1		Z值的小數第二位									
2	Z	0.00	0.01	0.02	0.03	0.04	0.05	0.06	0.07	0.08	0.09
3		0.0									

10 於B3輸入

```
=NORM.S.DIST($A3+B$2,TRUE)-0.5
```

B3	▼	:	×	✓	fx		=NORM.S.DIST($A3+B$2,TRUE)-0.5			

◢	A	B	C	D	E	F	G	H	I	J	K
1						Z值的小數第二位					
2	Z	0.00	0.01	0.02	0.03	0.04	0.05	0.06	0.07	0.08	0.09
3	0.0	0.00									

11 拖曳其右下角之複製控點，往右複製到K3

B3	▼	:	×	✓	fx		=NORM.S.DIST($A3+B$2,TRUE)-0.5			

◢	A	B	C	D	E	F	G	H	I	J	K
1						Z值的小數第二位					
2	Z	0.00	0.01	0.02	0.03	0.04	0.05	0.06	0.07	0.08	0.09
3	0.0	0.00	0.00	0.01	0.01	0.02	0.02	0.02	0.03	0.03	0.04
4	0.1										

12 於B3:K3尚呈選取之狀態，按兩次『常用/數值/增加小數位數』 鈕，使各數均可有4位小數

13 於B3:K3尚呈選取之狀態，按『常用/儲存格/格式』 格式▾ 鈕之下拉鈕，續選「自動調整欄寬(I)」，調整成最適欄寬

B3	▼	:	×	✓	fx		=NORM.S.DIST($A3+B$2,TRUE)-0.5			

◢	A	B	C	D	E	F	G	H	I	J	K
1							Z值的小數第二位				
2	Z	0.00	0.01	0.02	0.03	0.04	0.05	0.06	0.07	0.08	0.09
3	0.0	0.0000	0.0040	0.0080	0.0120	0.0160	0.0199	0.0239	0.0279	0.0319	0.0359

14 雙按K3右下角之複製控點，將B3:K3往下複製到K33，即完成整個建表工作

B3	▼	:	×	✓	fx		=NORM.S.DIST($A3+B$2,TRUE)-0.5			

◢	A	B	C	D	E	F	G	H	I	J	K
29	2.6	0.4953	0.4955	0.4956	0.4957	0.4959	0.4960	0.4961	0.4962	0.4963	0.4964
30	2.7	0.4965	0.4966	0.4967	0.4968	0.4969	0.4970	0.4971	0.4972	0.4973	0.4974
31	2.8	0.4974	0.4975	0.4976	0.4977	0.4977	0.4978	0.4979	0.4979	0.4980	0.4981
32	2.9	0.4981	0.4982	0.4982	0.4983	0.4984	0.4984	0.4985	0.4985	0.4986	0.4986
33	3.0	0.4987	0.4987	0.4987	0.4988	0.4988	0.4989	0.4989	0.4989	0.4990	0.4990
34											

若處理對象為常態分配（大樣本），欲求算信賴區間，於Excel亦可直接以 CONFIDENCE()或CONFIDENCE.NORM()函數來計算可容忍誤差。其語法 為：

```
CONFIDENCE(α,σ,n)
CONFIDENCE(顯著水準,標準差,樣本數)
CONFIDENCE.NORM(α,σ,n)
CONFIDENCE.NORM(顯著水準,標準差,樣本數)
```

若處理對象為t分配（小樣本），則可以CONFIDENCE.T()函數來計算可容 忍誤差。其語法為：

```
CONFIDENCE.T(α,σ,n)
CONFIDENCE.T(顯著水準,標準差,樣本數)
```

這幾個函數可傳回母體平均數的信賴區間之範圍，α 為顯著水準，$\alpha = 0.05$ 時，表示求算95%信賴區間之範圍。σ 為母體標準差，n為樣本數。

若處理對象為常態分配，母體標準差（σ）已知，其計算公式為：

$$z_{\alpha/2} \frac{\sigma}{\sqrt{n}}$$

實務上，很少會已知母體標準差，就以樣本標準差來替代。其計算公式為：

$$z_{\alpha/2} \frac{S}{\sqrt{n}}$$

故其 μ 的100（1-α）%之信賴區間為：

$$\overline{x} \pm \text{CONFIDENCE}(\alpha, \sigma, n)$$

或

$$\bar{x} \pm \text{CONFIDENCE}(\alpha, \sigma, n)$$

假定，本校學生通學之距離為常態分配，其標準差為3.2公里。範例『FunCh07-統計2.xlsx\信賴區間』工作表抽取100位同學為樣本，其通學之距離均數為8.6公里。由於$z_{(0.25\%)}$之值為1.96，故通學距離之95%信賴區間的公式為：

$$8.6 \pm 1.96 \frac{3.2}{\sqrt{100}}$$

其結果為

$$7.9728 \sim 9.2272$$

表示有95%的學生之通學距離是介於此一範圍內。以CONFIDENCE()函數表示其下限及上限之公式應分別為：

```
=A2-CONFIDENCE(D2,B2,C2)
=A2+CONFIDENCE(D2,B2,C2)
```

若以CONFIDENCE.NORM()函數表示其下限及上限之公式應分別為：

```
=A2-CONFIDENCE.NORM(D2,B2,C2)
=A2+CONFIDENCE.NORM(D2,B2,C2)
```

	B4		f_x	=A2-CONFIDENCE(D2,B2,C2)		
	A	B	C	D	E	F	G
1	樣本均數	標準差	樣本數	α			
2	8.6	3.2	100	5%			
3							
4	信賴區間	7.9728	9.2272	← ==A2+CONFIDENCE(D2,B2,C2)			
5	信賴區間	7.9728	9.2272	← =A2+CONFIDENCE.NORM(D2,B2,C2)			
6		↑ =A2-CONFIDENCE.NORM(D2,B2,C2)					

實務上，很少會已知母體標準差，就以樣本標準差來替代。如下示樣本資料先以AVERAGE()、STDEV.S()與COUNT()求得均數、標準差與樣本數。然後再以CONFIDENCE.T()求信賴區間。其下限及上限之公式應分別為：

```
=C9-CONFIDENCE.T(F9,D9,E9)
=C9+CONFIDENCE.T(F9,D9,E9)
```

	A	B	C	D	E	F
			fx	=C9+CONFIDENCE.T(F9,D9,E9)		
8	分數		均數	標準差	樣本數	α
9	85	80	66.33	22.53	15	5%
10	25	45				
11	60	85				
12	80	52	均數的95%信賴區間			
13	87	88	53.86	到	78.81	
14	90	38	↑ =C9-CONFIDENCE.T(F9,D9,E9)			
15	80	68				
16	32					

7-4　Z檢定

ZTEST()與Z.TEST()

ZTEST(數列,x,[σ])
ZTEST(array,x,[sigma])
Z.TEST(數列,x,[σ])
Z.TEST(array,x,[sigma])

傳回雙尾z檢定之P值（常態分配的雙尾機率值）。式中，方括號所包圍之內容，表該部份可省略。

數列是要檢定相對於x之陣列或資料範圍

x是要檢定之數值

[σ]是母群體（已知）的標準差。若省略，則使用樣本標準差。

本函數之公式為：

$$Z = \frac{\mu - x}{\sigma / \sqrt{n}}$$

ZTEST(陣列,x,σ) = 1 – NORMSDIST(z)

或

Z.TEST(陣列,x,σ) = 1 – NORMS.DIST(z)

式中，z即常態分配之z值。故本函數即算出：

1－自標準常態分配的左尾累加到z值處的機率

即下圖之右尾的機率：

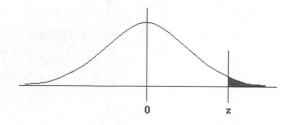

如：

> ZTEST(數列,x)
> Z.TEST(數列,x)

表要檢定母體均數（μ）是否等於抽樣之數列的均數（x）。其虛無假設與對立假設為：

> H_0：$\mu = x$
> H_1：$\mu \neq x$

判斷檢定結果時很簡單，只須看此P值是否小於您所指定之α值（顯著水準）的一半（雙尾檢定之故）。如：P若為0.014 <（α = 0.05 / 2），即表示在α = 0.05時，此檢定結果要捨棄虛無假設，接受對立假設 $\mu \neq x$。

如，範例『FunCh07-統計2.xlsx\信賴區間』工作表，A1:F1為自全班隨機抽取幾位學生之成績（按理，應抽取30個以上之樣本，才適用z-test。在此只是象徵性的抽幾個），問是可否接受全班成績為80分之假設？

B5		✕ ✓ fx	=Z.TEST(A1:F1,B3)	
	A	B	C	D	E
1	75	78	79	80	82
2					
3	X	80			
4	ZTEST	0.665	← =ZTEST(A1:F1,B3)		
5	Z.TEST	0.665			

檢定結果之P值為0.665，大於0.025。即表示在α = 0.05時，此檢定結果無法捨棄（fail to reject）虛無假設（$\mu = x$），也就是無法捨棄全班成績之均數為80之假設。

若將X改為76，則此一檢定之結果為：

B5		:	× ✓ fx	=Z.TEST(A1:F1,D3)	
▲	A	B	C	D	E
1	75	78	79	80	82
2					
3	X	76			
4	ZTEST	0.001	← =ZTEST(A1:F1,B3)		
5	Z.TEST	0.001			

檢定結果之P值為0.001，小於0.025。即表示在α = 0.05時，此檢定結果要捨棄虛無假設（ μ =x），也就是否定全班成績均數為76之假設。

馬上練習

於全年級300位學生中，抽取範例『FunCh07-統計2.xlsx\Ztest2』工作表所示之48個學生成績，是否可證明全年級之母體均數恰為70分？（α = 0.05）

▲	A	B	C	D
1	67	72	75	73
2	49	75	88	75
3	58	63	67	55

（答案：捨棄母體均數恰為70分之虛無假設）

Z檢定-兩個母體平均數差異檢定

假定，已知甲班之母體變異數為4.5；乙班之母體變異數為12.5。各隨機抽取9位同學之成績如下：（詳範例『FunCh07-統計2.xlsx\Z檢定1』工作表）

▲	A	B	C
1		甲班	乙班
2		75	65
3		78	67
4		79	72
5		80	81
6		82	90
7		83	55
8		82	44
9		90	62
10		64	48
11			
12	母體變異數	4.5	12.5

試檢定兩班之平均成績是否存有顯著差異？

本例之虛無假設與對立假設分別為：

$H_0: \mu_1 = \mu_2$
$H_1: \mu_1 \neq \mu_2$

假定，顯著水準設定為 α = 0.05。此為一雙尾檢定，其處理步驟為：

1 按『資料/分析/資料分析』 <u>資料分析</u> 鈕，於『分析工具』處選「z 檢定：兩個母體平均數差異檢定」

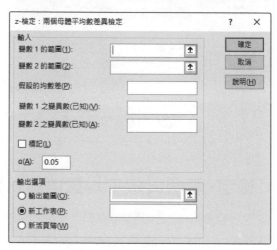

2 按 確定 鈕

3 於『變數1的範圍』與『變數2的範圍』設定兩組資料之範圍（B1:B10與C1:C10）

4 於『假設的均數差』輸入0，兩均數若相等其差為0

5 於『變數1之變異數』與『變數2之變異數』處，輸入已知之母體變異數（4.5與12.5）

6 點選「標記(L)」（因兩組資料均含『甲班』、『乙班』之字串標記）

7 α 維持 0.05

8 設定輸出範圍，本例安排於目前工作表之E1位置

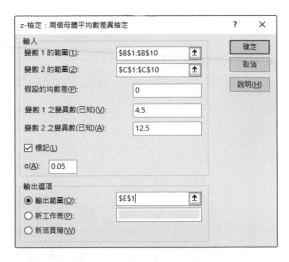

9 按 ⌈ 確定 ⌉ 鈕結束，即可獲致檢定結果

	A	B	C	D	E	F	G
1		**甲班**	**乙班**		z 檢定：兩個母體平均數差異檢定		
2		75	65				
3		78	67			甲班	乙班
4		79	72		平均數	79.22222	64.88889
5		80	81		已知的變異數	4.5	12.5
6		82	90		觀察值個數	9	9
7		83	55		假設的均數差	0	
8		82	44		z	10.42903	
9		90	62		P(Z<=z) 單尾	0	
10		64	48		臨界值：單尾	1.644854	
11					P(Z<=z) 雙尾	0	
12	母體變異數	4.5	12.5		臨界值：雙尾	1.959964	

由於本例僅在檢定其是否相等，故為一雙尾檢定。依此結果：z值10.42903>雙尾臨界值1.959964，故可知甲乙班之均數並不相等（存有顯著差異）。

若對立假設為：

$H_1: \mu_1 > \mu_2$

則應使用單尾檢定，依此結果：z值10.42903>單尾臨界值1.644854，故可知甲班之均數明顯高於乙班之均數。

像此種檢定，並不限定兩組之樣本數必須相等。如下示之檢定結果：（詳範例『FunCh07-統計2.xlsx\Z檢定2』工作表）

▲	A	B	C	D	E	F	G
1		甲班	乙班		z 檢定：兩個母體平均數差異檢定		
2		75	82				
3		78	67			甲班	乙班
4		79	80		平均數	79.85714	78.33333
5		80	81		已知的變異數	4.5	5.6
6		82	90		觀察值個數	7	9
7		83	81		假設的均數差	0	
8		82	75		z	1.354789	
9			62		P(Z<=z) 單尾	0.087742	
10			87		臨界值：單尾	1.644854	
11					P(Z<=z) 雙尾	0.175485	
12	母體變異數	4.5	5.6		臨界值：雙尾	1.959964	

就顯示因z值1.354789<雙尾臨界值1.959964，並無法捨棄甲乙班均數並無顯著差異之虛無假設（$H_0: \mu_1 = \mu_2$）。

範例『FunCh07-統計2.xlsx\所得』工作表，於兩地區分別隨機抽取15位樣本之所得：

▲	A	B	C
1		北區	南區
2		42,500	43,000
3		37,000	45,000
4		28,000	22,000

假定，分別以VAR.S()所求變異數為其母體變異數。試於α = 0.05之顯著水準下，檢定兩地區之平均所得是否存有顯著差異？北區是否較南區高？

（答案：存有顯著差異，北區平均較南區高）

7-5　t分配

TDIST()

TDIST(t,自由度,單尾或雙尾)
TDIST(x,degrees_freedom,tails)

t是要用來計算累計機率之t值。

自由度（d.f.，degrees freedom）是指一統計量中各變量可以自由變動的個數，當統計量中每多一個限制條件（即，已知條件），自由度就減少一個。（t分配之自由度為樣本數減1，(n-1)）

單尾或雙尾指定要傳回單尾或雙尾之累計機率值？為1，表傳回單尾之累計機率值；為2，表傳回雙尾之累計機率值。

本函數在求：於某一自由度下之t分配中，求t值以外之右尾的總面積（機率）。如為單尾，即求下圖之陰影部份：

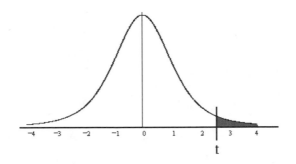

如為雙尾，即求左右兩尾之陰影部份。

t分配之圖形及機率值，將隨自由度不同而略有不同。以自由度為10之情況下，不同t值所求得之單尾及雙尾累計機率分別為：（詳範例『FunCh07-統計2.xlsx\TDIST』工作表）

	B2	▾	× ✓ fx	=TDIST(A2,10,1)
	A	B	C	D	E
1	t值	單尾	雙尾		
2	0.00	50.0%	100.0%	← =TDIST(A2,10,2)
3	0.50	31.4%	62.8%	← =TDIST(A3,10,2)
4	0.70	25.0%	50.0%	← =TDIST(A4,10,2)
5	1.37	10.0%	20.1%	← =TDIST(A5,10,2)
6	1.81	5.0%	10.0%	← =TDIST(A6,10,2)
7	2.23	2.5%	5.0%	← =TDIST(A7,10,2)
8	2.76	1.0%	2.0%	← =TDIST(A8,10,2)
9	3.17	0.5%	1.0%	← =TDIST(A9,10,2)

秘訣

t-分配(t-distribution)為一種非常態但連續對稱分配，是由英國學者W.S. Goscott以Student筆名發表，故亦稱student t distribution。其特點是以0對稱分佈，且具有較常態分配大的變異數。其分配的狀態又取決於樣本(sample)的大小。

於很多研究中，由於對母群體的標準差未知；再加上對大樣本採樣的不易，所以通常用小樣本資料來評估母群體的標準差。為了避免小樣本採樣之平均數及標準差所產生的誤差，故才有t-分配的產生。

7

統計函數（二）

左尾t分配T.DIST()、右尾T.DIST.RT()
與雙尾T.DIST.2T()

左尾t分配T.DIST()函數之語法為：

T.DIST(t, 自由度, 是否累加)
T.DIST(x, deg_freedom, cumulative)

右尾t分配T.DIST.RT()函數之語法為：

T.DIST.RT(t, 自由度)
T.DIST.RT(x, deg_freedom)

雙尾t分配T.DIST.2T()函數之語法為：

T.DIST.2T(t, 自由度)
T.DIST.2T(x, deg_freedom)

t是要用來計算累計機率之t值，**是否累加**若為TRUE，將求其左尾累加機率；**是否累加**若為FALSE，將求t值該點之機率密度。

自由度（d.f.，degrees of freedom）是指一統計量中各變量可以自由變動的個數，當統計量中每多一個限制條件（即，已知條件），自由度就減少一個。（t分配之自由度為樣本數減1，n-1）

T.DIST()函數適用於左尾，在求：於某一自由度下之t分配中，求t值以下之左尾的總面積（累加機率）。t值如為負值，即求下圖之陰影部份：

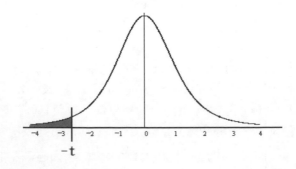

t值如為正值，即求下圖之陰影部份：

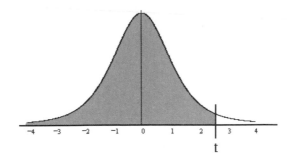

因此，若欲求其右尾機率，可用1去減左側的累加機率；或將t轉為負值。

T.DIST.RT()函數適用於右尾，在求：於某一自由度下之t分配中，求t值以下之右尾的總面積（累加機率）。即求下圖之陰影部份：

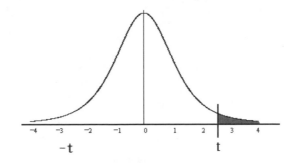

T.DIST.2T()函數適用於雙尾，即求左右兩尾之陰影部份：

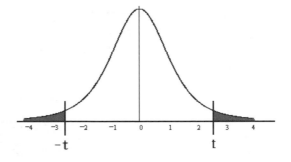

因此，若欲求其右尾機率，直接將其除以2即可。

t分配之圖形及機率值，將隨自由度不同而略有不同。以自由度為10之情況下，不同t值所求得之右側單尾及雙尾累計機率分別為：（詳範例『FunCh07-統計2.xlsx\T.DIST』工作表）

B3	:	× ✓	fx	=T.DIST.RT(A3,10)	
▲	A	B	C	D	E
1		自由度為10			
2	t值	單尾	雙尾		
3	0.00	50.0%	100.0%	← =T.DIST.2T(A3,10)	
4	0.50	31.4%	62.8%	← =T.DIST.2T(A4,10)	
5	0.70	25.0%	50.0%	← =T.DIST.2T(A5,10)	
6	1.37	10.0%	20.1%	← =T.DIST.2T(A6,10)	
7	1.81	5.0%	10.0%	← =T.DIST.2T(A7,10)	
8	2.23	2.5%	5.0%	← =T.DIST.2T(A8,10)	
9	2.76	1.0%	2.0%	← =T.DIST.2T(A9,10)	
10	3.17	0.5%	1.0%	← =T.DIST.2T(A10,10)	

7-6 t分配反函數

TINV()

TINV(累計機率,自由度)
TINV(probability,degrees_freedom)

於已知自由度之t分配中,求某累計機率所對應之t值。此t為依雙尾累計機率所求;若要求單尾之t值,得將累計機率乘以2。

由於t分配之圖形及機率值,將隨自由度不同而略有不同。下表是以自由度為10之情況下,所求得之結果,有了此函數,即可省去查t分配表之麻煩:(詳範例『FunCh07-統計2.xlsx\TINV』工作表)

H3	:	× ✓	fx	=TINV(G3,10)			
▲	A	B	C	D	E	F	G	H
1		TDIST()				TINV()		
2	t值	單尾	雙尾		單尾	t值	雙尾	t值
3	1.67	6.2%	12.5%		25.0%	0.70	12.50%	1.67
4	2.23	2.5%	5.0%		10.0%	1.37	5.00%	2.23
5	2.63	1.2%	2.5%		5.0%	1.81	2.50%	2.63
6	3.04	0.6%	1.3%		2.5%	2.23	1.25%	3.04
7	3.58	0.3%	0.5%		1.0%	2.76	0.50%	3.58
8	4.00	0.1%	0.2%		0.5%	3.17	0.25%	4.00

馬上 練習

使用範例『FunCh07-統計2.xlsx\TINV馬上練習』工作表，查 d.f.為1~15之情況下，單尾機率為25%、10%、5%、2.5%、1% 與0.5%之t值：

	A	B	C	D	E	F	G
1				右尾機率			
2	d.f.	25%	10%	5%	2.5%	1%	0.5%
3	1	1.00	3.08	6.31	12.71	31.82	63.66
4	2	0.82	1.89	2.92	4.30	6.96	9.92
5	3	0.76	1.64	2.35	3.18	4.54	5.84
6	4	0.74	1.53	2.13	2.78	3.75	4.60
7	5	0.73	1.48	2.02	2.57	3.36	4.03
8	6	0.72	1.44	1.94	2.45	3.14	3.71
9	7	0.71	1.41	1.89	2.36	3.00	3.50
10	8	0.71	1.40	1.86	2.31	2.90	3.36
11	9	0.70	1.38	1.83	2.26	2.82	3.25
12	10	0.70	1.37	1.81	2.23	2.76	3.17
13	11	0.70	1.36	1.80	2.20	2.72	3.11
14	12	0.70	1.36	1.78	2.18	2.68	3.05
15	13	0.69	1.35	1.77	2.16	2.65	3.01
16	14	0.69	1.35	1.76	2.14	2.62	2.98
17	15	0.69	1.34	1.75	2.13	2.60	2.95

T.INV()與T.INV.2T()

單尾t分配反函數T.INV()之語法為：

> T.INV(累計機率,自由度)
> T.INV(probability,degrees_freedom)

用以於已知自由度之t分配中，求某累計機率所對應之t值。其值係由左尾開始累加，且因t分配為左右對稱，故若要求右尾之t值，直接將其乘上負號即可。

如，自由度為10，左尾單尾機率5%之t值為-1.812；那右尾單尾單尾機率5%之t值為1.812。（詳範例『FunCh07-統計2.xlsx\T.INV』工作表F6）其求算之公式為：

> =-T.INV(5%,10)
> =-T.INV(E6,$B$1)

F6	▼	:	×	✓	fx	=-T.INV(E6,$B$1)	

◢	A	B	C	D	E	F	G	H
1	自由度	10						
2		T.DIST()					T.INV()	
3	t值	單尾	雙尾		單尾	t值	雙尾	t值
4	1.674	6.2%	12.5%		25.0%	0.700	12.50%	1.674
5	2.228	2.5%	5.0%		10.0%	1.372	5.00%	2.228
6	2.634	1.2%	2.5%		5.0%	1.812	2.50%	2.634
7	3.038	0.6%	1.3%		2.5%	2.228	1.25%	3.038
8	3.581	0.3%	0.5%		1.0%	2.764	0.50%	3.581
9	4.005	0.1%	0.2%		0.5%	3.169	0.25%	4.005

雙尾 t 分配反函數 T.INV.2T() 之語法為：

T.INV.2T(累計機率,自由度)
T.INV.2T(probability,degrees_freedom)

用以於已知自由度之 t 分配中，求某雙尾累計機率所對應之 t 值。

由於 t 分配之圖形及機率值，將隨自由度不同而略有不同。範例『FunCh07-統計2.xlsx\T.INV』工作表，是以自由度為10之情況下，所求得之結果。如，雙尾機率5%之 t 值為2.228，其求算之公式為：

=T.INV.2T(5%,10)
=T.INV.2T(G5,$B$1)

有了此函數，即可省去查 t 分配表之麻煩：

H5	▼	:	×	✓	fx	=T.INV.2T(G5,$B$1)	

◢	A	B	C	D	E	F	G	H
1	自由度	10						
2		T.DIST()					T.INV()	
3	t值	單尾	雙尾		單尾	t值	雙尾	t值
4	1.674	6.2%	12.5%		25.0%	0.700	12.50%	1.674
5	2.228	2.5%	5.0%		10.0%	1.372	5.00%	2.228
6	2.634	1.2%	2.5%		5.0%	1.812	2.50%	2.634
7	3.038	0.6%	1.3%		2.5%	2.228	1.25%	3.038
8	3.581	0.3%	0.5%		1.0%	2.764	0.50%	3.581
9	4.005	0.1%	0.2%		0.5%	3.169	0.25%	4.005

馬上
練習

依範例『FunCh07-統計
2.xlsx\外食費用-小樣
本』工作表內容，計算
大學生每月在外面吃飯
費用之母體均數 μ 及其
95%信賴區間的估計值。

	B	C	D	E
1	外食費用			
2	6000		樣本平均數	6026.67
3	12000		樣本標準差	2879.35
4	7000		樣本數	15
5	6000		自由度	14
6	4800		顯著水準	0.05
7	10000		t值	1.761
8	5000		可容忍誤差	1594.53
9	8000		信賴區間(下)	4432.13
10	2000		信賴區間(上)	7621.20

大學生每月在外面吃飯費用之均數為：6026.67，其95%信賴區
間為：4432.13 ～ 7621.20。

7-7　t檢定

TTEST()與T.TEST()函數

TTEST(第一組資料,第二組資料,單尾或雙尾,類型)
TTEST(array1,array2,tails,type)
T.TEST(第一組資料,第二組資料,單尾或雙尾,類型)
T.TEST(array1,array2,tails,type)

是用來進行**兩組小樣本**（n<30）資料之均數檢定，或成對樣本的均數差檢
定。除成對樣本外，兩組資料之樣本數允許不同。T.TEST()僅名稱更改而
已，用法及作用相同。

單尾或雙尾是以1或2來標示，其類型則可分為下列三種：

1. 成對

2. 具有相同變異數的二個樣本

3. 具有不同變異數的二個樣本

注意 通常，於實務上要事先以F檢定，判定兩群體之變異數是否相同。才可決定應使用何種類型之t檢定。(參見下文『F檢定 F.TEST()』處之說明)

本函數所回應之值為其右尾之機率（P），判斷檢定結果時很簡單，只須看此P值是否小於所指定顯著水準之α值（單尾）；或α值的一半（雙尾）。

在應用t檢定時，應符合下列假設，方可得到正確分析的結果：

- 每個取樣必須隨機(random)且獨立(independent)。

- 所取樣本的母群體必須為常態分配(normal distribution)。

由於，t分配是取決於樣本大小(n)；當樣本數超過30(n>30)，t-分配就頗接近常態分佈，故檢定時可改查常態分配表，或使用『資料分析』之「z檢定：兩個母體平均數差異檢定」。

兩獨立小樣本均數檢定（變異數相同）

兩樣本平均數的t檢定，旨在比較變異數相同的兩個母群之間平均數的差異，或比較來自同一母群之兩個獨立樣本之均數的不同。

若兩母群體之變異數相同（$\sigma_1^2 = \sigma_2^2$），是採用匯總變異數t檢定(pooled-variance t-test)。其相關公式為：

$$t = \frac{\overline{X_1} - \overline{X_2}}{\sqrt{\dfrac{S_p^2}{N_1} + \dfrac{S_p^2}{N_2}}}$$

$$S_p^2 = \frac{(N_1 - 1)S_1^2 + (N_2 - 1)S_2^2}{N_1 + N_2 - 2}$$

$$d.f. = N_1 + N_2 - 2$$

式中，S_p^2 即是匯總變異數

假定，班上男女生之成績的變異數相同。依範例『FunCh07-統計2.xlsx\T.TEST1』工作表之抽樣資料，是否可證明在α = 0.05之顯著水準下，男女生之成績無差異存在？

由於是變異數相同，t檢定之類型為2。且虛無假設與對立假設分別為：

$H_0: \mu_1 = \mu_2$
$H_1: \mu_1 \neq \mu_2$

故此類檢定為雙尾。所以，範例『FunCh07-統計2.xlsx\T.TEST2』工作表B15與B16處之公式為

=T.TEST(B2:B11,C2:C9,2,2)
=TTEST(B2:B11,C2:C9,2,2)

所求得之結果相同：

B15	▼	:	×	✓	fx	=T.TEST(B2:B11,C2:C9,2,2)		
◢	A	B	C	D	E	F		
1		**男**	**女**					
2		76	81					
3		74	82					
4		70	78					
5		80	85					
6		68	79					
7		90	81					
8		72	82					
9		75	85					
10		78						
11		72						
12								
13	**平均**	75.5	81.6					
14								
15	T-test	0.0193	← =T.TEST(B2:B11,C2:C9,2,2)					
16	T-test	0.0193	← =TTEST(B2:B11,C2:C9,2,2)					

由其所獲得之P值為0.0193 < α/2 = 0.025，故將捨棄男女成績相等之虛無假設。也就是說，在α = 0.05之顯著水準下，男女生之成績存有顯著差異（女性明顯高於男性）。

同樣之例子，若使用『資料分析』，其處理步驟為：（詳範例『FunCh07-統計2.xlsx\T.TEST2』工作表）

1 按『資料/分析/資料分析』鈕,於『分析工具』處選「t檢定:兩個母體平均數差異檢定,假設變異數相等」

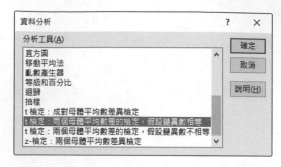

2 續按 確定 鈕

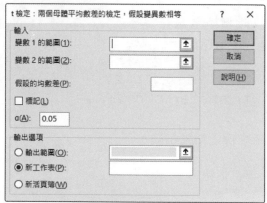

3 於『變數1的範圍』與『變數2的範圍』,設定兩組資料之範圍(B1:B11與C1:C9)

4 於『假設的均數差』輸入0,兩均數若相等其差為0

5 點選「標記(L)」(因兩組資料均含『男』、『女』之字串標記)

6 α維持0.05

7 設定輸出範圍,本例安排於目前工作表之E1位置

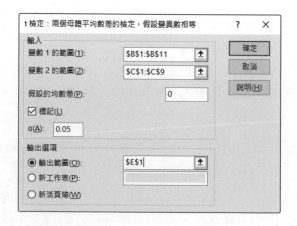

按 │ 確定 │ 鈕結束，即可獲致檢定結果

▲	A	B	C	D	E	F	G	H	I
1		男	女		t 檢定：兩個母體平均數差的檢定，假設變異數相等				
2		76	81						
3		74	82			男	女		
4		70	78		平均數	75.5	81.625		
5		80	85		變異數	38.94444	6.267857		
6		68	79		觀察值個數	10	8		
7		90	81		Pooled 變異數	24.64844			
8		72	82		假設的均數差	0			
9		75	85		自由度	16			
10		78			t 統計	-2.60088			
11		72			P(T<=t) 單尾	0.009653			
12					臨界值：單尾	1.745884			
13	平均	75.5	81.6		P(T<=t) 雙尾	0.019306			
14					臨界值：雙尾	2.119905			
15	T-test	0.019							

由於本例僅在檢定其是否相等，故為一雙尾檢定。依此結果：自由度為16，t統計值之絕對值2.60 ＞雙尾臨界值2.12（F13處之P值0.019 ＜ α/2 = 0.025，同於B15），故得捨棄男女成績均數相等之虛無假設（兩者存有顯著差異）。

假定，兩年度之所得變異數相同。若 α = 0.05，範例『FunCh07-統計2.xlsx\T.Test變異數相同』工作表資料，是否表示2018年之每月所得明顯高過2015年：（此為單尾檢定）

▲	A	B	C	D	E	F	G	H
1	假定，兩年度每月所得變異數相同。							
2								
3	2015	2018		t 檢定：兩個母體平均數差的檢定，假設變異數相等				
4	38,200	57,700						
5	42,750	56,000			2015	2018		
6	31,100	53,500		平均數	34855	49620		
7	21,400	73,700		變異數	74385532	1.89E+08		
8	42,700	42,000		觀察值個數	12	10		
9	51,060	57,400		Pooled 變異數	1.26E+08			
10	40,300	41,100		假設的均數差	0			
11	35,000	54,800		自由度	20			
12	25,900	27,200		t 統計	-3.07039			
13	32,100	32,800		P(T<=t) 單尾	0.003018			
14	24,605			臨界值：單尾	1.724718			
15	33,145			P(T<=t) 雙尾	0.006036			
16				臨界值：雙尾	2.085963			

（答案：應捨棄2015年度的每月所得大於等於2018年度之虛無假設，接受2018年之每月所得明顯高過2015年）

兩獨立小樣本均數檢定（變異數不同）

若兩母群體之變異數不同（$\sigma_1^2 \neq \sigma_2^2$），則將用個別變異數的t統計量（Cochran & Cox法）。其相關公式為：

$$t = \frac{\overline{X_1} - \overline{X_2}}{\sqrt{\dfrac{S_1^2}{N_1} + \dfrac{S_2^2}{N_2}}} \qquad d.f. = \frac{\left(\dfrac{S_1^2}{N_1} + \dfrac{S_2^2}{N_2}\right)}{\dfrac{\left(\dfrac{S_1^2}{N_1}\right)^2}{(N_1-1)} + \dfrac{\left(\dfrac{S_2^2}{N_2}\right)^2}{(N_2-1)}}$$

請注意，其自由度已不再是兩母群體之變異數相等時簡單的d.f.=N_1+N_2-2，依此處公式計算之自由度可能會含小數。

假定，甲乙兩班成績的變異數不相同。依範例『FunCh07-統計2.xlsx\T.TEST3』工作表之抽樣資料，是否可證明在 α = 0.05 之顯著水準下，甲班成績優於乙班？

由於是變異數不同，t檢定之類型為3。且虛無假設與對立假設分別為：

$H_0: \mu_1 \leqq \mu_2$
$H_1: \mu_1 > \mu_2$

故此類檢定為右側單尾檢定。所以，B15與B16處之公式為：

=T.TEST(B2:B8,C2:C11,1,3)
=TTEST(B2:B8,C2:C11,1,3)

B15		✕ ✓ fx	=T.TEST(B2:B8,C2:C11,1,3)		
▲	A	B	C	D	E	F
1		甲班	乙班			
2		81	72			
3		82	80			
4		92	68			
5		85	90			
6		88	72			
7		75	75			
8		82	78			
9			81			
10			78			
11			80			
12						
13	平均	83.57	77.40			
14	假定兩班之變異數不同					
15	T-Test	0.023	← =T.TEST(B2:B8,C2:C11,1,3)			
16	T-Test	0.023	← =TTEST(B2:B8,C2:C11,1,3)			

由其T.TEST()函數所獲得之P值為0.023 < α = 0.05，故將捨棄甲班成績≤乙班成績之虛無假設。也就是說，在α = 0.05之顯著水準下，甲班平均成績優於乙班平均成績。

同樣之例子，若使用『資料分析』，其處理步驟為：（詳範例『FunCh07-統計2.xlsx\T.TEST4』工作表）

1️⃣ 按『資料/分析/資料分析』 資料分析 鈕，於『分析工具』處選「t檢定：兩個母體平均數差的檢定，假設變異數不相等」

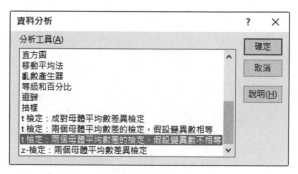

2️⃣ 按 確定 鈕

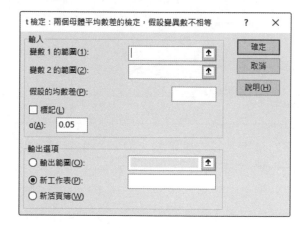

3️⃣ 於『變數1的範圍』與『變數2的範圍』設定兩組資料之範圍（B1:B8與C1:C11）

4️⃣ 於『假設的均數差』輸入0，兩均數若相等其差為0

5️⃣ 點選「標記(L)」（因兩組資料均含『甲班』、『乙班』之字串標記）

6️⃣ α維持0.05

7 設定輸出範圍，本例安排於目前工作表之E1位置

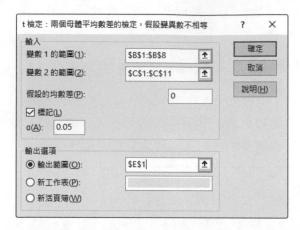

8 按 ⌈ 確定 ⌉ 鈕結束，即可獲致檢定結果

◢	A	B	C	D	E	F	G	H	I
1		甲班	乙班		t檢定：兩個母體平均數差的檢定，假設變異數不相等				
2		81	72						
3		82	80			甲班	乙班		
4		92	68		平均數	83.57143	77.4		
5		85	90		變異數	29.61905	37.6		
6		88	72		觀察值個數	7	10		
7		75	75		假設的均數差	0			
8		82	78		自由度	14			
9			81		t 統計	2.183118			
10			78		P(T<=t) 單尾	0.023274			
11			80		臨界值：單尾	1.76131			
12					P(T<=t) 雙尾	0.046549			
13	平均	83.57	77.40		臨界值：雙尾	2.144787			
14	假定兩班之變異數不同								
15	T-Test	0.023							

由於本例是在檢定甲班平均是否大於乙班平均，故為一右側單尾檢定。依此結果：自由度為14，t統計值2.183>單尾臨界值1.761（F10處之P值0.023 < α = 0.05，同於B15），故得捨棄甲班平均成績 ≤ 乙班平均成績之虛無假設，接受甲班平均成績 > 乙班平均成績之對立假設。

馬上練習

假定，兩地區之所得變異數不同。若 $\alpha = 0.05$，範例『FunCh07-統計2.xlsx\T.TEST變異數不同』工作表內容，是否表示甲地區之所得明顯高過乙地區：(此為單尾檢定)

	A	B	C	D	E	F	G	H
1	假定，兩地區之所得變異數不同。							
2				t 檢定：兩個母體平均數差的檢定，假設變異數不相等				
3	甲地	乙地						
4	48,760	35,700			甲地	乙地		
5	45,250	40,650		平均數	49882	37290		
6	60,200	28,600		變異數	148070168	87509900		
7	48,560	24,900		觀察值個數	10	9		
8	37,800	40,200		假設的均數差	0			
9	52,500	48,560		自由度	17			
10	73,400	27,800		t 統計	2.5423945			
11	59,600	52,500		P(T<=t) 單尾	0.0105182			
12	32,105	36,700		臨界值：單尾	1.7396067			
13	40,645			P(T<=t) 雙尾	0.0210364			
14				臨界值：雙尾	2.1098156			

(答案：甲地區之所得明顯高過乙地區)

成對樣本

前面兩類『兩獨立樣本均數檢定』，無論其變異數是否相等，其共通點為兩組受測樣本間為獨立，並無任何關聯。如：甲乙班、男女生、兩不同年度、都市與鄉村、……。

但若同組人，受訓後的打字速度是否高於受訓前。同一部車，左右使用不同廠牌輪胎，經過一段時間後，檢查其磨損程度，看甲廠牌之輪胎是否優於乙廠牌？……。諸如此類之例子，兩組受測樣本間為相依（同一個人、同一部車），就要使用配對樣本的t檢定。

其相關公式為：

$$t = \frac{\bar{d} - \mu_d}{s_d / \sqrt{n}}$$

$$d = x_1 - x_2$$
$$d.f. = n - 1$$

式中，d即同一配對之兩資料相減之差。

假定，要比較兩廠牌輪胎之壽命。抽7部車，左右使用不同廠牌輪胎，每車各由同一個人駕駛（同一駕駛習慣），經過一段時間後，獲得下示輪胎磨損之配對資料（以千分之一吋為單位，詳範例『FunCh07-統計2.xlsx\T.TEST5』工作表）。是否可證明，在 α = 0.05 之顯著水準下，甲廠牌之輪胎磨損程度較乙廠牌大？

由於是配對樣本，t檢定之類型為1。且虛無假設與對立假設分別為：

$$H_0: \mu_d \leq 0$$
$$H_1: \mu_d > 0$$

故此類檢定為右側單尾。所以，B11:B12處之公式為

```
=T.TEST(B2:B8,C2:C8,1,1)
=TTEST(B2:B8,C2:C8,1,1)
```

B11	▾	⋮	✕ ✓	f_x	=T.TEST(B2:B8,C2:C8,1,1)	
◢	A	B	C	D	E	F
1		甲廠	乙廠	d=甲-乙		
2		143	125	18		
3		68	64	4		
4		100	94	6		
5		35	38	-3		
6		105	90	15		
7		123	125	-2		
8		98	76	22		
9						
10	平均	96.00	87.43	8.57		
11	T-Test	0.03	← =T.TEST(B2:B8,C2:C8,1,1)			
12	T-Test	0.03	← =TTEST(B2:B8,C2:C8,1,1)			

由其T.TEST()函數所獲得之P值為0.03 < α = 0.05，故將捨棄甲乙廠輪胎的耐磨程度相等之虛無假設。也就是說，在 α = 0.05 之顯著水準下，甲廠輪胎磨損程度較乙廠大。

同樣之例子，若使用『資料分析』，其處理步驟為：（詳範例『FunCh07-統計2.xlsx\T.TEST6』工作表）

❶ 按『資料/分析/資料分析』 ▦資料分析 鈕，於『分析工具』處選「t檢定：成對母體平均數差異檢定」

2 按 ┌ 確定 ┐ 鈕

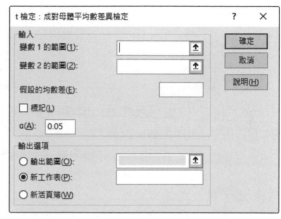

3 於『變數1的範圍』與『變數2的範圍』，設定兩組資料之範圍
   （B1:B8與C1:C8）

4 於『假設的均數差』輸入0，配對均數若相等其差為0

5 點選「標記(L)」（因兩組資料均含『甲廠』、『乙廠』之字串標記）

6 α維持0.05

7 設定輸出範圍，本例
   安排於目前工作表之
   F1位置

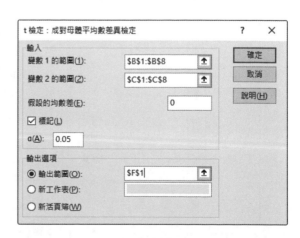

8 按 確定 鈕結束，即可獲致檢定結果

	A	B	C	D	E	F	G	H
1		甲廠	乙廠	d=甲-乙		t 檢定：成對母體平均數差異檢定		
2		143	125	18				
3		68	64	4			甲廠	乙廠
4		100	94	6		平均數	96	87.42857
5		35	38	-3		變異數	1257.333	999.2857
6		105	90	15		觀察值個數	7	7
7		123	125	-2		皮耳森相關係數	0.963207	
8		98	76	22		假設的均數差	0	
9						自由度	6	
10	平均	96.00	87.43	8.57		t 統計	2.299205	
11						P(T<=t) 單尾	0.030584	
12	T-Test	0.03				臨界值：單尾	1.94318	
13						P(T<=t) 雙尾	0.061167	
14						臨界值：雙尾	2.446912	

由於本例是在檢定甲廠牌輪胎磨損程度是否大於乙廠牌，故為一單尾檢定。
依此結果：自由度為6，t統計值2.299>單尾臨界值1.943（G11處之P值0.03
<α＝0.05，同於B12），故可知甲廠牌輪胎磨損程度大於乙廠牌。

馬上
練習

假定，要比較一套新打字教法之效果。隨機抽取10位未經任何
訓練之學生，加以訓練。範例『FunCh07-統計2.xlsx\配對1』
工作表，訓練前及訓練後之每分鐘的打字速度（字），於α＝
0.05之水準下，是否表示此套訓練可讓學生每分鐘平均多打40
個字：（此為單尾檢定）

	A	B	C	D	E	F	G	H
1		訓練前	訓練後	d=後-前		t 檢定：成對母體平均數差異檢定		
2		12	53	41				
3		25	67	42			訓練後	訓練前
4		18	60	42		平均數	59.30	17.90
5		14	48	34		變異數	128.46	25.21
6		23	72	49		觀察值個數	10	10
7		20	80	60		皮耳森相關係數	0.77	
8		24	65	41		假設的均數差	40	
9		13	50	37		自由度	9	
10		12	47	35		t 統計	0.55	
11		18	51	33		P(T<=t) 單尾	0.30	
12						臨界值：單尾	1.83	
13	平均	17.9	59.3	41.4		P(T<=t) 雙尾	0.60	
14						臨界值：雙尾	2.26	

（請注意，數字較大之『訓練後』數列，應置於『變數1』之範圍）

此例若要以T.TEST()進行
檢定,應另將訓練後之值
-40置於另一新欄,再將
其與訓練前之值進行配對
檢定:(範例『FunCh07-
統計2.xlsx\配對2』工作
表)

	A	B	C	D
1		訓練前	訓練後	訓練後-40
2		12	53	13
3		25	67	27
4		18	60	20
5		14	48	8
6		23	72	32
7		20	80	40
8		24	65	25
9		13	50	10
10		12	47	7
11		18	51	11
12				
13	平均	17.9	59.3	19.3
14				
15	T-Test	0.30		

兩種方式,均顯示此套訓練並無法讓學生每分鐘多打40個字。

馬上
練習

假定,要比較一套新減肥法之效果。隨機抽取12位受測者進行
測試一個月。範例『FunCh07-統計2.xlsx\配對3』工作表,減
肥前及減肥後之體重(公斤),於α = 0.05之水準下,是否表示
此套新減肥法可讓受測者至少減5公斤:(此為單尾檢定)

	B	C	D	E	F	G
1	減肥前	減肥後		t 檢定:成對母體平均數差異檢定		
2	56	50				
3	51	46			減肥前	減肥後
4	62	56		平均數	58.417	49.417
5	64	48		變異數	86.447	24.811
6	60	47		觀察值個數	12	12
7	70	55		皮耳森相關係數	0.586765	
8	53	48		假設的均數差	5	
9	71	45		自由度	11	
10	49	47		t 統計	1.837	
11	42	41		P(T<=t) 單尾	0.047	
12	70	58		臨界值:單尾	1.796	
13	53	52		P(T<=t) 雙尾	0.093	
14				臨界值:雙尾	2.201	

(答案:於α = 0.05之水準下,此套新減肥法至少可讓受測者平
均減5公斤)

7-8 卡方分配CHIDIST()與CHISQ.DIST.RT()

CHIDIST(x,自由度)
CHIDIST(x,degrees_freedom)
CHISQ.DIST.RT(x,自由度)
CHISQ.DIST.RT(x,degrees_freedom)

x是要用來計算累計機率之卡方值（χ^2）。

自由度（d.f.）將隨所使用之適合度檢定、獨立性檢定或同質性檢定而不同。適合度檢定為組數減1（k-1）、獨立性檢定或同質性檢定均為(列數-1)×(行數-1)即(r-1)*(c-1)。

這兩個函數在求：於某一自由度下之卡方分配中，求x值以外之右尾的總面積（機率）。即傳回卡方分配之右尾累計機率值（右圖之陰影部份）：

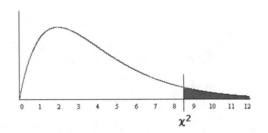

卡方分配之圖形及機率值，將隨自由度不同而略有不同。以自由度為10與20之情況下，不同卡方值所求得之單尾累計機率分別為：（詳範例『FunCh07-統計2.xlsx\CHIDIST』與『FunCh07-統計2.xlsx\CHISQ.DIST.RT』工作表）

E3		fx	=CHIDIST(D3,$E$1)
	A	B	C	D	E
1	d.f.	10		d.f.	20
2	卡方值	右尾機率		卡方值	右尾機率
3	12.55	0.250		23.82	0.250
4	16.00	0.100		28.40	0.100
5	18.30	0.050		31.40	0.050
6	20.50	0.025		34.20	0.025
7	23.20	0.010		37.60	0.010
8	25.20	0.005		40.00	0.005
9		↑ =CHIDIST(A8,$B$1)			

E3		fx	=CHISQ.DIST.RT(D3,$E$1)
	A	B	C	D	E
1	d.f.	10		d.f.	20
2	卡方值	右尾機率		卡方值	右尾機率
3	12.55	0.250		23.82	0.250
4	16.00	0.100		28.40	0.100
5	18.30	0.050		31.40	0.050
6	20.50	0.025		34.20	0.025
7	23.20	0.010		37.60	0.010
8	25.20	0.005		40.00	0.005
9		↑ =CHISQ.DIST.RT(A8,$B$1)			

卡方分配反函數CHIINV()與CHISQ.INV.RT()

> CHIINV(累計機率,自由度)
> CHIINV(probability,degrees_freedom)
> CHISQ.INV.RT(累計機率,自由度)
> CHISQ.INV.RT(probability,degrees_freedom)

於已知自由度之卡方分配中,求某累計機率所對應之卡方值。此卡方為依單尾累計機率所求。

由於卡方分配之圖形及機率值,將隨自由度不同而略有不同。下表是以自由度為10之情況下,所求得之結果,有了此函數,即可省去查卡方分配表之麻煩:(詳範例『FunCh07-統計2.xlsx\CHIINV』與『FunCh07-統計2.xlsx\CHISQ.INV.RT』工作表)

E4			f_x	=CHIINV(D4,$E$2)		
	A	B	C	D	E	F	G
1	CHIDIST()			CHIINV()		
2	d.f.	10		d.f.	10	
3	卡方值	右尾機率		右尾機率	卡方值	
4	12.55	0.250		25.0%	12.55	← =CHIINV(D4,$E$2)
5	16.00	0.100		10.0%	16.00	← =CHIINV(D5,$E$3)
6	18.30	0.050		5.0%	18.30	← =CHIINV(D6,$E$4)
7	20.50	0.025		2.5%	20.50	← =CHIINV(D7,$E$5)
8	23.20	0.010		1.0%	23.20	← =CHIINV(D8,$E$6)
9	25.20	0.005		0.5%	25.20	← =CHIINV(D9,$E$7)
10	↑ =CHIDIST(A8,$B$1)					

E4			f_x	=CHISQ.INV.RT(D4,$E$2)	
	A	B	C	D	E	F
1	CHISQ.DIST.RT()			CHISQ.INV.RT()		
2	d.f.	10		d.f.	10	
3	卡方值	右尾機率		右尾機率	卡方值	
4	12.55	0.250		25.0%	12.55	
5	16.00	0.100		10.0%	16.00	
6	18.30	0.050		5.0%	18.30	
7	20.50	0.025		2.5%	20.50	
8	23.20	0.010		1.0%	23.20	
9	25.20	0.005		0.5%	25.20	
10	↑ =CHISQ.DIST.RT(A9,$B$2)					

馬上
練習

以範例『FunCh07-統計2.xlsx\以CHISQ.INV.RT查卡方值』工作表，求自由度（d.f.）為1~15之情況下，單尾機率為25%、10%、5%、2.5%、1%與0.5%之卡方值：

	A	B	C	D	E	F	G
1				右尾機率			
2	d.f.	25%	10%	5%	2.5%	1%	0.5%
3	1	1.32	2.71	3.84	5.02	6.63	7.88
4	2	2.77	4.61	5.99	7.38	9.21	10.60
5	3	4.11	6.25	7.81	9.35	11.34	12.84
6	4	5.39	7.78	9.49	11.14	13.28	14.86
7	5	6.63	9.24	11.07	12.83	15.09	16.75
8	6	7.84	10.64	12.59	14.45	16.81	18.55
9	7	9.04	12.02	14.07	16.01	18.48	20.28
10	8	10.22	13.36	15.51	17.53	20.09	21.95
11	9	11.39	14.68	16.92	19.02	21.67	23.59
12	10	12.55	15.99	18.31	20.48	23.21	25.19
13	11	13.70	17.28	19.68	21.92	24.72	26.76
14	12	14.85	18.55	21.03	23.34	26.22	28.30
15	13	15.98	19.81	22.36	24.74	27.69	29.82
16	14	17.12	21.06	23.68	26.12	29.14	31.32
17	15	18.25	22.31	25.00	27.49	30.58	32.80

不過，要特別注意的是：若卡方分配右尾機率反函數內之累計機率太小，通常於非常顯著之情況，其P值已為0值，則本函數之結果將為#NUM!之錯誤。如，下表之B8與E8內容：（詳範例『FunCh07-統計2.xlsx\CHISQ.INV.RT之缺點』工作表）

B8		× ✓ fx	=CHISQ.INV.RT(A8,$B$2)			
	A	B	C	D	E	F	G
1	CHISQ.INV.RT()			CHIINV()			
2	d.f.	10		d.f.	10		
3	右尾機率	卡方值		右尾機率	卡方值		
4	0.0100%	35.56	← =CHISQ.INV.RT(A4,$B$2)	0.0100%	35.56	← =CHIINV(D4,$E$2)
5	0.0075%	36.29	← =CHISQ.INV.RT(A5,$B$2)	0.0075%	36.29	
6	0.0050%	37.31	← =CHISQ.INV.RT(A6,$B$2)	0.0050%	37.31	
7	0.0025%	39.04	← =CHISQ.INV.RT(A7,$B$2)	0.0025%	39.04	
8	0.0000%	#NUM!	← =CHISQ.INV.RT(A8,$B$2)	0.0000%	#NUM!	← =CHIINV(D8,$B$2)

如此，將使得我們於已知P值與自由度時，想逆向求其卡方值，會發生無法求算其卡方值之窘境，僅能取得#NUM!之錯誤（當P值已為0值時）。此時，只好利用下文『傳統計算方式』之方式來求算卡方值。

卡方檢定CHITEST()與CHISQ.TEST()

```
CHITEST(觀察值範圍,期望值範圍)
CHITEST(actual_range,expected_range)
CHISQ.TEST(觀察值範圍,期望值範圍)
CHISQ.TEST(actual_range,expected_range)
```

這兩個函數將依觀察值範圍與期望值範圍計算其卡方值,再傳回該值於卡方分配之右尾機率(P),判斷檢定結果時很簡單,只須看此P值是否小於所指定顯著水準之α值。若是,即表示交叉表之兩個變項間存有顯著關聯。CHISQ.TEST()作用相同,僅名稱變更而已。

觀察值範圍為交叉表之實際資料,**期望值範圍**則為依各欄列之機率所計算而得之期望值。

卡方之運算公式為:

$$\chi^2 = \sum_{allcell} \frac{(O-E)^2}{E}$$

即讓**觀察值範圍**的每一格減去**期望值範圍**對應位置之每一格的值,求平方,再除以**期望值範圍**對應位置之每一格的值,將這些值逐一加總即為卡方值:

$$\chi^2 = \frac{(O_{1,1}-E_{1,1})^2}{E_{1,1}} + \frac{(O_{1,2}-E_{1,2})^2}{E_{1,2}} + ... + \frac{(O_{r,c}-E_{r,c})^2}{E_{r,c}}$$

其中,r為列數、c為欄數。然後計算自由度((r-1)*(c-1)),並查表算出此一卡方值於卡方分配之右尾機率(P)。

傳統計算方式

假定,範例『FunCh07-統計2.xlsx\卡方檢定-傳統』工作表為對政府之某一項政策之民調結果:

	A	B	C	D
1	對某一政策之民調結果			
2	實際資料(觀察值範圍)			
3		**北部**	**中部**	**南部**
4	**贊成**	200	75	40
5	**反對**	50	70	140

想以卡方檢定，判斷贊成與反對之比例高低，會不會因地區別之不同而有顯著差異。也就是要進行其關聯性檢定。

首先，求其欄/列加總與各合計佔全部人數之百分比：

F4			:	×	✓	f_x	=E4/$E$6	
▲	A	B	C	D	E	F		
1	對某一政策之民調結果							
2	實際資料(觀察值範圍)							
3		北部	中部	南部	合計	%		
4	贊成	200	75	40	315	54.8%		
5	反對	50	70	140	260	45.2%		
6	合計	250	145	180	575	100.0%		
7	%	43.5%	25.2%	31.3%	100.0%			

以方便於I4:K5計算各格之期望值。如，第一列第一欄之期望值應為：

第一列 % × 第一欄 % × 總樣本數

以公式表示將為：

=B$7*$F4*$E$6

I4			:	×	✓	f_x	=B$7*$F4*$E$6			
▲	A	B	C	D	E	F	G	H	I	J	K
1	對某一政策之民調結果										
2	實際資料(觀察值範圍)							期望值範圍			
3		北部	中部	南部	合計	%			北部	中部	南部
4	贊成	200	75	40	315	54.8%		贊成	137.0	79.4	98.6
5	反對	50	70	140	260	45.2%		反對	113.0	65.6	81.4
6	合計	250	145	180	575	100.0%					
7	%	43.5%	25.2%	31.3%	100.0%						

接著，來計算每格之

$$\frac{(O-E)^2}{E}$$

假定，要將其安排於B11:D12。B11處之公式應為：

$$\frac{(O_{1,1} - E_{1,1})^2}{E_{1,1}}$$

即

```
=(B4-I4)^2/I4
```

B11		▼	:	×	✓	f_x		=(B4-I4)^2/I4		
▲	A	B	C	D	E	F	G	H	I	J	K
2	實際資料(觀察值範圍)							期望值範圍			
3		北部	中部	南部	合計	%			北部	中部	南部
4	贊成	200	75	40	315	54.8%		贊成	137.0	79.4	98.6
5	反對	50	70	140	260	45.2%		反對	113.0	65.6	81.4
6	合計	250	145	180	575	100.0%					
7	%	43.5%	25.2%	31.3%	100.0%						
8											
9											
10	計算卡方										
11		29.02	0.25	34.83							
12		35.16	0.30	42.20							

將B11:D12之值加總，即卡方值141.76：

B15		▼	:	×	✓	f_x	=SUM(B11:D12)
▲	A	B	C	D	E	F
10	計算卡方					
11		29.02	0.25	34.83		
12		35.16	0.30	42.20		
13						
14						
15	卡方	141.76				

將此卡方值與自由度（(3-1)*(2-1)=2），代入CHIDIST()或CHISQ.DIST.RT()函數即可求得其右尾之機率（P值）：

F15		▼	:	×	✓	f_x	=CHISQ.DIST.RT(B15,2)
▲	A	B	C	D	E	F	G	H
10	計算卡方						
11		29.02	0.25	34.83			
12		35.16	0.30	42.20			
13							
14							
15	卡方	141.76		P值	0.00	0.00	
16					↑ =CHIDIST(B15,2)		

由其P值＜α＝0.05，可推論對此一政策，贊成與反對之比例高低，會因地區別之不同而有顯著差異。

茲將各地區贊成與反對之人數，分別除以該地區之樣本數，求得下示之交叉表。以B19與B20為例，其公式分別為：

```
=B4/B$6
=B5/B$6
```

B19		:	×	✓	f_x	=B4/B$6

▲	A	B	C	D	E
17	某政策之民調結果				
18		北部	中部	南部	全體
19	贊成	80.0%	51.7%	22.2%	54.8%
20	反對	20.0%	48.3%	77.8%	45.2%
21	合計	100.0%	100.0%	100.0%	100.0%
22	樣本數	250	145	180	575

由表中之資料可看出：整體上，贊成此一政策者仍居多數（54.8%）；贊成與反對之比例高低，會因地區別之不同而有顯著差異，北部贊成者較多（80.0%），中部贊成與反對者差不多，南部則是反對者較多（77.8%）。

注意

使用卡方檢定進行分析時，應注意下列事項：

1. 卡方檢定僅適用於類別資料（名目變數，如：性別、地區）。

2. 各細格之期望次數不應少於5。通常，要有80%以上的期望次數≥5；否則，會影響其卡方檢定的效果。若有期望次數小於5時，可將其合併。如：原所得以

      ~20000   15人
20000~40000   80人
40000~60000   150人
60000~80000   40人
80000~   5人

分成五組，於卡方檢定時發現有太多細格之期望次數小於5時，可將其合併成：

      ~40000   95人
40000~60000   150人
60000~   45人

縮減成三組，使每組人數變大後，可望消除部份期望次數小於5之情況。

利用CHITEST()或CHISQ.TEST()

同樣之例子，於求得觀察值範圍（B4:D5）與其期望值範圍（H4:K5）後，即可直接以

```
=CHITEST(B4:D5,I4:K5)
=CHISQ.TEST(B4:D5,I4:K5)
```

利用CHITEST()或CHISQ.TEST()函數，求得其檢定結果（P值）：（詳範例『FunCh07-統計2.xlsx\卡方-CHISQ.TEST』工作表）

E9	▼	:	×	✓	fx	=CHITEST(B4:D5,I4:K5)				
▲	A	B	C	D	E	F	G	H	I	J	K
1	對某一政策之民調結果										
2	實際資料(觀察值範圍)							期望值範圍			
3		北部	中部	南部	合計	%			北部	中部	南部
4	贊成	200	75	40	315	54.8%		贊成	137.0	79.4	98.6
5	反對	50	70	140	260	45.2%		反對	113.0	65.6	81.4
6	合計	250	145	180	575	100.0%					
7	%	43.5%	25.2%	31.3%	100.0%						
8											
9	直接以CHITEST求算之P值				0.00	← =CHITEST(B4:D5,I4:K5)					
10	直接以CHISQ.TEST求算之P值				0.00	← =CHISQ.TEST(B4:D5,I4:K5)					

馬上練習

使用範例『FunCh07-統計2.xlsx\卡方檢定』工作表，以卡方檢定判斷學生性別與其偏好之科目間，是否毫無任何關聯性：

▲	A	B	C
1	性別與偏好科目之關聯表		
2	實際資料(觀察)		
3		男	女
4	數學	152	72
5	英文	86	210
6	自然	240	45

解：

E9	▼	:	×	✓	fx	=CHISQ.TEST(B4:C6,G4:H6)		
▲	A	B	C	D	E	F	G	H
2	實際資料(觀察)					期望值		
3		男	女	合計			男	女
4	數學	152	72	224		數學	133.0	91.0
5	英文	86	210	296		英文	175.8	120.2
6	自然	240	45	285		自然	169.2	115.8
7	合計	478	327	805				
8								
9	直接以CHISQ.TEST求算之P值				0.00			
10	可知性別不同，會影響偏好之科目							

G4之期望值公式可為：
=B$7*$D4/$D$7

	A	B	C	D	E	F
12	性別與偏好科目之關聯表					
13		男	女	合計		
14	數學	31.8%	22.0%	27.8%		
15	英文	18.0%	64.2%	36.8%		
16	自然	50.2%	13.8%	35.4%		
17	合計	100.0%	100.0%	100.0%		
18	樣本數	478	327	805		
19						
20	全部學生偏好之科目依序為：英文、自然與數學					
21	性別不同會影響偏好之科目					
22	男性主要偏好自然與數學					
23	女性主要偏好英文					

使用範例『FunCh07-統計2.xlsx\卡方-年齡與疾病』工作表，以卡方檢定判斷各年齡層與經常求診之疾病項目間，是否毫無任何關聯性：

	A	B	C	D	E	F
1	年齡與疾病之關聯表					
2	實際資料(觀察)					
3		-30	30-45	45-60	60-	合計
4	眼	440	568	360	260	1628
5	鼻	960	1450	820	102	3332
6	喉	264	305	162	125	856
7	合計	1664	2323	1342	487	5816

解：

	A	B	C	D	E
9	期望值				
10		-30	30-45	45-60	60-
11	眼	465.8	650.2	375.6	136.3
12	鼻	953.3	1330.9	768.8	279.0
13	喉	244.9	341.9	197.5	71.7
14					
15	直接以CHISQ.TEST求算之P值			0.00	
16	可知年齡不同，會影響疾病之類別				

	A	B	C	D	E	F
18	年齡與疾病之關聯表					
19		-30	30-45	45-60	60-	合計
20	眼	26.4%	24.5%	26.8%	53.4%	28.0%
21	鼻	57.7%	62.4%	61.1%	20.9%	57.3%
22	喉	15.9%	13.1%	12.1%	25.7%	14.7%
23	合計	100.0%	100.0%	100.0%	100.0%	100.0%
24	樣本數	1664	2323	1342	487	5816
25						
26	整體言，半數以上之受訪者(57.3%)均患有鼻科疾病					
27	60歲以上者患眼科及喉科之疾病者較多					
28	60歲以下者患鼻科之疾病者較多					

市場調查或民意調查，常利用交叉分析表來以探討兩個類別變數間之關聯性（如：地區別與某政策之贊成與否、性別與偏好政黨、教育程度與使用品牌、品牌與購買原因、……）。

於Excel中，交叉分析表係利用『樞紐分析表』或『模擬分析/運算列表』來建立。不過，還是以前者較為簡單。所以，我們就僅介紹『樞紐分析表』。

茲以範例『Ch07-統計二.xlsx\問卷資料』工作表為例，進行說明建立交叉分析表之過程，該資料有50筆受訪者之資料，各欄內之代碼意義請參見表內文字說明：

	A	B	C	D	E	F	G	H	I	J
1	問卷編號	性別	品牌	偏好原因	所得					
2	1001	1	1	1	28000		性別	1=男，2=女		
3	1002	2	2	2	30000		品牌	1=A牌、2=B牌、3=C牌		
4	1003	1	1	1	26000		偏好原因	偏好該品牌之主要原因		
5	1004	2	2	2	32000			1. 價格便宜		
6	1005	1	1	2	45000			2. 品質優良		
7	1006	1	2	3	54000			3. 外型美觀		

建立交叉分析表（樞紐分析表）之步驟為：

1. 以滑鼠單按問卷資料之任一儲存格

2. 按『插入/表格/樞紐分析表』 鈕，轉入『建立樞紐分析表』對話方塊

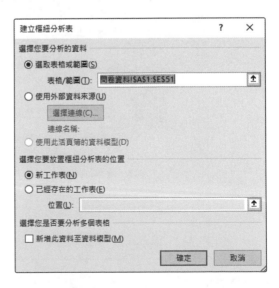

3 於上半部，選「**選取表格或範圍(S)**」，其內所顯示者恰為原問卷資料清單之範圍（Excel會自動判斷原清單之正確範圍，若有不適，仍可自行輸入或重選正確之範圍）

4 於下半部，選「**已經存在的工作表(E)**」項，續選按G10儲存格。表欲將樞紐分析表安排於目前工作表之G10處：

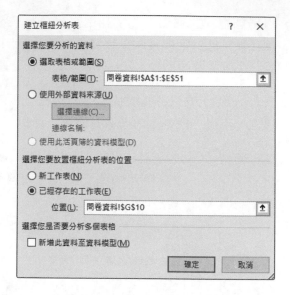

5 按 [確定] 鈕，續利用捲動軸，轉到可以看見G10儲存格之位置，可發現已有一空白的樞紐分析表，且右側也有一個『樞紐分析表欄位』窗格

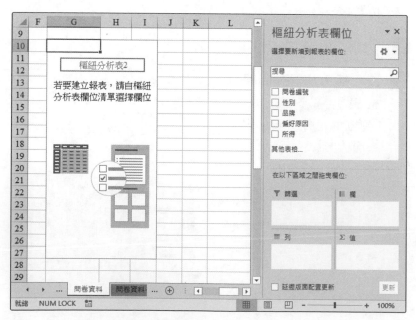

6 於右側『樞紐分析表欄位清單』窗格上方之『選擇要新增到報表的欄位』處，以拖曳之方式，將『□ 品牌』拉到『欄』方塊；將『□ 偏好原因』項拉到『列』方塊；將『□ 性別』拉到『Σ 值』方塊

7 按右下方『Σ 值』方塊內『加總-性別』項右側之向下箭頭，續選「值欄位設定(N)…」，轉入『值欄位設定』對話方塊

8 於『摘要值欄位方式(S)』
處，將其改為「**數字項個
數**」，以求算出現次數；續
於上方『自訂名稱(C)』
處，將原內容改為『人數』

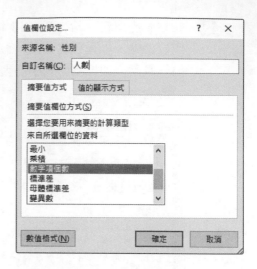

9 按 確定 鈕，G10儲存格處之樞紐分析表已改為人數

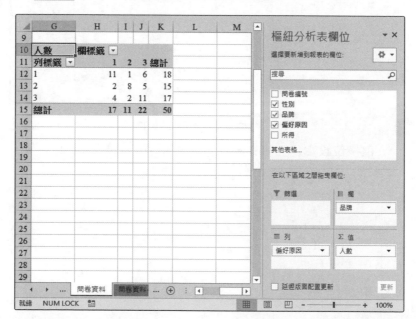

10 點按H10儲存格，將其『欄標
籤』字串改為『品牌』；點按G11
儲存格，將其『列標籤』字串改
為『偏好原因』

11 於H11:J11輸入該編號所對應之品牌名稱，於G12:G14輸入該編號所對應之偏好原因，以利閱讀

人數	品牌 ▼			
偏好原因 ▼	A牌	B牌	C牌	總計
1. 價格便宜	11	1	6	18
2. 品質優良	2	8	5	15
3. 外型美觀	4	2	11	17
總計	17	11	22	50

有了此一觀察值交叉表，我們已可以計算期望值交叉表，並續而求算卡方值及其顯著水準：

H28 | fx =CHISQ.TEST(H12:J14,H19:J21)

	G	H	I	J	K	L	M
10	人數	品牌 ▼					
11	偏好原因 ▼	A牌	B牌	C牌	總計		
12	1. 價格便宜	11	1	6	18		
13	2. 品質優良	2	8	5	15		
14	3. 外型美觀	4	2	11	17		
15	總計	17	11	22	50		
16							
17	期望值						
18	偏好原因	A牌	B牌	C牌			
19	1. 價格便宜	19.8	0.3	4.5			
20	2. 品質優良	0.8	19.4	3.8			
21	3. 外型美觀	2.8	1.1	16.2			
22							
23	求算卡方	3.891	2.213	0.465			
24		1.884	6.694	0.388			
25		0.548	0.810	1.656			
26							
27	卡方值	18.55					
28	P值	0.001					

由H28之P值為0.001 < α = 0.05，可知各品牌與其使用者偏好原因間，存有顯著之關聯性。

馬上練習 針對範例檔內『問卷資料-馬上練習』資料，求性別交叉使用品牌之交叉分析表，並以卡方檢定進行分析兩者是否存有關聯性。（α = 0.05）

	G	H	I	J
10	品牌 ▼	男	女	總計
11	A牌	15	2	17
12	B牌	5	6	11
13	C牌	7	15	22
14	總計	27	23	50

	G	H	I
17	期望值	性別	
18	品牌	男	女
19	A牌	24.5	0.5
20	B牌	4.2	7.1
21	C牌	4.1	22.2
22			
23	P值	0.0017	

由H23之P值為0.0017 < α = 0.05，可知性別與品牌間存有高度之關聯性，使用品牌會隨性別而不同。

欄百分比

假定，欲於原建立『品牌交叉偏好原因』之交叉表時，就一併求其人數及縱向百分比。其操作步驟為：

1 依前述操作步驟，操作到步驟11

2 於右側『樞紐分析表欄位』窗格的上方之『選擇要新增到報表的欄位』處，以滑鼠拖曳『性別』欄位。將其拉到右下方之『Σ值』方塊內，『人數』項目之下

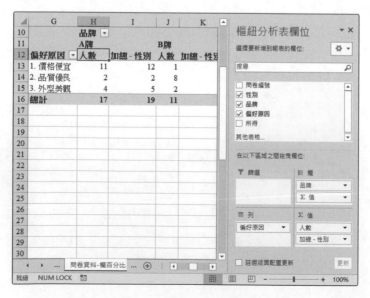

3 以滑鼠拖曳『欄』方塊內『Σ值』項目，將其拉到『列』方塊內，『偏好原因』項目之下

4 按右下方『Σ值』方塊內之『加總-性別』項右側之向下箭頭，續選「值欄位設定(N)…」，轉入『值欄位設定』對話方塊，於『摘要值欄位方式(S)』處將其改為「**數字項個數**」，以求算出現次數；續於上方『自訂名稱(C)』處，將原內容改為『%』

5 切換到『值的顯示方式』標籤，按『值的顯示方式(A):』處之下拉鈕，選取使用「欄總和百分比」

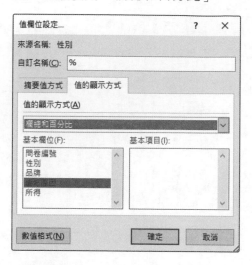

6 按 ⎡ 確定 ⎤ 鈕，G10儲存格處之樞紐分析表已改為含人數及縱向百分比交叉分析表

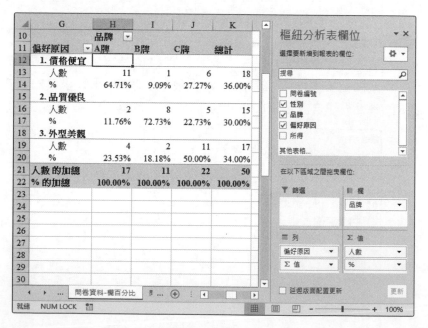

由表上之資料可看出，整體上消費者偏好其使用之品牌的主要原因，依序為『價格便宜』（36.00%）、『外型美觀』（34.00%）與『品質優良』（30.00%）。

另由前節之卡方檢定之結果，可知各品牌與其使用者偏好原因間，存有顯著之關聯性。A牌之使用者，主要是因『價格便宜』（64.71%）而使用A牌產品。B牌之使用者，主要是因『品質優良』（72.73%）而使用B牌產品。C牌之使用者，主要是因『外型美觀』（50.00%）而使用C牌產品。

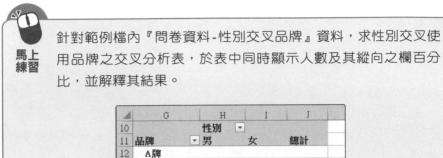

針對範例檔內『問卷資料-性別交叉品牌』資料，求性別交叉使用品牌之交叉分析表，於表中同時顯示人數及其縱向之欄百分比，並解釋其結果。

	G	H	I	J
10		性別 ▼		
11	品牌 ▼	男	女	總計
12	A牌			
13	人數	15	2	17
14	%	55.6%	8.7%	34.0%
15	B牌			
16	人數	5	6	11
17	%	18.5%	26.1%	22.0%
18	C牌			
19	人數	7	15	22
20	%	25.9%	65.2%	44.0%
21	人數 的加總	27	23	50
22	% 的加總	100.0%	100.0%	100.0%
23				
24	整體言，使用C牌者最多(44.0%)，其次為A牌(34.0%)			
25	男性以使用A牌者居多(55.6%)			
26	女性以使用C牌者居多(65.2%)			

區間分組

無論是文字、日期或數字，於樞紐分析表中均是將不重複出現之內容視為一個類別，去求算交叉表之相關統計數字。當碰上重複性較低之日期或數字，很可能每一個數值均是唯一，而產生幾乎無法縮減其類別之情況。如，下表性別交叉所得之結果，幾乎是一種所得即獨立存在產生一列內容，於資料分析時並無多大作用：

	E	F	G	H	I	J
10	55000		人數	性別 ▼		
11	38000		所得 ▼	男	女	總計
12	37000		25000		1	1
13	30000		26000	3	1	4
14	28500		26400	1		1
15	50500		27000	1		1
16	35600		28000	1		1

較理想之方式為將所得分組，以縮減其組數。假定，要將所得分為『未滿四萬』與『四萬及以上』兩組。可於資料表尾部，新增一欄以

```
=IF(E2<40000,"1)未滿四萬","2)四萬及以上")
```

之運算式，簡化成兩組。前加數字，是為方便樞紐分析表依序排列分組內容；若無，將會出現『四萬及以上』反排列於『未滿四萬』之前。

或以

```
=IF(E2<40000,1,2)
```

之運算式，簡化成兩組。重建一次樞紐分析表，即可得到經縮減組數後之交叉表：

F2		▼	:	× ✓ fx	=IF(E2<40000,"1)未滿四萬","2)四萬及以上")				
◢	E	F	G	H	I	J	K	L
1	所得	所得分組						
2	28000	1)未滿四萬		性別	1=男，2=女			
3	30000	1)未滿四萬		品牌	1=A牌、2=B牌、3=C牌			
4	26000	1)未滿四萬		偏好原因	偏好該品牌之主要原因			
5	32000	1)未滿四萬			1. 價格便宜			
6	45000	2)四萬及以上			2. 品質優良			
7	54000	2)四萬及以上			3. 外型美觀			
8	31000	1)未滿四萬						
9	62000	2)四萬及以上						
10	55000	2)四萬及以上		人數	性別 ▼			
11	38000	1)未滿四萬		所得分組 ▼	男	女	總計	
12	37000	1)未滿四萬		1)未滿四萬	17	10	27	
13	30000	1)未滿四萬		2)四萬及以上	10	13	23	
14	28500	1)未滿四萬		總計	27	23	50	

當然，也可以前文之技巧，一次即求出人數及縱向之欄百分比：

◢	H	I	J	K
10		性別 ▼		
11	所得分組 ▼	男	女	總計
12	1)未滿四萬			
13	人數	17	10	27
14	%	63.0%	43.5%	54.0%
15	2)四萬及以上			
16	人數	10	13	23
17	%	37.0%	56.5%	46.0%
18	人數 的加總	27	23	50
19	% 的加總	100.0%	100.0%	100.0%

馬上
練習

針對前例『問卷資料-品牌交叉分組所得』，將所得分為『1.三
萬以下』、『2.三萬~五萬』與『3.五萬及以上』。續求使用品牌
交叉分組所得之交叉分析表，於表中同時顯示人數及其縱向之
欄百分比，並解釋其結果。

	H	I	J	K	L
10		品牌 ▼			
11	所得 ▼	A牌	B牌	C牌	總計
12	1.三萬以下				
13	人數	11			11
14	%	64.7%	0.0%	0.0%	22.0%
15	2.三萬~五萬				
16	人數	6	10	7	23
17	%	35.3%	90.9%	31.8%	46.0%
18	3.五萬及以上				
19	人數		1	15	16
20	%	0.0%	9.1%	68.2%	32.0%
21	人數 的加總	17	11	22	50
22	% 的加總	100.0%	100.0%	100.0%	100.0%
23					
24	A牌的使用者之所得主要集中於三萬以下				
25	B牌的使用者之所得主要集中於三萬~五萬				
26	C牌的使用者之所得主要集中於五萬及以上				

直接對數值區間分組

其實，針對上述分佈很散之數值，並不一定要使用IF()函數來加以分組，
Excel本身就具有分組之功能。如，於範例『FunCh07-統計2.xlsx\業績未分
組』工作表，其性別交叉業績之結果，幾乎是一種業績即獨立存在產生一列
內容，於資料分析時並無多大作用：

	C	D	E	F	G	H	I
1	地區	業績		人數	性別 ▼		
2	北區	2,159,370		業績 ▼	女	男	總計
3	北區	678,995		311,003	1		1
4	南區	1,555,925		336,762	1		1
5	中區	1,065,135		389,612		1	1
6	北區	1,393,475		464,630		1	1
7	中區	1,216,257		466,256	1		1
8	南區	1,531,583		522,313	1		1

可以下示步驟，對其數值性之業績資料進行分組，以縮減其組數：（參見範例『Ch07.xls\業績分組』工作表）

1️⃣ 點選D欄之任一業績數字

2️⃣ 按『樞紐分析表工具/分析/群組/群組欄位』 7️⃣ 群組欄位 鈕（或單按滑鼠右鍵，續選「群組(G)…」），轉入『數列群組』對話方塊，其上顯示所有數值之最小值（開始）與最大值（結束）

3️⃣ 就其開始值與結束值判斷，自行輸入擬分組之開始、結束值以及間距值。本例輸入開始於0，結束於2500000，間距值500000

4️⃣ 按 確定 鈕離開，即可將原凌亂之數字，依所安排之開始、結束與間距值進行分組，重新建立樞紐分析表

	F	G	H	I
1	人數	性別		
2	業績	女	男	總計
3	0-499999	3	2	5
4	500000-999999	18	14	32
5	1000000-1499999	17	9	26
6	1500000-1999999	17	11	28
7	2000000-2500000	7	2	9
8	總計	62	38	100

由此結果，可看出所有員工之業績的分佈情況，主要是集中於500,000～2,000,000之間。其中，又以『500000-999999』的人數最多。

地區文字內容分組

可進行分組之內容，並不限定是數值、日期或時間資料而已。更特別的是，連文字性之內容也可以進行分組。以範例『FunCh07-統計2.xlsx\地區分組交叉性別』工作表為例，未分組時，應有四個地區：

	C	D	E	F	G	H	I
1	地區	業績		人數	性別		
2	北區	2,159,370		地區	女	男	總計
3	北區	678,995		中區	13	8	21
4	南區	1,555,925		北區	20	13	33
5	中區	1,065,135		東區	11	7	18
6	北區	1,393,475		南區	18	10	28
7	中區	1,216,257		總計	62	38	100

若擬將其中區、東區與南區合併為『其他』，可以下示步驟進行：

1 按住 Ctrl 鍵，續以滑鼠點選『中區』、『東區』與『南區』之標題，選取此不連續範圍

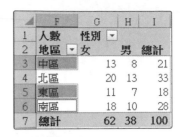

2 按『樞紐分析表工具/分析/群組/群組選取項目』 ⑦ 群組欄位 鈕，可將所選取之三區，合併成『資料組1』

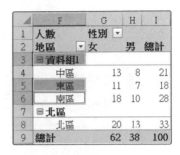

3 將F3之『資料組1』改為『其他』

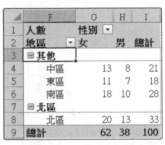

4 利用其前面之摺疊鈕（▬），將其等收合起來，續以拖曳方式，將『其他』移往『北區』之下方，即為所求

將地區以『群組選取』縮減組數進行分組後，樞紐分析表會記下此一分組結果，供後續之分析使用。如本例將『地區』欄內中區、東區與南區合併為『其他』，於『樞紐分析表欄位清單』內，將會多增加一項『地區2』，將來若直接使用『地區2』即可取得其分組結果：

取消群組

經合併為群組之內容，可以利用『樞紐分析表工具/分析/群組/取消群組』 [取消群組] 鈕，來取消其群組。

以範例『FunCh07-統計2.xlsx\取消群組』工作表為例，其處理步驟為：

1 點選F4『其他』儲存格

	F	G	H	I
1	人數	性別 ▾		
2	地區 ▾	女	男	總計
3	⊞ 北區	20	13	33
4	⊞ 其他	42	25	67
5	總計	62	38	100

2 按『樞紐分析表工具/分析/群組/取消群組』 [取消群組] 鈕，取消其群組。『其他』群組可還原成：『中區』、『東區』與『南區』

	F	G	H	I
1	人數	性別 ▾		
2	地區 ▾	女	男	總計
3	中區	13	8	21
4	北區	20	13	33
5	東區	11	7	18
6	南區	18	10	28
7	總計	62	38	100

7-12　F分配FDIST()與F.DIST.RT()

> FDIST(F,分子的自由度,分母的自由度)
> FDIST(x,degrees_freedom1,degrees_freedom2)
> F.DIST.RT(F,分子的自由度,分母的自由度)
> F.DIST.RT(x,degrees_freedom1,degrees_freedom2)

F為用來求算此函數的F值。由於F值是兩個均方相除：

$$F = \frac{MSA}{MSE} = \frac{\text{處理的均方}}{\text{誤差的均方}}$$

故其自由度有兩個，一為分子的自由度；另一個為分母的自由度。且因分子分母均為正值（均方），故其分配僅在0之右側而已。

本函數在求：於某兩個自由度下之F分配中，求自右尾累計到F值的總面積（機率）。即傳回F分配之右尾累計機率值（右圖之陰影部份）：

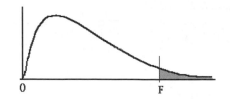

F分配之圖形及機率值，將隨自由度不同而略有不同。範例『FunCh07-統計2.xlsx\FDIST』工作表，為以自由度為(2,10)與（3,15）之情況下，不同F值所求得之右尾累計機率分別為：

	A	B	C	D	E	F	G	H
	F4				fx	=FDIST(E4,3,15)		
1	自由度為2,10				自由度為3,15			
2								
3	**F值**	**右尾機率**			**F值**	**右尾機率**		
4	4.10	0.050	← =FDIST(A4,2,10)		3.29	0.050	← =FDIST(E4,3,15)	
5	5.46	0.025	← =FDIST(A5,2,10)		4.15	0.025	← =FDIST(E5,3,15)	
6	7.56	0.010	← =FDIST(A6,2,10)		5.42	0.010	← =FDIST(E6,3,15)	

範例『FunCh07-統計2.xlsx\F.DIST.RT』工作表，為自由度(2,10)與(3,15)之情況下，不同F值所求得之右尾累計機率：

	A	B	C	D	E
	B3		fx	=F.DIST.RT(A3,2,10)	
1	自由度為2,10				
2	**F值**	**右尾機率**			
3	4.10	0.050	← =F.DIST.RT(A4,2,10)		
4	5.46	0.025	← =F.DIST.RT(A5,2,10)		
5	7.56	0.010	← =F.DIST.RT(A6,2,10)		
6					
7	自由度為3,15				
8	**F值**	**右尾機率**			
9	3.29	0.050	← =F.DIST.RT(A11,3,15)		
10	4.15	0.025	← =F.DIST.RT(A12,3,15)		
11	5.42	0.010	← =F.DIST.RT(A13,3,15)		

7-13 F分配反函數FINV()與F.INV.RT()

FINV(右尾機率,分子的自由度,分母的自由度)
FINV(probability,degrees_freedom1,degrees_freedom2)
F.INV.RT(右尾機率,分子的自由度,分母的自由度)
F.INV.RT(probability,degrees_freedom1,degrees_freedom2)

此二函數用以於已知自由度之F分配中,求某累計機率所對應之F值。

由於F分配之圖形及機率值,將隨自由度不同而略有不同。範例『FunCh07-統計2.xlsx\FINV』工作表是以自由度為(2,10)情況下,所求得之結果,有了此函數,即可省去查F分配表之麻煩:

	A	B	C	D	E	F	G	H
	F4		✕ ✓ *fx*	=FINV(E4,2,10)				
1	自由度為2,10				自由度為2,10			
2								
3	F值	右尾機率			右尾機率	F值		
4	4.10	0.050	← =FDIST(A4,2,10)		0.050	4.10	← =FINV(E4,2,10)	
5	5.46	0.025	← =FDIST(A5,2,10)		0.025	5.46	← =FINV(E5,2,10)	
6	7.56	0.010	← =FDIST(A6,2,10)		0.010	7.56	← =FINV(E6,2,10)	

範例『FunCh07-統計2.xlsx\F.INV.RT』工作表,是以自由度為(2,10)之情況下,所求得之結果:

	A	B	C	D	E	F	G	H
	F4		✕ ✓ *fx*	=F.INV.RT(E4,2,10)				
1	自由度為2,10				自由度為2,10			
2								
3	F值	右尾機率			右尾機率	F值		
4	4.10	0.050	← =F.DIST.RT(A4,2,10)		0.050	4.10	← =F.INV.RT(E4,2,10)	
5	5.46	0.025	← =F.DIST.RT(A5,2,10)		0.025	5.46	← =F.INV.RT(E5,2,10)	
6	7.56	0.010	← =F.DIST.RT(A6,2,10)		0.010	7.56	← =F.INV.RT(E6,2,10)	

有了此二函數,即可省去查『附錄B F分配的臨界值』之麻煩。

馬上練習

查兩個自由度（d.f.）分別為1~10之情況下，單尾機率為5%之F值：（詳範例『FunCh07-統計2.xlsx\F分配的臨界值』工作表）

▲	A	B	C	D	E	F	G	H	I	J	K
1	$\alpha=$	0.05									
2	分子d.f. 分母d.f.	1	2	3	4	5	6	7	8	9	10
3	1	161.45	199.50	215.71	224.58	230.16	233.99	236.77	238.88	240.54	241.88
4	2	18.51	19.00	19.16	19.25	19.30	19.33	19.35	19.37	19.38	19.40
5	3	10.13	9.55	9.28	9.12	9.01	8.94	8.89	8.85	8.81	8.79
6	4	7.71	6.94	6.59	6.39	6.26	6.16	6.09	6.04	6.00	5.96
7	5	6.61	5.79	5.41	5.19	5.05	4.95	4.88	4.82	4.77	4.74
8	6	5.99	5.14	4.76	4.53	4.39	4.28	4.21	4.15	4.10	4.06
9	7	5.59	4.74	4.35	4.12	3.97	3.87	3.79	3.73	3.68	3.64
10	8	5.32	4.46	4.07	3.84	3.69	3.58	3.50	3.44	3.39	3.35
11	9	5.12	4.26	3.86	3.63	3.48	3.37	3.29	3.23	3.18	3.14
12	10	4.96	4.10	3.71	3.48	3.33	3.22	3.14	3.07	3.02	2.98

7-14　F檢定FTEST()與F.TEST()

變異數分析(Analysis-of-Variance)，簡稱(ANOVA)為統計學家費雪(Fisher，R.A.)首創，最常被用來檢定兩常母體之變異數是否相等（即，變異數同質性的檢定）與檢定多組（大於兩組）母群平均數是否相等。（若為兩組則採用t檢定）

要使用變異數分析的基本假設為：

- 各樣本之母群體為常態分配(normality)

- 各樣本之母群體為獨立性(independence)

- 各組樣本之母群體變異數相同(homogeneity-of-variance)

兩常態母體之變異數檢定

```
FTEST(範圍1,範圍2)
FTEST(array1,array2)
F.TEST(範圍1,範圍2)
F.TEST(array1,array2)
```

可傳回兩組資料（樣本數允許不同）變異數是否存有顯著差異的F檢定之右尾機率值（P值）。判斷檢定結果時很簡單，只須看此P值之二分之一是否小於所指定顯著水準之α值。（按理，係雙尾檢定，但通常會將數字大者當分子，故只須看右尾之臨界值即可）

本函數，可用來測試兩組樣本的變異數是否相同？即變異數同質性的檢定，其虛無假設與對立假設分別為：

$H_0: \sigma_1^2 = \sigma_2^2$（兩變異數相等）
$H_1: \sigma_1^2 \neq \sigma_2^2$（兩變異數不等）

假定，要檢定範例『FunCh07-統計2.xlsx\F-TEST1』工作表內，甲乙兩班之母體變異數是否相同（α = 0.05）？隨機抽得下示資料，以

```
=F.TEST(B2:B10,C2:C11)/2
```

或

```
=FTEST(B2:B10,C2:C11)/2
```

求得其右尾機率（P值）並將其除以2，其值為0.043 <α = 0.05，故應捨棄兩變異數相等之虛無假設：

B15 =F.TEST(B2:B10,C2:C11)/2

	A	B	C	D	E	F
1		甲班	乙班			
2		96	85			
3		75	45			
4		35	69			
5		66	72			
6		84	80			
7		83	91			
8		58	68			
9		30	85			
10		28	87			
11			86			
12						
13	變異數	648.75	189.73			
14						
15	FTEST	0.043	← =F.TEST(B2:B10,C2:C11)/2			
16	FTEST	0.043	← =FTEST(B2:B10,C2:C11)/2			

同樣之例子，若使用『資料分析』增益集。其處理步驟為：（詳範例
『FunCh07-統計2.xlsx\F-TEST2』工作表）

1 按『資料/分析/資料分析』 <kbd>資料分析</kbd> 鈕，於『分析工具』處選選
「F-檢定：兩個常態母體變異數的檢定」。續按 <kbd>確定</kbd> 鈕

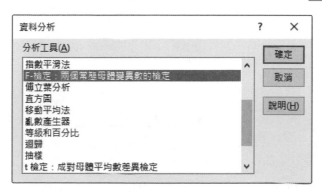

2 於『變數1的範圍』與『變數2的範圍』處，設定兩組資料之範圍
（B1:B10與C1:C11）

3 點選「標記(L)」（因兩組資料均含『甲班』、『乙班』之字串標記）

4 α維持0.05

5 設定輸出範圍，本例安排於目前工作表之E1位置

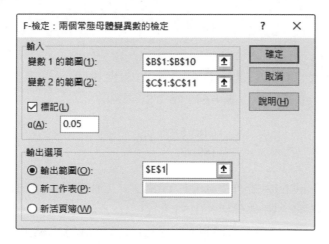

6 按 ⟨ 確定 ⟩ 鈕結束，即可獲致檢定結果

	A	B	C	D	E	F	G
	E15 ▼ : × ✓ fx			=F.INV.RT(B15,8,9)			
1		甲班	乙班		F 檢定：兩個常態母體變異數的檢定		
2		96	85			甲班	乙班
3		75	45				
4		35	69		平均數	61.66667	76.8
5		66	72		變異數	648.75	189.7333
6		84	80		觀察值個數	9	10
7		83	91		自由度	8	9
8		58	68		F	3.419273	
9		30	85		P(F<=f) 單尾	0.042639	
10		28	87		臨界值：單尾	3.229583	
11			86				
12							
13	變異數	648.75	189.73				
14							
15	F.TEST	0.0426		F.INV.RT	3.419		

依此結果：自由度為(8,9)，F值3.4192＞臨界值3.2296（F9處之P值0.0426
＜ α = 0.05，同於B15之值；E15處以F.INV.RT()所算得之F值為3.419，同於
F8之值），故可知甲乙班之變異數有顯著差異。（應捨棄兩變異數相等之虛
無假設）

F.TEST()函數實際上是以

$$F = \frac{S_1^2}{S_2^2}$$

計算求得F值，再代入F.DIST.RT()以(n_1-1,n_2-1)為自由度，求得其右尾機
率。如以前面例子$n_1=9$、$n_2=10$、$S_1^2=648.75$、$S_2^2=189.73$

$$F = \frac{S_1^2}{S_2^2} = \frac{648.75}{189.73} = 3.419$$

此值恰等於範例『FunCh07-統計2.xlsx\F-TEST3』工作表中，B16以F.INV.
RT()函數所計算之結果。將其代入F.DIST.RT()以(8,9)為自由度，於B19求
得其右尾機率為0.0426，恰等於B15以F.TEST()函數所計算之結果（該值係
將雙尾機率除以2）：

B19	: × ✓ fx	=F.DIST.RT(B17,B18,C18)				
▲	A	B	C	D	E	F	G

	A	B	C	D	E	F	G
1		甲班	乙班				
2		96	85		F 檢定：兩個常態母體變異數的檢定		
3		75	45				
4		35	69			甲班	乙班
5		66	72		平均數	61.66667	76.8
6		84	80		變異數	648.75	189.7333
7		83	91		觀察值個數	9	10
8		58	68		自由度	8	9
9		30	85		F	3.419273	
10		28	87		P(F<=f) 單尾	0.042639	
11			86		臨界值：單尾	3.229583	
12							
13	變異數	648.75	189.73				
14							
15	F.TEST	0.0426	← =F.TEST(B2:B10,C2:C11)/2				
16	F.INV	3.4193	← =F.INV.RT(B15,8,9)				
17	F=	3.4193	← =B13/C13				
18	d.f.	8	9				
19	P值	0.0426	← =F.DIST.RT(B17,B18,C18)				

7-15　先檢定變異數再進行均數檢定

當以t檢定，進行兩獨立樣本（小樣本）均數檢定時，將視其變異數相同或不同，而使用不同之計算方法。實務上，很多知名的統計套裝軟體（如：SPSS、SAS、PASW Statistics），就先以F檢定，判斷其變異數是否相同？然後再進行適當之t檢定。

如，要對範例『FunCh07-統計 2.xlsx\F&T』工作表之資料，進行兩縣抽樣所得之均數檢定：

B13	: × ✓ fx	=VAR.S(B2:B11)	
▲	A	B	C	D

	A	B	C	D
1		甲縣	乙縣	
2		75,600	37,700	
3		69,500	42,200	
4		75,100	42,800	
5		90,500	55,900	
6		40,250	59,400	
7		38,600	30,100	
8		85,680	43,500	
9		92,000	31,500	
10		104,520	63,000	
11			36,700	
12				
13	變異數	509,588,961	131,817,333	
14	均數	74,639	44,280	

以前，我們是假設變異數相等（或不等）後，才來進行t檢定。但這種假設合理否？誰都不知道！所以，就先以F檢定，判斷其變異數是否相同：

	A	B	C	D	E	F	G
1		甲縣	乙縣		F 檢定：兩個常態母體變異數的檢定		
2		75,600	37,700				
3		69,500	42,200			甲縣	乙縣
4		75,100	42,800		平均數	74,639	44,280
5		90,500	55,900		變異數	509,588,961	131,817,333
6		40,250	59,400		觀察值個數	9	10
7		38,600	30,100		自由度	8	9
8		85,680	43,500		F	3.866	
9		92,000	31,500		P(F<=f) 單尾	0.030	
10		104,520	63,000		臨界值：單尾	3.230	
11			36,700				
12							
13	變異數	509,588,961	131,817,333				
14	均數	74,639	44,280				

由其F9處之P值為0.03 < α = 0.05，故應捨棄兩變異數相等之虛無假設。

由於，F檢定之結果顯示甲乙兩縣之所得變異數不等。故可使用『t檢定：兩個母體平均數差異檢定，假設變異數不相等』之方法進行檢定。

假定，要判斷在α = 0.05之顯著水準下，甲縣之平均所得是否高過乙縣？由於是變異數不相同，t檢定之類型為3。且虛無假設與對立假設分別為：

$H_0: \mu_1 \leqq \mu_2$
$H_1: \mu_1 > \mu_2$

故此類檢定為單尾檢定。所以，以

=T.TEST(B2:B10,C2:C11,1,3)

或以『資料分析/t檢定：兩個母體平均數差異檢定，假設變異數不相等』增益集：

均可進行檢定：（為便於閱讀，稍加設定其數值顯示格式）

| B16 | | : | × | ✓ | fx | =T.TEST(B2:B10,C2:C11,1,3) |

▲	A	B	C	D	E	F	G
16	T.TEST	0.002		t 檢定：兩個母體平均數差的檢定，假設變異數不相等			
17							
18					甲縣	乙縣	
19				平均數	74,639	44,280	
20				變異數	509,588,961	131,817,333	
21				觀察值個數	9	10	
22				假設的均數差	0		
23				自由度	12		
24				t 統計	3.634		
25				P(T<=t) 單尾	0.002		
26				臨界值：單尾	1.782		
27				P(T<=t) 雙尾	0.003		
28				臨界值：雙尾	2.179		

無論由B16或E25之單尾P值來看，均顯示其值0.002 < α = 0.05，故應捨棄甲縣所得均數小於等於乙縣的虛無假設，接受甲縣之所得均數高過乙縣之對立假設。

馬上練習

以範例『FunCh07-統計2.xlsx\F&T 馬上練習』工作表，利用F檢定，判斷北區與南區給予剛畢業之餐飲科廚師的薪資變異數是否相等（α = 0.05）？續以適當之t檢定，判斷北區給剛畢業之餐飲科廚師的平均薪資是否高過南區（α = 0.05）？

解：

▲	A	B	C
1	剛畢業之餐飲科廚師的薪資		
2		北區	南區
3		26,500	28,000
4		30,000	24,000
5		28,000	23,000
6		34,000	20,500
7		27,000	27,000
8		30,000	28,600
9		25,800	20,500
10		25,500	18,000
11		28,500	24,000
12			
13	變異數	7172500	13377500

▲	E	F	G
1	F 檢定：兩個常態母體變異數的檢定		
2			
3		北區	南區
4	平均數	28366.67	23733.333
5	變異數	7172500	13377500
6	觀察值個數	9	9
7	自由度	8	8
8	F	0.536161	
9	P(F<=f) 單尾	0.198245	
10	臨界值：單尾	0.290858	

由其F9處之P值為0.198 > α = 0.05，故無法捨棄兩變異數相等之虛無假設，故得使用兩個母體變異數相等之均數檢定：

▲	E	F	G	H	I
13	t 檢定：兩個母體平均數差的檢定，假設變異數相等				
14					
15		北區	南區		
16	平均數	28366.67	23733.333		
17	變異數	7172500	13377500		
18	觀察值個數	9	9		
19	Pooled 變異數	10275000			
20	假設的均數差	0			
21	自由度	16			
22	t 統計	3.066259			
23	P(T<=t) 單尾	0.003692			
24	臨界值：單尾	1.745884			
25	P(T<=t) 雙尾	0.007383			
26	臨界值：雙尾	2.119905			

由F23之單尾P值0.0036 < α = 0.05，故得捨棄北區剛畢業餐飲科廚師薪資均數小於等於南區薪資均數之虛無假設；接受北區給剛畢業餐飲科廚師的平均薪資高過南區之對立假設。

7-16　單因子變異數分析（ANOVA）

變異數分析的另一種用途，是用來檢定多組（>2）母群平均數是否相等。亦即，t檢定是用於兩組資料比較平均數差異時；而比較二組以上的平均數是否相等時，就須使用到變異數分析。其虛無假設與對立假設為：

$H_0: \mu_1 = \mu_2 = \cdots = \mu_k$（每組之均數相等）
$H_1:$ 至少有兩個平均數不相等

假定，範例『FunCh07-統計2.xlsx\廣告ANOVA』工作表，為某大飯店之餐廳於報紙上進行廣告，不同方式廣告當天所獲得之回應人數：

	A	B	C	D
1	不同廣告方式所獲得之回應人數			
2				
3	**全版**	**半版**	**1/4版**	**小廣告**
4	1250	1083	850	660
5	1324	1400	755	605
6	1600	1385	623	580
7	890	680	600	856
8	926	868	701	964
9	1051		782	
10			760	

試以α = 0.05之顯著水準，檢定不同方式廣告之回應人數是否存有顯著差異？

本例，以使用『資料分析』進行處理最為便捷。其步驟為：

1 按『資料/分析/資料分析』 [資料分析] 鈕，於『分析工具』處選「單因子變異數分析」。續按 [確定] 鈕

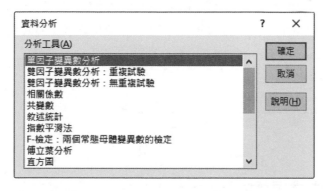

2 於『輸入範圍』處，設定四組資料之範圍，選取可包括所有資料之最小範圍即可（本例為A3:D10，別管其內可能仍含有空白儲存格）

3 將『分組方式』安排為「逐欄(C)」

4 點選「類別軸標記在第一列上(L)」（因各組資料均含標題之字串標記）

5 α 設定為0.05

6 設定輸出範圍，本例安排於目前工作表之F1位置

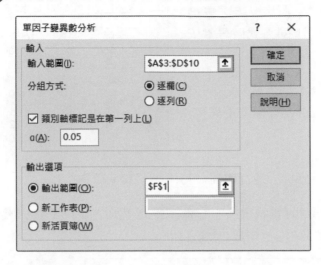

7 按 確定 鈕結束，即可獲致單因子變異數分析之ANOVA表

	F	G	H	I	J
1	單因子變異數分析				
2					
3	摘要				
4	組	個數	總和	平均	變異數
5	全版	6	7041	1173.5	73407.9
6	半版	5	5416	1083.2	100081.7
7	1/4版	7	5071	724.4286	7933.619
8	小廣告	5	3665	733	28403

	F	G	H	I	J	K	L
11	ANOVA						
12	變源	SS	自由度	MS	F	P-值	臨界值
13	組間	961279.6	3	320426.5	6.556359	0.003148	3.12735
14	組內	928580	19	48872.63			
15							
16	總和	1889860	22				

依此結果：自由度為(3,19)，F值6.556>臨界值3.127（K13處之P值0.003 < α = 0.05），故可知不同方式廣告之回應人數存有顯著差異。全版與半版廣告之平均回應人數（1173.5與1083.2）高於1/4版與小廣告（724.4與733.0）。

依範例『FunCh07-統計2.xlsx\信用卡刷卡金額』工作表

	A	B	C
1	刷卡金額 X 零用金來源		
2	家中給予	打工賺取	兩者皆有
3	30000	2000	3000
4	3000	2000	2000
5	2000	3000	1000
6	3000	2500	4000
7	2000	500	600
8	600		3000
9	1000		30000

試以 α = 0.05 之顯著水準，檢定大學生每月刷卡金額是否隨零用金來源不同而存有顯著差異？

	F	G	H	I	J
3	單因子變異數分析				
4					
5	摘要				
6	組	個數	總和	平均	變異數
7	家中給予	19	86600	4557.9	40341462.0
8	打工賺取	5	10000	2000.0	875000.0
9	兩者皆有	11	59600	5418.2	68443636.4

	F	G	H	I	J	K	L
12	ANOVA						
13	變源	SS	自由度	MS	F	P-值	臨界值
14	組間	40539035	2	20269517.4	0.46	0.64	3.29
15	組內	1414082679	32	44190083.7			
16							
17	總和	1454621714	34				

解：

F=0.46，d.f.=2,32，P-值=0.64，大學生每月刷卡金額並不會因其零用金來源不同而存有顯著差異。

將範例『FunCh07-統計2.xlsx\手機平均月費』工作表之內容

	A	B	C	D	E	F
1	編號	平均月費	居住狀況			
2	101	80	2		居住狀況：	
3	107	500	2		1.家裡 2.學校宿舍	
4	109	250	1		3.校外	
5	110	500	1			

將其整理成以居住狀況分組：

	G	H	I
1	手機月費 x 居住狀況		
2	家裡	學校宿舍	校外
3	250	80	400
4	500	500	1000
5	200	100	400

試以 α = 0.05 之顯著水準，檢定大學生每月手機月費是否隨其居住狀況不同而存有顯著差異？

	K	L	M	N	O
2	單因子變異數分析				
3					
4	摘要				
5	組	個數	總和	平均	變異數
6	家裡	55	31480	572.36	150636.90
7	學校宿舍	35	11180	319.43	27652.61
8	校外	29	12980	447.59	92097.54

	K	L	M	N	O	P	Q
11	ANOVA						
12	變源	SS	自由度	MS	F	P-值	臨界值
13	組間	1383681	2	691840.5	6.887	0.001	3.074
14	組內	11653312	116	100459.6			
15							
16	總和	13036993	118				

解：

F=6.887，d.f.=2,116，P-值=0.001 < α = 0.05，故大學生每月手機月費將隨其居住狀況不同而存有顯著差異，住家裡最高（572.36）、其次為住校外（447.59），最後為住學校宿舍（319.43）。這可能與住學校者較為節儉有關。

相關與迴歸函數

CHAPTER 8

注意 若『資料/分析』群組內，找不到「資料分析」指令按鈕（ 資料分析 ）。請執行「檔案/選項」，轉入『Excel選項』視窗『增益集』標籤，安裝『分析工具箱』，即可解決。（參見第二章）

8-1 簡單相關係數 CORREL()

所謂相關是指變項間相互發生之關聯，若僅是分析兩組資料間之相關，我們稱**簡單相關**；若是分析多組資料間之相關，則稱之為**複相關**。

要瞭解簡單相關，通常有二種方式，一為繪製資料散佈圖（即Excel之XY圖），另為計算簡單相關係數（亦即表示相關程度大小及正負之量數）。

於Excel，計算簡單相關係數，可直接使用CORREL()函數，其語法為：

```
CORREL(範圍1,範圍2)
CORREL(array1,array2)
```

本函數用以計算兩組數字範圍之簡單相關係數，兩組數字範圍之資料點必須相同。

簡單相關係數之計算公式為：

$$\rho_{x,y} = \frac{\frac{1}{n} \sum_{j=1}^{n} \left(x_j - \mu_x\right)\left(x_j - \mu_y\right)}{\sigma_x \cdot \sigma_y}$$

相關係數係一介於-1到+1之數字：

$$-1 \leq \rho_{x,y} \leq 1$$

其情況可有下列三種：

- =0：無關

- >0：正相關

- <0：負相關

當相關係數之絕對值達小於0.3時，為低度相關；絕對值介於0.3~0.7時，即為中度相關；達0.7~0.8時，即為高度相關；若達0.8以上時，即為非常高度相關。

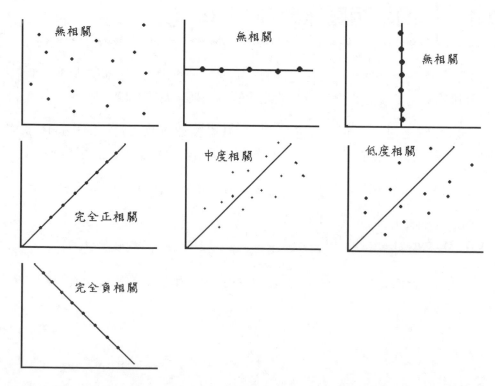

範例『Fun08-迴歸.xlsx\相關』工作表,為一年度每月份之廣告費與銷售量之數字;以

```
=CORREL(B2:B13,C2:C13)
```

可算出其相關係數為 0.923,表銷售量與廣告費間存有極高度之正相關,銷售量會隨廣告費遞增而明顯增加:

C15		:	× ✓	f_x	=CORREL(B2:B13,C2:C13)	
▲	A	B	C	D	E	F
1	月份	廣告費(萬)	銷售量(萬)			
2	1	250	2,600			
3	2	300	2,950			
4	3	200	1,850			
5	4	180	1,650			
6	5	150	1,500			
7	6	200	2,400			
8	7	240	2,800			
9	8	300	2,960			
10	9	190	2,400			
11	10	150	1,600			
12	11	120	1,500			
13	12	220	2,350			
14						
15		相關係數	0.923			

8-2 　繪製資料散佈圖(XY散佈圖)

XY散佈圖通常用以探討兩數值資料之相關情況,如:廣告費與銷售量之關係、年齡與所得之關係、所得與購買能力之關係、每月所得與信用分數之關係、……。

在X軸之資料稱為**自變數**;Y軸之資料稱為**因變數**;利用XY圖即可判讀出:當X軸資料變動後,對Y軸資料之影響程度。如:隨廣告費逐漸遞增,銷售量將如何變化?

繪製XY散佈圖時,所有數列資料均必需為數值性資料(圖例及標記文字除外),若安排字串標記將被視為0,其所繪之圖形即無任何意義。

假定,要依範例『Fun08-迴歸.xlsx\相關』工作表之資料,來繪製廣告費與銷售量之XY散佈圖,其執行步驟為:

1 選取 B1:C13 之連續範圍

	A	B	C
1	月份	廣告費(萬)	銷售量(萬)
2	1	250	2,600
3	2	300	2,950
4	3	200	1,850
5	4	180	1,650
6	5	150	1,500
7	6	200	2,400
8	7	240	2,800
9	8	300	2,960
10	9	190	2,400
11	10	150	1,600
12	11	120	1,500
13	12	220	2,350

2 按『插入/圖表/插入XY散佈圖或泡泡圖』 鈕，選『散佈圖/散佈圖』

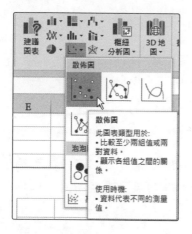

產生 XY 散佈圖，稍加移動其位置：

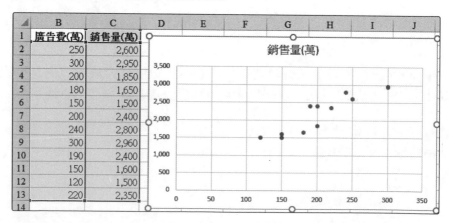

3 按『圖表工具/設計/快速配置版面』
鈕，選『版面配置1』

圖表轉為：

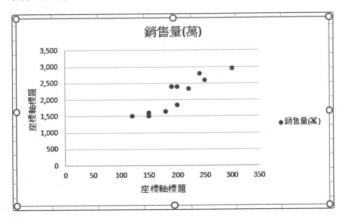

4 點選圖例『 ●銷售量(萬) 』，按 Delete 將其刪除；分別點選圖表標題、
X與Y軸標題之文字方塊，輸入新內容『廣告費與銷售量之關係
圖』、『廣告費』與『銷售量』

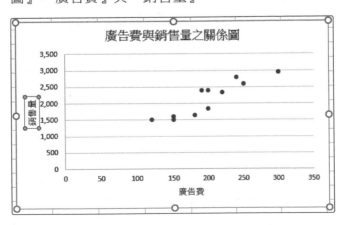

5 選取『銷售量』軸標題，按『常用/對齊方式/方向』 鈕，選『垂直文字(V)』將其文字方向設定為垂直

6 以右鍵單按X軸廣告費之數字，轉入『座標軸格式』窗格之『座標軸選項』標籤，將「最小值」改為100

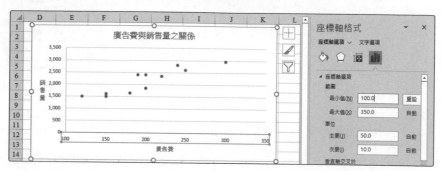

7 不用關閉『座標軸格式』窗格，續點Y軸銷售量之數字，續選「座標軸格式(F)…」，轉入『座標軸格式』窗格之『座標軸選項』標籤，將「最小值」改為1000

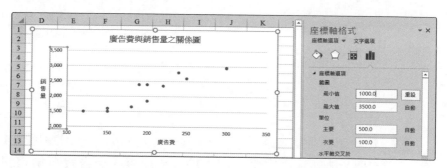

8 按『座標軸格式』窗格右上角 ⊠ 鈕結束，獲致新XY散佈圖，可輕易看出銷售量會隨廣告費遞增而明顯增加

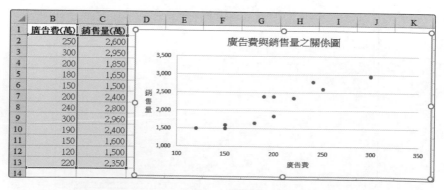

馬上練習

以範例『Fun08-迴歸.xlsx\成績』工作表內容，計算其相關係數，並繪製國文及英文成績之XY圖，是否可看出國文成績較高者，其英文成績也同樣會較高？

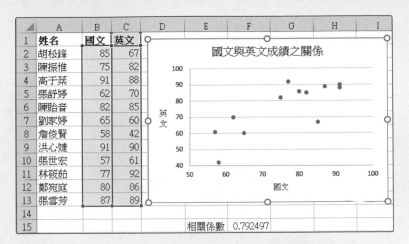

	A	B	C
1	姓名	國文	英文
2	胡松鋒	85	67
3	陳振惟	75	82
4	高于蓁	91	88
5	張舒婷	62	70
6	陳貽音	82	85
7	劉家婷	65	60
8	詹俊賢	58	42
9	洪心婕	91	90
10	張世宏	57	61
11	林筱茹	77	92
12	鄭宛庭	80	86
13	張雪芳	87	89
14			
15		相關係數	0.792497

可看出國文成績較高者，其英文成績也同樣會較高。

馬上練習

以範例『Fun08-迴歸.xlsx\學童』工作表內容：計算其相關係數，並繪製XY圖，查看學童之仰臥起坐與伏地挺身個數之相關情況：

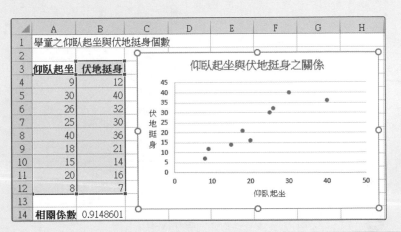

	A	B
1	學童之仰臥起坐與伏地挺身個數	
2		
3	仰臥起坐	伏地挺身
4	9	12
5	30	40
6	26	32
7	25	30
8	40	36
9	18	21
10	15	14
11	20	16
12	8	7
13		
14	相關係數	0.9148601

使用『資料分析』求相關矩陣

前例之CORREL()函數,僅能求算兩組資料間之相關係數。若使用『**資料分析**』(安裝方法參見第二章),還可計算出多組資料間之相關係數,組成一個相關係數表。

範例『Fun08-迴歸.xlsx\汽車』工作表,收集到有關汽車鈑金、省油與價格之滿意度資料:

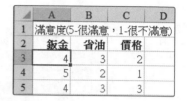

	A	B	C	D
1	滿意度(5-很滿意,1-很不滿意)			
2	**鈑金**	**省油**	**價格**	
3	4	3	2	
4	5	2	1	
5	4	3	3	

擬以『**資料分析**』進行計算其相關係數表。其步驟為:

1 按『**資料/分析/資料分析**』 資料分析 鈕,於『**分析工具**』處選「**相關係數**」

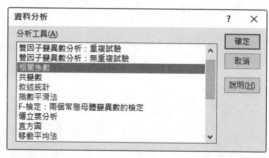

2 續按 確定 鈕

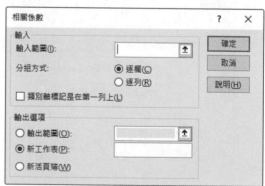

3 於『**輸入範圍**』處,設定兩組資料之範圍(本例為A2:C16)

4 將『**分組方式**』安排為「**逐欄(C)**」

5 點選「**類別軸標記在第一列上(L)**」(因各組資料均含標題之字串標記)

6 設定輸出範圍，本例安排於目前工作表之E1位置

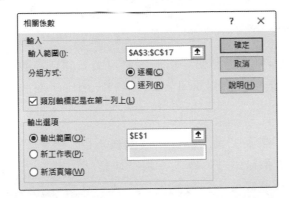

7 按 ▢確定▢ 鈕，結束

即可獲致多組資料之相關係數表
（因為對稱矩陣，故顯示一半即
可）

	E	F	G	H
1		鈑金	省油	價格
2	鈑金	1		
3	省油	-0.93897	1	
4	價格	-0.91483	0.834895	1

依此結果，顯示『鈑金與省油』及『鈑金與價格』之滿意度間均呈高度負相關，對鈑金越滿意對其省油與價格將越不滿意。鈑金好的車身重量大，當然較不省油，且其售價一般也比較高。另外，『省油與價格』之滿意度間則呈高度正相關，因省油的車一般價位比較低之故。

馬上
練習

以範例『Fun08-迴歸.xlsx\相關矩陣』工作表之內容：

	A	B	C	D
1	總平均成績	出席率	選修學分數	每週打工時數
2	82	96%	14	4
3	75	80%	16	8
4	68	70%	10	10

求本班學生上學期之總平均成績、出席率、選修學分數與每週打工時數間之相關係數表：

	F	G	H	I	J
1		總平均成績	出席率	選修學分數	每週打工時數
2	總平均成績	1			
3	出席率	0.484824213	1		
4	選修學分數	0.560389925	0.604478669	1	
5	每週打工時數	-0.713569371	-0.213938918	-0.157601286	1

8-4　迴歸

當兩變數間存有相關時，即可進行迴歸分析，通常可由一個自變數（預測變項，X），來預測一個因變數（被預測變項，Y）。於Excel中，要求算迴歸，可有下列幾種方法：

- 於繪圖結果中，按『圖表工具/設計/新增圖表項目』 鈕，選『趨勢線/其他趨勢線選項(M)…』，轉入『趨勢線格式』窗格『趨勢線選項』標籤，進行求算迴歸，此為最簡便之方式，且其可求算之迴歸種類也最多。

- 按『資料/分析/資料分析』 鈕，利用其「迴歸」分析工具求迴歸，可獲致很多相關之統計數字。如：相關係數、判定係數、以F檢定因變數與自變數間是否有迴歸關係存在、以t檢定各迴歸係數是否不為0、……。

- 利用迴歸函數，如：LINEST()、TREND()

8-5　繪圖中加入趨勢線

於繪圖中，利用加入趨勢線之機會，一併求算迴歸方程式是最簡便之方式。且其可求算之迴歸種類也最多，包括：直線（一次式）、多次式、指數、對數、……等。

直線迴歸

假定，範例『Fun08-迴歸.xlsx\直線迴歸』工作表A1:B11範圍，收集了某一廠牌同一車型中古車之車齡及其售價資料：

	A	B
1	車齡	價格(萬)
2	1	56.0
3	2	48.5
4	3	42.0

擬繪製其資料散佈圖,並求車齡對售價之迴歸方程式。其處理步驟為:

1 選取 A1:B11 之範圍

2 按『插入/圖表/插入 XY 散佈圖或泡泡
圖』 鈕,選『散佈圖/散佈圖』

可獲致下示圖表

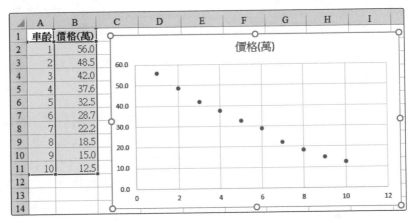

3 按『圖表工具/設計/快速配置版面』
鈕,選『版面配置 1』

可為圖表加入X/Y軸之標題：

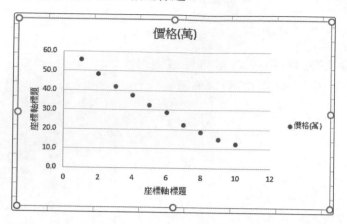

4 於X/Y軸之標題上（目前均為『座標軸標題』），點按一下滑鼠，即可重新輸入新內容，分別將其改為：『車齡』與『價格(萬)』

5 於上方之圖表標題上（目前為『價格(萬)』），點按一下滑鼠，續點一下文字，將其改為：『中古車齡與價格之關係圖』

6 選取『價格(萬)』軸標題，按『常用/對齊方式/方向』 鈕，選『垂直文字(V)』，將其文字方向設定為垂直

7 以滑鼠點按右側之『 ●價格(萬) 』圖例，續按 Delete ，將其刪除

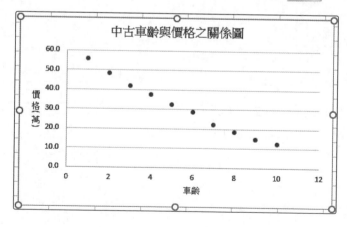

8 點選圖內任一資料點

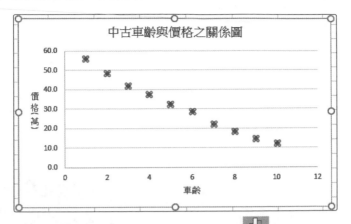

9 按『圖表工具/設計/新增圖表項目』 鈕，選『趨勢線/其他趨勢線選項(M)…』，轉入『趨勢線格式』窗格『趨勢線選項』標籤

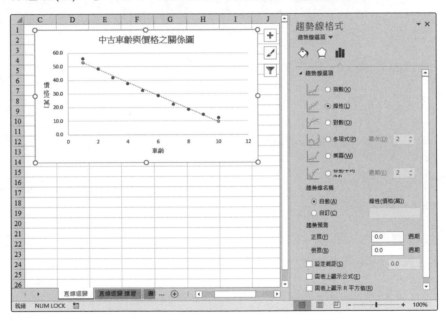

10 由於散佈圖顯示各圖點之分佈接近直線，故於『趨勢線選項』處，選「線性(L)」；另於最底下，加選「圖表上顯示公式(E)」與「圖表上顯示R平方值(R)」，即可於圖表上獲致迴歸方程式及其判定係數（R平方值）

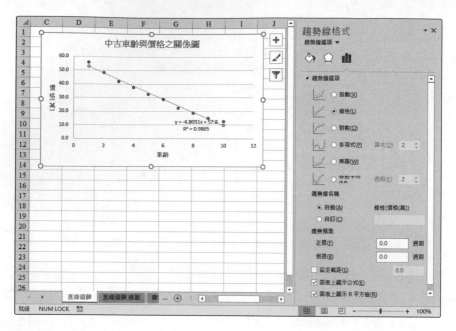

其迴歸方程式為

> y = -4.8091x + 57.8

即

> 中古車車價 = -4.8091× 車齡 + 57.8

其判定係數0.9865，表整個迴歸模式之解釋力很強，即車齡的變異可解釋98.6%之售價差異。

取得迴歸方程式後，即可用以預測不同車齡之售價。假定，要求當車齡為6.5年時，其售價應為多少？僅須將6.5代入其迴歸方程式之x：

> y = -4.8091×(6.5) + 57.8

即

> 中古車車價 = -4.8091×6.5 + 57.8=26.54

可求得其中古車車價為26.54萬：

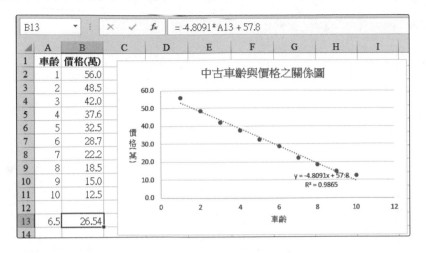

於Excel，我們是以下示步驟，來複製公式並進行運算：

1 於A13輸入要求算之年數6.5

2 選點圖上之迴歸方程式，會變成以方框包圍

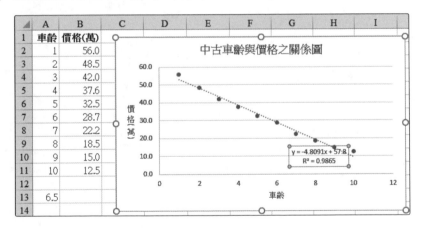

3 再選點迴歸方程式之內容，可進入編輯狀態，以拖曳方式，選取迴歸方程式之內容

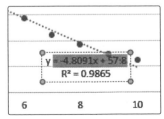

4 按『常用/剪貼簿/複製』 🖹 複製 ▾ 鈕，記下迴歸方程式之內容

5 移回B13，按其資料編輯區轉入編輯狀態

B13	▾	:	×	✓	fx	
◢	A	B	C	D	E
11	10	12.5		0.0	
12				0	2
13	6.5				

6 按『常用/剪貼簿/貼上』 📋 鈕，將記下之迴歸方程式內容貼進來

AVERAGE	▾	:	×	✓	fx	= -4.8091x + 57.8
◢	A	B	C	D	E
10	9	15.0		10.0	
11	10	12.5		0.0	
12				0	2	4
13	6.5	x + 57.8			

7 將其x改為*A13，使其變成

= -4.8091*A13 + 57.8

AVERAGE	▾	:	×	✓	fx	= -4.8091*A13 + 57.8
◢	A	B	C	D	E	F
10	9	15.0		10.0	
11	10	12.5		0.0	
12				0	2	4
13	6.5	3091*A13			

8 按 ✓ 鈕，即可計算出：當車齡為6.5年時，其售價應為26.54萬元

B13	▾	:	×	✓	fx	= -4.8091*A13 + 57.8
◢	A	B	C	D	E	F
10	9	15.0		10.0	
11	10	12.5		0.0	
12				0	2	4
13	6.5	26.54			

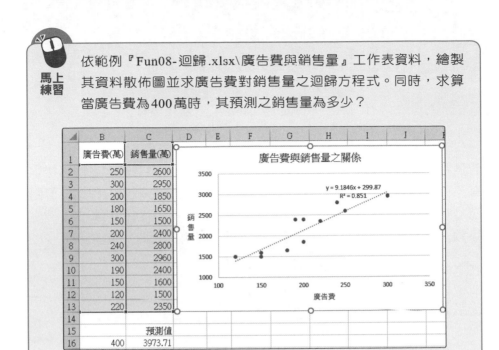

依範例『Fun08-迴歸.xlsx\廣告費與銷售量』工作表資料，繪製其資料散佈圖並求廣告費對銷售量之迴歸方程式。同時，求算當廣告費為400萬時，其預測之銷售量為多少？

殘差與判定係數

有了迴歸方程式後，即可依此方程式

$$\hat{Y} = a + bX$$

計算Y的預測值：（詳範例『Fun08-迴歸.xlsx\殘差與判定係數』工作表）

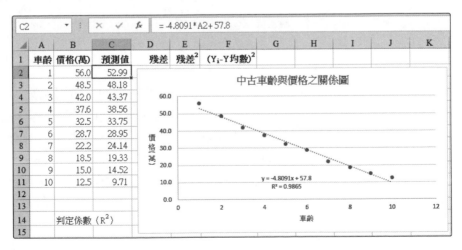

預測值與實際值之差距，即稱之為殘差：

	A	B	C	D	E
1	車齡	價格(萬)	預測值	殘差	殘差^2
2	1	56.0	52.99	-3.01	
3	2	48.5	48.18	-0.32	

若是判定係數不是很高，研究者於此應判斷是否有殘差很大之特異樣本？若有，可將其排除後再重算一次迴歸，可求得更適當之迴歸方程式。但問題是殘差應小於多少才好？並無一定標準，仍全憑研究者自行判斷！本例之判定係數（R^2）為0.9865，相當不錯，所以就不必再進行此一處理過程。

判定係數之公式為：

$$R^2 = \frac{\sum_{i=1}^{n}(\hat{Y}-\bar{Y})^2}{\sum_{i=1}^{n}(Y-\bar{Y})^2} = \frac{迴歸平方和}{總平方和}$$

迴歸平方和佔總平方和之百分比，即是這條迴歸線可幫助資料解釋的部份。由於

總平方和 ＝ 迴歸平方和 ＋ 殘差平方和

所以，判定係數就變成

$$R^2 = 1 - \frac{殘差平方和}{總平方和} = 1 - \frac{\sum_{i=1}^{n}(\hat{Y}-Y_i)^2}{\sum_{i=1}^{n}(Y-\bar{Y})^2}$$

範例『Fun08-迴歸.xlsx\殘差與判定係數』工作表之E12的殘差平方和（26.06），就是迴歸線無法解釋的部份，將其除以F12之總平方和（1934.07），就是這條迴歸線無法解釋部份的百分比。以1減去無法解釋的百分比，就是這條迴歸線可幫助資料解釋的百分比，即D14之0.9865，我們稱之為判定係數（R^2），恰等於原利用繪圖求迴歸方程式所算出之$R^2 = 0.9865$：

D14			:	✕	✓	fx	=1-E12/F12

▲	A	B	C	D	E	F
1	車齡	價格(萬)	預測值	殘差	殘差^2	$(Y_i-Y均數)^2$
2	1	56.0	52.99	-3.01	9.05	607.62
3	2	48.5	48.18	-0.32	0.10	294.12
4	3	42.0	43.37	1.37	1.88	113.42
5	4	37.6	38.56	0.96	0.93	39.06
6	5	32.5	33.75	1.25	1.57	1.32
7	6	28.7	28.95	0.25	0.06	7.02
8	7	22.2	24.14	1.94	3.75	83.72
9	8	18.5	19.33	0.83	0.68	165.12
10	9	15.0	14.52	-0.48	0.23	267.32
11	10	12.5	9.71	-2.79	7.79	355.32
12				總和	26.06	1934.07
13						
14		判定係數（R^2）		0.9865		

其內之相關儲存格之運算公式分別為：

D2	殘差	=C2-B2
E2	殘差^2	=D2^2
F2	(Yi-Y均數)^2	=(B2-AVERAGE($B$2:$B$11))^2
E12	殘差平方和	=SUM(E2:E11)
F12	總平方和	=SUM(F2:F11)
D14	判定係數（R^2）	=1-E12/F12

判定係數（R^2）愈大，代表可解釋的部份愈大；若兩組迴歸模式之判定係數（R^2）差不多，就選擇方程式較簡單之一組迴歸模式。

馬上
練習

續上一個『馬上練習』，以所求得之廣告費對銷售量迴歸方程式

y = 9.1846x + 299.87

就範例『Fun08-迴歸.xlsx\廣告費與銷售量1』工作表之內容，
計算各樣本點之預測值及殘差：

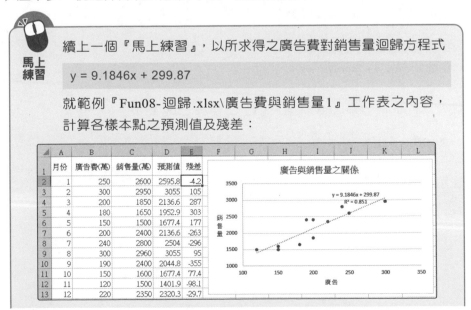

若將殘差絕對值最大之9月與4月兩筆資料排除，將其資料轉存到範例『Fun08-迴歸.xlsx\廣告費與銷售量2』工作表，以其資料重新再求一次迴歸，其結果為：

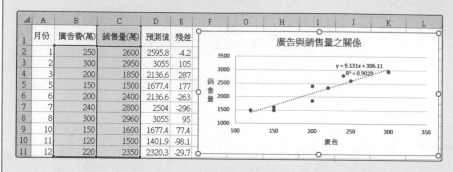

由其判定係數（R^2）0.9029大於先前之0.851，可看出將殘差較大之特異樣本排除後，可獲得更好的迴歸模式。此時之迴歸方程式為：

y = 9.131x + 306.11

判定係數 RSQ()

前文述及之判定係數，即迴歸線可幫助資料解釋的部份。也可以直接利用RSQ()函數來計算。其語法為：

RSQ(因變數範圍,自變數範圍)
RSQ(known_y's,[known_x's])

範例『Fun08-迴歸.xlsx\判定係數』工作表之D14利用

=RSQ(B2:B11,A2:A11)

也可以求得同於前文之判定係數0.9865：

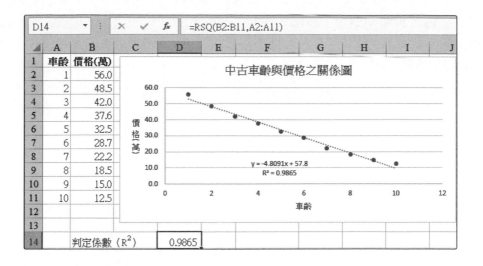

8-6　多項式迴歸

有些資料間並不是單純的直線關係，如下例之『年齡與每月所得關係圖』資料，以「線性(L)」之迴歸分析類型求其迴歸方程式，其判定係數（R^2）僅為0.0001，根本不具任何解釋力：（範例『Fun08-迴歸.xlsx\年齡與所得－線性』工作表）

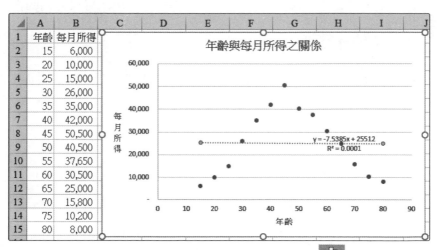

點選其資料點，按『圖表工具/設計/新增圖表項目』　　鈕，選『趨勢線/其他趨勢線選項(M)…』，轉入『趨勢線格式』窗格『趨勢線選項』標籤，

將其迴歸分析類型改為「多項式(P)」之冪次「2」，另於最底下，加選「圖表上顯示公式(E)」與「圖表上顯示R平方值(R)」（範例『Fun08-迴歸.xlsx\年齡與所得－非線性』工作表）

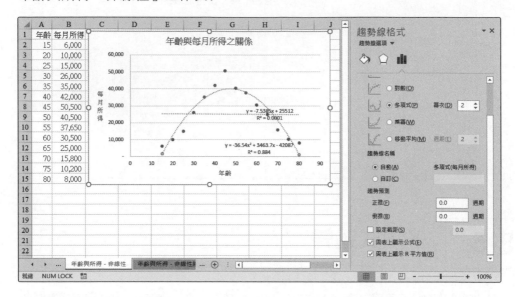

其迴歸方程式為

$$y = -36.54x^2 + 3463.7x - 42087$$

判定係數（R^2）可高達0.884，就明顯較具解釋能力。將所獲得之迴歸方程式

$$= -36.54x^2 + 3463.7x - 42087$$

複製到C2，可看出原式之平方（x^2）僅是以上標格式顯示，轉過來後僅變成x2：

	A	B	C	D	E	F	G
1	年齡	每月所得	預測值				
2	15	6,000	- 42087				
3	20	10,000					

fx = -36.54x2 + 3463.7x - 42087

原式之x代表年齡，故將其改為A2，並轉為Excel可用之運算式（原式之平方僅是以上標顯示且無星號，無法拿來運算）：

$$= -36.54*A2^2 + 3463.7*A2 - 42087$$

| AVERAGE | ▼ | ⋮ | × | ✓ | fx | = -36.54*A2^2 + 3463.7*A2 - 42087 |

▲	A	B	C	D	E	F	G
1	年齡	每月所得	預測值				
2	15	6,000	- 42087				
3	20	10,000					

按 ✓ 鈕後，即可算出當年齡等於15時，以迴歸方程式進行預側，其所得將為多少？

| C2 | ▼ | ⋮ | × | ✓ | fx | = -36.54*A2^2 + 3463.7*A2 - 42087 |

▲	A	B	C	D	E	F	G
1	年齡	每月所得	預測值				
2	15	6,000	1647				
3	20	10,000					

將C2複製給C3:C15，可算出各年齡之所得預測值：

| C2 | ▼ | ⋮ | × | ✓ | fx | = -36.54*A2^2 + 3463.7*A2 - 42087 |

▲	A	B	C	D	E	F	G
1	年齡	每月所得	預測值				
2	15	6,000	1647				
3	20	10,000	12571				
4	25	15,000	21668				
5	30	26,000	28938				
6	35	35,000	34381				
7	40	42,000	37997				
8	45	50,500	39786				
9	50	40,500	39748				
10	55	37,650	37883				
11	60	30,500	34191				
12	65	25,000	28672				
13	70	15,800	21326				
14	75	10,200	12153				
15	80	8,000	1153				

當然，若要我們於第17列，求算當年齡為48歲，其所得預測值將為多少？對我們也不是難事：

| C17 | ▼ | ⋮ | × | ✓ | fx | = -36.54*A17^2 + 3463.7*A17 - 42087 |

▲	A	B	C	D	E	F	G
13	70	15,800	21326				
14	75	10,200	12153				
15	80	8,000	1153				
16							
17	48		39982.44				

馬上練習

以範例『Fun08-迴歸.xlsx\成就動機x成績』工作表之內容,繪製其資料散佈圖並求成就動機對成績之迴歸方程式。檢視應以一次或二次較為合適?同時,求算當成就動機為80時,其預測之成績為多少?

一次式時之 $R^2=0.436$,二次式時之 $R^2=0.913$,故應選擇二次式之迴歸方程式,當成就動機為80時,其預測之成績應為41.77:

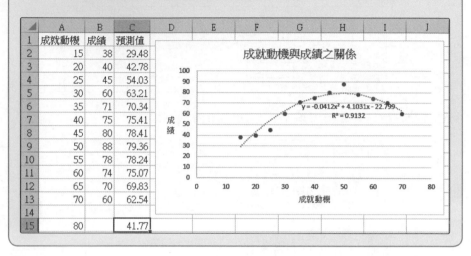

指數迴歸

於繪圖中,利用加入趨勢線可求算之迴歸種類最多,包括:直線、多次式、指數、對數……等。本章前文,使用『Fun08-迴歸.xlsx\直線迴歸』工作表 A1:B11 範圍,所收集了某一廠牌同一車型中古車之車齡及其售價資料:

	A	B
1	車齡	價格(萬)
2	1	56.0
3	2	48.5
4	3	42.0

繪製其資料散佈圖,並求車齡對售價之迴歸方程式:

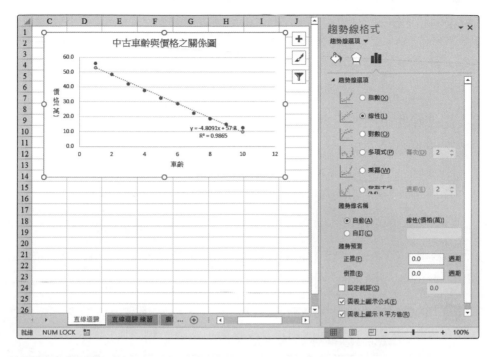

其迴歸方程式為

y = -4.8091x + 57.8

其判定係數0.9865，取得迴歸方程式後，我們用來求當車齡為6.5年時，其售價應為多少？僅須將6.5代入其迴歸方程式之x：

y = -4.8091×(6.5) + 57.8

可求得其中古車車價為26.54萬：

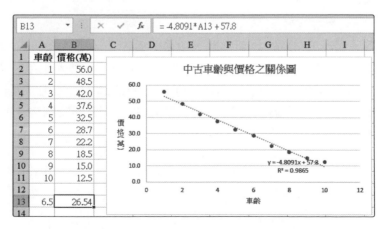

但是這個預測模式，有其缺點：當想要預測之車齡較大時，其結果就變成負值。如，車齡15年，其預測之售價為-14.34：

| B13 | ▼ : | × ✓ fx | = -4.8091*A13 + 57.8 |

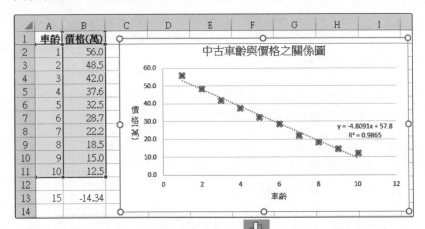

這樣的結果並不合理！

故而，我們以下示之步驟，將其迴歸改為指數模式，就不會有這樣的缺點
（範例『Fun08-迴歸.xlsx\指數迴歸』工作表）：

1 點選迴歸方程式及R平方之文字方塊，將其選取，以拖曳方式移往其他位置。以免兩個迴歸結果重疊。接著，點選圖內任一資料點

2 按『圖表工具/設計/新增圖表項目』新增圖表項目▼ 鈕，選『趨勢線/其他趨勢線選項(M)…』，轉入『趨勢線格式』窗格『趨勢線選項』標籤，於『趨勢線選項』處，選「指數(X)」；另於最底下，加選「圖表上顯示公式(E)」與「圖表上顯示R平方值(R)」，即可於圖表上獲致迴歸方程式及其判定係數（R平方值）

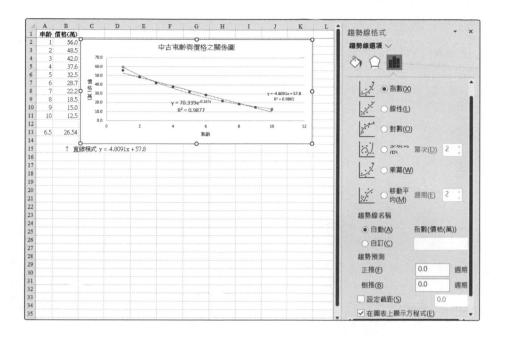

$$y = 70.339e^{-0.167x}$$
$$R^2 = 0.9877$$

可發現其迴歸方程式為

$y = 70.339e^{-0.167x}$

即

中古車車價 $= 70.339e^{-0.167*車齡}$

其判定係數0.9877,略高於直線模式的0.9865。

取得迴歸方程式後,僅須將15代入其迴歸方程式之x:

$y = 70.339e^{-0.167*15}$

即可求得其售價。本部分轉為Excel所使用之語法即:

= 70.339*EXP(-0.167*A13)

A13之值為15,將其輸入於C13,即可求得車齡15年時,其中古車車價為
5.74萬;而非原來使用直線模式時之負值-14.34萬(B13之結果)。

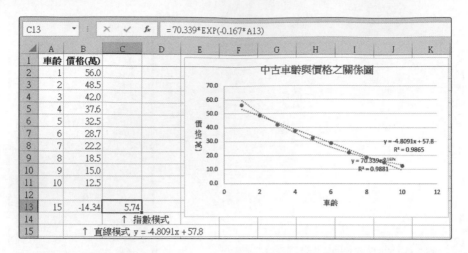

這樣的預測結果應該較為合理！當我們再將A13改回為6.5，兩個結果也非常接近，並無不合理之情況：

對數迴歸

於繪圖中，利用加入趨勢線可求算之迴歸種類最多，包括：直線、多次式、指數、對數……等。如，範例『08.xlsx\樹木直徑與高度－線性』工作表之資料，以「線性(L)」迴歸分析類型進行迴歸，其判定係數（R^2）僅為0.6749：

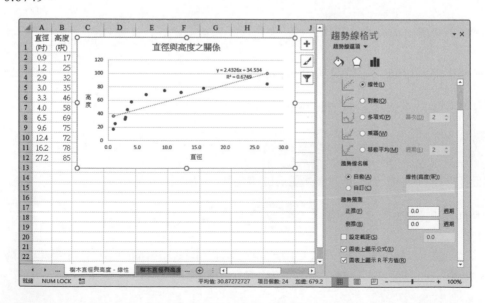

改為使用「**對數(O)**」迴歸分析類型（範例『08.xlsx\樹木直徑與高度－對數』工作表），其迴歸方程式為

y = 21.512Ln(x) + 19.478

判定係數（R^2）可高達0.9257，就很明顯的較直線模式更具解釋力：

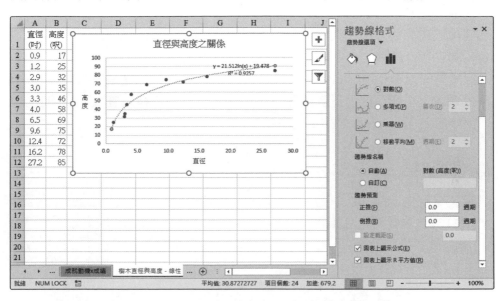

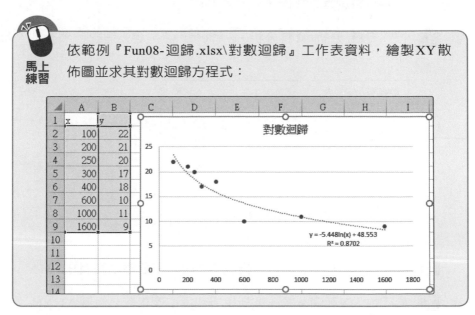

依範例『Fun08-迴歸.xlsx\對數迴歸』工作表資料，繪製XY散佈圖並求其對數迴歸方程式：

使用『資料分析』進行迴歸

於繪圖中，利用加入趨勢線求算迴歸方程式，並無法對方程式及其係數進行檢定，且很多統計數字亦未提供。

若使用『增益集』之『資料/分析/資料分析/迴歸』進行求算，則可獲致很多相關之統計數字。如：求簡單相關係數、判定係數、以F檢定判斷因變數與自變數間是否有迴歸關係存在、以t檢定判斷各迴歸係數是否不為0、計算迴歸係數之信賴區間、計算殘差、……。甚至，還可繪製圖表。（只是，並不很好看而已）

直線迴歸

假定，有範例『Fun08-迴歸.xlsx\廣告與銷售量』工作表 A1:B11之廣告費與銷售額資料：

	A	B
1	廣告費(萬)	銷售量(萬)
2	250	2,600
3	300	2,950
4	200	1,850

擬使用『資料分析』進行迴歸，其步驟為：

1 按『資料/分析/資料分析』 資料分析 鈕，選「迴歸」項，按 確定 鈕

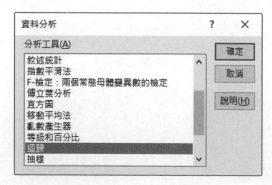

2 於『輸入Y範圍』處，以拖曳方式選取銷售額之範圍B1:B11

3 於『輸入X範圍』處，以拖曳方式選取廣告費之範圍A1:A11

4 由於上述兩範圍均含標記，故點選「標記(L)」

5 於『輸出選項』處，決定要將迴歸結果輸出於何處？本例選「輸出範圍(O)」，並將其安排於原工作表之D1位置

6 若要分析殘差，可點選「殘差(R)」或「標準化殘差(T)」（本例選前者）

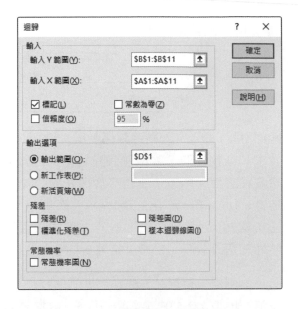

7 按 ▢確定▢ 鈕，即可獲致迴歸結果。因其內容較多，將其拆分為幾個部份說明其顯示結果之作用：

	D	E
1	摘要輸出	
2		
3		迴歸統計
4	R 的倍數	0.9501929
5	R 平方	0.902866548
6	調整的 R 平方	0.890724866
7	標準誤	195.848576
8	觀察值個數	10

此部份在求算簡單相關係數0.9502（R，寫成『R的倍數』應是將coefficient of multiple correlation翻譯錯了，在複迴歸模式，此部份即複相關係數）、判定係數（R平方）0.9029、調整後的R平方0.8907（在複迴歸時使用，有些統計學家認為在複迴歸模式中，增加預測變數必然會使R平方增大，故必須加以調整）、標準誤195.85與觀察值個數10。

	D	E	F	G	H	I
10	ANOVA					
11		自由度	SS	MS	F	顯著值
12	迴歸	1	2852236.7	2852236.682	74.36091	2.53E-05
13	殘差	8	306853.32	38356.66472		
14	總和	9	3159090			

此部份以ANOVA檢定，判斷因變數（Y）與自變數間（X，於複迴歸中則為全部之自變數），是否有顯著之迴歸關係存在？判斷是否顯著，只須看顯著值是否小於所指定之α值即可，如本例之顯著值2.53E-5（即0.0000253）< α = 0.05，故其結果為捨棄因變數與自變數間無迴歸關係存在之虛無假設。

▲	D	E	F	G	H
16		係數	標準誤	t 統計	P-值
17	截距	306.106402	233.88873	1.308769369	0.226956
18	廣告費(萬)	9.13095586	1.058873	8.623277505	2.53E-05

此部份以t檢定，判斷迴歸係數與常數項是否為0（為0即無直線關係存在）？並求其信賴區間。其虛無假設為迴歸係數與常數項為0，判斷是否顯著，只須看顯著值（P-值）是否小於所指定之α值即可，如本例之常數項（截距）為306.106，其t統計量為1.309，顯著值（P-值）0.227 > α = 0.05，故無法捨棄其為0之虛無假設，迴歸方程式之常數項應為0，故往後可將其省略。最好，是將截距（常數）定為0，再重新迴歸一次。

另，本例之自變數X（廣告費）的迴歸係數為9.131，其t統計量為8.623，顯著值（P-值）2.53E-5 < α = 0.05，故捨棄其為0之虛無假設，迴歸方程式之自變數X的係數不為0，自變數與因變數間存有直線關係。

最後，Excel仍以

y = 9.131x + 306.106

進行後續之殘差分析：

▲	D	E	F
22	殘差輸出		
23			
24	觀察值	預測為 銷售量(萬)	殘差
25	1	2588.845367	11.154633
26	2	3045.39316	-95.39316
27	3	2132.297574	-282.2976

此部份，為於求得迴歸方程式

y = 9.131x + 306.106

後，將各觀察值之X（廣告費）代入方程式。以求其預測之銷售量（萬），並計算預測結果與原實際銷售量間之殘差（將兩者相減即可求得。如觀察值

1之廣告費為250萬,代入方程式所求得之預測銷售量為2588.85萬,以原實際銷售量2600萬減去預測結果即為殘差11.15萬)。

研究者於此應判斷是否有殘差很大之特異樣本?若有,可將其排除後再重算一次迴歸,可求得更適當之迴歸方程式。但問題是殘差應小於多少才好?並無一定標準,仍全憑研究者自行判斷!

由於,前面t-檢定之結果顯示,其截距應為0。故將其常數設定為0:

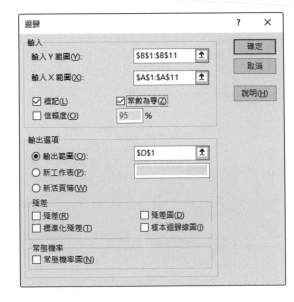

重新求一次迴歸,其結果為:

	D	E
3	迴歸統計	
4	R 的倍數	0.99653347
5	R 平方	0.993078956
6	調整的 R 平方	0.881967845
7	標準誤	203.4572236
8	觀察值個數	10

	D	E	F	G	H	I
10	ANOVA					
11		自由度	SS	MS	F	顯著值
12	迴歸	1	53456546	53456546.42	1291.382	3.94E-10
13	殘差	9	372553.58	41394.84184		
14	總和	10	53829100			

	D	E	F	G	H
16		係數	標準誤	t 統計	P-值
17	截距	0	#N/A	#N/A	#N/A
18	廣告費(萬)	10.46730887	0.291278	35.93580145	4.95E-11

判定係數（R平方）0.9931，最後之迴歸方程式為：

y = 10.4673x

馬上
練習

以範例『Fun08-迴歸.xlsx\存放款』工作表之內容，繪製資料散佈圖並求存款對放款之迴歸方程式：

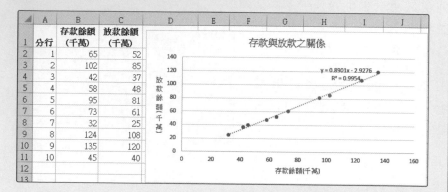

同時，以『資料分析/迴歸』項，進行迴歸：

	D	E
17	迴歸統計	
18	R 的倍數	0.9977
19	R 平方	0.9954
20	調整的 R 平方	0.9948
21	標準誤	2.2842
22	觀察值個數	10

	D	E	F	G	H	I
24	ANOVA					
25		自由度	SS	MS	F	顯著值
26	迴歸	1	8966.358	8966.358	1718.4193	1.26E-10
27	殘差	8	41.74235	5.217794		
28	總和	9	9008.1			

判定係數（R^2）為0.9954，ANOVA檢定之顯著值1.26E-10 < $\alpha = 0.05$，故其結果為捨棄因變數與自變數間無迴歸關係存在之虛無假設。

	D	E	F	G	H
30		係數	標準誤	t 統計	P-值
31	截距	-2.9276	1.806245	-1.62081	0.1437173
32	存款餘額（千萬）	0.8901	0.021472	41.45382	1.263E-10

常數項（截距）為-2.9276，其t統計量為-1.6208，顯著值（P-值）0.1437＞α=0.05，故無法捨棄其為0之虛無假設，迴歸方程式之常數項應為0。故可將其設定為0，重新求算一次迴歸。

自變數X（存款餘額）的迴歸係數為0.8901，其t統計量為41.4538，顯著值（P-值）1.263E-10＜α=0.05，故捨棄其為0之虛無假設，迴歸方程式之自變數X的係數不為0，自變數與因變數間存有直線關係。

由於，前面t-檢定之結果顯示，其截距應為0。故將其常數設定為0，重新進行迴歸，其結果為：

	D	E
53	迴歸統計	
54	R 的倍數	0.9995
55	R 平方	0.9989
56	調整的 R 平方	0.8878
57	標準誤	2.4821
58	觀察值個數	10

	D	E	F	G	H	I
60	ANOVA					
61		自由度	SS	MS	F	顯著值
62	迴歸	1	52117.55	52117.55	8459.1768	2.18E-13
63	殘差	9	55.4496	6.161066		
64	總和	10	52173			
65						
66		係數	標準誤	t 統計	P-值	下限95%
67	截距	0	#N/A	#N/A	#N/A	#N/A
68	存款餘額（千萬）	0.8582	0.009331	91.97378	1.076E-14	0.837105

最後之迴歸方程式應為：

放款餘額=0.8582×存款餘額

複迴歸

現實中，很多狀況並非簡單之單一變數即可以解釋清楚。如銷售量並非完全決定於廣告費而已，產品品質、售價、銷售人員、……等，亦均有其重要性。又如，銀行計算客戶之信用分數，亦不會只決定於其每月所得而已，其動產、不動產甚或年齡、性別、教育程度、……等，亦均有可能影響其信用分數。故於迴歸中，同時使用多個自變數以預測某一因變數的情況已越來越多。這種同時使用多個自變數之迴歸，即稱為複迴歸（multiple regression）或多元迴歸。

但於繪製圖表中，利用加入趨勢線之機會求迴歸模式，只可以求解單變量之迴歸（只有一個X），並無法處理同時使用多個自變數（多個X）之迴歸。此時，即得使用『資料分析』進行迴歸（最多可達16個自變數）。

中古車車價之實例

假定，以範例『Fun08-迴歸.xlsx\中古車車價』工作表A1:C11，同一廠牌同型中古車之車齡、里程數及其價格資料：

	A	B	C
1	車齡	里程數 (萬公里)	價格 (萬)
2	1	1.5	61
3	2	1.8	57
4	3	4.6	42

擬使用『資料分析』進行複迴歸分析。其步驟為：

1 按『資料/分析/資料分析』 ![資料分析] 鈕，選「迴歸」項，按 確定 鈕

2 於『輸入Y範圍』處，以拖曳方式選取因變數（價格）範圍C1:C11

3 於『輸入X範圍』處，以拖曳方式選取自變數（車齡及里程數）範圍A1:B11（兩欄資料表使用兩個自變數，最多可達16個自變數）

4 由於上述兩範圍均含標記，故點選「標記(L)」

5 選「輸出範圍(O)」，並將其安排於原工作表之E1位置

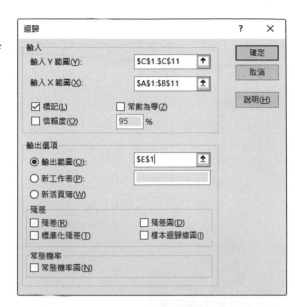

6 按 確定 鈕，即可獲致迴歸結果

	E	F
3	迴歸統計	
4	R 的倍數	0.97161
5	R 平方	0.94402
6	調整的 R 平方	0.92802
7	標準誤	4.69279
8	觀察值個數	10

此結果之複相關係數（R）為0.9716，判定係數（R平方）為0.9440、調整後的R平方為0.9280。顯示整組迴歸方程式可解釋價格差異之程度相當高。

	E	F	G	H	I	J
10	ANOVA					
11		自由度	SS	MS	F	顯著值
12	迴歸	2	2599.444	1299.722	59.01842	4.15E-05
13	殘差	7	154.1562	22.02231		
14	總和	9	2753.6			

ANOVA表中之F檢定的顯著水準4.15E-5 < $\alpha = 0.05$，故其結果為捨棄因變數與自變數間無迴歸關係存在之虛無假設。顯示價格與車齡及里程數整體間有明顯迴歸關係存在。

	E	F	G	H	I
16		係數	標準誤	t 統計	P-值
17	截距	62.6468	3.207102	19.53377	2.3E-07
18	車齡	-5.3739	1.216041	-4.41914	0.003084
19	里程數(萬公里)	-0.2292	1.059104	-0.21644	0.834814

最後之t檢定結果中，常數項（截距）為62.6468，其顯著水準（P-值）2.3E-07 < α = 0.05，故捨棄其為0之虛無假設，迴歸方程式之常數項不應為0，故不可將其省略。

兩個自變數中之車齡的迴歸係數為-5.3739，其顯著水準（P-值）0.003 < α = 0.05，故捨棄其為0之虛無假設，車齡與價格間存有直線關係。由其係數為負值，顯示車齡與價格間之關係為一負相關，車齡愈大售價愈低。

另一個自變數里程數的迴歸係數為-0.2292，其顯著水準（P-值）0.835 > α = 0.05，故無法捨棄其為0之虛無假設，里程數與價格間並無直線關係。故可將此一係數自迴歸方程式中排除掉。（少掉一個變數，即可省去蒐集其資料之時間與成本）

故而，僅以『車齡』與『價格』再重新進行一次迴歸，記得不用將截距（常數項）設定為0：

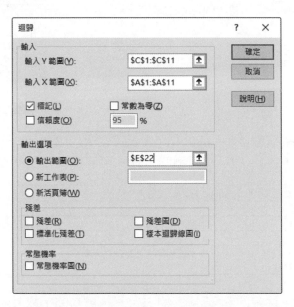

其結果為：

	E	F
24	迴歸統計	
25	R 的倍數	0.97141
26	R 平方	0.94364
27	調整的 R 平方	0.9366
28	標準誤	4.40437
29	觀察值個數	10

▲	E	F	G	H	I	J
31	ANOVA					
32		自由度	SS	MS	F	顯著值
33	迴歸	1	2598.412	2598.412	133.9492	2.82E-06
34	殘差	8	155.1879	19.39848		
35	總和	9	2753.6			
36						
37		係數	標準誤	t 統計	P-值	下限 95%
38	截距	62.6667	3.008758	20.82808	2.96E-08	55.72846
39	車齡	-5.6121	0.484905	-11.5736	2.82E-06	-6.73031

所以,最後之迴歸方程式應為

$y = -5.6121X_1 + 62.6667$

(價格 = -5.6121 × 車齡 + 62.6667)

信用分數之實例

再舉一個複迴歸之例子,假定,銀行為核發信用卡,而蒐集了申請人之每月總收入、不動產、動產、每月房貸與扶養支出費用等資料,並以主管之經驗,主觀的給予一信用分數:(範例『Fun08-迴歸.xlsx\信用分數』工作表之A1:F9)

▲	A	B	C	D	E	F
1	每月總收入 (萬)	不動產 (百萬)	動產 (百萬)	每月房貸 (萬)	扶養支出 (萬)	信用 分數
2	6.5	12.0	3.0	2.0	2.0	82
3	7.2	8.0	2.0	0.0	2.0	86
4	3.8	0.0	1.0	0.0	1.0	70

為使評估信用分數能有一套公式,免得老是要主管抽空評分。擬以複迴歸來求得一迴歸方程式,其處理步驟為:

1 按『資料/分析/資料分析』 資料分析 鈕,選「迴歸」項,按 確定 鈕

2 於『輸入Y範圍』處,以拖曳方式選取因變數(信用分數)範圍 F1:F9

3 於『輸入X範圍』處,以拖曳方式選取自變數(每月總收入、不動產、動產、每月房貸與扶養支出)範圍A1:E9(五欄資料表使用5個自變數,最多可達16個自變數)

4 由於上述兩範圍均含標記,故點選「標記(L)」

5 選「輸出範圍(O)」，並
將其安排於原工作表之
H1位置

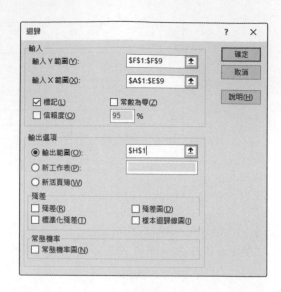

6 按 確定 鈕，即可獲致迴歸結果

此結果之複相關係數（R）為0.9910，判定係數
（R平方）為0.9821、調整後的R平方為0.9372。
顯示整組迴歸方程式可解釋信用分數差異之程度
相當高。

	H	I
3	迴歸統計	
4	R 的倍數	0.990989
5	R 平方	0.98206
6	調整的 R 平方	0.93721
7	標準誤	2.179361
8	觀察值個數	8

	H	I	J	K	L	M
10	ANOVA					
11		自由度	SS	MS	F	顯著值
12	迴歸	5	520.0008	104.0002	21.89655	0.044248
13	殘差	2	9.499228	4.749614		
14	總和	7	529.5			

ANOVA表中之F檢定的顯
著水準0.0442 < α = 0.05，
故其結果為捨棄因變數與
自變數間無迴歸關係存在
之虛無假設。顯示每月總
收入、不動產、動產、每
月房貸、扶養支出與信用
分數整體間有明顯迴歸關
係存在。

	H	I	J	K	L
16		係數	標準誤	t 統計	P-值
17	截距	57.0761	4.950432	11.52952	0.007439
18	每月總收入 (萬)	5.350913	0.995484	5.375187	0.032912
19	不動產 (百萬)	0.703921	0.930382	0.756593	0.528274
20	動產 (百萬)	-4.96189	5.445107	-0.91126	0.458351
21	每月房貸 (萬)	-0.08989	1.715809	-0.05239	0.96298
22	扶養支出 (萬)	-2.49919	1.704976	-1.46582	0.280338

最後之t檢定結果中，常數項（截距）為57.0761，其顯著值（P-值）0.0074 < $\alpha = 0.05$，故捨棄其為0之虛無假設，迴歸方程式之常數項不應為0，故不可將其省略。

所有五個自變數中，僅『每月總收入』之顯著值（P-值）為0.0329 < $\alpha = 0.05$，可捨棄其為0之虛無假設，表示每月總收入與信用分數間存有直線關係。其係數為5.3509，顯示每月總收入與信用分數間之關係為正相關，收入愈高信用分數愈高。

其餘之『不動產』、『動產』、『每月房貸』與『扶養支出』等四個變數之顯著水準（P-值）均大於 $\alpha = 0.05$，故無法捨棄其為0之虛無假設，顯示信用分數與這些變數間並無顯著之線性關係。

故可將這些變數之係數自迴歸方程式中排除掉。僅以『每月總收入』與『信用分數』兩欄之資料重新進行一次迴歸，記得不用將截距（常數項）設定為0：

其結果為：

	H	I
27	迴歸統計	
28	R 的倍數	0.97416
29	R 平方	0.948987
30	調整的 R 平方	0.940485
31	標準誤	2.121762
32	觀察值個數	8

	H	I	J	K	L	M
34	ANOVA					
35		自由度	SS	MS	F	顯著值
36	迴歸	1	502.4887	502.4887	111.6176	4.23E-05
37	殘差	6	27.01125	4.501875		
38	總和	7	529.5			
39						
40		係數	標準誤	t 統計	P-值	下限 95%
41	截距	55.19834	2.217962	24.88696	2.77E-07	49.77118
42	每月總收入（萬）	4.131459	0.391054	10.56493	4.23E-05	3.174584

所以，最後之迴歸方程式應為

$$y = 4.13146X_1 + 55.19834$$
（信用分數 = 4.13146 × 每月總收入 + 55.19834）

馬上練習

老師為找出學生出席率高低之主要原因，以問卷調查蒐集了範例『Fun08-迴歸.xlsx\上課出席率』工作表A1:E11資料（5-非常同意，1-非常不同意），試以複迴歸求出席率高低之迴歸方程式：

	A	B	C	D	E
1	受測者對影響出席率之因素的同意程度				
2	**是否點名**	**成績高低**	**上課內容**	**上課時段**	**出席率**
3	2	3	5	2	95%
4	1	5	3	4	65%

	G	H	I	J	K	L
12	ANOVA					
13		自由度	SS	MS	F	顯著值
14	迴歸	4	0.192545	0.048136	30.353479	0.002987
15	殘差	4	0.006343	0.001586		
16	總和	8	0.198889			
17						
18		係數	標準誤	t統計	P-值	下限95%
19	截距	0.479278	0.098561	4.862774	0.0082627	0.20563
20	是否點名	0.026372	0.020997	1.255964	0.2774847	-0.03193
21	成績高低	0.012951	0.015849	0.817132	0.4597264	-0.03105
22	上課內容	0.100028	0.014268	7.010792	0.0021795	0.060414
23	上課時段	-0.057409	0.016316	-3.518634	0.0244802	-0.10271

	G	H
5	迴歸統計	
6	R 的倍數	0.983924
7	R 平方	0.968106
8	調整的 R 平方	0.936211
9	標準誤	0.039823
10	觀察值個數	9

由於，t檢定之結果僅『截距』、『上課內容』與『上課時段』之P-值<0.05，故僅以『上課內容』、『上課時段』與『出席率』等三欄之資料，重新進行一次迴歸，記得不用將截距（常數項）設定為0。其結果為：

	G	H	I	J	K	L
35	ANOVA					
36		自由度	SS	MS	F	顯著值
37	迴歸	2	0.189255	0.094628	58.934986	0.000114
38	殘差	6	0.009634	0.001606		
39	總和	8	0.198889			
40						
41		係數	標準誤	t統計	P-值	下限95%
42	截距	0.550159	0.083239	6.609389	0.0005773	0.346481
43	上課內容	0.102707	0.013755	7.466925	0.0002977	0.06905
44	上課時段	-0.054618	0.015829	-3.450476	0.0136251	-0.09335

	G	H
28	迴歸統計	
29	R 的倍數	0.97548
30	R 平方	0.951562
31	調整的 R 平方	0.935416
32	標準誤	0.04007
33	觀察值個數	9

（出席率=0.5502+0.1027*上課內容-0.0546*上課時段）

含二次式之複迴歸

像前文『年齡與每月所得關係圖』之資料，其迴歸方程式為：

$$y = -36.54x^2 + 3463x - 42087$$

係一含二次式之拋物線：

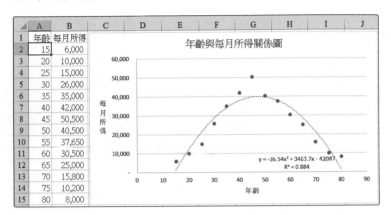

若仍擬以『資料分析』來求得迴歸方程式，得自行加入一平方項才可。其處理步驟為：（詳範例『Fun08-迴歸.xlsx\年齡與所得迴歸』工作表A1:C15資料）

1 於原年齡之前，插入一欄，將其安排為年齡之平方（如：A2之內容為=B2^2）

2 按『資料/分析/資料分析』<kbd>資料分析</kbd> 鈕，選「迴歸」項，按 <kbd>確定</kbd> 鈕

3 於『輸入Y範圍』處，以拖曳方式選取因變數（每月所得）範圍 C1:C15

4 於『輸入X範圍』處，以拖曳方式選取自變數（年齡平方與年齡）範圍A1:B15

5 由於上述兩範圍均含標記，故點選「標記(L)」

6 選「輸出範圍(O)」，並將其安排於原工作表之E3位置

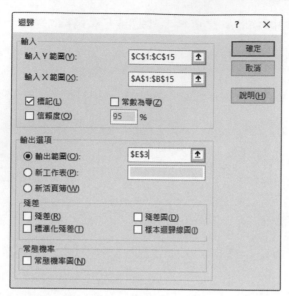

7 按 ┌ 確定 ┐ 鈕，即可獲致迴歸結果

	E	F
5	迴歸統計	
6	R 的倍數	0.94023
7	R 平方	0.884033
8	調整的 R 平方	0.862948
9	標準誤	5383.55
10	觀察值個數	14

	E	F	G	H	I	J
12	ANOVA					
13		自由度	SS	MS	F	顯著值
14	迴歸	2	2430313600	1215156800	41.9271	7.14E-06
15	殘差	11	318808721.8	28982611.08		
16	總和	13	2749122321			

此結果之判定係數（R平方）為0.8840，ANOVA表中之F檢定的顯著水準7.14E-06 < α = 0.05，故其結果為捨棄因變數與自變數間無迴歸關係存在之虛無假設。

	E	F	G	H	I
18		係數	標準誤	t 統計	P-值
19	截距	-42087	8250.413611	-5.10120446	0.000343
20	年齡平方	-36.5398	3.990552791	-9.15658483	1.77E-06
21	年齡	3463.746	385.7649034	8.978903597	2.14E-06

最後之t檢定結果中，常數項（截距）、年齡平方與年齡等之顯著水準（P-值）均小於 $\alpha = 0.05$，故捨棄其為0之虛無假設，故均不可將其省略。所以，最後之迴歸方程式應為

y = -36.5398x^2 + 3463.746x – 42087
（每月所得 = -36.5398×年齡平方 + 3463.746×年齡 – 42087）

馬上
練習

範例『Fun08-迴歸.xlsx\對數迴歸1』工作表A1:B9資料分佈情況接近對數圖形，試新增一欄ln(x)資料，並以『資料分析』求其迴歸方程式：

	A	B	C	D	E	F
1	**x**	**y**	**Ln(x)**		摘要輸出	
2	100	25	4.605			
3	200	22	5.298		迴歸統計	
4	250	21	5.521		R 的倍數	0.96056
5	300	17	5.704		R 平方	0.922675
6	400	18	5.991		調整的 R 平方	0.909788
7	600	10	6.397		標準誤	1.951472
8	1000	9	6.908		觀察值個數	8

	E	F	G	H	I	J
10	ANOVA					
11		自由度	SS	MS	F	顯著值
12	迴歸	1	272.6505	272.6505	71.59481	0.000149
13	殘差	6	22.84947	3.808244		
14	總和	7	295.5			
15						
16		係數	標準誤	t 統計	P-值	下限 95%
17	截距	57.83382	4.962743	11.6536	2.41E-05	45.69043
18	Ln(x)	-6.95925	0.822473	-8.46137	0.000149	-8.97177

（y = -6.95925Ln(x) + 57.83382）

利用迴歸函數

直線迴歸LINEST()函數

LINEST(因變數範圍,[自變數範圍],[常數項是否不為0],[統計值])
LINEST(known_y's,[known_x's],[const],[stats])

本函數使用最小平方法計算最適合於因變數範圍之迴歸直線公式,並傳回該直線公式的陣列。由於所傳回係一陣列,所以必須事先選取輸出範圍,於輸入公式後,以 `Ctrl` + `Shift` + `Enter` 完成輸入,才可傳回完整之陣列公式。式中,方括號所包圍之內容,表該部份可省略。

因變數範圍與[自變數範圍]之儲存格個數應一致。

[常數項是否不為0]係一邏輯值,省略或TRUE,表迴歸公式中應計算出常數項,公式變為$y = a + bx$;FALSE表將常數項安排為0,公式變為$y = bx$。

[統計值]也是一邏輯值,用以設定是否要傳回額外的迴歸直線統計值。為TRUE時,將依下表之對應位置,傳回所有統計值:

	A	B	C	D	E
1	**單一變量時**				
2	係數(b)	常數(a)			
3	標準誤(b)	標準誤(a)			
4	判定係數(r^2)	對y 估計值的標準誤差			
5	F 統計值	F檢定之自由度			
6	迴歸平方	殘差平方			
7					
8	**多變量時**				
9	係數$_n$(b_n)	係數$_{n-1}$(b_{n-1})	...	係數1(b_1)	常數(a)
10	標準誤(bn)	標準誤(b_{n-1})	...	標準誤(b_1)	標準誤(a)
11	判定係數(r^2)	對y 估計值的標準誤差			
12	F 統計值	F檢定之自由度			
13	迴歸平方	殘差平方			

[統計值]若省略或安排為FALSE時,將只傳回常數(a)與迴歸係數(b,即斜率)。F統計值是用來判斷自變數和因變數間的關係是否是巧合?

這應該是最難懂的迴歸方式了,因為使用者常不清楚要選取多少範圍才算正確，往往多選而導致一堆的#N/A值，且其結果也無字串說明，一下丟給您一堆數字，那個數字代表什麼？非仔細對照，很難知曉其作用！不小心對錯了，也是在所難免。

單一變量資料

假定，以範例『Fun08-迴歸.xlsx\LINEST1』工作表，廣告費與銷售量之單一變量資料為例：

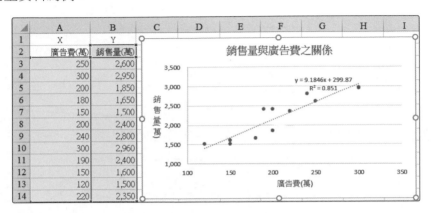

其迴歸方程式與判定係數（R^2）分別為

y = 9.1846x + 299.87
R^2 = 0.851

若要以LINEST()來求得這些數字，得以下示步驟求得：

1️⃣ 由於所求對象係單一變量，故LINEST()之結果將為一5 × 2之陣列，所以於輸入公式之前先選取五列二欄之儲存格範圍

	A	B	C
16			
17			
18			
19			
20			
21			

2 輸入下示公式

=LINEST(B3:B14,A3:A14,TRUE,TRUE)

各引數之意義，依序為因變數範圍、自變數範圍、常數項是否不為 0 與是否求算統計值。

CONCAT... ▾		✕ ✓ *fx*	=LINEST(B3:B14,A3:A14,TRUE,TRUE)		
	A	B	C	D	E	F
16						
17		E,TRUE)				
18						
19						
20						
21						

3 按 Ctrl + Shift + Enter 完成輸入，獲致陣列內容

B17	▾	✕ ✓ *fx*	{=LINEST(B3:B14,A3:A14,TRUE,TRUE)}		
	A	B	C	D	E	F
16						
17		9.1846298	299.86879			
18		1.21512755	261.65245			
19		0.85103979	229.16245			
20		57.1320202	10			
21		3000312.4	525154.26			

4 依前述對應位置，找出各統計數字

B17	▾	✕ ✓ *fx*	{=LINEST(B3:B14,A3:A14,TRUE,TRUE)}		
	A	B	C	D	E	F
17	係數(b) →	9.1846298	299.86879	← 常數(a)		
18	標準誤(b) →	1.21512755	261.65245	← 標準誤(a)		
19	判定係數(r^2) →	0.85103979	229.16245	← 對y 估計值的標準誤差		
20	F 統計值 →	57.1320202	10	← F檢定之自由度		
21	迴歸平方 →	3000312.4	525154.26	← 殘差平方		

其迴歸方程式與判定係數（R^2）分別為

y = 9.1846298x + 299.8688
R^2 = 0.8510398

多變量資料

若處理對象係多變量資料，則安排給LINEST()之陣列範圍就要變大一些，因使用者常不清楚要選取多少範圍才算正確，往往多選而導致一堆的#N/A值。（就算範圍完全正確，也會有一些無作用的#N/A值）

假定，以範例『Fun08-迴歸.xlsx\LINEST2』工作表之年齡與所得資料為例：

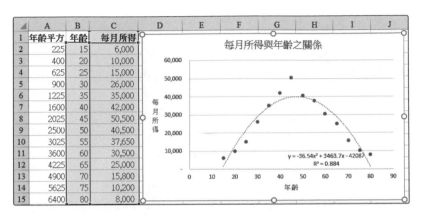

其迴歸方程式與判定係數（R^2）分別為

y = -36.54x² + 3463.7x - 42087
R^2 = 0.884

若要以LINEST()來求得這些數字，得以下示步驟求得：

1 由於所求對象係單兩欄變量，故LINEST()之結果將為一5 × 3之陣列，所以於輸入公式之前，先選取五列三欄之儲存格範圍

	A	B	C	D	E
17					
18					
19					
20					
21					
22					

2 輸入下示公式

=LINEST(C2:C15,A2:B15,TRUE,TRUE)

各引數之意義，依序為因變數範圍、自變數範圍、常數項是否不為 0 與是否求算統計值。

	A	B	C	D	E	F	G
CONCAT...			f_x	=LINEST(C2:C15,A2:B15,TRUE,TRUE)		
17							
18			UE,TRUE)				
19							
20							
21							
22							

3 按 Ctrl + Shift + Enter 完成輸入，獲致陣列內容

C18	A	B	C	D	E	F	G
			f_x	{=LINEST(C2:C15,A2:B15,TRUE,TRUE)}		
17							
18			3463.745879	-36.53983516	-42087.05		
19			385.7649034	3.990552791	8250.414		
20			0.884032544	5383.550044	#N/A		
21			41.92709886	11	#N/A		
22			2430313600	318808721.8	#N/A		

4 依前述對應位置，找出各統計數字

C18	A	B	C	D	E	F	G
			f_x	{=LINEST(C2:C15,A2:B15,TRUE,TRUE)}		
17			係數$_2$(b_2)	係數$_1$(b_1)	常數(a)		
18			3463.745879	-36.539835	-42087		
19			385.7649034	3.9905528	8250.414		
20	判定係數(r^2)		0.884032544	5383.55	#N/A		
21			41.92709886	11	#N/A		
22			2430313600	318808722	#N/A		

可查得其迴歸方程式與判定係數（R^2）分別為

$$y = -36.539835x^2 + 3463.745879x - 42087$$
$$R^2 = 0.884032544$$

8-9　截距INTERCEPT()

INTERCEPT(因變數範圍,[自變數範圍])
INTERCEPT(known_y's,[known_x's])

本函數在求利用已知的因變數範圍與自變數範圍，所求出直線迴歸方程式中的截距值。式中，方括號所包圍之內容部份，表該部份可省略。

假定，以範例『Fun08-迴歸.xlsx\INTERCEPT』工作表』工作表之廣告費與銷售量資料為例，其迴歸方程式為

$y = 9.1846x + 299.87$

其截距值299.87，亦可以下式來直接求得：

=INTERCEPT(B3:B14,A3:A14)

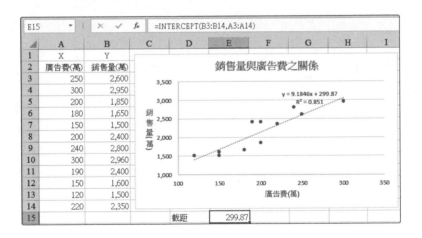

8-10 斜率SLOPE()

SLOPE(因變數範圍,自變數範圍)
SLOPE(known_y's,known_x's)

本函數在求利用已知的因變數範圍與自變數範圍,所求出直線迴歸方程式中的迴歸係數值（斜率）。

假定,以範例『Fun08-迴歸.xlsx\SLOPE』之廣告費與銷售量資料為例,其迴歸方程式為

y = 9.1846x + 299.87

其迴歸係數值9.1846,亦可以下式來直接求得:

=SLOPE(B3:B14,A3:A14)

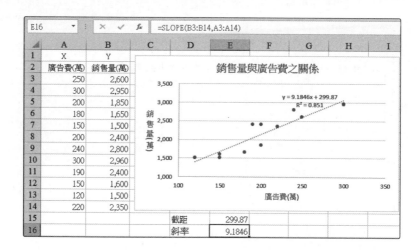

8-11 預測FORECAST()

FORECAST(x,因變數範圍,自變數範圍)
FORECAST(x,known_y's,known_x's)

此函數利用迴歸分析，以已知之因變數範圍與自變數範圍，求算其線性迴歸方程式（但不顯示迴歸方程式內容），並將使用者所指定的一組新的x值，代入迴歸方程式求其y估計值。

假定，以範例『Fun08-迴歸.xlsx\FORECAST』之廣告費與銷售量資料為例，其迴歸方程式為

y = 9.1846x + 299.87

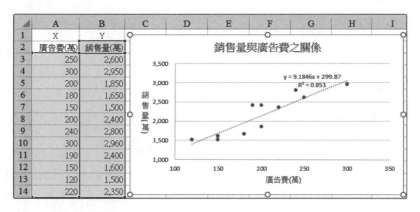

以FORECAST()直接求其預測值，可以於C3輸入下示公式

=FORECAST(A3,$B$3:$B$14,$A$3:$A$14)

續將其抄給C4:C14，即可求得。為驗證其結果是否等於以

y = 9.1846x + 299.87

之迴歸方程式所求？另於D3，以

=9.1846*A3 + 299.87

將A3之X值代入迴歸方程式，續將其抄給D3:D14。可發現兩者之所求結果完全相同：

C3		▼ : × ✓ fx	=FORECAST(A3,$B$3:$B$14,$A$3:$A$14)		

▲	A	B	C	D	E	F
1	X	Y	以FORCASTE求	以迴歸方程式		
2	廣告費(萬)	銷售量(萬)	預測銷售量(萬)	預測銷售量(萬)		
3	250	2,600	2596.0	2596.0	← =9.1846*A3 +299.87
4	300	2,950	3055.3	3055.3		
5	200	1,850	2136.8	2136.8		
6	180	1,650	1953.1	1953.1		
7	150	1,500	1677.6	1677.6		
8	200	2,400	2136.8	2136.8		
9	240	2,800	2504.2	2504.2		
10	300	2,960	3055.3	3055.3		
11	190	2,400	2044.9	2044.9		
12	150	1,600	1677.6	1677.6		
13	120	1,500	1402.0	1402.0		
14	220	2,350	2320.5	2320.5		

8-12　線性趨勢 TREND()

TREND(因變數範圍,[自變數範圍],[新x範圍],[是否要常數])
TREND(known_y's,[known_x's],[new_x's,const])

此函數利用迴歸分析最小平方法，以已知之因變數範圍與自變數範圍，求算其線性迴歸方程式（但不顯示迴歸方程式內容），並將使用者所指定的一組新的x值，代入迴歸方程式求其y估計值。式中，方括號所包圍之內容，表該部份可省略。

本函數與FORECAST()函數作用相同，只不過其輸出結果係一陣列，故於選妥範圍，輸入公式後，記得按 Ctrl + Shift + Enter 完成輸入。

因變數範圍、[自變數範圍]與[新x範圍]之儲存格個數應一致。[新x範圍]若省略將取用[自變數範圍]。

[是否要常數]為一邏輯值，為TRUE或省略，表要求計算常數b（即截距），其迴歸結果為y = b+mx。若設定為FALSE，則將常數b設定為0，迴歸結果將為y = mx。

假定，以範例『Fun08-迴歸.xlsx\TREND』之廣告費與銷售量資料為例，其迴歸方程式為

y = 9.1846x + 299.87

以TREND()直接求其預測值，可以下示步驟求得：

1 由於所求結果將為一陣列，所以於輸入公式之前先選取C3:C14之儲存格範圍

2 輸入下示公式

=TREND(B3:B14,A3:A14)

各引數之意義，依序為因變數範圍與自變數範圍。

	A	B	C	D	E	F
			CONCAT...	fx	=TREND(B3:B14,A3:A14)	
1	X	Y	以TREND求	以迴歸方程式		
2	廣告費(萬)	銷售量(萬)	預測銷售量(萬)	預測銷售量(萬)		
3	250	2,600	B14,A3:A14)	2596.0	← =9.1846*A3 + 299.87	
4	300	2,950		3055.3		
5	200	1,850		2136.8		
6	180	1,650		1953.1		
7	150	1,500		1677.6		
8	200	2,400		2136.8		
9	240	2,800		2504.2		
10	300	2,960		3055.3		
11	190	2,400		2044.9		
12	150	1,600		1677.6		
13	120	1,500		1402.0		
14	220	2,350		2320.5		

3 按 Ctrl + Shift + Enter 完成輸入，即可獲致預測結果之陣列內容

	A	B	C	D	E	F
			C3	fx	{=TREND(B3:B14,A3:A14)}	
1	X	Y	以TREND求	以迴歸方程式		
2	廣告費(萬)	銷售量(萬)	預測銷售量(萬)	預測銷售量(萬)		
3	250	2,600	2596.0	2596.0	← =9.1846*A3 + 299.87	
4	300	2,950	3055.3	3055.3		
5	200	1,850	2136.8	2136.8		
6	180	1,650	1953.1	1953.1		
7	150	1,500	1677.6	1677.6		
8	200	2,400	2136.8	2136.8		
9	240	2,800	2504.2	2504.2		
10	300	2,960	3055.3	3055.3		
11	190	2,400	2044.9	2044.9		
12	150	1,600	1677.6	1677.6		
13	120	1,500	1402.0	1402.0		
14	220	2,350	2320.5	2320.5		

D3:D14係用以驗證其結果是否等於以

y = 9.1846x + 299.87

之迴歸方程式所求？可發現兩者之所求結果完全相同。

8-13 指數迴歸LOGEST()

LOGEST(因變數範圍,[自變數範圍],[是否要常數],[統計值])
LOGEST(known_y's,[known_x's],[const],[stats])

此函數利用迴歸分析，計算以已知之因變數範圍與自變數範圍，所求算之指數曲線

y = b*m^x

並傳回描述該曲線的數值陣列。於輸入公式後，必須以 [Ctrl] + [Shift] + [Enter] 完成輸入，才可傳回完整之陣列公式。式中，方括號所包圍之內容，表該部份可省略。

因變數範圍與[自變數範圍]之儲存格個數應一致。

[是否要常數]為一邏輯值，為TRUE或省略，表要求計算常數b，其迴歸結果為y = b*m^x。若設定為FALSE，則將常數b設定為1，迴歸結果將為y = m^x。

[統計值]也是一邏輯值，用以設定是否要傳回額外的迴歸直線統計值。為TRUE時，將依下表之對應位置，傳回所有統計值：

	A	B	C	D	E
1	基底(m_n)	基底(m_{n-1})	...	基底(m_1)	常數(b)
2	標準誤(m_n)	標準誤(m_{n-1})	...	標準誤(m_1)	標準誤(b)
3	判定係數(r^2)	對y 估計值的標準誤差			
4	F 統計值	F檢定之自由度			
5	迴歸平方	殘差平方			

[統計值]為FALSE或省略，LOGEST()將只傳回m係數和常數項b。

假定，以範例『Fun08-迴歸.xlsx\LOGEST』xy資料為例：

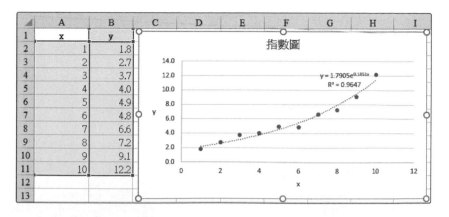

其迴歸方程式與判定係數（R^2）分別為

$y = 1.79049 \times 1.203317^x$

或

$y = 1.79049\ e^{0.1851X}$
$R^2 = 0.9647$

若要以LOGEST()來求得這些數字，得以下示步驟求得：

1 由於所求對象係單一變量，故LOGEST()之結果將為一5×2之陣列，所以於輸入公式之前先選取五列二欄之儲存格範圍

2 輸入下示公式

=LOGEST(B2:B11,A2:A11,TRUE,TRUE)

各引數之意義，依序為因變數範圍、自變數範圍、是否要常數與是否求算統計值。

3 按 Ctrl + Shift + Enter 完成輸入，獲致陣列內容

B15	▼	⋮	×	✓	f_x	{=LOGEST(B2:B11,A2:A11,TRUE,TRUE)}

◢	A	B	C	D	E	F	G
14							
15		1.203317	1.79049				
16		0.012519	0.077678				
17		0.964691	0.113708				
18		218.572	8				
19		2.826051	0.103437				

4 依前述對應位置，找出各統計數字

B15	▼	⋮	×	✓	f_x	{=LOGEST(B2:B11,A2:A11,TRUE,TRUE)}

◢	A	B	C	D	E	F	G
14		基底(m_1)	常數(b)				
15		1.203317	1.79049				
16		0.012519	0.077678				
17	判定係數(r^2)	0.964691	0.113708				
18		218.572	8				
19		2.826051	0.103437				

其迴歸方程式與判定係數（R^2）分別為

$$y = 1.79049 \times 1.203317^x$$
$$R^2 = 0.9647$$

其中，$y = 1.79049 \times 1.203317^x$ 之結果即約當為圖表上所顯示之公式 $y = 1.79049\, e^{0.1851X}$。

底下之 C 與 D 兩欄，即分別以兩組公式，計算其結果，可發現其結果非常接近。C2 與 D2 之公式內容分別為：

C2：=\$C\$15*\$B\$15^A2	即	$= 1.79049 \times 1.203317^x$
D2：= \$C\$15*EXP(1)^(0.1851*A2)	即	$y = 1.79049\, e^{0.1851X}$

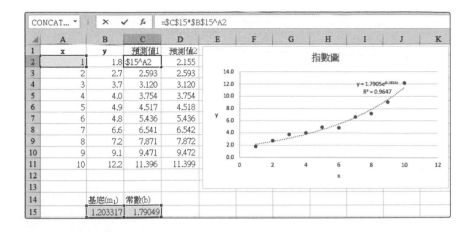

8-14 指數曲線趨勢 GROWTH()

GROWTH(因變數範圍,[自變數範圍],[新 x 範圍],[是否要常數])
GROWTH(known_y's,[known_x's],[new_x's],[const])

此函數利用迴歸分析,以已知之因變數範圍與自變數範圍,求算其指數曲線(但不顯示迴歸方程式內容),並將使用者所指定的一組新的 x 值,代入迴歸方程式求其 y 估計值。由於其結果為一陣列,選妥範圍,輸入公式後,記得按 Ctrl + Shift + Enter 完成輸入。

因變數範圍、[自變數範圍]與[新 x 範圍]之儲存格個數應一致。[新 x 範圍]若省略將取用自變數範圍。

[是否要常數]為一邏輯值,為 TRUE 或省略,表要求計算常數 b,其迴歸結果為 $y = b*m^x$。若設定為 FALSE,則將常數 b 設定為 1,迴歸結果將為 $y = m^x$。

茲仍以前例求指數迴歸之 xy 資料為例,D2 之公式內容為:(範例『Fun08-迴歸.xlsx\GROWTH』)

= $C$15*EXP(1)^(0.1851*A2)　　即　　$y = 1.79049\ e^{0.1851X}$

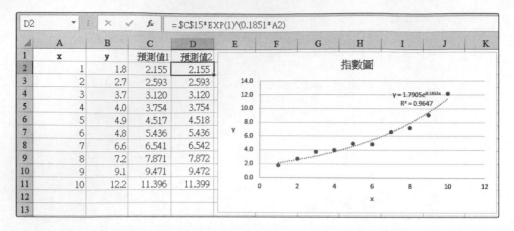

其 C2:C11 之預測值，可以下示步驟求得：

1 由於所求結果將為一陣列，所以於輸入公式之前先選取 C2:C11 之儲存格範圍

2 輸入下示公式

```
=GROWTH(B2:B11,A2:A11)
```

各引數之意義，依序為因變數範圍與自變數範圍。

	A	B	C	D	E	F
1	x	y	預測值1	預測值2		
2	1	1.8	A2:A11)	2.155		
3	2	2.7		2.593		
4	3	3.7		3.120		
5	4	4.0		3.754		
6	5	4.9		4.518		
7	6	4.8		5.436		
8	7	6.6		6.542		
9	8	7.2		7.872		
10	9	9.1		9.472		
11	10	12.2		11.399		

3 按 Ctrl + Shift + Enter 完成輸入，即可獲致預測結果之陣列內容

	A	B	C	D	E	F
C2				fx	{=GROWTH(B2:B11,A2:A11)}	
1	x	y	預測值1	預測值2		
2	1	1.8	2.155	2.155		
3	2	2.7	2.593	2.593		
4	3	3.7	3.120	3.120		
5	4	4.0	3.754	3.754		
6	5	4.9	4.517	4.518		
7	6	4.8	5.436	5.436		
8	7	6.6	6.541	6.542		
9	8	7.2	7.871	7.872		
10	9	9.1	9.471	9.472		
11	10	12.2	11.396	11.399		

8-15 預測銷售量

XY圖可以用來觀察當某一段時間（時、日、週、月、年）之後，其可能的結果為多少？ 茲以範例『Fun08-迴歸.xlsx\百貨業銷售額』工作表為例，其資料2018年10月到2019年10月，台灣區每個月百貨業之銷售總額，所繪製之線條圖為：

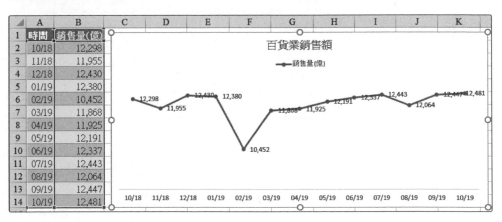

可判讀出各月之銷售業績的消長情況，比單純由其數字了解要來得方便！

但是，有了此一圖表之後，我們可能更關心的是：未來的某一段時間（如：一個月、三個月、半年或一年）的可能銷售情況是多少？

在這個圖表上，我們可大概判斷下個月的銷售額，應該還是持續向上走，其數字可能範圍是在12,500左右。但是，其95%的信賴區間是多少？若時間拉長到半年之後，其情況又是如何？光由此圖判斷，我們可沒多大的信心！

關於未來的某一段時間（如：一個月、三個月、半年或一年）的可能銷售情況是多少？這方面的相關動作，可利用「**資料/預測/預測工作表**」來幫我們處理。

以範例『**Fun08-迴歸.xlsx\預測百貨業銷售額**』工作表為例（資料同於前節），進行說明其處理步驟：

1 選取A1:B14之連續範圍

2 按『**資料/預測/預測工作表**』 鈕，轉入

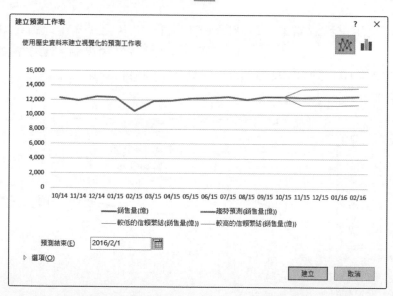

『**預測結束**』處可以設定要預測到那一個時間？目前預設值為4個月。

3 按 │ 建立 │ 鈕，即可於本工作表之左邊新增一個工作表，產生預測
圖表（產生圖表後，由於橫軸之文字內容較多，故拉寬圖表寬度）、
預測的可能值及其最高與最低的可能情況

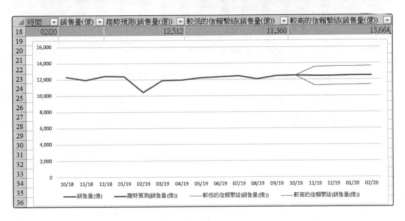

	A 時間	B 銷售量(億)	C 趨勢預測(銷售量(億))	D 較低的信賴繫結(銷售量(億))	E 較高的信賴繫結(銷售量(億))
2	10/18	12,298			
3	11/18	11,955			
4	12/18	12,430			
5	01/19	12,380			
6	02/19	10,452			
7	03/19	11,868			
8	04/19	11,925			
9	05/19	12,191			
10	06/19	12,337			
11	07/19	12,443			
12	08/19	12,064			
13	09/19	12,447			
14	10/19	12,481	12,481	12,481	12,481
15	11/19		12,415	11,290	13,539
16	12/19		12,447	11,313	13,581
17	01/20		12,480	11,337	13,622
18	02/20		12,512	11,360	13,664

以 2020 年 2 月為例，其預測值為 12,512，95% 的預測信賴區間之最
低值為 11,360；最高值為 13,664。

當然，我們也可修改其標題，讓其更容易看得懂：（按『**資料/排序
與篩選/篩選**』 │篩選│ 鈕，可取消標題列各欄右側下拉鈕）

	A 時間	B 銷售量(億)	C 趨勢預測	D 95%信賴區間(低)	E 95%信賴區間(高)
14	10/19	12,481	12,481	12,481	12,481
15	11/19		12,415	11,290	13,539
16	12/19		12,447	11,313	13,581
17	01/20		12,480	11,337	13,622
18	02/20		12,512	11,360	13,664

茲以範例『Fun08-迴歸.xlsx\股價趨勢線』工作表之股票圖為例,所繪製之股價三日平均趨勢線為:

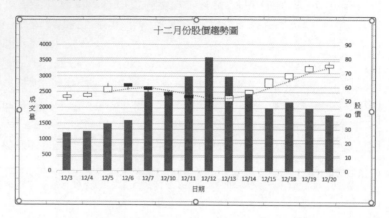

關於未來的某一段時間(如:一天、三天、五天)的可能股價是多少?前圖,雖有移動平均線,但並未給我們帶來多少幫助!這時,可利用「**資料/ 預測/預測工作表**」來幫我們處理。

以範例『Fun08-迴歸.xlsx\預測股價』工作表為例(資料同於前節),進行說明其處理步驟:

1 選取 A1:A15 範圍,續按 Ctrl ,再選取 F1:F15

	A	B	C	D	E	F
1	日期	成交量	開盤價	最高價	最低價	收盤價
2	12/3	1200	52	56	50	54
3	12/4	1250	53	56	52	55
4	12/5	1500	56	62	56	60
5	12/6	1600	62	62	58	60
6	12/7	2500	60	60	56	58
7	12/10	2400	56	57	52	54
8	12/11	3000	54	55	50	52
9	12/12	3600	50	55	45	50
10	12/13	3000	50	56	48	54
11	12/14	2560	55	58	53	58
12	12/15	2000	60	66	60	66
13	12/18	2200	66	70	64	70
14	12/19	2000	71	76	70	75
15	12/20	1800	74	78	70	76

2 按『資料/預測/預測工作表』 鈕,轉入

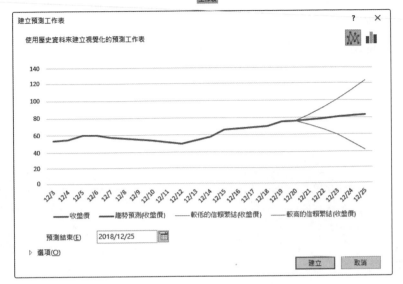

3 按 建立 鈕,即可於本工作表之左邊新增一個工作表,產生預測
圖表、預測的可能值及其最高與最低的可能清況(經自行調整欄寬
及設定格式)

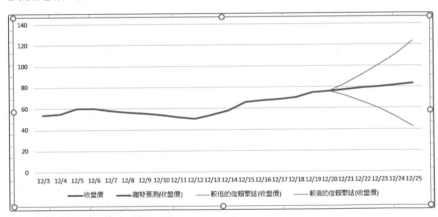

	A	B	C	D	E
1	日期	收盤價	趨勢預測(收盤價)	較低的信賴繫結(收盤價)	較高的信賴繫結(收盤價)
19	12/20	76	76	76.00	76.00
20	12/21		77.38045964	71.49	83.27
21	12/22		78.75367394	66.12	91.38
22	12/23		80.12688824	59.37	100.88
23	12/24		81.50010255	51.43	111.57
24	12/25		82.87331685	42.42	123.32

以12/21為例，其預測值為77.38，95%的預測信賴區間之最低值為71.49；最高值為83.27。這種預測，不可能做太長期。因為，對於越後面的日期，其預測就越不可能準確，故其預測信賴區間就越拉越大！以12/25為例，其預測值為82.87，95%的預測信賴區間之最低值為42.42；最高值為123.32。

財務函數

9-1 折舊

企業之固定資產的使用壽命是有限的,在其使用年限內,固定資產會逐年因有形或無形損耗(如:磨損或技術更新),而逐漸喪失其服務潛力。故有必要將其成本在有限的使用年限內逐漸轉銷為費用,這個程序就是『固定資產折舊』。

我國之『商業會計法』第四十七條有關折舊方法之規定為:

> 『固定資產之折舊方法,以採用平均法、定率遞減法、年數合計法、生產數量法、工作時間法或其他經主管機關核定之折舊方法為準;資產種類繁多者,得分類綜合計算之。』

另,第四十六條有關『累計折舊』之規定為:

> 『折舊性固定資產之估價,應設置累計折舊科目,列為各該資產之減項。固定資產之折舊,應逐年提列。』

> 『固定資產計算折舊時,應預估其殘值,其依折舊方法應先減除殘值者,以減除殘值後之餘額為計算基礎。』

> 『固定資產折舊足額,仍可繼續使用者,不得再提折舊。』

與『固定資產折舊』有關的幾項因素為:

■ 成本:固定資產的取得成本

- 估計殘值：固定資產廢棄時，可收回的材料價值或處置價值，一般得扣除其拆遷或處理費用

- 估計使用年限：固定資產的總使用壽命、工作小時數或生產數量

平均法SLN()

SLN(成本,殘值,使用年限)
SLN(cost,salvage,life)

傳回某項固定資產使用平均法（直線折舊法，straight-line depreciation）計算出來的每期折舊金額。所稱平均法，係指依固定資產之估計使用年數，每期提相同之折舊額。其公式為：

$$每年折舊額 = \frac{成本 - 殘值}{使用年限}$$

假設，以1,500,000元買了一輛營業上使用的貨運卡車，使用年限為10年，估計殘值是為250,000元。則每年應提的折舊金額是：

$$\frac{（1500000 - 250000）}{10} = 125000$$

如，範例『Fun09-財務.xlsx\SLN』中B5:B14之每一年之折舊金額的內容均為：

=SLN($A$2,$B$2,$C2)

B5		▼	× ✓ fx	=SLN($A$2,$B$2,$C$2)	
▲	A	B	C	D	E
1	成本	殘值	使用年限		
2	1,500,000	250,000	10		
3					
4	年數	折舊			
5	1	$125,000	← =SLN($A$2,$B$2,$C$2)		
6	2	$125,000			
7	3	$125,000			
8	4	$125,000			
9	5	$125,000			
10	6	$125,000			
11	7	$125,000			
12	8	$125,000			
13	9	$125,000			
14	10	$125,000			

使用平均法（直線折舊法）是最簡單、最容易的計算方式，所以，在會計上最廣為使用。但其缺點為：

■ 各會計年度所負擔的使用成本前後不均勻，因固定資產會逐年因有形或無形損耗，而逐漸喪失其服務潛力。故其服務潛力應是逐年遞減；而相對的，維修費則逐年遞增。使用平均法，每年之折舊均相同，將使前幾期享受較大之服務潛力，而卻負擔較低之成本；後幾期享受較低之服務潛力，但卻負擔較高之成本。

■ 只考慮使用年限，並沒考慮到加班或減班之情況。無論該年使用時間或生產數量多寡，每年均負擔相同之成本。

所以，平均法（直線折舊法）較適用於情況大致相同、技術進步因素影響較少之資產。如：廠房、儲藏櫃、……。

生產數量法

生產數量法（unit of output method），係指以固定資產之估計總生產量，除其應折舊之總額，算出一單位產量應負擔之折舊額，乘以每年實際之生產量，求得各該期之折舊額。這實際上也是一種平均法，只是基礎轉為生產數量而已。其公式為：

$$當期生產數量 \times \frac{成本-殘值}{使用年限內估計總生產量}$$

假定，以1,000,000取得一機器，估計可使用6年，總生產量為600,000，估計殘值是為250,000元。每年生產數量如範例『Fun09-財務.xlsx\生產數量法』C5:C10所示，其D5之折舊公式應為：

```
=($B$2-$C$2)*B5/$A$2
```

各年應提之折舊金額分別為：

	C5		▼	⋮	✕	✓	*fx*	=($B$2-$C$2)*B5/$A$2

	A	B	C	D	E
1	估計總生產量	成本	殘值		
2	600,000	1,000,000	250,000		
3					
4	年	生產數量	折舊	累計折舊	帳面價值
5	1	140,000	175,000	175,000	825,000
6	2	120,000	150,000	325,000	675,000
7	3	100,000	125,000	450,000	550,000
8	4	120,000	150,000	600,000	400,000
9	5	80,000	100,000	700,000	300,000
10	6	40,000	50,000	750,000	250,000
11	合計	600,000	750,000		

使用此法，除了有平均法之優點外；尚且以實際之生產量作為計算折舊之依據，使折舊費用與固定資產實際所提供之服務成正比，使每年應分攤之金額較為合理。但其缺點為：

- 僅單純以產能為依據，並未考慮到有形或無形的損耗

- 總產量通常是無法估計得很準，以不準的總產量去計提折舊，其準確性就很有問題

工作時間法

所謂工作時間法（working hours method），係指以固定資產之估計全部使用時間除其應折舊之總額，算出一單位工作時間應負擔之折舊額，乘以每年實際使用之工作總時間，求得各該期之折舊額。

其算法、優缺點完全同生產數量法，只是將生產數量改為工作時間而已。

年數合計法SYD()

SYD(成本,殘值,使用年限,期別)
SYD(cost,salvage,life,per)

以年數合計法(sum-of-years)計算某固定資產，在某一期的折舊額。所謂年數合計法，係指以固定資產之應折舊總額，乘以一遞減之分數，其分母為使用年數之合計數，分子則為各使用年次之相反順序，求得各該項之折舊額。其公式為：

$$\frac{(\text{成本}-\text{殘值})\times(\text{使用年限}-\text{期別}+1)\times 2}{\text{使用年限}\times(\text{使用年限}+1)}$$

假設，以2,500,000元買了一輛營業上使用的貨運卡車，使用年限為6年，估計殘值是為300,000元。則每年應提的折舊金額分別是範例『Fun09-財務.xlsx\SYD』C5:C10之內容：

	C5	▼	⋮ × ✓ fx	=SYD($A$2,$B$2,$C$2,B5)	
◢	A	B	C	D	E
1	成本	殘值	使用年限		
2	2,500,000	300,000	6		
3					
4		年數	年數合計法		
5		1	$628,571		
6		2	$523,810		
7		3	$419,048		
8		4	$314,286		
9		5	$209,524		
10		6	$104,762		
11		累計折舊	$2,200,000		

由其折舊額在第一個週期最高，然後每年逐年遞減，可知此法也是一種加速折舊之方法。

秘訣　使用加速折舊法，可使前幾期因享受較大之服務潛力，而負擔較高之成本。且也可使固定資產的帳面價值較接近於市價（如汽車一出廠價格就減半，尤其前幾年的折舊額均很大）。且因早期多計提折舊，就使企業早期應稅金額減低，而將應稅時間往後遞延，也可從而獲得貨幣的時間價值（等於是一種無息貸款）。

定率遞減法DB()

DB(成本,殘值,使用年限,期別,[第一年的月數])
DB(cost,salvage,life,period,[month])

傳回以定率遞減法（固定餘額遞減法，fixed declining balance method）計算之一定期間內資產的折舊。式中，方括號所包圍之內容，表該部份可省略。

期別與使用年限必須同單位（年或月），[第一年的月數]表當於年中取得此一固定資產時，由於不滿一整年，故應標明該年計使用了幾個月；省略時，以12計。

所稱定率遞減法，係指依固定資產之估計使用年數，按公式求出其折舊率，每年以固定資產之帳面價值，乘以折舊率計算其當年之折舊額。其計算公式為：

$$（成本－上一期累計折舊）×比率$$

其中，

$$比率＝1－^{使用年限}\sqrt{\frac{殘值}{成本}}$$

四捨五入至小數第三位。這個比率是固定不變的，乘以逐年遞減之資產帳面餘額（成本－上一期累計折舊），故也是一種加速折舊法。

若第一期使用此固定資產並非一整年，則第一期折舊之公式為：

$$取得成本×比率×\frac{第一年月數}{12}$$

那麼，最後一期折舊之公式為：

$$（成本－前幾期折舊總值）×比率×\frac{（12－第一年月數）}{12}$$

但這樣，當固定資產的成本很大時，由於比率係四捨五入之數字。所以，並不保證所有累計折舊會恰為（成本－殘值）。故應將其最後一年之折舊改為：

$$（成本－殘值－前幾期折舊總值）$$

假設，於第一年之八月，以2,000,000元買了一部生產用的機器，使用年限為6年，估計殘值是為300,000元。由於，第一年係八月取得機器，故第一年使用月數為5。則每年應提的折舊金額如範例『Fun09-財務.xlsx\DB』B5:B11，其所使用之公式分別為：

B5	=DB($A$2,$B$2,$C$2,A5,$D$2)
B6	=DB($A$2,$B$2,$C$2,A6,$D$2)

```
...
B10      =DB($A$2,$B$2,$C$2,A10,$D$2)
B11      =$A$2-$B$2-SUM(B5:B10)
```

若取得此固定資產時是一月份，則最後之月數可省略（或輸入12），則每年
應提的折舊金額如範例『Fun09-財務.xlsx\DB-1』B5:B11，B5所使用之公式
可為：

```
=DB($A$2,$B$2,$C$2,A5,$D$2)
```

或

```
=DB($A$2,$B$2,$C$2,A5)
```

由其折舊額，每年逐年遞減，可知其為一種加速折舊法。

加倍餘額遞減法DDB()

以加倍餘額遞減法（double-declining balance），計算某項固定資產，在某期間之折舊額。式中，方括號所包圍之內容，表該部份可省略。

[速率]用以指定餘額遞減的速率，省略時，其預設值為2（即採用加倍餘額遞減法）。

其公式為：

$$\frac{成本-前期累計折舊 \times 速率}{使用年限}$$

假設，以2,500,000元買了一輛營業上使用的貨運卡車，使用年限為6年，估計殘值是為250,000元。則每年應提的折舊金額如範例『Fun09-財務.xlsx\DB-1』之B5:B10，B5所使用之公式為：

=DDB($A$2,$B$2,$C$2,A5,2)

	A	B	C	D	E
B5		f_x =DDB($A$2,$B$2,$C$2,A5,2)			
1	**成本**	**殘值**	**使用年限**		
2	2,500,000	250,000	6		
3					
4	**年數**	**加倍餘額遞減法**			
5	1	$833,333			
6	2	$555,556			
7	3	$370,370			
8	4	$246,914			
9	5	$164,609			
10	6	$79,218			
11	累計折舊	$2,250,000			

由其折舊額在第一個週期最高，然後每年逐年遞減，可知此法也是一種加速折舊之方法。

指定期間遞減法折舊金額VDB()

VDB代表變數餘額遞減 (Variable Declining Balance)，本函數會傳回資產指定期間內，按遞減法所計算的折舊金額。若省略[遞減的速率]，其預設值為2，即使用加倍餘額遞減法（double-declining balance）。

同前例，假設，以2,500,000元買了一輛營業上使用的貨運卡車，使用年限為6年，估計殘值是為250,000元。則每年應提的折舊金額如範例『Fun09-財務.xlsx\VDB』之B5:B10，B5所使用之公式為：

=DDB($A$2,$B$2,$C$2,A5,2)

B5:B10則為其各年之折舊金額，F5:F10則使用

=VDB($A$2,$B$2,$C$2,D5,E5)

計算D5:D10所示各不同期間，其累計之折舊金額分別為何？

	F5	▼	⋮	×	✓	*fx*	=VDB($A$2,$B$2,$C$2,D5,E5)		

◢	A	B	C	D	E	F
1	成本	殘值	使用年限			
2	2,500,000	250,000	6			
3						
4	年數	加倍餘額遞減法		起始期數	結束期數	累計折舊
5	1	$833,333	← =DDB($A$2,$B$2,$C$2,A5,2)	0	1	$833,333
6	2	$555,556		1	2	$555,556
7	3	$370,370		0	2	$1,388,889
8	4	$246,914		3	4	$246,914
9	5	$164,609		0	6	$2,250,000
10	6	$79,218				
11	累計折舊	$2,250,000				

以F7之資料言，開始期數為0，結束期數為2，即等於B5跟B6之第1及第2年，兩年以加倍餘額遞減法所計算之折舊額的加總$1,388,889 ($833,333+$555,556)。

若[遞減的速率]改為0，本函數將使用平均法（直線折舊法，straight-line depreciation）計算折舊。同樣之資料，B19所使用之公式為：

=SLN($A$2,$B$2,$C$2)

計算出每年之折舊金額均為$37,500，F20:F24則使用

=VDB($A$2,$B$2,$C$2,D20,E20,0)

計算D5:D10所示各不同期間，其累計之折舊金額分別為何？

	A	B	C	D	E	F
	F20	▼ : × ✓ fx	=VDB($A$2,$B$2,$C$2,D20,E20,0)			
18	年數	直線折舊				
19	1～10	$375,000	← =SLN($A$2,$B$2,$C$2)	起始期數	結束期數	累計折舊
20				0	1	$375,000
21				1	2	$375,000
22				0	2	$750,000
23				3	4	$375,000
24				0	6	$2,250,000

以F22之資料言，開始期數為0，結束期數為2，即等於第1及第2年，兩年以平均法所計算之折舊額的加總$750,000($375,000+$375,000)。

9-2 年金

年金期付款PMT()

PMT(利率,期數,本金,[未來值],[期初或期末])
PMT(rate,nper,pv,[fv],[type])

傳回每期付款金額及利率固定之年金期付款數額。如：於利率與期數固定之情況下，貸某一金額之款項，每期應償還多少金額？（年金是在某一段連續期間內，一序列的固定金額給付活動。例如，汽車或購屋分期貸款都是年金的一種）式中，方括號所包圍之內容，表該部份可省略。

■ 本金：為未來各期年金現值的總和。如：貸款。

■ [未來值]：為最後一次付款完成後，所能獲得的現金餘額。如：零存整付之期末領回金額。省略時，其預設值為0。通常，本金為貸款時，[未來值]即為0。反之，[未來值]為零存整付之期末領回金額時，本金即為0。

■ [期初或期末]：用以界定各期金額的給付時點。省略或0，表期末給付（各期之年底或月底），1表期初給付。像跟銀行貸款，通常是期末償付；但零存整付則又得期初給付。金額的給付發生在期末者為普通年金；發生在期初者則為期初年金。

假定，貸款3,000,000，分20年償還、年利率2.2%。若以年繳方式償還，則其公式為：

```
=PMT(0.022,20,3000000)
```

即範例『Fun09-財務.xlsx\PMT』之

```
=PMT(C2,B2,A2)
```

若以月繳方式償還，應將期數與利率轉為同一基礎（月），故其公式為：

```
=PMT(0.022/12,20*12,3000000)
```

即下表之

```
=PMT(C2/12,B2*12,A2)
```

由於，Excel視這些償還金額為一種支出，故以負值表示：

若實在不習慣，可於其前加一負號。

也別把PMT()固定成只用於償還欠別人的錢而已；若擬於兩年後能存款100,000以便出國旅遊。假定，活存之年利率為1.0%。那每個月應存入多少金額，方能於兩年後領回100,000？也可用PMT()來求算，由於這是一種期初存款，[期初或期末]為1；且本金為0（[未來值]為100,000），故D7處之公式為：

```
=-PMT(C7/12,B7,0,A7,1)
```

A	B	C	D	E
期末領回	**期數(月)**	**利率(年)**	**每月應存**	
100,000	24	1.00%	$4,123	

每月期初應存4,123，即可達成兩年後領回100,000之期望。

秘訣

若已知pv，則PMT之公式為：

$$\frac{i \times pv}{1-(1+i)^{-n}}$$

i為利率，n為期數。若已知fv，則PMT之公式為：

$$\frac{i \times fv}{(1+i)^{-n}-1}$$

馬上練習

假定，年利率1.0%，要在10年存滿一百萬，每個月應存多少錢？（範例『Fun09-財務.xlsx\存滿一百萬』）

	A	B
1	年數	10
2	年利率	1.00%
3	每月應存	$8,753
4	期末領回	$1,000,000

貸款分期償還表（一）

假定，於年利率2.2%之水準下，貸款3,000,000，分10年償還。擬建立如範例『Fun09-財務.xlsx\貸款分期償還表』工作表之貸款分期償還表（amortization schedule）：

D2			f_x	=-PMT(C2,B2,A2)	

	A	B	C	D	E	F
1	貸款	期數	利率	年繳		
2	3,000,000	10	2.20%	$337,484		
3						
4	期數	期初餘額	每期償還	償還利息	償還本金	期末餘額
5	1	3,000,000	337,484	66,000	271,484	2,728,516
6	2	2,728,516	337,484	60,027	277,457	2,451,059
7	3	2,451,059	337,484	53,923	283,561	2,167,499
8	4	2,167,499	337,484	47,685	289,799	1,877,700
9	5	1,877,700	337,484	41,309	296,175	1,581,525
10	6	1,581,525	337,484	34,794	302,690	1,278,835
11	7	1,278,835	337,484	28,134	309,350	969,485
12	8	969,485	337,484	21,329	316,155	653,330
13	9	653,330	337,484	14,373	323,111	330,219
14	10	330,219	337,484	7,265	330,219	0

各相關儲存格的公式分別為：

D2:	=-PMT(C2,B2,A2)
B5:	=A2
C5:	=$D$2
D5:	=B5*$C$2
E5:	=C5-D5
F5:	=B5-E5
B6:	=F5

然後，將C5:F5抄給C6:F6：

C5	▼	:	×	✓	fx	=$D$2

◢	A	B	C	D	E	F
1	貸款	期數	利率	年繳		
2	3,000,000	10	2.20%	$337,484		
3						
4	期數	期初餘額	每期償還	償還利息	償還本金	期末餘額
5	1	3,000,000	337,484	66,000	271,484	2,728,516
6	2	2,728,516	337,484	60,027	277,457	2,451,059
7	3					

最後，選取B6:F6，將其抄給B7:F14，即可大功告成。判斷公式是否安排正確的最佳方式，只須檢查F14是否為0即可。

馬上練習

假定，於年利率2.28%之水準下，貸款1,000,000，分12個月償還。試建立其貸款分期償還表：（範例『Fun09-財務.xlsx\pmt1』）

◢	A	B	C	D	E	F
1	貸款	期數(月)	年利率	月繳		
2	1,000,000	12	2.28%	$84,366		
3						
4	期數	期初餘額	每期償還	償還利息	償還本金	期末餘額
5	1	1,000,000	84,366	1,900	82,466	917,534
6	2	917,534	84,366	1,743	82,623	834,911
7	3	834,911	84,366	1,586	82,780	752,131
8	4	752,131	84,366	1,429	82,937	669,194
9	5	669,194	84,366	1,271	83,095	586,100
10	6	586,100	84,366	1,114	83,252	502,847
11	7	502,847	84,366	955	83,411	419,437
12	8	419,437	84,366	797	83,569	335,867
13	9	335,867	84,366	638	83,728	252,140
14	10	252,140	84,366	479	83,887	168,252
15	11	168,252	84,366	320	84,046	84,206
16	12	84,206	84,366	160	84,206	0

年金期付款單變數運算列表

按『資料/預測/模擬分析』 <kbd>模擬分析</kbd> 鈕，續選「運算列表(T)…」，可用以依公式建立單變數或雙變數之假設分析表（what-if table）或交叉分析表（cross-tabulating）。

若期數固定於20期且貸款1,000,000，而利率水準為2.2%之情況下，每期應付62,343。（範例『Fun09-財務.xlsx\單變數運算列表』）

	A	B	C	D	E	F
					D2 ▼ : × ✓ *fx* =-PMT(A2,B2,C2)	
1	利率	期數(年)	貸款	期付		
2	2.20%	20	$1,000,000	$62,343	← =-PMT(A2,B2,C2)	

茲為分析：若期數固定於20期且貸款1,000,000，而利率水準由2.0%變動到3.2%之各種情況下，每期應付多少金額？

首先，於D2位置輸入：

```
=-PMT(A2,B2,C2)
```

求得利率為2.2%時之應付金額，以當作建表所需使用之公式。續再於B5:B11位置輸入2.0%～3.2%之利率水準當作建表之變數欄，並於C4輸入

```
=D2
```

指出建表所需使用之公式係存於D2。

	A	B	C	D	E	F
			C4 ▼ : × ✓ *fx* =D2			
1	利率	期數(年)	貸款	期付		
2	2.20%	20	$1,000,000	$62,343	← =-PMT(A2,B2,C2)	
3						
4			$62,343	← =D2		
5		2.0%				
6		2.2%				
7		2.4%				
8		2.6%				
9		2.8%				
10		3.0%				
11		3.2%				

然後，再依下列步驟進行：

1 選取整個建表範圍（B4:C11）

◢	A	B	C	D	E	F
1	**利率**	**期數(年)**	**貸款**	**期付**		
2	2.20%	20	$1,000,000	$62,343	← =-PMT(A2,B2,C2)	
3						
4			$62,343	← =D2		
5		2.0%				
6		2.2%				
7		2.4%				
8		2.6%				
9		2.8%				
10		3.0%				
11		3.2%				

注意範圍之左上角為空白，整個範圍應涵蓋變數欄與分析欄之公式。

2 按『資料/預測/模擬分析』 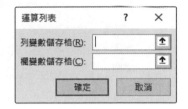 鈕，續選「運算列表(T)…」，轉入『運算列表』對話方塊。於『欄變數儲存格(C)：』後單按滑鼠

運算列表　　　　　　　? ✕

列變數儲存格(R): ▯ ⬆

欄變數儲存格(C): ▯ ⬆

確定　　取消

3 續輸入公式中與變數欄同資料性質之儲存格位址，因=D2公式中所使用之利率係存於A2，而目前變數欄內容為各種不同利率值，故於此處即應輸入A2（最好以滑鼠圈點A2儲存格來達成輸入，會顯示$A$2）

◢	A	B	C	D	E	F
1	**利率**	**期數(年)**	**貸款**	**期付**		
2	2.20%	20	$1,000,000	$62,343	← =-PMT(A2,B2,C2)	
3						
4			$62,343	← =D2		
5		2.0%				
6		2.2%	運算列表	? ✕		
7		2.4%				
8		2.6%	列變數儲存格(R):	⬆		
9		2.8%	欄變數儲存格(C): $A$2	⬆		
10		3.0%	確定	取消		
11		3.2%				

4 按 確定 鈕完成設定，獲致建表內容

	A	B	C	D	E	F
1	利率	期數(年)	貸款	期付		
2	2.20%	20	$1,000,000	$62,343	← =-PMT(A2,B2,C2)	
3						
4			$62,343	← =D2		
5		2.0%	$61,157			
6		2.2%	$62,343			
7		2.4%	$63,543			
8		2.6%	$64,755			
9		2.8%	$65,979			
10		3.0%	$67,216			
11		3.2%	$68,465			

可將B5:B11之不同利率值，分別代入C4儲存格之公式，一舉算出利率水準由2.0％變動到3.2％之各種情況下，每期應付多少金額。（為便於閱讀，本書對建表結果均已進行格式設定）

注意 無法僅刪除運算列表之部份資料內容，必須整個列表全數選取，再以 Delete 進行刪除。

年金期付款雙變數運算列表

假定，欲以「運算列表(T)…」探討：當期數固定於20期（年），貸款由一百萬～四百萬且利率水準由2.0％變動到3.2％之各種情況下，每期（年）應償還多少本息？

首先，將範例『Fun09-財務.xlsx\雙變數運算列表』工作表之內容修改成：

B4		⋮	× ✓ fx	=D2		
	A	B	C	D	E	F
1	利率	期數(年)	貸款	期付		
2	2.20%	20	$1,000,000	$62,343	←- =-PMT(A2,B2,C2)	
3						
4	=D2 →	$62,343	$1,000,000	$2,000,000	$3,000,000	$4,000,000
5		2.0%				
6		2.2%				
7		2.4%				
8		2.6%				
9		2.8%				
10		3.0%				
11		3.2%				

以B5:B11之利率水準為欄變數，以C4:F4之貸款額度為列變數，於B4處所使用之公式為 =D2。

接著，依下列步驟執行：

1 將建表範圍選取為B4:F11（須涵蓋欄/列變數之所有內容，以及其交會處之公式）

▲	A	B	C	D	E	F
1	利率	期數(年)	貸款	期付		
2	2.20%	20	$1,000,000	$62,343	←- =-PMT(A2,B2,C2)	
3						
4	=D2 →	$62,343	$1,000,000	$2,000,000	$3,000,000	$4,000,000
5		2.0%				
6		2.2%				
7		2.4%				
8		2.6%				
9		2.8%				
10		3.0%				
11		3.2%				

2 按『資料/預測/模擬分析』 鈕，續選「運算列表(T)…」，轉入『運算列表』對話方塊

3 於『列變數儲存格(R)：』後單按滑鼠，以滑鼠選按C2儲存格

因公式 =D2 中所使用之貸款金額係存於C2，而目前變數列之內容為各種不同之貸款金額，故於『列變數儲存格(R)：』後輸入C2（或以滑鼠點按C2儲存格），以利將列變數之內容代入C2位置。

4 於『欄變數儲存格(C)：』後，單按滑鼠，續以滑鼠選按A2儲存格

由於公式 =D2 中所使用之利率係存於A2，而目前欄變數之內容為各種不同利率值，故於『欄變數儲存格(C)：』後輸入A2（或以滑鼠點按A2儲存格），以利將欄變數之內容代入A2位置。

▲	A	B	C	D	E	F
1	利率	期數(年)	貸款	期付		
2	2.20%	20	$1,000,000	$62,343	←- =-PMT(A2,B2,C2)	
3						
4	=D2 →	$62,343	$1,000,000	$2,000,000	$3,000,000	$4,000,000
5		2.0%				
6		2.2%				
7		2.4%	運算列表	?	×	
8		2.6%				
9		2.8%	列變數儲存格(R):	$C$2		
10		3.0%	欄變數儲存格(C):	$A$2		
11		3.2%		確定	取消	

B4		:	×	✓	fx	=D2

	A	B	C	D	E	F
1	利率	期數(年)	貸款	期付		
2	2.20%	20	$1,000,000	$62,343	← =-PMT(A2,B2,C2)	
3						
4	=D2 →	$62,343	$1,000,000	$2,000,000	$3,000,000	$4,000,000
5		2.0%	$61,157	$122,313	$183,470	$244,627
6		2.2%	$62,343	$124,687	$187,030	$249,374
7		2.4%	$63,543	$127,086	$190,628	$254,171
8		2.6%	$64,755	$129,509	$194,264	$259,019
9		2.8%	$65,979	$131,958	$197,937	$263,916
10		3.0%	$67,216	$134,431	$201,647	$268,863
11		3.2%	$68,465	$136,929	$205,394	$273,859

可將不同利率及貸款金額分別代入=D2之公式，一舉算出：若期數固定於20期，貸款由一百萬～四百萬且利率水準由2.0%變動到3.2%之各種情況下，每期應償還多少本息。

付款中的利息 IPMT()

IPMT(利率,第幾期,總期數,本金,[未來值],[期初或期末])
IPMT(rate,per,nper,pv,[fv],[type])

傳回付款方式為定期、定額及固定利率之投資，某一期付款中的利息金額。（本金、未來值、期初或期末參見PMT()處之說明）

以前文貸款分期償還表之第2期的資料為例，該期年繳之337,484中，用來償還利息之金額為60,027。即可以

=-IPMT(2.2%,2,10,3000000,0,0)
=-IPMT($C$2,A6,$B$2,$A$2,0,0)

公式來求得。如：（範例『Fun09-財務.xlsx\IPMT』）

	A	B	C	D	E	F
1	貸款	期數	利率	年繳		
2	3,000,000	10	2.20%	$337,484		
3						
4	第幾期	償還利息部份				
5	1	$66,000				
6	2	$60,027				
7	3	$53,923				
8	4	$47,685				
9	5	$41,309				
10	6	$34,794				
11	7	$28,134				
12	8	$21,329				
13	9	$14,373				
14	10	$7,265				

付款中的本金PPMT()

PPMT(利率,第幾期,總期數,本金,[未來值],[期初或期末])
PPMT(rate,per,nper,pv,[fv],[type])

傳回付款方式為定期、定額及固定利率之投資,某期付款中的本金金額。
(本金、未來值、期初或期末參見PMT()處之說明)

以前文貸款分期償還表之第2期的資料為例,該期年繳之337,484中,用來
償還本金之金額為277,457。即可以

=-PPMT(2.2%,2,10,3000000,0,0)
=-PPMT($C$2,A6,$B$2,$A$2,0,0)

公式來求得。如:(範例『Fun09-財務.xlsx\PPMT』)

	A	B	C	D	E	F
1	貸款	期數	利率	年繳		
2	3,000,000	10	2.20%	$337,484		
3						
4	第幾期	償還本金部份				
5	1	$271,484				
6	2	$277,457				
7	3	$283,561				
8	4	$289,799				
9	5	$296,175				
10	6	$302,690				
11	7	$309,350				
12	8	$316,155				
13	9	$323,111				
14	10	$330,219				

貸款分期償還表（二）

有了IPMT()與PPMT()函數後，即可利用其等來建立貸款分期償還表
（amortization schedule）。假定，於年利率2.2%之水準下，貸款3,000,000，
分10年償還。各相關儲存格的公式分別為：（範例『Fun09-財務.xlsx\貸款
分期償還表1』）

```
D2:     =-PMT(C2,B2,A2)
B5:     =A2
C5:     =$D$2
D5:     =-IPMT($C$2,A5,$B$2,$A$2)
E5:     =-PPMT($C$2,A5,$B$2,$A$2)
F5:     =B5-E5
B6:     =F5
```

然後，將C5:F5抄給C6:F6：最後，選取B6:F6，將其抄給B7:F14，即可大
功告成：

D5	▼	:	× ✓	*fx*	=-IPMT($C$2,A5,$B$2,$A$2)

	A	B	C	D	E	F
1	貸款	期數	利率	年繳		
2	3,000,000	10	2.20%	$337,484		
3						
4	期數	期初餘額	每期償還	償還利息	償還本金	期末餘額
5	1	3,000,000	337,484	66,000	271,484	2,728,516
6	2	2,728,516	337,484	60,027	277,457	2,451,059
7	3	2,451,059	337,484	53,923	283,561	2,167,499
8	4	2,167,499	337,484	47,685	289,799	1,877,700
9	5	1,877,700	337,484	41,309	296,175	1,581,525
10	6	1,581,525	337,484	34,794	302,690	1,278,835
11	7	1,278,835	337,484	28,134	309,350	969,485
12	8	969,485	337,484	21,329	316,155	653,330
13	9	653,330	337,484	14,373	323,111	330,219
14	10	330,219	337,484	7,265	330,219	0

累計利息CUMIPMT()

CUMIPMT(利率,總期數,貸款,開始期數,結束期數,[期初或期末])
CUMIPMT(rate,nper,pv,start_period,end_period,[type])

傳回付款方式為定期、定額及固定利率之一筆貸款，在開始期數到結束期數
間所累計償還的利息。（期初或期末請參見PMT()處之說明）

以前文貸款分期償還表之第1期到第5期的資料為例，這幾期所累計償還之利息為268,945。即可以

```
=-CUMIPMT(2.2%,10,3000000,1,5,0)
```

公式來求得。範例『Fun09-財務.xlsx\CUMIPMT』將公式中常數轉為儲存格位址，以C9及F5兩個同樣求第1期到第5期所累計償還之利息，其公式分別為：

```
C9:     =-CUMIPMT($C$2,$B$2,$A$2,1,A9,0)
F5:     =-CUMIPMT(C2,B2,A2,D5,E5,0)
```

	A	B	C	D	E	F
	貸款	期數	利率	年繳		
1						
2	3,000,000	10	2.20%	$337,484		
3						
4	第幾期	償還利息部份	累計利息	開始期數	結束期數	累計償還之利息
5	1	$66,000	$66,000	1	5	$268,945
6	2	$60,027	$126,027			
7	3	$53,923	$179,951			
8	4	$47,685	$227,636			
9	5	$41,309	$268,945			
10	6	$34,794	$303,739			
11	7	$28,134	$331,873			
12	8	$21,329	$353,202			
13	9	$14,373	$367,575			
14	10	$7,265	$374,840			

F5 的公式列為：=-CUMIPMT(C2,B2,A2,D5,E5,0)

累計本金CUMPRINC()

CUMPRINC(利率,總期數,貸款,開始期數,結束期數,期初或期末)
CUMPRINC(rate,nper,pv,start_period,end_period,type)

傳回付款方式為定期、定額及固定利率之一筆貸款，在開始期數到結束期數間所累計償還的本金。**期初或期末**，用以界定各期金額的給付時點，0表期末給付，1表期初給付。

以前文貸款分期償還表之第1期到第5期的資料為例，這幾期所累計償還的本金為1,418,475。即可以

```
=-CUMPRINC(2.2%,10,3000000,1,5,0)
```

公式來求得。

範例『Fun09-財務.xlsx\CUMIPMT』工作表，以C9及F5兩個同樣求第1期
到第5期所累計償還之本金，其公式分別為：

```
C9:     =-CUMPRINC($C$2,$B$2,$A$2,1,A9,0)
F5:     =-CUMPRINC($C$2,$B$2,$A$2,D5,E5,0)
```

F5		▼	⋮	✕	✓	*fx*	=-CUMPRINC($C$2,$B$2,$A$2,D5,E5,0)

◢	A	B	C	D	E	F
1	貸款	期數	利率	年繳		
2	3,000,000	10	2.20%	$337,484		
3						
4	第幾期	償還本金部份	累計	開始期數	結束期數	累計償還本金
5	1	$271,484	$271,484	1	5	$1,418,475
6	2	$277,457	$548,941			
7	3	$283,561	$832,501			
8	4	$289,799	$1,122,300			
9	5	$296,175	$1,418,475			
10	6	$302,690	$1,721,165			
11	7	$309,350	$2,030,515			
12	8	$316,155	$2,346,670			
13	9	$323,111	$2,669,781			
14	10	$330,219	$3,000,000			

期數NPER()

NPER(利率,每期給付金額,本金,[未來值],[期初或期末])
NPER(rate,pmt,pv,[fv],[type])

傳回每期付款金額及利率固定之情況下，償還全部貸款或達成某項投資的期
數。（本金、未來值、期初或期末請參見PMT()處之說明）

假定，年利率2.2%，貸款一百萬，擬以每個月還兩萬來償還，須耗時幾個
月方可還清？此為期末付款，[期初或期末]為0，本金為一百萬。即可使用

```
=NPER(2.2%/12,-20000,1000000,0,0)
```

來求算，應使用52.49個月方可還清（每月償還金額應為減項）。範例
『Fun09-財務.xlsx\NPER』工作表D2所使用之公式為：

```
=NPER(B2/12,-C2,A2,0,0)
```

D2		:	×	✓	fx	=NPER(B2/12,-C2,A2, 0,0)	

▲	A	B	C	D	E	F
1	**貸款**	**利率**	**月繳**	**期數**		
2	1,000,000	2.20%	$20,000	52.49		

假定，年利率1.0%，擬每個月存兩萬，須耗時幾個月方可存滿一百萬？此為期初存款，[期初或期末]為1，[未來值]為一百萬。故可使用

```
=NPER(1.0%/12,-20000,0,1000000,1)
```

來求算，應耗時48.97個月方可存滿一百萬（每月存款金額應為減項）。下表D5所使用之公式為：

```
=NPER(A5/12,-B5,0,C5,1)
```

D5		:	×	✓	fx	=NPER(A5/12,-B5,0,C5,1)	

▲	A	B	C	D	E	F
4	**利率**	**月存**	**擬存滿**	**期數**		
5	1.00%	$20,000	1,000,000	48.97		

傳回某項投資達到指定值所需的期數 PDURATION

PDURATION(利率,現值,未來值)
PDURATION(rate,pv,fv)

本函數可傳回於某利率（或殖利率）水準之下，存入某一現值，於幾期後將可達成本利和恰為未來值。

假定，年利率1.0%，期初存款為一百萬，擬達成最終存款額為一百二十五萬之目標，須耗時幾個月？可使用

```
=PDURATION(1.0%/12,1000000,1250000)
```

來求算，應使用267.88個月方可達成。範例『Fun09-財務.xlsx\PDURATION』工作表D2所使用之公式為：

```
=PDURATION(B2/12,A2,C2)
```

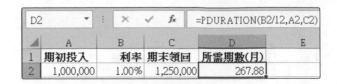

又假定，某投資之年殖利率15%，期初擬投入一千萬，擬達成最終為一千五百萬之目標，須耗時幾年？可使用

=PDURATION(15%,10000000,15000000)

來求算，應使用2.9年方可達成。範例『Fun09-財務.xlsx\PDURATION』工作表D5所使用之公式為：

=PDURATION(B5,A5,C5)

	A	B	C	D	E
4	期初投入	獲利率	期末領回	所需期數(年)	
5	10,000,000	15.00%	15,000,000	2.90	

D5 · fx =PDURATION(B5,A5,C5)

利率RATE()

RATE(期數,每期給付金額,本金,[未來值],[期初或期末],[猜測利率])
RATE(nper,pmt,pv,[fv],[type],[guess])

本函數可傳回年金的利率。[猜測利率]若省略，其預設值為10%。計算利率時，是以反覆運算進行，可能是無解或有多組解。如果在20次反覆運算後，仍無法收斂到0.0000001以內，將傳回#NUM!錯誤值。此時，可改另一個[猜測利率]，再進行重算。通常，只要[猜測利率]在0 ～ 1之間，本函數通常都會收斂。注意，公式內每期給付金額應安排為負值。

假定，貸款3,000,000，每年期末繳185,000，分20年償還。問此一貸款之年利率為多少？使用範例『Fun09-財務.xlsx\RATE』工作表，以

=RATE(B2,-C2,A2,0,0,3%)

來求算，可算出其利率為2.09%。

D2	:	×	✓	fx	=RATE(B2,-C2,A2,0,0,3%)	

	A	B	C	D	E	F
1	貸款	期數	年繳	利率		
2	3,000,000	20	$185,000	2.09%		

若貸款 2,000,000，每月繳 10,300，分 20 年償還。問此一貸款之年利率為多少？使用下表以

```
=RATE(B5,-C5,A5,0,0,5%)
```

先求出其月利率為 0.18%，再乘以 12 即為年利率 2.19%：

D5	:	×	✓	fx	=RATE(B5,-C5,A5,0,0,5%)	

	A	B	C	D	E	F
1	貸款	期數	年繳	利率		
2	3,000,000	20	$185,000	2.09%		
3						
4	貸款	期數(月)	月繳	月利率	年利率	
5	2,000,000	240	$10,300	0.18%	2.19%	

實際利率 EFFECT()

EFFECT(名目利率, 總期數)
EFFECT(nominal_rate,npery)

本函數依據給定的名目年利率以及每年複利的總期數，傳回實際的年利率。

銀行宣佈的給付的利率稱為名目利率，但它仍會因給付方式不同而有不同的實際利率。比如說，年利率 1.25%，一年給付一次，那存款 1,000,000，年底的利息就是 $12,500：（範例『Fun09-財務.xlsx\EFFECT』工作表）

C3	:	×	✓	fx	=A3*B3	

	A	B	C	D
1	一年給付一次			
2	存款	年利率	年底利息	本利和
3	$1,000,000	1.25%	$12,500	$1,012,500

但如果說，以年利率 1.25%，每月給付一次，那月率利變成 1.25%/12。由於每月給一次，牽涉到複利的關係，每月利息用轉成計算下一個月利息的本金。故而，存款 1,000,000 到年底，利息就不是剛好以年利率 1.25% 計算的 $12,500；而是 $12,572。其計算公式為：

$$本金 \times \left(1 + \frac{年利率}{12}\right)^{12} - 本金$$

C8		▼	:	×	✓	fx	=A8*(1+B8/12)^12-A8

◢	A	B	C	D	E
6	每月給付一次				
7	存款	年利率	年底利息	本利和	
8	$1,000,000	1.25%	$12,572	$1,012,572	

故而，其實際年利率就因該是1.2572%，這個數字就可以利用EFFECT()函數求得：

```
=EFFECT(1.25%,12)
```

C11		▼	:	×	✓	fx	=EFFECT(A11,B11)

◢	A	B	C	D
10	名目年利率	期數(月)	實際年利率	
11	1.25%	12	1.2572%	

名目利率 NOMINAL()

```
NOMINAL(實際年利率,總期數)
NOMINAL(effect_rate,npery)
```

本函數恰好為 EFFECT() 函數之反函數，依據給定的實際年利率以及每年複利的總期數，傳回名目年利率。

前例之實際年利率1.2572%，換算回來就是名目年利率1.25%：（範例『Fun09-財務.xlsx\NOMINAL』工作表）

```
=NOMINAL(1.2572%,12)
```

C2		▼	:	×	✓	fx	=NOMINAL(A2,B2)

◢	A	B	C	D
1	實際年利率	期數(月)	名目年利率	
2	1.2572%	12	1.2500%	

9-3　現值

固定年金之現值PV()

PV(利率,期數,每期給付金額,[未來值],[期初或期末])
PV(rate,nper,pmt,[fv],[type])

於每期給付金額（年金）及利率固定之情況下，傳回某一期數之未來各期年金的現值（present value）。（未來值、期初或期末請參見PMT()處之說明）

今年的一萬元，一定比明年的一萬元有價值。因為我們可以將今年的一萬元存入銀行，領取利息，等到明年，其金額當然不只一萬元而已。所以，在未來連續的20年間，每年底固定給您一萬元，以現在的角度來看，其值並非20萬，到底為多少？就得用PV()函數來求其現值，若目前之年利率為1.0%，以

=PV(0.01,20,10000,0,0)

可求得其年金現值為-180,456：（範例『Fun09-財務.xlsx\PV』）

D3		▼	:	×	✓	fx	=PV(B3,A3,C3,0,0)	
▲	A	B	C	D	E			
1	未來連續的20年間，每年底固定給付一萬元，年利率1.0%							
2	期數(年)	利率(年)	每期給付	**現值**				
3	20	1.00%	10,000	-$180,456				

函數計算的結果是負數，因為它代表所付出的金額(現金流出)。若不習慣，將其加個負號好了：

D3		▼	:	×	✓	fx	=-PV(B3,A3,C3,0,0)	
▲	A	B	C	D	E			
1	未來連續的20年間，每年底固定給付一萬元，年利率1.0%							
2	期數(年)	利率(年)	每期給付	**現值**				
3	20	1.00%	10,000	$180,456				

假設，保險公司推出一保險年金合約，先繳付20萬，往後20年，每月月底可領回1,200。若目前之年利率為1.0%，為判斷是否值得投資？利用PV()函數

```
=-PV(0.01/12,12*20,1200,0,0)
```

可以算出此合約的年金現值是260,930：

D7		▼	:	×	✓	fx	=-PV(B7/12,A7,C7,0,0)	

◢	A	B	C	D	E	F
5	先繳付20萬，往後20年，每月月底可領回1200，年利率為1.0%					
6	期數(月)	利率(年)	每期給付	**現值**		
7	240	1.00%	1,200	$260,930		

此合約的年金現值（260,930），大於購買成本(200,000)。所以，此合約是值得投資的。

假定，某房屋目前售價為3,500,000，預計4年後售出，扣除所有稅金與手續費後，可淨得6,000,000。問此屋是否值得購買？（若目前之年利率為1.0%）這也是個現值的問題，只要求出4年後之6,000,000（未來值）的現值，是否大過目前付出之3,500,000，即可判斷出是否值得購買？以

```
=-PV(1.0%,4,0,6000000,0)
```

可以算出4年後之6,000,000的現值是5,765,882：

E11		▼	:	×	✓	fx	=-PV(B11,A11,0,D11,0)	

◢	A	B	C	D	E	F
9	房屋成本3,500,000，預計4年後售出可淨得6,000,000，年利率為1.0%					
10	期數(年)	利率(年)	每期給付	到期領回	**現值**	
11	4	1.00%	0	$6,000,000	$5,765,882	

大於目前付出之成本3,500,000。故，此屋應該是值得購買。

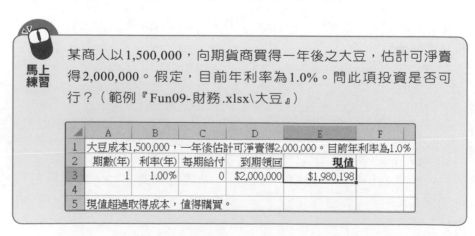

馬上練習

某商人以1,500,000，向期貨商買得一年後之大豆，估計可淨賣得2,000,000。假定，目前年利率為1.0%。問此項投資是否可行？（範例『Fun09-財務.xlsx\大豆』）

◢	A	B	C	D	E	F
1	大豆成本1,500,000，一年後估計可淨賣得2,000,000。目前年利率為1.0%					
2	期數(年)	利率(年)	每期給付	到期領回	**現值**	
3	1	1.00%	0	$2,000,000	$1,980,198	
4						
5	現值超過取得成本，值得購買。					

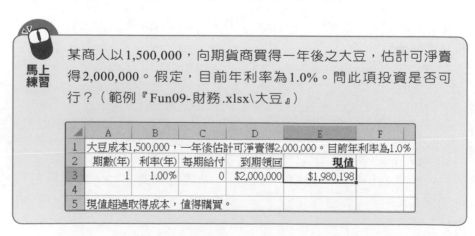

假定,您中了彩券,可選擇立即領回50,000,000,或分六年每年
初領回10,000,000。假定,目前年利率為1.0%。問選擇何者較
有利?(範例『Fun09-財務.xlsx\彩券』)

	A	B	C	D	E
8	未來連續的6年間,每年初固定給付一千萬元,年利率1.0%				
9	期數(年)	利率(年)	每期給付	現值	
10	6	1.00%	10,000,000	$58,534,312	
11					
12	目前領回				
13	50,000,000				
14	分為六年領回之現值,大於目前領回之金額,應選擇分期領回				

非固定年金之現值NPV()

前面PV()函數,適用於年金為單一固定值。若每期之年金都不相同,就得使
用NPV()函數,來求算年金現值。其語法為:

```
NPV(利率,現金流量1,[現金流量2], ...)
NPV(rate,value1,[value2], ...)
```

式中,現金流量最多可達255個,方括號所包圍之內容,表該部份可省略。
其作用在傳回利率固定、現金流量非固定時的現值。

假定,您花了200,000買了一個投資計劃,最初三年無任何收入,於第四
年起,可分五年於每年初依序領回:40,000、50,000、60,000、60,000與
60,000。假定,目前年利率為1.0%。請問,這種給付方法的現值為多少?您
值不值得投資?

由於每期之年金都不相同,故無法以PV()求算,只能以NPV()求算。範例
『Fun09-財務.xlsx\NPV』工作表,先將各期年金輸入於C3:C10,利率置於
B2。以

```
=NPV(B1,C3:C10)
```

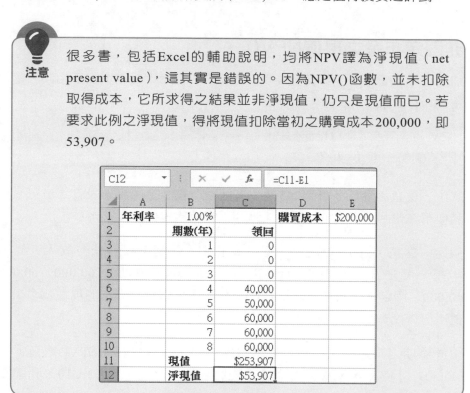

C11		▼	⋮	✕ ✓	f_x	=NPV(B1,C3:C10)
◢	A	B	C	D	E	
1	年利率	1.00%		購買成本	$200,000	
2		期數(年)	領回			
3		1	0			
4		2	0			
5		3	0			
6		4	40,000			
7		5	50,000			
8		6	60,000			
9		7	60,000			
10		8	60,000			
11		現值	$253,907			

求得其現值為253,907，大於原購買成本200,000，應是值得投資之計劃。

注意

很多書，包括Excel的輔助說明，均將NPV譯為淨現值（net present value），這其實是錯誤的。因為NPV()函數，並未扣除取得成本，它所求得之結果並非淨現值，仍只是現值而已。若要求此例之淨現值，得將現值扣除當初之購買成本200,000，即53,907。

C12		▼	⋮	✕ ✓	f_x	=C11-E1
◢	A	B	C	D	E	
1	年利率	1.00%		購買成本	$200,000	
2		期數(年)	領回			
3		1	0			
4		2	0			
5		3	0			
6		4	40,000			
7		5	50,000			
8		6	60,000			
9		7	60,000			
10		8	60,000			
11		現值	$253,907			
12		淨現值	$53,907			

NPV()其與PV()之差別只在：PV()只適用於年金為單一固定值；NPV()函數則適用於年金為單一固定值或多種不同值。如範例『Fun09-財務.xlsx\ PV&NPV』工作表之年金為單一固定值，以NPV()或PV()均可求算其現值：

	A	B	C	D	E	F
					E10	=-PV(B1,F3,F4,0,0)
1	年利率	1.00%				
2		期數(年)	領回			
3		1	50,000		期數	5
4		2	50,000		每年領回	50,000
5		3	50,000			
6		4	50,000			
7		5	50,000			
8						
9		NPV()所求			PV所求	
10	現值	$242,672		現值	$242,672	
11		↑			↑	
12		=NPV(B1,C5:C9)			=-PV(B1,F5,F6,0,0)	

馬上練習

假定，若中了彩券頭獎，可分五年於每年初依序領回：1,000,000、1,200,000、1,300,000、1,400,000與1,500,000。假定，目前年利率為1.0%。請問，這種給付方法的現值為多少？（範例『Fun09-財務.xlsx\彩券1』）

	A	B	C
1	年利率	1.00%	
2		期數(年)	領回
3		1	1,000,000
4		2	1,200,000
5		3	1,300,000
6		4	1,400,000
7		5	1,500,000
8		現值	$6,200,792

淨現值XNPV()

XNPV(利率,現金流量,日期)
XNPV(rate,values,dates)

本函數與NPV()一樣，均適用於每期年金不同時。不過，本函數之現金流量中，第一個數字必須為購入成本（負值，現金流出）；若無購入成本，以0代之。但仍應輸入交易日期，以便確定開始日期。隨後，才是各期日期及收入之年金（正值，現金流入）。由於已考慮到購入成本，故所求得之值才是真正的淨現值。

日期部份**允許不等間距之期間**，但不可排錯順序。如：第三期早於第一期。
假定，您於2018/2/5花了250,000買了一個投資計劃。可於下列幾個日期，
領回下列金額：

日期	領回
2018/8/5	55,000
2019/2/5	60,000
2019/8/5	60,000
2020/2/5	70,000
2021/2/5	75,000

假定，目前年利率為1.0%。請問，這種給付方法的現值為多少？您值不值
得投資？於範例『Fun09-財務.xlsx\XNPV』工作表中，以XNPV()求算，其
公式為：

```
=XNPV(B1,C3:C8,B3:B8)
```

求得之淨現值為64,662，故此一投資有利可圖，是一項值得投資之計劃：

C9			fx	=XNPV(B1,C3:C8,B3:B8)
	A	B	C	D	E
1	年利率	1.00%		購買成本	$250,000
2		日期	現金流量		
3		2018/2/5	-$250,000		
4		2018/8/5	55,000		
5		2019/2/5	60,000		
6		2019/8/5	60,000		
7		2020/2/5	70,000		
8		2021/2/5	75,000		
9		淨現值	$64,662		

假定，您的朋友於2019/3/1向您借款1,000,000，然後於下列幾個日期分別還
了幾次錢：

日期	金額
2019/5/5	250,000
2019/7/8	300,000
2019/10/1	200,000
2019/12/3	300,000

若這些錢存入定存之年利率為1.1%。試問，此一借貸行為是否比存入定存划算？以範例『Fun09-財務.xlsx\XNPV1』工作表求算其公式為：

=XNPV(B1,C3:C7,B3:B7)

求得之淨現值為44,597，故仍比存入定存划算：

	A	B	C	D	E
1	年利率	1.10%		借出	$1,000,000
2		日期	現金流量		
3		2019/3/1	-$1,000,000		
4		2019/5/5	250,000		
5		2019/7/8	300,000		
6		2019/10/1	200,000		
7		2019/12/3	300,000		
8		淨現值	$44,597		

（儲存格 C8 公式：=XNPV(B1,C3:C7,B3:B7)）

9-4 未來值

固定利率之未來值FV()

FV(利率,期數,每期給付金額,[現值],[期初或期末])
FV(rate,nper,pmt,[pv],[type])

於利率、期數、每期給付金額均固定之情況下，計算某一投資的未來值。式中，方括號所包圍之內容，表該部份可省略。若省略[現值]，其預設值為0。[期初或期末]，用以界定各期金額的給付時點，省略或0表期末給付，1表期初給付。

假定，擬於每月初存入15,000，年利率為1.0%，5年後（最後一個月的月底），連本帶利應為多少？這就是一個求未來值之例子，由於以月為單位，應記得將年利率轉為月利率，且將期數轉為月。另外，為使結果不再顯示負數，可於最前面加入負號（或將付出之金額以負值顯示）。如範例『Fun09-財務.xlsx\FV』工作表，以

=-FV(B2/12,B3*12,B1,0,1)

計算出未來值為923,254：

B4	: × ✓ *fx*	=-FV(B2/12,B3*12,B1,0,1)

	A	B	C	D	E
1	每月存入	$15,000			
2	年利率	1.00%			
3	期數(年)	5			
4	**未來值**	$923,254			

此例並未使用到[現值]引數，如改為：先存入300,000，然後，每隔一個月再存入15,000，年利率為1.0%，5年後（最後一個月的月底），連本帶利應為多少？這就是一個含**現值**引數之例子，且其每月存款的型態為期末。下表中，計算未來值之公式為：

    =-FV(B8/12,B9*12,B7,B6,0)

所計算出之未來值為1,237,860：

B10	: × ✓ *fx*	=-FV(B8/12,B9*12,B7,B6,0)

	A	B	C	D	E
6	期初存入	$300,000			
7	每月初存入	15,000			
8	年利率	1.00%			
9	期數(年)	5			
10	**未來值**	$1,237,860			

非固定利率之未來值FVSCHEDULE()

前面FV()函數，適用於利率為單一固定值。若每期利率都不相同，就得使用FVSCHEDULE()函數來求算未來值。其語法為：

    FVSCHEDULE(本金,利率陣列範圍)
    FVSCHEDULE(principal,schedule)

可用以傳回一筆本金，在經過一系列帶有變動之利率的複利計算後之本利和。

假定，存入1,000,000元，利息以月計算。存入後之一年內，各月之年利率分別如範例『Fun09-財務.xlsx\FVSCHEDULE』工作表B3:B14所示。那麼，這一年的最後，計算本利和之公式應為：

    =FVSCHEDULE(B1,C3:C14)

其金額為 1,011,224。

	A	B	C	D	E	F
		B15	fx =FVSCHEDULE(B1,C3:C14)			
1	期初存入	1,000,000				
2	月份	年利率	月利率			
3	1	1.00%	0.083%			
4	2	1.00%	0.083%			
5	3	1.05%	0.088%			
6	4	1.05%	0.088%			
7	5	1.05%	0.088%			
8	6	1.15%	0.096%			
9	7	1.15%	0.096%			
10	8	1.15%	0.096%			
11	9	1.20%	0.100%			
12	10	1.20%	0.100%			
13	11	1.20%	0.100%			
14	12	1.20%	0.100%			
15	期末本利和	1,011,224				

9-5　報酬率

定期現金流量之內部報酬率 IRR()

IRR(現金流量,[猜測利率])
IRR(values,[guess])

傳回一串現金流量之內部報酬率（某項投資計劃所能獲得的利率），每期現
金流量不一定要相等，但必須是同間距發生，如：同為每月一次或每年一
次。現金流量的第一個值必須為購入成本之支出（以負值表示）；後接幾個
屬於收入的現金流入。式中，方括號所包圍之內容，表該部份可省略。若省
略 [猜測利率]，其預設值為 10%。

假定，以 250,000 買了一個投資計劃。可分五年，領回下列金額：50,000、
60,000、65,000、70,000 與 75,000。將這幾個資料安排於範例『Fun09-財務
.xlsx\IRR』工作表之 B2:B7，則其內部報酬率之計算公式為：

=IRR(B2:B7)

可求得其內部報酬率為8.26%。

B8		:	× ✓	*fx*	=IRR(B2:B7)

	A	B	C	D
1		**現金流量**		
2		-$250,000		
3		50,000		
4		60,000		
5		65,000		
6		70,000		
7		75,000		
8	**內部報酬率**	**8.26%**		

非定期現金流量之內部報酬率XIRR()

XIRR(現金流量, 日期, [猜測利率])
XIRR(values,dates,[guess])

本函數與IRR()一樣,均適用於每期現金流量不同時。現金流量的第一個值必須為購入成本之支出(以負值表示);後接幾個屬於收入的現金流入。不過,本函數允許各現金流量發生於不等間距之期間,但不可排錯順序。如:第三期早於第一期。

假定,於2019/2/5花了250,000買了一個投資計劃。可於下列幾個日期,領回下列金額:

日期	領回
2020/2/5	40,000
2020/6/5	50,000
2021/2/5	55,000
2021/8/5	65,000
2022/4/5	70,000

請問,這種給付方法的內部報酬率為多少?值不值得投資?於範例『Fun09-財務.xlsx\XIRR』工作表中,以XIRR()求算,其公式為:

=XIRR(C3:C8,B3:B8,10%)

求得之內部報酬率為5.47%，大於一般之定存利率，故應是一項值得投資之
計劃：

	A	B	C	D	E
1	年利率	1.10%		購買成本	$250,000
2		日期	現金流量		
3		2019/2/5	-$250,000		
4		2020/2/5	$40,000		
5		2020/6/5	$50,000		
6		2021/2/5	$55,000		
7		2021/8/5	$65,000		
8		2022/4/5	$70,000		
9		內部報酬率	5.47%		

C9　=XIRR(C3:C8,B3:B8,10%)

融資及轉投資的內部報酬率MIRR()

MIRR(現金流量,融資利率,轉投資利率)
MIRR(values,finance_rate,reinvest_rate)

當以融資方式取得資金，進行一項投資，又將所獲取之收入轉投資到另一投
資，前一項是要付給別人的融資利息；後一項是由別的投資所獲取之利息
（轉投資利息）。有支出也有收入，賺或賠不清楚，即可以本函數來求算其綜
合報酬率。

現金流量的第一個值必須為購入成本之支出（以負值表示）；後接幾個屬於
收入的現金流入。

假設，五年前，以3%的年利率借入2,000,000開餐廳，五年中之淨利分別
為：500,000、470,000、550,000、450,000與400,000。同時，又將這些收入
全數轉投資，每年賺取5.2%的利益。將兩個利率分別安排於範例『Fun09-
財務.xlsx\MIRR』工作表之B1與E1，另將所有現金流量安排於B4:B9，以

=MIRR(B4:B9,B1,E1)

即可算出這融資及轉投資的內部報酬率為5.72%。

B11	: × ✓ fx	=MIRR(B4:B9,B1,E1)		
▲	A	B	C	D	E
1	融資利率	3.0%		轉投資利率	5.20%
2					
3	年份	現金流量			
4	期初貸款	-2,000,000			
5	1	500,000			
6	2	470,000			
7	3	550,001			
8	4	450,000			
9	5	400,000			
10					
11	內部報酬率	5.72%			

傳回投資成長率RRI

RRI(期數,現值,未來值)
RRI(nper,pv,fv)

本函數可傳回投資某一**現值**，於某**期數**後領回**未來值**，其投資成長率為多少？

假定，某投資之金額為5,000,000，5年後，領回6,500,000。其投資成長率為多少？可使用

=RRI(5, 5000000, 6500000)

來求算，其投資成長率為5.39%。範例『Fun09-財務.xlsx\RRI』工作表D2所使用之公式為：

=RRI(B2,A2,C2)

D2	: × ✓ fx	=RRI(B2,A2,C2)	
▲	A	B	C	D
1	期初投資	期數(年)	期末領回	投資成長率(年)
2	5,000,000	5	6,500,000	5.39%

9-6　債券與票據

公司若有資金的需求，通常會和往來銀行貸款。不過，向銀行借貸，不但要承受較高的利息負擔，且通常需提供足額的擔保品。此時，也可考慮發行有價證券來籌措資金。

股份有限公司可發行股票或公司債，向投資人進行資金借貸。就收益而言，認購股票的收益完全是看公司經營結果的好壞；而認購公司債，則無論公司盈虧，其收益並不會因而改變。且公司債的利息通常較銀行來得高，且由於公司債具有流通性，臨時需變現時，其利息損失較少，效益較一般銀行定存為佳。

票據可分附息票據與不附息票據，匯票及本票屬於附息票據；而支票限於見票即付，其上只有一個日期，它是發票日也是到期日，性質等同現金，為一種不附息票據。

本票除了有可經法院裁定就可強制執行的特點外，其發票日～到期日間是必須計算利息；有些短期票券採用折價發行，其與票面價值之差額就是一種利息。

債券為發行人（政府機關、金融機構、公司企業或外國）透過發行有價證券，直接或間接地向投資大眾籌措經費或資金，並承諾按時支付本金或票面利息給債券持有人，這種具有流通性之借款憑證，即謂之「債券」。通常，可自由轉移或轉讓、質押或作為公務上之保證。

債券發行時，若載明利率，債券持有人可向債券發行單位領到利息，其利率即謂之「**票面利率**」。

附息債券是指在債券上附有息票的債券，或是按照債券票面載明利息利率及支付方式的債券。息票上標有利息額、支付利息期限和債券號碼等內容。持有人可從債券上剪下息票，並據此領取利息。附息債券的利息支付方式一般會在償還期內按期付息，如：每季、半年或一年付息一次。

零息債券也稱為折扣或**貼現債券**，是指以貼現（折價）方式發行，不附息票，並不定期支付利息或票息，而於到期日按面值給付，其面值與發行價之差額就是利息。

殖利率是債券投資人從買進債券後，一直持有到債券的到期日為止的實質投資報酬率，故殖利率又稱「到期殖利率」。

貼現是指持票人在匯票或債券到期日前，為了取得資金，貼付一定利息，將票據權利轉讓給銀行的票據行為，是銀行向持票人融通資金的一種方式。貼現時，銀行會先預扣貼現息。反過來，貼現債券就變成公司向投資大眾貸款，以債券為憑證，所貸得之金額為面額減去預扣之貼現利息，將來要依面額償還給投資大眾。

下文所使用之函數，其實是適用於債券、匯票及本票等附息票據甚或不附息之支票。但為簡化期說明，姑且均以債券進行說明。

9-7　附息債券

附息債券的殖利率 YIELD()

YIELD(結算日期,到期日,票面利率,購入價格,票面價格,每年付息次數,[基礎])
YIELD(settlement,maturity,rate,pr,redemption,frequency,[basis])

附息債券是指在債券上附有息票，按照票面載明利率及支付方式付息的債券。本函數用以傳回附息債券之殖利率（投資報酬率）。

- **結算日期**為購入日期，但實際納入計算是隔一天才開始，即次日。並不一定是發行日期，所以，才得計算實際持有日期。

- **到期日**為債券的到期日。

- **票面利率**為債券發行者，定期支付利息的年利率。

- **購入價格**為買入債券的實際支出，以購入$100面額的實際價格為計算標準。（債券的買賣金額通常是很大，可是債券的報價卻是以100元為單位）

- **票面價格**為該債券到期時，可取回的實際金額。以$100面額為單位。（債券的買賣金額通常是很大，可是債券的報價卻是以$100元為單位）

■ **每年付息次數**為每年實際給付幾次的利息。如，票面利息為6%，每年分兩次給付，則每次給付為3%。

[基礎]為使用的日數計算基礎，類型有下列幾種：

0或省略	US(NASD) 30/360
1	實際值/實際值
2	實際值/360
3	實際值/365
4	European 30/360

若於2019/4/1購入一張2019/1/1發行，10年期，票面價值$100的債券。票面利率為5.25%，每年分兩次發放利息，購入單價為$95，若計算日期基準為**實際值/360**，則其每年之殖利率為多少？

將相關資料輸入於範例『Fun09-財務.xlsx\YIELD』工作表，以

```
=YIELD(A2,B2,C2,D2,E2,F2,G2)
```

可計算出每年之殖利率為5.93%：

H2		✕ ✓ fx	=YIELD(A2,B2,C2,D2,E2,F2,G2)				
	A	B	C	D	E	F	G	H
1	結算日期	到期日期	票息	購入價格	票面價值	計息次數	基礎	殖利率
2	2019/4/1	2029/1/1	5.25%	$95	$100	2	2	5.93%
3						每半年計息一次		
4							實際/360	

因為，其內含原有之票面利率5.25%及購入價格與票面價格間之價差收益。若將購入價格改為同於票面價值，並無價差收益，則每年之殖利率則為原有之票面利率5.25%而已：

H2		✕ ✓ fx	=YIELD(A2,B2,C2,D2,E2,F2,G2)				
	A	B	C	D	E	F	G	H
1	結算日期	到期日期	票息	購入價格	票面價值	計息次數	基礎	殖利率
2	2019/4/1	2029/1/1	5.25%	$100	$100	2	2	5.25%
3						每半年計息一次		
4							實際/360	

附息債券的價格PRICE()

附息債券是指在債券上附有息票的債券,或是按照票面載明利率及方式支付利息的債券。本函數為根據所設定之年期、票面利率及付息次數及預期此一債券到期時,可達成之收益率,回頭計算每$100面額債券的價格,用以作為出售或購入價格之參考。

到期殖利率為預期此一債券到期時,可達成之殖利率。其餘之參數,參見前文YIELD()處之說明。

若有一張2019/1/1發行,5年期,票面價值$100的債券,票面利率為5.15%,每年分兩次發放利息,若計算日期基準為**實際值/360**,您考慮於2019/2/11購買,且希望到期殖利率為6.0%,則其價格應為多少?您才會考慮購買。

將相關資料輸入於範例『Fun09-財務.xlsx\PRICE』工作表,以

```
=PRICE(A2,B2,C2,D2,E2,F2,G2)
```

可計算出其價格應為 $96.44,如果賣方價格低於此一數字,可考慮購買:

	A	B	C	D	E	F	G	H
							fx	=PRICE(A2,B2,C2,D2,E2,F2,G2)
1	結算日期	到期日期	票息	到期殖利率	票面價值	計息次數	基礎	價格
2	2019/2/11	2024/1/1	5.15%	6.00%	$100	2	2	$96.44
3						每半年計息一次		
4							實際/360	

附息債券的應計利息ACCRINT()

附息債券是指在債券上附有息票的債券,或是按照票面載明利率及方式支付利息的債券。本函數用以傳回到付息債券由發行日到結算日期的應計利息。

若省略票面價值，預設為$1,000。其餘相關參數，參見前文YIELD()與PRICE()處之說明。

[結算方式]為一邏輯值，省略或TRUE時，計算由發行日到結算日的累計利息；FALSE時，計算由首次付息日那年的期初（年為首次付息日之年，月/日則同於發行日）到結算日的累計利息。

假定，有一2019/1/1發行，5年期，面額為$10,000之債券，以票面利率6%，每年發放2次利息，首次付息日為2020/7/1，日期計算基礎為30/360。

若購買者於2020/9/1購買，[結算方式]設定為TRUE，可傳回從發行2019/1/1到結算2020/8/31之間的應計利息總額。將相關資料輸入於範例『Fun09-財務.xlsx\ACCRINT』工作表，I2以

```
=ACCRINT(A2,B2,C2,D2,E2,F2,G2,H2)
```

H2為TRUE，可計算出發行日2019/1/1到結算2020/8/31之間的應計利息為$1,000；I3以

```
=ACCRINT(A3,B3,C3,D3,E3,F3,G3,H3)
```

H3為FALSE，則可計算出首次付息日當年期初（年同於首次付息日為2020，月/日同於發行日，2020/1/1）到結算日2020/8/31之間的應計利息為$400：

▲	A	B	C	D	E	F	G	H	I
1	發行日期	首次利息日	結算日期	票息	票面價值	計息次數	基礎	計算方式	利息
2	2019/1/1	2020/7/1	2020/8/31	6%	$10,000	2	0	TRUE	$1,000.00
3	2019/1/1	2020/7/1	2020/8/31	6%	$10,000	2	0	FALSE	$400.00

同例，首次付息日改為2019/7/1，I6以

```
=ACCRINT(A6,B6,C6,D6,E6,F6,G6,H6)
```

H6為TRUE，同樣是計算出發行日2019/1/1到結算2020/8/31之間的應計利息為$1,000；I7以

```
=ACCRINT(A7,B7,C7,D7,E7,F7,G7,H7)
```

H7為FALSE，可計算出首次付息日當年期初（年同於首次付息日為2019，月日同於發行日2019/1/1，即發行日）到結算日2020/8/31之間的應計利息為$1,000：

I7			× ✓ fx	=ACCRINT(A7,B7,C7,D7,E7,F7,G7,H7)				
	A	B	C	D	E	F	G	H	I
5	發行日期	首次利息日	結算日期	票息	票面價值	計息次數	基礎	計算方式	利息
6	2019/1/1	2019/7/1	2020/8/31	6%	$10,000	2	0	TRUE	$1,000.00
7	2019/1/1	2019/7/1	2020/8/31	6%	$10,000	2	0	FALSE	$1,000.00

9-8　到期付息債券

到期付息債券的殖利率 YIELDMAT()

YIELDMAT(結算日期,到期日,發行日期,票面利率,購入價格,[基礎])
YIELDMAT(settlement,maturity,issue,rate,pr,[basis])

到期付息債券係於到期時一次發放本金及利息。本函數用以傳回到期時支付利息債券的殖利率。此類債券之期限通常比較短。各參數，參見前文YIELD()處之說明。

若於2019/4/1買入一張2019/1/發行1年期票面價值$100的債券，票面利率為4.25%，利息於到期時一次給付，購入時之單價為$98.5，若計算日期基準為實際值/360，則其每年殖利率為多少？

將相關資料輸入於範例『Fun09-財務.xlsx\YIELDMAT』工作表，以

=YIELDMAT(A2,B2,C2,D2,E2,F2)

可計算出每年殖利率為6.24%：

G2			× ✓ fx	=YIELDMAT(A2,B2,C2,D2,E2,F2)		
	A	B	C	D	E	F	G
1	結算日期	到期日期	發行日期	票面利率	購入價格	基礎	殖利率
2	2019/4/1	2020/1/1	2019/1/1	4.25%	$98.5	2	6.24%
3						實際/360	

到期付息債券期末收到的金額RECEIVED()

RECEIVED(結算日期,到期日,投資總額,票面利率,[基礎])
RECEIVED(settlement,maturity,investment,discount,[basis])

到期付息債券係於到期時一次發放本金及利息。本函數用以傳回到期時，期末領回的總金額。其餘相關參數，參見前文YIELD()與PRICE()處之說明。其公式為：

$$RECEIVE = \frac{投資總額}{1-\left(折扣率\times\dfrac{到期日-結算日}{一年基礎日}\right)}$$

若於2019/4/1以$100,000投資，到期日為2023/1/1，票面利率為4.25%，利息於到期時一次給付，若計算日期之基準為**實際值/360**，則其期末可領回多少錢？

將相關資料輸入於範例『Fun09-財務.xlsx\RECEIVED』工作表，F2以

```
=RECEIVED(A2,B2,C2,D2,E2)
```

及G2以

```
=C2/(1-(D2*((B2-A2)/360)))
```

進行驗算，均顯示期末可領回$1,193,110：

F2	▼	:	×	✓	fx	=RECEIVED(A2,B2,C2,D2,E2)			
▲	A	B	C	D	E	F	G	H	I
1	發行日期	到期日期	投資金額	票面利率	基礎	到期領回金額	驗算		
2	2019/4/1	2023/1/1	$1,000,000	4.25%	2	$1,193,110	$1,193,110		
3					實際/360		↑ =C2/(1-(D2*((B2-A2)/360)))		

到期付息債券的價格PRICEMAT()

PRICEMAT(結算日期,到期日,發行日期,票面利率,到期殖利率,[基礎])
PRICEMAT(settlement,maturity,issue,rate,yld,[basis])

到期付息債券係於到期時一次發放本金及利息。本函數會傳回到期付息債券每$100面額的價格，用以作為出售或購入價格之參考。相關參數，參見前文YIELD()與PRICE()處之說明。

若有一張 2019/1/1 發行 2 年期，票面價值 $100 的債券，票面利率為 5.25%。若您考慮於 2019/3/11 購買，且希望到期殖利率為 6.25%，若計算日期基準為實際值/360，則其價格應為多少才會考慮購買？

將相關資料輸入於範例『Fun09-財務.xlsx\PRICEMAT』工作表，以

```
=PRICEMAT(A2,B2,C2,D2,E2,F2)
```

可計算出其價格應為 98.25，如果賣方價格低於此一數字，可考慮購買：

	A	B	C	D	E	F	G
					fx	=PRICEMAT(A2,B2,C2,D2,E2,F2)	
1	結算日期	到期日期	發行日期	票息	到期殖利率	基礎	價格
2	2019/3/11	2021/1/1	2019/1/1	5.25%	6.25%	2	$98.25
3						實際/360	

到期付息債券的應計利息 ACCRINTM()

ACCRINTM(發行日期,到期日期,票面利率,票面價值,[基礎])
ACCRINTM(issue,settlement,rate,par,[basis])

到期付息債券係於到期時一次發放本金及利息。本函數用以傳回到期付息債券的應計利息。相關參數，參見前文 YIELD() 與 PRICE() 處之說明。

假定有 2019/1/1 發行 5 年期，面額為 $100,000 之債券，到期時以票面利率 6% 一次發放利息，日期計算基礎為 30/360。

將相關資料輸入於範例『Fun09-財務.xlsx\ACCRINTM』工作表，I2 以

```
=ACCRINTM(A2,B2,C2,D2,E2)
```

可計算出期末領回之利息總計為 $30,000：

	A	B	C	D	E	F
					fx	=ACCRINTM(A2,B2,C2,D2,E2)
1	發行日期	到期日期	票息	票面價值	基礎	利息
2	2019/1/1	2024/1/1	6%	$100,000	0	$30,000
3					30/360	

9-9 貼現債券

貼現債券的殖利率YIELDDISC()

> YIELDDISC(結算日期,到期日,購入價格,票面價格,[基礎])
> YIELDDISC(settlement,maturity,pr,redemption,[basis])

貼現債券是指債券不附有息票,也不規定利率,發行時按規定的折扣率,以低於債券面值的價格發行,到期時按面值支付本息的債券。從利息支付方式來看,貼現債券以低於面額的價格發行,可以看作是利息預付。因而,又可稱為利息預付債券、貼水債券。此類債券之期限通常比較短。

本函數用以傳回無票面利率之貼現債券的殖利率。相關之參數,參見前文YIELD()處之說明。其所使用之公式:

$$YIELDDISC = \frac{票面價格-購入價格}{購入價格} \times \frac{一年基礎日}{到期日-結算日}$$

若於2019/1/1以$95買入當天發行之1年期,票面價值$100的債券。若計算日期之基準為實際值/360,則其每年殖利率應為多少?

將相關資料輸入於範例『Fun09-財務.xlsx\YIELDDISC』工作表,F2:G2以

> =YIELDDISC(A2,B2,C2,D2,E2)
> =(D2-C2)/C2*360/(B2-A2)

均可計算出年殖利率為5.191%:

F2		▼	:	×	✓	fx	=YIELDDISC(A2,B2,C2,D2,E2)	

◢	A	B	C	D	E	F	G	H	I
1	結算日期	到期日期	價格	票面價值	基礎	殖利率	殖利率		
2	2019/1/1	2020/1/1	$95	$100	2	5.191%	5.191%		
3					實際/360		↑ =(D2-C2)/C2*360/(B2-A2)		

貼現債券的利率 INTRATE()

INTRATE(結算日期,到期日,投資總額,票面總價,[基礎])
INTRATE(settlement,maturity,investment,redemption,[basis])

貼現債券是指債券面上不附有息票,也不規定利率,發行時按規定的折扣率,以低於債券面值的價格發行,到期時按面值支付本息的債券。從利息支付方式來看,貼現債券以低於面額的價格發行,可以看作是利息預付。因而,又可稱為利息預付債券、貼水債券。此類債券之期限通常比較短。

本函數會傳回貼現債券投資的利率,其計算結果同於 YIELDDISC()。

投資總額為購買債券的總金額,**票面總價**為債券的票面總金額,其餘相關參數,參見前文 YIELD() 與 PRICE() 處之說明。

其計算方式為:

$$\text{INTRATE} = \frac{\text{票面總價} - \text{投資總額}}{\text{投資總額}} \times \frac{\text{一年基礎日}}{\text{到期日} - \text{結算日}}$$

與貼現債券的殖利率 YIELDDISC() 所使用之公式:

$$\text{YIELDDISC} = \frac{\text{票面價格} - \text{購入價格}}{\text{購入價格}} \times \frac{\text{一年基礎日}}{\text{到期日} - \text{結算日}}$$

係完全相同的。只是一個是以單張債券面額計算;而另一個是以總額計算而已。

若於2019/4/1以\$96,00購買2019/12/31到期,票面總價值\$100,000的貼現債券,日期計算基礎為30/360,則其殖利率為多少?其實,其計算結果是同於YIELDDISC()。將相關之料輸入於範例『Fun09-財務.xlsx\DISC』,F2、G2、F6與G6使用:

```
=INTRATE(A2,B2,C2,D2,E2)
=(D2-C2)/C2*360/(B2-A2)
=YIELDDISC(A6,B6,C6,D6,E6)
=(D6-C6)/C6*360/(B6-A6)
```

均可獲得5.474%，可看出其結果是完全相同：

	A	B	C	D	E	F	G	H	I	J
	F2	▾	⋮	×	✓	fx	=INTRATE(A2,B2,C2,D2,E2)			
1	結算日期	到期日期	購入總額	票面總額	基礎	殖利率	殖利率			
2	2019/4/1	2019/12/31	$96,000	$100,000	2	5.474%	5.474%	← =(D2-C2)/C2*360/(B2-A2)		
3					實際/360					
4										
5	結算日期	到期日期	購入價格	票面價值	基礎	殖利率	殖利率			
6	2019/4/1	2019/12/31	$96	$100	2	5.474%	5.474%	← =(D6-C6)/C6*360/(B6-A6)		
7					實際/360		↑ =YIELDDISC(A6,B6,C6,D6,E6)			

貼現債券的貼現率 DISC()

DISC(結算日期,到期日,購入價格,票面價格,[基礎])
DISC(settlement,maturity,pr,redemption,[basis])

貼現債券是指債券面上不附有息票，也不規定利率，發行時按規定的折扣率（貼現率），以低於債券面值的價格發行，到期時按面值支付本息的債券。從利息支付方式來看，貼現債券以低於面額的價格發行，可以看作是利息預付。因而，又可稱為利息預付債券、貼水債券。此類債券之期限通常比較短。本函數用以傳回其貼現率。

相關參數，參見前文 YIELD() 與 PRICE() 處之說明。其公式為：

$$DISC = \frac{票面價格 - 購入價格}{票面價格} \times \frac{一年基礎日}{到期日 - 結算日}$$

而貼現債券的殖利率 YIELDDISC() 所使用之公式為：

$$YIELDDISC = \frac{票面價格 - 購入價格}{購入價格} \times \frac{一年基礎日}{到期日 - 結算日}$$

差別在第一項運算元的分母不同而已，貼現債券的貼現率以為票面價格分母；貼現債券的殖利率則以購入價格為分母。詳範例『Fun09-財務.xlsx\DISC』之 G2 與 G6。

若於 2019/4/1 以 $96 購買一張 2019/12/31 到期，票面價值 $100 的債券，若日期計算基礎為 30/360，則其貼現率為多少？將相關之料輸入於範例『Fun09-財務.xlsx\DISC』，F2 與 G2 使用：使用：

```
=DISC(A2,B2,C2,D2,E2)
=(D2-C2)/D2*360/(B2-A2)
```

均可獲得貼現率為5.255%；而F6與G6使用：

```
=YIELDDISC(A6,B6,C6,D6,E6)
=(D6-C6)/C6*360/(B6-A6)
```

則均可獲得殖利率為5.474%，可看出其差異僅在第一項運算元的分母不同而已，前者為票面價格；後者為購入價格：

F2			fx	=DISC(A2,B2,C2,D2,E2)					
	A	B	C	D	E	F	G	H	I	J
1	結算日期	到期日期	購入價格	票面價值	基礎	貼現率	貼現率			
2	2019/4/1	2019/12/31	$96	$100	2	5.255%	5.255%	← =(D2-C2)/D2*360/(B2-A2)		
3					實際/360					
4										
5	結算日期	到期日期	購入價格	票面價值	基礎	殖利率	殖利率			
6	2019/4/1	2019/12/31	$96	$100	2	5.474%	5.474%	← =(D6-C6)/C6*360/(B6-A6)		
7					實際/360	↑ =YIELDDISC(A6,B6,C6,D6,E6)				

貼現債券的價格PRICEDISC()

```
PRICEDISC(結算日期,到期日,貼現率,票面價格,[基礎])
PRICEDISC(settlement,maturity,discount,redemption,[basis])
```

貼現債券是指債券面上不附有息票，也不規定利率，發行時按規定的折扣率（貼現率），以低於債券面值的價格發行，到期時按面值支付本息的債券。從利息支付方式來看，貼現債券以低於面額的價格發行，可以看作是利息預付。因而，又可稱為利息預付債券、貼水債券。此類債券之期限通常比較短。

本函數為根據所設定之貼現率，回頭計算貼現債券每$100面額的價格，用以作為出售或購入價格之參考。相關參數，參見前文YIELD()與PRICE()處之說明。

其公式為：

$$PRICEDISC = 票面價值 - 貼現率 \times 票面價值 \times \frac{實際天數}{基礎天數}$$

即，將票面價值預扣掉以貼現率所計算出之利息，即為售價。

若有一張2019/1/1發行1年期票面價值$100的債券，而買方擬於發行當天購買。若貼現率為5.25%，計算日期之基準為**實際值/360**，則其價格應為多少才會考慮購買？

將相關資料輸入於範例『Fun09-財務.xlsx\PRICEDISC』工作表，以

```
=PRICEDISC(A2,B2,C2,D2,E2)
```

可計算出其價格應為94.68，如果賣方價格低於此一數字，可考慮購買：

	A	B	C	D	E	F	G	H	I	J
1	結算日期	到期日期	貼現率	票面價值	基礎	價格	驗算			
2	2019/1/1	2020/1/1	5.25%	$100	2	$94.68	$94.68	← =D2-C2*D2*(B2-A2)/360		
3					實際/360					

F2 ＝PRICEDISC(A2,B2,C2,D2,E2)

9-10 零散期間的證券

零散首期附息債券殖利率ODDFYIELD()

ODDFFIELD(結算日,到期日,發行日,首次付息日,票面利率,購買價,票面價,每年付息次數,[基礎])
ODDFYIELD(settlement,maturity,issue,first_coupon,rate,pr,redemption,frequency,[basis])

附息債券是指在債券上附有息票，按照票面載明利率及支付方式付息的債券。零散首期係指結算日介於發行日期與首次付息日之間，使得第一期的計息期間並不完整。

本函數為根據相關資料，回頭計算附息債券的殖利率。其餘之參數，參見前文YIELD()與PRICE()處之說明。

若於2019/3/1，以$96購入一張2019/1/1發行，2024/1/1到期日，票面價值$100的債券，票面利率為5.25%，首次付息日為2020/1/1，每年分兩次發放利息，若計算日期之基準為30/360，其殖利率為？

將相關資料輸入於範例『Fun09-財務.xlsx\ODDFYIELD』工作表，以

=ODDFYIELD(A2,B2,C2,D2,E2,F2,G2,H2,I2)

可計算出其殖利率為6.2%：

	A	B	C	D	E	F	G	H	I	J
1	結算日期	到期日期	發行日期	首次付息日	票息	價格	票面值	每年計息次數	基礎	殖利率
2	2019/3/1	2024/1/1	2019/1/1	2020/1/1	5.25%	$96	$100	2	0	6.20%
3									30/360	

儲存格 J2：`=ODDFYIELD(A2, B2, C2, D2, E2, F2, G2, H2, I2)`

零散首期附息證券價格ODDFPRICE()

ODDFPRICE(結算日期,到期日,發行日期,首次付息日,票面利率,到期殖利率, 票面價格,每年付息次數,[基礎])
ODDFPRICE(settlement,maturity,issue,first_coupon,rate,yld,redemption,frequency, [basis])

附息債券是指在債券上附有息票，按照票面載明利率及支付方式付息的債券。零散首期係指購買日期介於發行日期與首次付息日之間，使得第一期的計息期間並不完整。

到期殖利率為根據所設定之年期、票面利率及付息次數……，預期此一債券到期時，可達成之殖利率。

本函數為根據相關資料，回頭計算附息債券每$100面額的價格，用以作為出售或購入價格之參考。其餘之參數，參見前文YIELD()與PRICE()處之說明。

若於2019/3/1，以$96購入一張2019/1/1發行，2024/1/1到期日，票面價值$100的債券，票面利率為5.25%，首次付息日為2020/1/1，每年分兩次發放利息，若計算日期之基準為30/360，希望到期殖利率為6.20%，則其價格應為多少您才會考慮購買？

將相關資料輸入於範例『Fun09-財務.xlsx\ODDFPRICE』工作表，以

=ODDFPRICE(A2,B2,C2,D2,E2,F2,G2,H2,I2)

可計算出其價格為 $96.00：

	A	B	C	D	E	F	G	H	I	J
							fx	=ODDFPRICE(A2, B2, C2, D2, E2, F2, G2, H2, I2)		
1	結算日期	到期日期	發行日期	首次票息日	票息	到期殖利率	票面	每年計息次數	基礎	價格
2	2019/3/1	2024/1/1	2019/1/1	2020/1/1	5.25%	6.20%	$100.00	2	0	$96.00
3									30/360	

若將本例與前一例，使用相同日期及票面息資料，以價格 $96.00 購入，其殖
利率為 6.20%，兩者之結果一致：

	A	B	C	D	E	F	G	H	I	J
							fx	=ODDFYIELD(A6, B6, C6, D6, E6, F6, G6, H6, I6)		
1	結算日期	到期日期	發行日期	首次票息日	票息	到期殖利率	票面	每年計息次數	基礎	價格
2	2019/3/1	2024/1/1	2019/1/1	2020/1/1	5.25%	6.20%	$100.00	2	0	$96.00
3									30/360	
4										
5	結算日期	到期日期	發行日期	首次付息日	票息	價格	票面值	每年計息次數	基礎	殖利率
6	2019/3/1	2024/1/1	2019/1/1	2020/1/1	5.25%	$96.00	100	2	0	6.20%

零散最後一期的附息債券收益 ODDLYIELD()

ODDLYIELD(結算日,到期日,發行日,最後次付息日,票面利率,購買價,票面價,
每年付息次數,[基礎])
ODDLYIELD(settlement,maturity,last_interest,rate,pr,redemption,frequency,[basis])

附息債券是指在債券上附有息票，按照票面載明利率及支付方式付息的債
券。零散最後一期係指結算日介於最後次付息日與到期日之間，使得最後一
期的計息期間並不完整。

本函數為根據相關資料，回頭計算附息債券（定期支付利息）的收益率。其
餘之參數，參見前文 YIELD() 與 PRICE() 處之說明。

若於 2020/1/15，以 $99.88 入一張 2021/1/1 到期，票面價值 $100 的債券，票
面利率為 5.25%，每年分兩次發放利息，最後一次付息日為 2019/12/15，若
計算日期之基準為 30/360，其殖利率為？

將相關資料輸入於範例『Fun09-財務.xlsx\ODDLYIELD』工作表，以

=ODDLYIELD(A2,B2,C2,D2,E2,F2,G2,H2)

可計算出其殖利率為5.363%：

	A	B	C	D	E	F	G	H	I
	結算日期	到期日期	最後利息日	票息	價格	面價	每年計息次	基礎	殖利率
2	2020/1/15	2021/1/1	2019/12/15	5.25%	$99.88	$100	2	0	5.363%

I2 欄位公式：`=ODDLYIELD(A2, B2, C2, D2, E2, F2, G2, H2)`

零散最後一期的附息債券價格ODDLPRICE()

ODDLPRICE(結算日期,到期日,發行日期,最後一次付息日,票面利率,到期殖利率,票面價格,每年付息次數,[基礎])
ODDLPRICE(settlement,maturity,last_interest,rate,yld,redemption,frequency,[basis])

附息債券是指在債券上附有息票，按照票面載明利率及支付方式付息的債券。零散最後一期係指結算日介於最後次付息日與到期日之間，使得最後一期的計息期間並不完整。

本函數為根據相關資料，回頭計算附息債每$100面額的價格，用以作為出售或購入價格之參考。其餘之參數，參見前文YIELD()與PRICE()處之說明。

若於2020/1/15，以$99.88入一張2021/1/1到期，票面價值$100的債券，票面利率為5.25%，每年分兩次發放利息，最後一次付息日為2019/12/15，若計算日期之基準為30/360，希望到期殖利率為5.546%，則其價格應為多少您才會考慮購買？

將相關資料輸入於範例『Fun09-財務.xlsx\ODDLPRICE』工作表，以

=ODDLPRICE(A2,B2,C2,D2,E2,F2,G2,H2)

可計算出其價格為$99.71：

	A	B	C	D	E	F	G	H	I
	結算日期	到期日期	最後利息日	票息	到期殖利率	面值	每年計息次數	基礎	價格
2	2020/1/15	2021/1/1	2019/12/15	5.25%	5.546%	$100	2	0	$99.71
3								30/360	

I2 欄位公式：`=ODDLPRICE(A2, B2, C2, D2, E2, F2, G2, H2)`

若將本例對應回前一例，使用相同日期及票面息資料，以價格$99.71購入，其殖利率為5.546%，兩者之結果一致：

	A	B	C	D	E	F	G	H	I
1	結算日期	到期日期	最後利息日	票息	到期殖利率	面值	每年計息次數	基礎	價格
2	2020/1/15	2021/1/1	2019/12/15	5.25%	5.546%	$100	2	0	$99.71
3								30/360	
4									
5	結算日期	到期日期	最後利息日	票息	價格	面值	每年計息次	基礎	殖利率
6	2020/1/15	2021/1/1	2019/12/15	5.25%	$99.71	$100	2	0	5.546%

I6 =ODDLYIELD(A6, B6, C6, D6, E6, F6, G6, H6)

9-11 美國國庫券

美國國庫券（Treasury Bills，T-Bills）係指由結算日～到期日不超過一年之可轉讓債券的短期債券，到期天數分別為4週，13週及26週、52週，每週拍賣一次，且其日期計算基礎為實際日期/360。可轉讓債券的流動性非常高，在市場的交易非常活絡，其交易量非常大，甚至超越股市。

短期貼現債券的殖利率 TBILLYIELD()

TBILLYIELD(結算日期,到期日,購入價格)
TBILLYIELD(settlement,maturity,pr)

傳回美國短期國庫券，$100面額的年收益。債券面上不附有息票，也不規定利率，發行時按規定的折扣率（貼現率），以低於債券面值的價格發行，到期時按面值支付本息的債券。短期係指由結算日到到期日不超過一年之債券，其日期計算基礎為實際日期/360。

美國短期國庫券殖利率的計算公式為：

$$TBILLYIELD = \frac{票面價格 - 購入價格}{購入價格} \times \frac{一年基礎日}{到期日 - 結算日}$$

與貼現債券的殖利率YIELDDISC()函數，其實是使用同一個公式：

$$YIELDDISC = \frac{票面價格-購入價格}{購入價格} \times \frac{一年基礎日}{到期日-結算日}$$

只是，TBILLYIELD不接受結算日～到期日超過一年之情況。

若於2019/3/1以$95.5買入2020/01/01到期，票面價值$100的債券。預設計算日期基準為**實際值/360**，則其每年之殖利率應為多少？將相關資料輸入於範例『Fun09-財務.xlsx\TBILLYIELD』工作表，E2:F2以

```
=TBILLYIELD(A2,B2,C2)
=(D2-C2)/C2*360/(B2-A2)
```

均可計算出殖利率為5.544%；而F6:G6以：

```
=YIELDDISC(A6,B6,C6,D6,E6)
=(D6-C6)/C6*360/(B6-A6)
```

亦可計算出相同結果：

E2	▼	⋮	×	✓	f_x	=TBILLYIELD(A2,B2,C2)		
◢	A	B	C	D	E	F	G	H	I
1	結算日期	到期日期	價格	票面價值	殖利率	殖利率驗算			
2	2019/3/1	2020/1/1	$95.5	$100	5.544%	5.544%			
3						↑ =(D2-C2)/C2*360/(B2-A2)			
4									
5	結算日期	到期日期	價格	票面價值	基礎	殖利率	殖利率驗算		
6	2019/3/1	2020/1/1	$95.5	$100	2	5.544%	5.544%		
7					實際/360		↑ =(D6-C6)/C6*360/(B6-A6)		
8					↑ =YIELDDISC(A7,B7,C7,D7,E7)				

不過，TBILLYIELD()不接受結算日～到期日超過一年之情況；而YIELDDISC()則可以。如，結算日期均改為2018/3/1，結算日～到期日超過一年，其餘資料維持原狀，TBILLYIELD()已無法計算；而YIELDDISC()則還可以計算出殖利率為2.528%

	A	B	C	D	E	F	G	H	I
10	結算日期	到期日期	價格	票面價值	殖利率	殖利率驗算			
11	2018/3/1	2020/1/1	$95.5	⚠00	#NUM!	2.528%			
12						↑ =(D11-C11)/C11*360/(B11-A11)			
13									
14	結算日期	到期日期	價格	票面價值	基礎	殖利率	殖利率驗算		
15	2018/3/1	2020/1/1	$95.5	$100	2	2.528%	2.528%		
16					實際/360		↑ =(D15-C15)/C15*360/(B15-A15)		
17						↑ =YIELDDISC(A7,B7,C7,D7,E7)			

到期付息美國國庫券的約當殖利率TBILLEQ()

TBILLEQ(結算日期,到期日,票面利率)
TBILLEQ(settlement,maturity,discount)

傳回美國短期到期付息國庫券（Treasury Bills，T-Bills）的約當殖利率。到期付息債券係於到期時和本金一起一次性付息、利隨本清。付息特点是利息於債券到期時一次支付。短期係指由結算日到到期日不超過一年之債券，由於其未滿一年，故本函數將其逆算回一整年之收益。本函數不接受結算日～到期日超過一年之情況。

若於2019/3/1買入2019/12/31到期，票面利率5.25%之短期到期付息美國國庫券，其約當殖利率應為多少？將相關資料輸入於範例『Fun09-財務.xlsx\TBILLEQ』工作表，D2以

=TBILLEQ(A2,B2,C2)

可計算出殖利率為5.51%：

	A	B	C	D	E
1	結算日期	到期日期	票面利率	殖利率	
2	2019/3/1	2019/12/31	5.25%	5.51%	

本函數不接受結算日～到期日超過一年之情況：

	A	B	C	D	E
4	結算日期	到期日期	票面利率	殖利率	
5	2018/3/1	2020/12/31	5.25%	#NUM!	

到期付息美國國庫券價格 TBILLPRICE()

> TBILLPRICE(結算日期,到期日,票面利率)
> TBILLPRICE(settlement,maturity,discount)

傳回美國短期到期付息國庫券（Treasury Bills，T-Bills），$100面額的價格。
到期付息債券係於到期時和本金一起一次付息。短期係指由結算日到到期日
不超過一年之債券，本函數不接受結算日～到期日超過一年之情況。

若於2019/3/1買入2019/12/31到期，票面利率5.25%之短期到期付息美國
國庫券，則票面$100之債券，其售價應為多少？將相關資料輸入於範例
『Fun09-財務.xlsx\TBILLEQ』工作表，D2以

> =TBILLEQ(A2,B2,C2)

可計算出其價格為$95.55：

本函數不接受結算日～到期日超過一年之情況：

9-12　票息週期

票息週期開始到結帳日期的天數 COUPDAYBS()

> COUPDAYBS(結算日期,到期日,每年付息次數,[基礎])
> COUPDAYBS(settlement,maturity,frequency,[basis])

傳回結算日期之前一次的利息發放日到結算日期之間的日數。

若於2020/4/1買入2024/1/1到期，每年發放兩次利息的債券，若其計算日期之基準為**實際值/365**。

將相關資料輸入於範例『Fun09-財務.xlsx\COUPDAYBS』工作表，其發放利息的日期為1/1與7/1，2020/4/1買入，其前一次的利息發放日為2020/1/1，由2020/1/1 ～ 2020/4/1計有幾天？會隨計算基礎不同而異。E5以實際值/365為計算基礎，利用

```
=COUPDAYBS(A5,B5,C5,D5)
```

可計算出票息週期開始到結算日期的天數計有91天：

	A	B	C	D	E	F	G
1	結算日期	到期日	每年付息次數	基礎	天數	基礎	
2	2020/4/1	2024/1/1	2	0	90	US 30/360	
3	2020/4/1	2024/1/1	2	1	91	實際/實際值	
4	2020/4/1	2024/1/1	2	2	91	實際/360	
5	2020/4/1	2024/1/1	2	3	91	實際/365	
6	2020/4/1	2024/1/1	2	4	90	European 30/360	

票息週期中的日數 COUPDAYS()

COUPDAYBS(結算日期,到期日,每年付息次數,[基礎])
COUPDAYS(settlement,maturity,frequency,[basis])

傳回結算日期那一期日的票息週期日數。

若於2020/4/1買入2024/1/1到期，每年發放兩次利息的債券，若其計算日期之基準為**實際值/365**。

將相關資料輸入於範例『Fun09-財務.xlsx\COUPDAYS』工作表，E5以

```
=COUPDAYS(A5,B5,C5,D5)
```

結算日2020/4/1當期，依計算日期基準為**實際值/365**，用以計算票息之天數為2020/1/1 ～ 2020/7/1計有182.5天，其計算天數會隨計算基礎不同而異：

	A	B	C	D	E	F	G
1	結算日期	到期日	每年付息次數	基礎	天數	基礎	
2	2020/4/1	2024/1/1	2	0	180	US 30/360	
3	2020/4/1	2024/1/1	2	1	182	實際/實際值	
4	2020/4/1	2024/1/1	2	2	180	實際/360	
5	2020/4/1	2024/1/1	2	3	182.5	實際/365	
6	2020/4/1	2024/1/1	2	4	180	European 30/360	

結算日到下個票息日間的日數 COUPDAYSNC()

COUPDAYSNC(結算日期,到期日,每年付息次數,[基礎])
COUPDAYSNC(settlement,maturity,frequency,[basis])

傳回從結算日期到下一個票息日期之間的日數。

若於2020/4/1買入2024/1/1到期,每年發放兩次利息的債券,若其計算日期之基準為實際值/365。

其發放利息的日期為1/1與7/1,將相關資料輸入於範例『Fun09-財務.xlsx\COUPDAYSNC』工作表,E5以

=COUPDAYSNC(A5,B5,C5,D5)

依計算日期之基準為實際值/365,從結算日期到下一個票息日期之間的日數為2020/4/21 ~ 2020/7/1計有71天,其計算之天數會隨計基礎不同而異:

	A	B	C	D	E	F	G
1	結算日期	到期日	每年付息次數	基礎	天數	基礎	
2	2020/4/21	2024/1/1	2	0	70	US 30/360	
3	2020/4/21	2024/1/1	2	1	71	實際/實際值	
4	2020/4/21	2024/1/1	2	2	71	實際/360	
5	2020/4/21	2024/1/1	2	3	71	實際/365	
6	2020/4/21	2024/1/1	2	4	70	European 30/360	

結算日後的下一個票息日 COUPNCD()

COUPNCD(結算日期,到期日,每年付息次數,[基礎])
COUPNCD(settlement,maturity,frequency,[basis])

傳回結算日期之後的下一個票息日期。

若於2020/4/21買入2024/1/1到期，每年發放兩次利息的債券，將相關資料輸入於範例『Fun09-財務.xlsx\COUPNCD』工作表，E2以

```
=COUPNCD(A2,B2,C2,D2)
```

可計算出下一個發放利息的日期為2020/7/1：

	A	B	C	D	E	F
1	結算日期	到期日	每年付息次數	基礎	下次付息日	基礎
2	2020/4/21	2024/1/1	2	0	2020/7/1	US 30/360

E2 = COUPNCD(A2,B2,C2,D2)

結算日和到期日間支付票息次數 COUPNUM()

COUPNUM(結算日期,到期日,每年付息次數,[基礎])
COUPNUM(settlement,maturity,frequency,[basis])

傳回應在結算日期和到期日期之間支付票息次數。

若於2020/4/21買入2024/1/1到期，每年發放兩次利息的債券，將相關資料輸入於範例『Fun09-財務.xlsx\COUPNUM』工作表，可看出不同到期日之間，由結算日期和到期日期間應支付票息的次數。E2以

```
=COUPNUM(A2,B2,C2,D2)
```

可計算出由2020/4/1到2021/1/1間，應發放兩次利息：

E2 = COUPNUM(A2,B2,C2,D2)

	A	B	C	D	E	F
1	結算日期	到期日	每年付息次數	基礎	付息次數	基礎
2	2020/4/21	2021/1/1	2	0	2	US 30/360
3	2020/4/21	2022/1/1	2	0	4	
4	2020/4/21	2023/1/1	2	0	6	
5	2020/4/21	2024/1/1	2	0	8	
6	2020/4/21	2025/1/1	2	0	10	

結算日前一個票息日期COUPPCD()

COUPPCD(結算日期,到期日,每年付息次數,[基礎])
COUPPCD(settlement,maturity,frequency,[basis])

傳回結算日期之前的前一個票息日期。

若於2020/4/1買入2024/1/1到期，每年發放兩次利息的債券，將相關資料輸入於範例『Fun09-財務.xlsx\COUPPCD』工作表。E2以

=COUPPCD(A2,B2,C2,D2)

可看出前一次票息日期為2020/1/1：

	A	B	C	D	E	F
1	結算日期	到期日	每年付息次數	基礎	前次付息日	基礎
2	2020/4/21	2024/1/1	2	0	2020/1/1	US 30/360

檢視參照與資料庫函數

10-1 多重條件判斷 IFS()

> IFS(邏輯測試1, 成立值1, [邏輯測試2, 成立值2], [邏輯測試3, 成立值3], ...)
> IFS(logical_test1,value_if_true1,[logical_test2,value_if_true2],[logical_test3,
> value_if_true3], ...)

邏輯測試1、邏輯測試2、…，為可以產生TRUE或FALSE結果的任何條件式，最多可擁有127組測試。若邏輯測試1條件式成立，即取成立值1之運算結果；反之，繼續判斷邏輯測試2是否成立，若邏輯測試2條件式成立，即取成立值2之運算結果；反之，繼續判斷邏輯測試3是否成立，若邏輯測試3條件式成立，即取成立值3之運算結果……。

若所有條件均不成立，其回應值為 #NA! 錯誤。

此函數之目的，在縮減原單獨使用IF()函數時，若為多重條件，得組合成很長之巢狀IF()。

求成績等級

例如，擬依右示條件分別給予成績之等級：

成績	等級
90 ～	A
80 ～ 89	B
70 ～ 79	C
60 ～ 69	D
～ 59	F

範例10.xlsx『成績等級-IF』工作表之D2，以單一條件IF()函數進行判斷成績等級，其運算式將為：

=IF(C2>=90,"A",IF(C2>=80,"B",IF(C2>=70,"C",IF(C2>=60,"D","F"))))

一連串的IF()，不僅數量多，且左/右括號要完全配對，有時還不太容易！

但若改為使用多重條件IFS()函數（範例10.xlsx『成績等級-IFS』工作表），其運算式將為：

=IFS(C2>=90,"A",C2>=80,"B",C2>=70,"C",C2>=60,"D",C2<60,"F")

可少掉好幾個IF，運算式明顯較短。

求獎金比例

假定，員工之業績獎金係依其業績高低，給予不同之比例：

業績	獎金比例
0~299,999	0.0%
300000~499,999	0.3%
500000~999,999	0.5%
1000000~1,499,999	0.8%

業績	獎金比例
1500000~1,999,999	1.0%
2000000~2,999,999	2.0%
3000000~	3.0%

範例『Fun10-參照.xlsx\獎金比例-IF』之C2，以單一條件IF()函數進行判斷獎金比例，其運算式將為：

=IF(B2>=3000000,3%,IF(B2>=2000000,2%,IF(B2>=1500000,1%,IF(B2>=1000000, 0.8%,IF(B2>=500000,0.5%,IF(B2>300000,0.3%,0%))))))

	A	B	C	D	E	F	G	H
1	姓名	業績	獎金比例	業績獎金				
2	吳景新	2,580,000	2.0%	51,600				
3	林書宏	1,025,000	0.8%	8,200				
4	林淑芬	250,000	0.0%	0				
5	蔡桂芳	2,250,000	2.0%	45,000				
6	梁國正	1,380,000	0.8%	11,040				
7	楊佳偉	568,000	0.5%	2,840				
8	黃光輝	3,500,000	3.0%	105,000				

運算式很長，想取得正確結果，還真不太容易！

但若改為使用多重條件IFS()函數（範例10.xlsx『獎金比例-IFS』工作表），其運算式將為：

=IFS(B2>=3000000,3%,B2>=2000000,2%,B2>=1500000,1%,B2>=1000000,0.8%, B2>=500000,0.5%,B2>=300000,0.3%,B2>0,0%)

	A	B	C	D	E	F	G	I
1	姓名	業績	獎金比例	業績獎金				
2	吳景新	2,580,000	2.0%	51,600				
3	林書宏	1,025,000	0.8%	8,200				
4	林淑芬	250,000	0.0%	0				
5	蔡桂芳	2,250,000	2.0%	45,000				
6	梁國正	1,380,000	0.8%	11,040				
7	楊佳偉	568,000	0.5%	2,840				
8	黃光輝	3,500,000	3.0%	105,000				

運算式會短一點點，但其實還是蠻長的！若能改為下節之VLOOKUP()函數，將會更便捷許多。

10-2　垂直查表VLOOKUP()

///

> VLOOKUP(查表依據,表格,第幾欄,[是否不用找到完全相同值])
> VLOOKUP(lookup_value,table_array,col_index_num,[range_lookup])

在一表格的最左欄中，尋找含查表依據的欄位，並傳回同一列中第幾欄所指定之儲存格內容。式中，方括號所包圍之內容，表該部份可省略。

表格是要在其中進行找尋資料的陣列範圍，且必須按其第一欄之內容遞增排序。

[是否不用找到完全相同值]為一邏輯值，為TRUE（或省略）時，如果找不到完全符合的值，會找出僅次於查表依據的值。當此引數值為FALSE時，必須找尋完全符合的值，如果找不到，則傳回錯誤值#N/A。

不用找到完全相同值之實例

假定，員工之業績獎金係依其業績高低，給予不同之比例：

業績	獎金比例
0~299,999	0.0%
300000~499,999	0.3%
500000~999,999	0.5%
1000000~1,499,999	0.8%
1500000~1,999,999	1.0%
2000000~2,999,999	2.0%
3000000~	3.0%

茲將其對照表安排於範例『Fun10-參照.xlsx\
VLOOKUP1』之A3:B9：

	A	B
1	業績與獎金比例對照表	
2	業績	獎金比例
3	0	0.0%
4	300,000	0.3%
5	500,000	0.5%
6	1,000,000	0.8%
7	1,500,000	1.0%
8	2,000,000	2.0%
9	3,000,000	3.0%

安排此一表格時，標題之文字內容並無作用，重點為代表業績及獎金比例之
數字，第一個0很重要，很多使用者直接於0的位置上輸入300,000，將會使
業績未滿300,000者，找不到可用之獎金比例，而顯示錯誤值#N/A。此外，
務必記得要依第一欄之業績內容遞增排序。

假定，各員工之基本薪及業績資料為：

	A	B	C	D	E	F
12	員工編號	姓名	基本薪	業績	業績獎金	總所得
13	1001	吳景新	25,000	2,580,000		
14	1002	林書宏	28,000	1,025,000		
15	1003	林淑芬	30,000	250,000		
16	1004	蔡桂芳	35,000	2,250,000		
17	1005	梁國正	28,000	1,380,000		
18	1006	楊佳偉	40,000	568,000		
19	1007	黃光輝	40,000	3,500,000		

於E欄，擬依D欄之業績計算其業績獎金。首先，於E13處可使用

```
=VLOOKUP(D13,$A$3:$B$9,2,TRUE)
```

依D欄之業績（查表依據），於A3:B9（表格）中找出適當（第2欄）之獎金
百分比：

E13	▾	:	× ✓	fx	=VLOOKUP(D13,$A$3:$B$9,2,TRUE)	
	A	B	C	D	E	F
12	員工編號	姓名	基本薪	業績	業績獎金	總所得
13	1001	吳景新	25,000	2,580,000	0.02	
14	1002	林書宏	28,000	1,025,000	0.008	
15	1003	林淑芬	30,000	250,000	0	
16	1004	蔡桂芳	35,000	2,250,000	0.02	
17	1005	梁國正	28,000	1,380,000	0.008	
18	1006	楊佳偉	40,000	568,000	0.005	
19	1007	黃光輝	40,000	3,500,000	0.03	

最後一個引數為何要使用TRUE？這是因為業績內容很少恰好等於A3:A9的間距數字。將其安排為TRUE（或省略）時，於A3:A9找不到完全符合D欄之業績值，將找出僅次於查表依據的值。如：業績1,025,000者，不可能會給予與1,500,000同列之1%為獎金比例，而是找到僅次於1,025,000之1,000,000，而回應與1,000,000同列之0.8%為其獎金比例。

此外，安排業績與其獎金比例之表格原範圍為A3:B9，為了方便向下抄給其它儲存格，應記得將其安排為$A$3:$B$9。

於判斷查表所取得之獎金比例無誤之後，將其乘上業績：

```
=VLOOKUP(D13,$A$3:$B$9,2,TRUE)*D13
```

即可算出業績獎金：

E13	fx	=VLOOKUP(D13,$A$3:$B$9,2,TRUE)*D13

	A	B	C	D	E	F	G
12	員工編號	姓名	基本薪	業績	業績獎金	總所得	
13	1001	吳景新	25,000	2,580,000	51,600		
14	1002	林書宏	28,000	1,025,000	8,200		
15	1003	林淑芬	30,000	250,000	-		
16	1004	蔡桂芳	35,000	2,250,000	45,000		
17	1005	梁國正	28,000	1,380,000	11,040		
18	1006	楊佳偉	40,000	568,000	2,840		
19	1007	黃光輝	40,000	3,500,000	105,000		

最後，將C欄之基本薪加上E欄業績獎金，即可獲致F欄之總所得：

F13	fx	=C13+E13

	A	B	C	D	E	F
12	員工編號	姓名	基本薪	業績	業績獎金	總所得
13	1001	吳景新	25,000	2,580,000	51,600	76,600
14	1002	林書宏	28,000	1,025,000	8,200	36,200
15	1003	林淑芬	30,000	250,000	-	30,000
16	1004	蔡桂芳	35,000	2,250,000	45,000	80,000
17	1005	梁國正	28,000	1,380,000	11,040	39,040
18	1006	楊佳偉	40,000	568,000	2,840	42,840
19	1007	黃光輝	40,000	3,500,000	105,000	145,000

馬上練習

續前例，假定所得稅率為：

所得	稅率
0~30,000	0.0%
30,001~50,000	3.0%
50,001~80,000	4.5%
80,001~100,000	8.0%
100,001~150,000	10.0%
150,001~200,000	16.0%
200,001~	20.0%

試依查表取得適當稅率計算所得稅，並計算扣除所得稅後之淨所得：（範例『Fun10-參照.xlsx\VLOOKUP-淨所得』）

	B	C	D	E	F	G	H
12	姓名	基本薪	業績	業績獎金	總所得	所得稅	淨所得
13	吳景新	25,000	2,580,000	51,600	76,600	3,447	73,153
14	林書宏	28,000	1,025,000	8,200	36,200	1,086	35,114
15	林淑芬	30,000	250,000	-	30,000	-	30,000
16	蔡桂芳	35,000	2,250,000	45,000	80,000	3,600	76,400
17	梁國正	28,000	1,380,000	11,040	39,040	1,171	37,869
18	楊佳偉	40,000	568,000	2,840	42,840	1,285	41,555
19	黃光輝	40,000	3,500,000	105,000	145,000	14,500	130,500

必須找到完全相同值之實例

前例之VLOOKUP()中的最後一個引數使用TRUE，如果找不到完全符合的值，會找出僅次於**查表依據**的值。但，於範例『Fun10-參照.xlsx\VLOOKUP2』中：

	A	B	C	D	E	F	G	H
1	編號	姓名	性別	部門	職稱	生日	地址	電話
2	1201	張惠真	女	會計	主任	1981/11/27	台北市民生東路三段68號六樓	(02)2517-6399
3	1203	呂姿瑩	女	人事	主任	1988/02/27	台北市興安街一段15號四樓	(02)2515-5428
4	1208	吳志明	男	業務	主任	1977/06/01	台北市內湖路三段148號二樓	(02)2517-6408
5	1218	黃啟川	男	業務	專員	1992/05/09	台北市合江街124號五樓	(02)2736-3972
6	1220	謝龍盛	男	業務	專員	1987/04/29	桃園市成功路338號四樓	(03)8894-5677
7	1316	孫國寧	女	門市	主任	1984/08/21	台北市北投中央路12號三樓	(02)5897-4651
8	1318	楊桂芬	女	門市	銷售員	1982/08/23	台北市龍江街23號三樓	(02)2555-7892
9	1440	梁國棟	男	業務	專員	1992/12/06	台北市敦化南路138號二樓	(02)7639-8751
10	1452	林美惠	女	會計	專員	1975/07/26	基隆市中正路二段12號二樓	(03)3399-5146

雖同樣以數字性質之編號進行找尋，就不可以於找不到完全符合的編號值，即以編號較小的另一筆記錄內容來替代。故應將VLOOKUP()中的最後一個引數，改為使用FALSE，必須要找尋完全符合的值，如果找不到，則傳回錯誤值#N/A。

假定，要利用使用者所輸入之員工編號，傳回如下示之表格內容：

	A	B	C	D	E
12					
13		編號	1440	姓名	梁國棟
14		性別	男	部門	業務
15		職稱	專員	生日	1992/12/06
16		地址	台北市敦化南路138號二樓		
17		電話	(02)7639-8751		

其處理步驟為：

1 安排妥表格外觀

	A	B	C	D	E
12					
13		編號		姓名	
14		性別		部門	
15		職稱		生日	
16		地址			
17		電話			

其中，C16:E16與C17:E17係分別於選取後，以『**常用/對齊方式/跨欄置中**』 [田 跨欄置中] 鈕右側之向下箭頭，續選「**合併儲存格(M)**」，將其設定為合併儲存格。

2 於C13輸入一已存在之員工編號（如：1440）

3 於E13輸入

```
=VLOOKUP($C$13,$A$2:$H$10,2,FALSE)
```

公式，可找出該編號所對應之員工姓名（第2欄）：

E13	▼	:	× ✓ fx	=VLOOKUP($C$13,$A$2:$H$10,2,FALSE)		
	A	B	C	D	E	F	G
12							
13		編號	1440	姓名	梁國棟		
14		性別		部門			
15		職稱		生日			
16		地址					
17		電話					

前兩個引數，使用含$之絕對參照，係因此公式仍要抄給其它儲存格使用。最後一個引數，使用FALSE，表一定要找到完全相同之員

工編號；否則，即顯示#N/A之錯誤，而不是找一個編號較低者來替代。

4 按『常用/剪貼簿/複製』 🗐 複製 ▾ 鈕，記下E13之內容

5 按住 `Ctrl` 鍵，選取C14:C15、
E14:E15與C16:C17等儲存格

▲	A	B	C	D	E
12					
13		編號	1440	姓名	梁國棟
14		性別		部門	
15		職稱		生日	
16		地址			
17		電話			

6 按『常用/剪貼簿/貼上』 📋 貼上 ▾ 之下拉鈕，選按『貼上/公式(F)』
 鈕。可獲致

C16　=VLOOKUP($C$13,$A$2:$H$10,2,FALSE)

▲	A	B	C	D	E	F	G
12							
13		編號	1440	姓名	梁國棟		
14		性別	梁國棟	部門	梁國棟		
15		職稱	梁國棟	生日	梁國棟		
16		地址	梁國棟				
17		電話	梁國棟				

7 將C14:C15、E14:E15與C16:C17等儲存格之公式內容的第三個引
數，由2分別改為所對應之欄數。如：

```
C14   =VLOOKUP($C$13,$A$2:$H$10,3,FALSE)
E14   =VLOOKUP($C$13,$A$2:$H$10,4,FALSE)
C15   =VLOOKUP($C$13,$A$2:$H$10,5,FALSE)
E15   =VLOOKUP($C$13,$A$2:$H$10,6,FALSE)
C16   =VLOOKUP($C$13,$A$2:$H$10,7,FALSE)
C17   =VLOOKUP($C$13,$A$2:$H$10,8,FALSE)
```

可獲致

C17　=VLOOKUP($C$13,$A$2:$H$10,8,FALSE)

▲	A	B	C	D	E	F	G
12							
13		編號	1440	姓名	梁國棟		
14		性別	男	部門	業務		
15		職稱	專員	生日	1992/12/06		
16		地址	台北市敦化南路138號二樓				
17		電話	(02)7639-8751				

往後，於C13處輸入員工編號，即可取得其相關之所有資料內容：

	A	B	C	D	E
12					
13		編號	1318	姓名	楊桂芬
14		性別	女	部門	門市
15		職稱	銷售員	生日	1982/08/23
16		地址	台北市龍江街23號三樓		
17		電話	(02)2555-7892		

但若輸入一個不存在之員工編號（如：1215），即顯示#N/A之錯誤，而不是找一個編號較低者（1208）來替代：

	A	B	C	D	E
12					
13		編號	1215	姓名	#N/A
14		性別	#N/A	部門	#N/A
15		職稱	#N/A	生日	#N/A
16		地址	#N/A		
17		電話	#N/A		

將#N/A改為"找不到"

若要將#N/A改為"找不到"，可使用如

```
=IF(ISNA(VLOOKUP($C$13,$A$2:$H$10,2,FALSE)),"找不到",VLOOKUP($C$13,
$A$2:$H$10,2,FALSE))
```

之公式來判斷，當員工編號不存在，即將#N/A改為"找不到"。將所有使用VLOOKUP()之儲存格，均改為類似之公式後，可獲致：（範例『Fun10-參照.xlsx\VLOOKUP2-1』）

| E13 | ▼ : × ✓ fx | =IF(ISNA(VLOOKUP($C$13,$A$2:$H$10,2,FALSE)), "找不到",VLOOKUP($C$13,$A$2:$H$10,2,FALSE)) |

	A	B	C	D	E	F	G
12							
13		編號	1450	姓名	找不到		
14		性別	找不到	部門	找不到		
15		職稱	找不到	生日	找不到		
16		地址	找不到				
17		電話	找不到				

此處之運算式相當冗長，利用IFNA()函數則可簡化其算式，其語法為：

```
IFNA(值,成立時的值)
IFNA(value,value_if_na)
```

當判斷出值為#NA!之錯誤，即賦予成立時的值；否則，即取用值之內容。故而，E13運算式將可簡化為：

```
=IFNA(VLOOKUP($C$13,$A$2:$H$10,2,FALSE),"找不到")
```

將所有使用VLOOKUP()之儲存格，均改為類似之公式後：

```
C14  =IFNA(VLOOKUP($C$13,$A$2:$H$10,3,FALSE),"找不到")
E14  =IFNA(VLOOKUP($C$13,$A$2:$H$10,4,FALSE),"找不到")
C15  =IFNA(VLOOKUP($C$13,$A$2:$H$10,5,FALSE),"找不到")
E15  =IFNA(VLOOKUP($C$13,$A$2:$H$10,6,FALSE),"找不到")
C16  =IFNA(VLOOKUP($C$13,$A$2:$H$10,7,FALSE),"找不到")
C17  =IFNA(VLOOKUP($C$13,$A$2:$H$10,8,FALSE),"找不到")
```

若C13之編號可順利找到，同樣可顯示其記錄內容：

| E13 | ▼ | ⋮ | × | ✓ | fx | =IFNA(VLOOKUP($C$13,$A$2:$H$10,2,FALSE),"找不到") |

	A	B	C	D	E	F	G
12							
13		編號	1318	姓名	楊桂芬		
14		性別	女	部門	門市		
15		職稱	銷售員	生日	1982/8/23		
16		地址	台北市龍江街23號三樓				
17		電話	(02)2555-7892				

若C13之編號找不到，也不會出現 #NA 之錯誤，而是顯示"找不到"：

| E13 | ▼ | ⋮ | × | ✓ | fx | =IFNA(VLOOKUP($C$13,$A$2:$H$10,2,FALSE),"找不到") |

	A	B	C	D	E	F	G
12							
13		編號	1520	姓名	找不到		
14		性別	找不到	部門	找不到		
15		職稱	找不到	生日	找不到		
16		地址	找不到				
17		電話	找不到				

設定僅能輸入編號進行查詢

由於前例係於C13處輸入員工編號進行查詢，但使用者仍可能於C13以外的其它儲存格輸入內容。如此，難保不會破壞查詢表中之公式內容。因為，其公式確實複雜，要重打得浪費不少時間！

此時，可以下列步驟，將其設定為僅能於C13輸入編號進行查詢，於其它位置輸入任何資料（或編輯/刪除）均不被允許：

1 停於C13，於其上單按滑鼠右鍵，續選「**儲存格格式(F)…**」，選取『保護』標籤

2 取消「鎖定(L)」與「隱藏(I)」

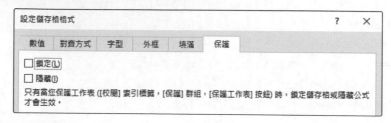

3 按 確定 鈕

4 按『校閱/變更/保護工作表』 鈕

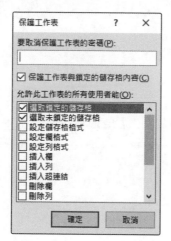

5 輸入密碼，續按 確定 鈕

6 再輸入一次完全相同之密碼。按 ⌈ 確定 ⌉ 鈕，即可完成設定。如此，僅能於C13輸入編號進行查詢，於其它位置輸入任何資料、編輯或刪除儲存格內容，均將獲致錯誤訊息：

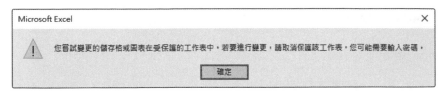

文字串之實例

假定，某公司之產品編號、品名及單價，如範例『Fun10-參照.xlsx\VLOOKUP4』之A1:C8所示：

	A	B	C
1	編號	品名	單價
2	A01	電視	23,680
3	A02	冰箱	36,500
4	A03	電腦	28,750
5	B01	電話	1,250
6	B04	答錄機	860
7	C02	隨身碟	420
8	C05	滑鼠	680

建立表格時，必須按A欄之編號遞增排序，但仍允許跳號。

於交易發生時，為方便輸入資料，可於輸入產品編號後，以VLOOKUP()查得其品名及單價。因為，不可能會依編號順序發生交易，故下表並無必須按編號遞增排序之要求，且允許重複出現：

	A	B	C	D	E	F
11	日期	編號	品名	單價	數量	金額
12	2019/8/12	C05				
13	2019/8/12	A01				
14	2019/8/12	A03				
15	2019/8/12	B04				

要利用VLOOKUP()依編號查表取其品名及單價，可先於C12輸入

```
=VLOOKUP($B12,$A$2:$C$8,2,FALSE)
```

可取得品名：

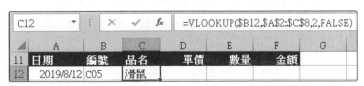

由於這也是一個必須要找到完全相同編號的例子，故最後一個引數安排為 FALSE。將其抄給D12後，可獲得一完全相同之公式，將其第三個引數改為 3：

```
=VLOOKUP($B12,$A$2:$C$8,3,FALSE)
```

即可獲得其單價：

| D12 | | ▼ | : | × | ✓ | fx | =VLOOKUP($B12,$A$2:$C$8,3,FALSE) |

	A	B	C	D	E	F	G
11	日期	編號	品名	單價	數量	金額	
12	2019/8/12	C05	滑鼠	680			

將C12:D12抄給C13:D15，即可取得各筆交易之品名及單價：

| C12 | | ▼ | : | × | ✓ | fx | =VLOOKUP($B12,$A$2:$C$8,2,FALSE) |

	A	B	C	D	E	F	G
11	日期	編號	品名	單價	數量	金額	
12	2019/8/12	C05	滑鼠	680			
13	2019/8/12	A01	電視	23680			
14	2019/8/12	A03	電腦	28750			
15	2019/8/12	B04	答錄機	860			

剩下來之工作，僅須輸入各筆交易之數量，即可以單價乘以數量，求得其 金額：

| F12 | | ▼ | : | × | ✓ | fx | =D12*E12 |

	A	B	C	D	E	F
11	日期	編號	品名	單價	數量	金額
12	2019/8/12	C05	滑鼠	680	4	2720
13	2019/8/12	A01	電視	23680	3	71040
14	2019/8/12	A03	電腦	28750	5	143750
15	2019/8/12	B04	答錄機	860	2	1720

往後，若再有新交易發生，只須繼續向下進行輸入即可，並不用再複製公 式，Excel會自動進行必要之公式的複製。例如，輸入完日期與編號後，即 可自動取得品名及單價：

	A	B	C	D	E	F
11	日期	編號	品名	單價	數量	金額
12	2019/8/12	C05	滑鼠	680	4	2720
13	2019/8/12	A01	電視	23680	3	71040
14	2019/8/12	A03	電腦	28750	5	143750
15	2019/8/12	B04	答錄機	860	2	1720
16	2019/8/13	A02	冰箱	36500		

續再輸入數量，即可自動算出金額：

	A	B	C	D	E	F
11	日期	編號	品名	單價	數量	金額
12	2019/8/12	C05	滑鼠	680	4	2720
13	2019/8/12	A01	電視	23680	3	71040
14	2019/8/12	A03	電腦	28750	5	143750
15	2019/8/12	B04	答錄機	860	2	1720
16	2019/8/13	A02	冰箱	36500	2	73000

10-3 水平查表 HLOOKUP()

HLOOKUP(查表依據,表格,第幾列,[是否不用找到完全相同值])
HLOOKUP(lookup_value,table_array,row_index_num,[range_lookup])

在一表格的第一列中尋找含**查表依據**的欄位，並傳回同一欄中**第幾列**所指定之儲存格內容。

本函數之相關規定，同 VLOOKUP()，只差其查表係以水平方式進行而已。

如，範例『Fun10-參照.xlsx\HLOOKUP』將西元年代除以12後之餘數（使用MOD()函數），以遞增方式排列，並將其所對應之中國生肖匯集在一起：

B1		× ✓ fx	=MOD(B2,12)									
	A	B	C	D	E	F	G	H	I	J	K	L	M
1	除以12之餘數	0	1	2	3	4	5	6	7	8	9	10	11
2	年	2016	2017	2018	2019	2020	2021	2022	2023	2024	2025	2026	2027
3	生肖	猴	雞	狗	豬	鼠	牛	虎	兔	龍	蛇	馬	羊

如此，即可於B5輸入任一西元年代後，以

=HLOOKUP(MOD(B5,12),B1:M3,3)

利用餘數來以HLOOKUP()來查表取得其生肖：

B6		× ✓ fx	=HLOOKUP(MOD(B5,12),B1:M3,3)					
	A	B	C	D	E	F	G	H	I
5	年	2018							
6	生肖	狗							

查表LOOKUP()

向量型

LOOKUP(查表依據,查表向量,結果向量)
LOOKUP(lookup_value,lookup_vector,result_vector)

所使用的兩個向量,均為單列或單欄的陣列。本類型之LOOKUP()函數,會在查表向量中找尋查表依據之內容,然後移到另一個結果向量中的同一個位置上,傳回該儲存格的內容。但應注意:

■ 兩向量之儲存格個數應一致

■ 查表向量之內容應事先遞增排序

■ 如果於查表向量中無法找到查表依據之內容,將取用較小的一個值來替代

■ 如果查表依據之內容小於整個查表向量之所有值,將回應#N/A之錯誤值

如,將成績高低分為下列幾組:

成績	組別
0~59	不及格
60~74	中等
75~84	高分
85~100	特優

將其內容安排於範例『Fun10-參照.xlsx\LOOKUP向量』之A1:B5位置。如此,A2:A5即可當查表向量;B2:B5即可當結果向量。

	A	B
1	成績	組別
2	0	不及格
3	60	中等
4	75	高分
5	85	特優

假定，要將成績內容，於其備註欄上填入適當之組別文字，D9處之公式可為：

```
=LOOKUP(C9,$A$2:$A$5,$B$2:$B$5)
```

D9		▼	⋮	×	✓	fx	=LOOKUP(C9,$A$2:$A$5,$B$2:$B$5)	
▲	A	B	C	D	E	F	G	
8	學號	姓　名	成績	備註				
9	1001	李碧莊	78	高分				
10	1002	林淑芬	85	特優				
11	1003	王嘉育	60	中等				
12	1004	吳育仁	82	高分				

由於其結果向量僅能為單列或單欄的陣列。故若假定，要使用學號來找出姓名、成績及備註欄內容。就得標定不同之結果向量，如下表中G10:G12之內容將分別為：

```
G10    =LOOKUP(G9,A9:A17,B9:B17)
G11    =LOOKUP(G9,A9:A17,C9:C17)
G12    =LOOKUP(G9,A9:A17,D9:D17)
```

分別使用三組不同的結果向量，才可找到適當之資料內容：

G10		▼	⋮	×	✓	fx	=LOOKUP(G9,A9:A17,B9:B17)	
▲	E	F	G	H	I	J		
8								
9		學號	1003					
10		姓名	王嘉育					
11		成績	60					
12		備註	中等					

陣列型

```
LOOKUP(查表依據,陣列)
LOOKUP(lookup_value,array)
```

本類型之LOOKUP()函數則會在陣列的第一列（或第一欄），搜尋指定的查表依據，然後傳回其最後一列（或欄）的同一個位置上之儲存格內容。

所以，同上例之要求，要使用此一類型之LOOKUP()函數，依成績高低，於其備註欄上填入適當之組別文字，D9處之公式將改為：（範例『Fun10-參照.xlsx\LOOKUP陣列』）

```
=LOOKUP(C9,$A$2:$B$5)
```

將原分為兩個向量之內容，組合成單一陣列即可：

D9		▼	:	×	✓	f_x	=LOOKUP(C9,$A$2:$B$5)	
◢	A	B	C	D	E	F		
1	成績	組別						
2	0	不及格						
3	60	中等						
4	75	高分						
5	85	特優						
6								
7								
8	學號	姓 名	成績	備註				
9	1001	李碧莊	78	高分				
10	1002	林淑芬	85	特優				
11	1003	王嘉育	60	中等				

但由於此類型之LOOKUP()函數，不管陣列之欄列數多寡，將永遠傳回最後一列（或欄）的對應內容。故若要於A9:D17表中，依學號找出姓名、成績及備註欄內容。就得標定不同之三組陣列，分別讓所要的內容安排於最後一欄才可。如下表中G10:G12之內容將分別為：

```
G10    =LOOKUP(G9,A9:B17)
G11    =LOOKUP(G9,A9:C17)
G12    =LOOKUP(G9,A9:D17)
```

分別使用三組不同欄數之陣列，每個陣列均讓所要找出之內容安排於最後一欄，才可找到適當之資料內容：

G10		▼	:	×	✓	f_x	=LOOKUP(G9,A9:B17)	
◢	E	F	G	H	I			
8								
9		學號	1007					
10		姓名	葉婉青					
11		成績	48					
12		備註	不及格					

10-5 索引 INDEX()

陣列型

INDEX(陣列,[第幾列],[第幾欄])
INDEX(array,[row_num],[column_num])

本類型之 INDEX() 函數,可於陣列中找出指定之欄與列交會處之儲存格內容。若該格為空白儲存格,將回應 0。

式中,方括號所包圍之內容,表該部份可省略。如果陣列只包含單一的橫列或直欄時,則所對應的[第幾列]或[第幾欄]是可省略的。如果省略了[第幾列]這個引數,則一定要輸入[第幾欄]。如果省略了[第幾欄]這個引數,則一定要輸入[第幾列]。如果陣列含有多列多欄的元素,卻只單獨使用[第幾列]或[第幾欄],則將以陣列形式傳回陣列中的某一整列或整欄元素。

如,於範例『Fun10-參照.xlsx\INDEX陣列』之功課表中,於 B13 要找出星期二第三節之科目,可使用

=INDEX(B2:F9,B12,B11)

本類型之INDEX()函數,若省略標示第幾欄(或第幾列)將傳回該欄(或該列)之全部內容,也就是傳回一個陣列。如,選取範例『Fun10-參照.xlsx\INDEX陣列』之H1:H9,鍵入公式:

```
=INDEX(A1:F9,,3)
```

續按 Ctrl + Shift + Enter 完成輸入,將取得整個星期二之功課表:

由於可傳回一個陣列(相當一個範圍),如果其內為數字,當然也可以拿來進行加總或求極大、極小、……等。

參照型

```
INDEX(一組或多組範圍,[第幾列],[第幾欄],[第幾組範圍])
INDEX(reference,[row_num],[column_num],[area_num])
```

本類型之INDEX()函數，可於一組或多組範圍中（相臨或不相臨），指定第幾組範圍中之某一欄列交會處之儲存格內容。當處理者為不相臨之範圍時，得以一對括號將其包圍。

式中，方括號所包圍之內容，表該部份可省略。如果省略了[第幾列]與[第幾欄]，將傳回參照中由[第幾組範圍]指定的區域。如果[第幾組範圍]被省略了，則將使用第一個區域。

如於範例『Fun10-參照.xlsx\INDEX參照』之A1:C8與E1:F7，兩個不等大小之範圍中，要取得第一組範圍A1:C8之第二列第三欄，可使用

```
=INDEX((A1:C8,E1:F7),2,3,1)
```

或

```
=INDEX(A1:C8,2,3)
```

要取得第二組範圍E1:F7之第四列第二欄，可使用

```
=INDEX((A1:C8,E1:F7),4,2,2)
```

或

```
=INDEX(E1:F7,4,2)
```

A14	▼	:	×	✓	fx	=INDEX((A1:C8,E1:F7),4,2,2)

▲	A	B	C	D	E	F
1	編號	品名	單價		金額	折扣率
2	A01	電視	23,680		0	0.0%
3	A02	冰箱	36,500		50,000	2.5%
4	A03	電腦	28,750		80,000	3.5%
5	B01	電話	1,250		100,000	5.0%
6	B04	答錄機	860		150,000	10.0%
7	C02	隨身碟	1,200		300,000	20.0%
8	C05	滑鼠	680			
9						
10	第一組之第二列第三欄					
11	23680	← =INDEX((A1:C8,E1:F7),2,3,1)				
12						
13	第二組之第四列第二欄					
14	0.035	← =INDEX((A1:C8,E1:F7),4,2,2)				

比對 MATCH()

```
MATCH(比對依據,陣列,[比對方式])
MATCH(lookup_value,lookup_array,[match_type])
```

依指定的[比對方式]，傳回一陣列中與比對依據內容相符合之相對位置。式中，方括號所包圍之內容，表該部份可省略。比對方式有三種情況：

- 1：陣列內容必須先**遞增**排序，將找到等於或僅次於比對依據的值。省略[比對方式]，其值預設為1。

- 0：陣列內容**不必**排序，將找到完全符合比對依據的值；否則，即顯示#N/A之錯誤值。

- -1：陣列內容必須先**遞減**排序，將找到等於或大於比對依據的值。

如於範例『Fun10-參照.xlsx\MATCH』表中：

	A	B	C	D	E	F	G
1	票價	基隆	台北	新竹	台中	台南	高雄
2	基隆	0	90	240	500	700	900
3	台北	90	0	200	400	600	800
4	新竹	240	200	0	300	500	720
5	台中	500	400	300	0	300	560
6	台南	700	600	500	300	0	240
7	高雄	900	800	720	560	240	0

想查出任兩站間之票價，無論以HLOOKUP()、VLOOKUP()或LOOKUP()，均得知道其列數與欄數。若用人去算，那就沒啥學問了！

此時，即可使用MATCH()來算出某站名究竟排於第幾欄（或列）。以B9所輸入之"台北"，要判斷出其排列於B1:G1範圍之第幾欄？由於各站名並未事先排妥遞增或遞減順序，故本例之比對方式為0，於E9可使用

```
=MATCH(B9,A2:A7,0)
```

來取得2，表"台北"係排列於A2:A7範圍之第2列。同理，以B10所輸入之"高雄"，於E10可使用

=MATCH(B10,B1:G1,0)

來取得6，表"高雄"係排列於B1:G1範圍之第6欄。故B11即可使用

=INDEX(B2:G7,E9,E10)

來查得台北到高雄之票價：

B11		▼	:	×	✓	fx	=INDEX(B2:G7,E9,E10)	
◢	A	B	C	D	E	F	G	H
9	起站	台北		列	2	← =MATCH(B9,A2:A7,0)		
10	終站	高雄		欄	6	← =MATCH(B10,B1:G1,0)		
11	票價	800						

若未事先以E9及E10求其欄列數，甚至可直接以

=INDEX(B2:G7,MATCH(B9,A2:A7,0),MATCH(B10,B1:G1,0))

來查得票價：（範例『Fun10-參照.xlsx\MATCH1』）

B11		▼	:	×	✓	fx	=INDEX(B2:G7,MATCH(B9,A2:A7,0),MATCH(B10,B1:G1,0))		
◢	A	B	C	D	E	F	G	H	I
1	票價	基隆	台北	新竹	台中	台南	高雄		
2	基隆	0	90	240	500	700	900		
3	台北	90	0	200	400	600	800		
4	新竹	240	200	0	300	500	720		
5	台中	500	400	300	0	300	560		
6	台南	700	600	500	300	0	240		
7	高雄	900	800	720	560	240	0		
8									
9	起站	高雄							
10	終站	新竹							
11	票價	720							

使用範例『Fun10-參照.xlsx\MATCH-課表』資料,利用 B11:B12所輸入之星期幾及第幾節,查出其所對應之課表科目:

	A	B	C	D	E	F
1	星期 節次	週一	週二	週三	週四	週五
2	1	週會		旅館管理		
3	2	週會	西餐	旅館管理	港式點心	英文
4	3	中餐	西餐	旅館管理	港式點心	英文
5	4	中餐	西餐		港式點心	英文
6	5			通識		
7	6	烘焙		通識	國文	
8	7	烘焙	體育		國文	
9	8	烘焙	體育		國文	
10						
11	星期幾	週四				
12	第幾節	3				
13	科目	港式點心				

10-7 選擇CHOOSE()

CHOOSE(索引值,結果1,[結果2], ...)
CHOOSE(index_num,value1,[value2], ...)

傳回索引值所指之第幾個結果,如:索引值為2,將傳回結果2。最多可有 254組結果。如:

=CHOOSE(2,"優等","中等","劣等")

之結果為"中等"。各不同結果可為數字、文字串、運算公式或參照範圍。 如:

=SUM(CHOOSE(3,B2:B4,C2:C4,D2:D4,E2:E4))

將加總第3組範圍D2:D4之數值。

如果索引值小於1或大於結果總數,將傳回錯誤值#VALUE!。如果索引值不 是整數,會將其無條件捨棄到最接近之整數。

求星期幾

由於將任一日期除以7後之餘數（可以MOD求得），若為1表其為星期日、為2表其為星期一、為3表其為星期二、⋯、為6表其為星期五、為0表其為星期六。故對於範例『Fun10-參照.xlsx\CHOOSE1』工作表B1之日期，可用

```
=CHOOSE(MOD(B1,7)+1,"六","日","一","二","三","四","五")
```

來求得其為星期幾：

10

檢視參照與資料庫函數

	B2		× ✓ fx	=CHOOSE(MOD(B1,7)+1,"六","日","一","二","三","四","五")					
	A	B	C	D	E	F	G	H	I
1	日期	2016/6/12		除以7之餘數	1	← =MOD(B1,7)			
2	星期	日							
3									
4		星期日		← =B1					

秘訣 事實上，數值格式已提供有將日期轉為星期幾之格式。

將業績分級

假定，將業績以一百萬分為三級：

- 未滿一百萬：待加強

- 一至二百萬：尚可

- 二百萬以上：優等

以範例『Fun10-參照.xlsx\CHOOSE2』工作表C2之業績言，即可先以

```
MATCH(C2,{0,1000000,2000000},1)
```

求得其業績應歸入第幾類？大括號內包圍之內容表其為一陣列，於此處應將業績依遞增順序排列，最後一個1引數，表依遞增順序比對，若找不到完全相同值，將以僅小於比對值之內容替代。

故於D2可使用

=CHOOSE(MATCH(C2,{0,1000000,2000000},1),"待加強","尚可","優等")

來取得其備註欄之字串：

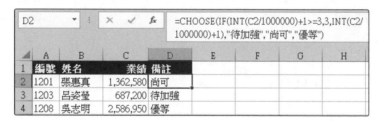

由於，本例之分組間距恰為一百萬，故亦可利用將業績除以一百萬後之數字來取得備註資料。不過，為免索引值小於1或大於結果總數，而傳回錯誤值 #VALUE!。故將範例『Fun10-參照.xlsx\CHOOSE3』工作表D2之內容改為：

=CHOOSE(IF(INT(C2/1000000)+1>=3,3,INT(C2/1000000)+1),"待加強","尚可",
"優等")

將INT(C2/1000000)先加1，就是要避免索引值小於1；若 INT(C2/1000000)+1之結果超過3，就全改為3，以免索引值大於結果總數。其結果為：

假定,於範例『Fun10-參照.xlsx\CHOOSE-獎金』工作表之內容中,加入一業績獎金欄,以

    未滿一百萬:1.0%

    一至二百萬:1.5%

    二百萬以上:3.0%

之百分比,計算其業績獎金:

	A	B	C	D	E
1	編號	姓名	業績	業績獎金	備註
2	1201	張惠真	1,362,580	20,439	尚可
3	1203	呂姿瑩	687,200	6,872	待加強
4	1208	吳志明	2,586,950	77,609	優等

依選擇求加總

CHOOSE()函數之各組結果,也可以是參照位址。如,於範例『Fun10-參照.xlsx\CHOOSE4』工作表B7即可以

```
=SUM(CHOOSE(B6,B2:B4,C2:C4,D2:D4,E2:E4,F2:F4,G2:G4))
```

來決定應加總哪一組範圍:

| B7 | | : | × | ✓ | fx | =SUM(CHOOSE(B6,B2:B4,C2:C4,D2:D4,
E2:E4,F2:F4,G2:G4)) |

	A	B	C	D	E	F	G	H	I
1		一月	二月	三月	四月	五月	六月		
2	電視	3,600	4,200	5,500	4,800	4,500	3,800		
3	電冰箱	2,400	2,600	2,550	3,000	3,800	4,000		
4	冷氣機	2,500	2,000	3,650	4,200	6,400	8,000		
5									
6	加總月份	2							
7	合計	8,800							

若範例『Fun10-參照.xlsx\CHOOSE5』工作表B6處並非數字,而是文字的"一月"、"二月"、……。就仍得以

```
MATCH(B6,B1:G1,0)
```

來判斷B6之月份係排於B1:G1之第幾個順位？然後再以

=SUM(CHOOSE(MATCH(B6,B1:G1,0),B2:B4,C2:C4,D2:D4,E2:E4,F2:F4,G2:G4))

來決定應加總哪一組範圍：

| B7 | ▼ | : | × | ✓ | fx | =SUM(CHOOSE(MATCH(B6,B1:G1,0),B2:B4,C2:C4,
D2:D4,E2:E4,F2:F4,G2:G4)) |

▲	A	B	C	D	E	F	G	H	I	J
1		一月	二月	三月	四月	五月	六月			
2	電視	3,600	4,200	5,500	4,800	4,500	3,800			
3	電冰箱	2,400	2,600	2,550	3,000	3,800	4,000			
4	冷氣機	2,500	2,000	3,650	4,200	6,400	8,000			
5										
6	加總月份	三月								
7	合計	11,700								

馬上
練習

範例『Fun10-參照.xlsx\CHOOSE-業績』工作表，以CHOOSE()
完成可依輸入之文字月份，求算各月之極大與極小之金額及其
品名：

▲	A	B	C	D	E	F	G
1		一月	二月	三月	四月	五月	六月
2	電視	3,600	4,200	5,500	4,800	4,500	3,800
3	電冰箱	2,400	2,600	2,550	3,000	3,800	4,000
4	冷氣機	2,500	2,000	3,650	4,200	6,400	8,000
5							
6	加總月份	二月					
7	合計	8,800					
8							
9	極大	4,200	品名	電視			
10	極小	2,000	品名	冷氣機			

提示：D9可為

=CHOOSE(MATCH(B9,CHOOSE(MATCH(B6,B1:G1,0),B2:B4,C2:
C4,D2:D4,E2:E4,F2:F4,G2:G4),0),"電視","電冰箱","冷氣機")

或

=INDEX(A2:A4,MATCH(B9,CHOOSE(MATCH(B6,B1:G1,0),B2:B4,
C2:C4,D2:D4,E2:E4,F2:F4,G2:G4),0))

SWITCH(運算式,值1,結果1,[值2,結果2], ... [值3,結果3], ...,預設值)
SWITCH(expression,value1,result1,[defaultorvalue2,result2], ...
[defaultorvalue3,result3], ... ,defaultorvalue)

根據運算式之結果分別給予不同之結果。運算式結果為**值1**即傳回**結果1**，
結果為**值2**即傳回**結果2**，……。預設值必須為最後一項，若沒有相符的
值，則會傳回最後之**預設值**；否則，將傳回#NA!之錯誤。類似如此，最
多可擁有126組。

假定，員工之業績獎金係依其業績高低，給予不同之比例：

業績	獎金比例
0~499,999	0.1%
500000~999,999	0.3%
1000000~1,499,999	0.5%
1500000~1,999,999	1.0%
2000000~2,499,999	2.0%
2500000~2,999,999	2.5%
3000000~	4.0%

獎金比例與業績之間並不是單純之倍數關係，也無運算式可以運算，但業績
之間的分級倒是等距的500,000，可以利用SWITCH()函數之運算式來安排
不同之獎金比例。

範例『Fun10-參照.xlsx\獎金比例- SWITCH』之C2以本函數進行判斷獎金
比例，其運算式將為：

=SWITCH(INT(B2/500000),0,0.1%,1,0.3%,2,0.5%,3,1%,4,2%,5,2.5%,4%)

C2		:	×	✓	fx	=SWITCH(INT(B2/500000),0,0.1%,1,0.3%, 2,0.5%,3,1%,4,2%,5,2.5%,4%)		

▲	A	B	C	D	E	F	G
1	姓名	業績	獎金比例	業績獎金			
2	吳景新	2,580,000	2.5%	64,500			
3	林書宏	3,025,000	4.0%	121,000			
4	林淑芬	250,000	0.1%	250			
5	蔡桂芳	2,250,000	2.0%	45,000			
6	梁國正	1,380,000	0.5%	6,900			
7	楊佳偉	568,000	0.3%	1,704			
8	黃光輝	3,200,000	4.0%	128,000			

最後面之4%，即所有情況均不符合時之預設值。

不過，同樣例子，最佳的使用函數，應該還是
VLOOKUP()；只差得先於工作表中，另安排一個查
表依據的表格。如範例『Fun10-參照.xlsx\獎金比例-
VLK』之A1:B9：

▲	A	B
1	業績	獎金比例
2	0	0.1%
3	500000	0.3%
4	1000000	0.5%
5	1500000	1.0%
6	2000000	2.0%
7	2500000	2.5%
8	3000000	4.0%

則於C11以VLOOKUP()函數進行判斷獎金比例，其運算式將更簡短：

=VLOOKUP(B11,$A$2:$B$8,2)

C11		:	×	✓	fx	=VLOOKUP(B11,$A$2:$B$8,2)	

▲	A	B	C	D	E	F
10	姓名	業績	獎金比例	業績獎金		
11	吳景新	2,580,000	2.5%	64,500		
12	林書宏	3,025,000	4.0%	121,000		
13	林淑芬	250,000	0.1%	250		
14	蔡桂芳	2,250,000	2.0%	45,000		
15	梁國正	1,380,000	0.5%	6,900		
16	楊佳偉	568,000	0.3%	1,704		
17	黃光輝	3,200,000	4.0%	128,000		

10-9 ## 間接參照INDIRECT()

INDIRECT(文字表示之位址)
INDIRECT(ref_text)

本函數可傳回一文字串所指定的參照位址，再依該參照位址內容進行運算或顯示資料。如：範例『Fun10-參照.xlsx\INDIRECT1』工作表B1內容為"D1:D3"之文字串，則

=SUM(INDIRECT(B1))

即等於是

=SUM(D1:D3)

B4		× ✓ fx	=SUM(INDIRECT(B1))		
▲	A	B	C	D	E
1	位址	D1:D3		100	
2				200	
3				250	
4	間接參照	550			

因此，若曾事先選取範例『Fun10-參照.xlsx\INDIRECT2』工作表B1:G4，以『公式/已定義之名稱/從選取範圍建立』 從選取範圍建立 鈕，將各月份之銷售額範圍分別命名為『一月』（B2:B4）、『二月』（C2:C4）、……、『六月』（G2:G4）。於B6輸入某一月份後，即可以

=SUM(INDIRECT(B6))

來取得其範圍名稱，並進行加總：

B7		× ✓ fx	=SUM(INDIRECT(B6))			
▲	A	B	C	D	E	F	G
1		一月	二月	三月	四月	五月	六月
2	電視	3,600	4,200	5,500	4,800	4,500	3,800
3	電冰箱	2,400	2,600	2,550	3,000	3,800	4,000
4	冷氣機	2,500	2,000	3,650	4,200	6,400	8,000
5							
6	加總月份	六月					
7	合計	15,800					

是否比使用CHOOSE()來得簡化些？

馬上練習

使用範例『Fun10-參照.xlsx\INDIRECT-業績』工作表，以INDIRECT()完成可依輸入之文字月份，求算各月之極大與極小之金額及其品名：

	A	B	C	D	E	F	G
1		一月	二月	三月	四月	五月	六月
2	電視	3,600	4,200	5,500	4,800	4,500	3,800
3	電冰箱	2,400	2,600	2,550	3,000	3,800	4,000
4	冷氣機	2,500	2,000	3,650	4,200	6,400	8,000
5							
6	加總月份	二月					
7	合計	8,800					
8							
9	極大	4,200	品名	電視			
10	極小	2,000	品名	冷氣機			

10-10 位移OFFSET()

OFFSET(參照範圍,位移列數,位移欄數,[高度],[寬度])
OFFSET(reference,rows,cols,[height],[width])

傳回某一**參照範圍**，經向下（上）移動**位移列數**所指定之列，向右（左）移動**位移欄數**所指定之欄，移動後之新的參照範圍為何？[高度]與[寬度]係用以指定應傳回之參照範圍的列數及欄數；若省略，將與原**參照範圍**同高度與寬度。如：（範例『Fun10-參照.xlsx\OFFSET1』）

=OFFSET(A1,2,1)

表自A1下移2列，右移1欄，其結果為B3。其效果相當

=B3

A5		⋮	✕	✓	f_x	=OFFSET(A1,2,1)

◢	A	B	C	D	E
1	100	525	204		
2	120	156	302		
3	200	148	253		
4					
5	148	← =OFFSET(A1,2,1)			

若位移列（欄）數為負值，表向上（左）移動。如：

=OFFSET(C3,-2,-1)

表自C3上移2列，左移1欄，其結果為B1。其效果相當

=B1

A6		⋮	✕	✓	f_x	=OFFSET(C3,-2,-1)

◢	A	B	C	D	E
1	100	525	204		
2	120	156	302		
3	200	148	253		
4					
5	148	← =OFFSET(A1,2,1)			
6	525	← =OFFSET(C3,-2,-1)			

當然，也可以將其結果拿來運算，如：

=SUM(OFFSET(A1:A3,0,1))

表自A1:A3右移1欄，其結果為B1:B3。其效果相當加總B1:B3之內容：

A7		⋮	✕	✓	f_x	=SUM(OFFSET(A1:A3,0,1))

◢	A	B	C	D	E	F
1	100	525	204			
2	120	156	302			
3	200	148	253			
4						
5	148	← =OFFSET(A1,2,1)				
6	525	← =OFFSET(C3,-2,-1)				
7	829	← =SUM(OFFSET(A1:A3,0,1))				

10-11 列數欄數 ROWS()、COLUMNS()

> ROWS(參照位址)
> ROWS(reference)

傳回參照位址中，計有幾列。如：（範例『Fun10-參照.xlsx\ROWS&COLUMNS』）

> =ROWS(A1:C4)

之回應值為4（列）。

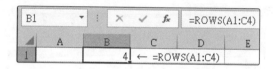

> COLUMNS(參照位址)
> COLUMNS(reference)

傳回參照位址中，計有幾欄。

> =COLUMNS(A1:F3)

之回應值為6（欄）。

10-12 | 列號欄號 ROW()、COLUMN()

ROW(參照位址)
ROW(reference)

傳回參照位址之列號。如：（範例『Fun10-參照.xlsx\ROW&COLUMN』）

=ROW(C4)

之回應值為4（第4列）。而

=ROW(A3:A5)

之回應值為一含3, 4, 5之垂直陣列（第
3, 4, 5列）。

B1		× ✓ fx	=ROW(C4)	
	A	B	C	D
1		4	← =ROW(C4)	
2				
3		3	← =ROW(A3:A5)	
4		4		
5		5		

COLUMN(參照位址)
COLUMN(reference)

傳回參照位址之欄號。如：

=COLUMN(C4)

之回應值為3（第3欄）。而

=COLUMN(A1:D4)

之回應值為一含1, 2, 3, 4之水平陣列（第1, 2, 3, 4欄）。

B10		× ✓ fx	{=COLUMN(A1:D4)}		
	A	B	C	D	E
8		3	← =COLUMN(C4)		
9					
10		1	2	3	4

區域個數 AREAS()

AREAS(參照位址)
AREAS(reference)

傳回指定之參照位址中，計有幾個範圍、陣列或儲存格（即，以逗號標開了幾組內容）。若為多組參照位址，得以括號將其包圍。如：（範例『Fun10-參照.xlsx\AREAS』）

=AREAS((A1:D4,G1:G5,H4))

之回應值為3；而

=AREAS(A1:D4)

之回應值為1。

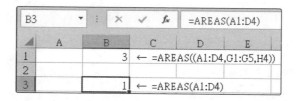

10-14 | 傳回指定參照的公式 FORMULATEXT

FORMULATEXT(參照位址)
FORMULATEXT(reference)

用以傳回指定之參照位址中，所使用之運算公式。其參照對象可以是其它檔案之儲存格內容，但必須該檔也一併開啟，才取得到其公式內容；否則，其回應值為#NA。若參照位址為一個範圍，將取用最左上角之儲存格的公式內容。範例『Fun10-參照.xlsx\FORMULATEXT』之D2儲存格之公式為：

```
=-PMT(C2,B2,A2)
```

	A	B	C	D	E	F
				=-PMT(C2,B2,A2)		
1	貸款	期數	利率	年繳		
2	3,000,000	20	2.20%	$187,030	← =-PMT(C2,B2,A2)	

D2：D2為：

B4儲存格之內容為：

```
=FORMULATEXT(D2)
```

可取得D2之運算公式：

	A	B	C	D	E	F
				=FORMULATEXT(D2)		
1	貸款	期數	利率	年繳		
2	3,000,000	20	2.20%	$187,030	← =-PMT(C2,B2,A2)	
3						
4	D2公式 →	=-PMT(C2,B2,A2)				

10-15 超連結HYPERLINK 函數

```
HYPERLINK(連結內容,[顯示文字])
HYPERLINK(link_location,[friendly_name])
```

本來，以直接方式輸入之超連結內容，就可直接連結網站、E-Mail地址：（詳範例『Fun10-參照.xlsx\HYPERLINK』）

■ www.google.com：轉入谷歌的www站

■ garylin@hotmail.com：寫電子郵件給某人

也可以利用本函數來處理，連結內容為連結對象之文字內容，若省略[顯示文字]，則直接顯示連結內容之文字內容：

C7	▼	:	×	✓	fx	=HYPERLINK(C5)

	A	B	C
5			http://www.gotop.com.tw/
6			
7			http://www.gotop.com.tw/

若安排有[顯示文字]，則轉為顯示[顯示文字]所安排之文字外觀：

C8	▼	:	×	✓	fx	=HYPERLINK(C5,"碁峰資訊")

	A	B	C	D
5			http://www.gotop.com.tw/	
6				
7			http://www.gotop.com.tw/	
8			碁峰資訊	

點按該文字內容，也可以連結上其內之超連結位置。

> 若要連結的對象為檔案，如：
>
> D:\Text\Excel函數\範例\10.xlsx
>
> D:\Text\Excel函數\範例\Logo.tif
>
> D:\文件\人壽保單.docx
>
> C:\視訊\Autumn.mpg
>
> E:\範例\Logo.tif
>
> …

也可以將這些內容安排於儲存格，或直接以雙引號將其包圍。如：

```
=HYPERLINK(C10,"房屋資料")
=HYPERLINK("D:\Text\Excel函數\範例\10.xlsx","房屋資料")
```

其效果相同：

D10	∨	:	×	✓	fx	=HYPERLINK(C10,"房屋資料")

	C	D
10	C:\Text\Excel函數\範例\Ch10.xlsx	房屋資料

10-16 資料庫函數

Excel中常用之資料庫統計函數計有DSUM、DAVERAGE、DCOUNT、DCOUNTA、DMAX、DMIN、DVAR、DSTDEV與DPRODUCT等 幾 個，其語法及作用分別為：

DSUM(資料庫表單,欄名或第幾欄,準則範圍) DSUM(database,field,criteria)	求總和
DAVERAGE(資料庫表單,欄名或第幾欄,準則範圍) DAVERAGE(database,field,criteria)	求平均數
DMAX(資料庫表單,欄名或第幾欄,準則範圍) DMAX(database,field,criteria)	求極大值
DMIN(資料庫表單,欄名或第幾欄,準則範圍) DMIN(database,field,criteria)	求極小值
DVAR(資料庫表單,欄名或第幾欄,準則範圍) DVAR(database,field,criteria)	求變異數
DSTDEV(資料庫表單,欄名或第幾欄,準則範圍) DSTDEV(database,field,criteria)	求標準差
DCOUNT(資料庫表單,欄名或第幾欄,準則範圍) DCOUNT(database,field,criteria)	求算數值資料記錄筆數
DCOUNTA(資料庫表單,欄名或第幾欄,準則範圍) DCOUNTA(database,field,criteria)	求算非空白之記錄筆數
DPRODUCT(資料庫表單,欄名或第幾欄,準則範圍) DPRODUCT(database,field,criteria)	求乘積

每個函數中，均得使用三個引數，其內容之標定方式為：

■ 資料庫表單：為一資料庫表單之範圍（應含欄名列）

■ 欄名或第幾欄：以數值標出欲處理之欄位為資料庫表單內之第幾欄，由1起算。也可以是以雙引號包圍之欄位名稱，如："坪數"。

■ 準則範圍：為一含欄名列與條件式的準則範圍

安排準則範圍

使用資料庫函數，必須先安排準則範圍之內容，其內又分成欄名列與條件式兩個部份。茲以範例『Fun10-參照.xlsx\資料庫1』工作表之房屋資料來進行說明：

	A	B	C	D	E	F	G	H	I
1	編號	地區	街道	樓數	坪數	狀況	售屋者	建造日期	售價(萬)
2	B03	士林區	德行東路	4	36	極佳	屋主自售	2005/03/16	1020
3	A09	士林區	忠誠路	2	65	極佳	仲介公司	2008/01/13	1800
4	B05	中山區	合江街	4	18	尚可	仲介公司	2002/12/18	980
5	A03	中山區	中山北路	3	28	極佳	仲介公司	1998/02/11	1020
6	B14	中山區	民生東路	1	38	尚可	屋主自售	1994/09/13	1200
7	B07	內湖區	麗山街	3	55	尚可	屋主自售	2007/02/15	1420
8	A01	內湖區	內湖路	3	45	尚可	屋主自售	2000/11/09	1450
9	A11	大同區	延平北路	4	12	極佳	仲介公司	1990/06/11	960

欄名列部份

準則範圍之第一列內容必須為資料欄名稱。通常，為省去自行輸入之麻煩，且為求其欄名之正確性，可以複製方式將資料庫之欄名列抄到準則範圍之第一列。若自行輸入則較可能出錯，如：有時於螢幕上外觀看似相同之內容："地區　　"與"地區"，在電腦看來是完全不同之內容，故將造成在進行資料查詢，會有找不到符合條件之記錄的情況發生。

抄錄準則範圍之資料欄名稱時，若僅欲抄錄部份欄位，除仍可使用『**常用/剪貼簿/複製**』 📄複製 ▾ 鈕與『**貼上**』鈕（📋）進行多次抄錄外；亦可以先輸入 = 號，再輸入欲抄錄之來源格位址。如：於A11位置輸入

```
=A1
```

即可透過運算式之方式，取得A1之『編號』內容。

條件式部份

準則範圍之第二列開始的內容即必須是條件式，其條件式之列數並無限制。僅使用一列條件式時稱為**單一準則**，使用多列條件式時則稱為**多重準則**。安排條件式內容之方法將隨資料型態而稍有不同，若處理對象為文字串，尚可以 * ? 等萬用字元（wild card）來組成條件式。

茲假定，欲利用『地區』欄進行過濾資料。
若將準則範圍之內容安排成：

地區
中山區

則其意義表：欲找出所有『地區』欄內容
為"中山區"之記錄。若偷懶，亦可將之安
排成：

地區
中*

則其意義表：欲找出所有『地區』欄內容的第一個字為"中"者之記錄。

亦可以比較式來安排準則之條件式，如將
準則範圍安排成：

坪數	── 可輸入=E1取得
>40	

表欲找出所有『坪數』欄內容大於40者之記錄。

而若將準則範圍安排成：

建造日期	── 可輸入=H1取得
>2000/1/1	

表欲找出所有『建造日期』在2000/1/1以後之記錄。

資料庫函數應用

假定，於前述之房屋資料中之D14儲存格輸入

```
=DMIN($A$1:$I$9,9,$A$12:$A$13)
```

D14		▼	:	× ✓	fx	=DMIN($A$1:$I$9,9,$A$12:$A$13)		
	A	B	C	D	E	F	G	H	I
1	編號	地區	街道	樓數	坪數	狀況	售屋者	建造日期	售價(萬)
4	B05	中山區	合江街	4	18	尚可	仲介公司	2006/04/01	980
5	A03	中山區	中山北路	3	28	極佳	仲介公司	2001/05/26	1020
6	B14	中山區	民生東路	1	38	尚可	屋主自售	1997/12/26	1200
10									
11	準則範圍A12:A13								
12	地區		記錄筆數	3	=DCOUNTA($A$1:$I$9,1,$A$12:$A$13)				
13	中山區		最高房價	1200	=DMAX($A$1:$I$9,9,$A$12:$A$13)				
14			最低房價	980	=DMIN($A$1:$I$9,9,$A$12:$A$13)				
15			最大坪數	38	=DMAX($A$1:$I$9,"坪數",$A$12:$A$13)				
16			最小坪數	18	=DMIN($A$1:$I$9,"坪數",$A$12:$A$13)				
17			平均房價	1067	=DAVERAGE($A$1:$I$9,9,$A$12:$A$13)				

其意義表：就$A$1:$I$9之資料範圍，依$A$12:$A$13準則範圍所示之過濾
條件，計算第9欄之極小值，即求算符合條件之房屋售價的最小值。

圖中，D12:D17內所輸入之函數或運算式內容，即標示於E12:E17內；顯示於D12:D17之值，即為依該函數或運算式所求算之統計量值。如，目前A13之值為"中山區"，故依A12:A13之準則範圍，D12:D17中各函數，將僅進行求算地區別為"中山區"之房屋記錄的某項統計量而已。

同列與不同列之條件式

任何標於同一列之條件式，即如同以「且」將其連結在一起般，記錄內容唯有完全符合其交集之條件才算符合條件。如，將準則範圍定成：（範例『Fun10-參照.xlsx\資料庫2』）

地區	坪數
內湖區	>40

表欲找出位於內湖區且坪數大於40坪之房屋資料。（本例之準則範圍應改為A12:B13）

D13			×	✓	fx	=DMAX($A$1:$I$9,9,$A$12:$B$13)		
▲	A	B	C	D	E	F	G	H	I
1	編號	地區	街道	樓數	坪數	狀況	售屋者	建造日期	售價(萬)
7	B07	內湖區	麗山街	3	55	尚可	屋主自售	2007/02/15	1420
8	A01	內湖區	內湖路	3	45	尚可	屋主自售	2000/11/09	1450
10									
11	準則範圍A12:B13								
12	地區	坪數	記錄筆數	2	=DCOUNTA($A$1:$I$9,1,$A$12:$B$13)				
13	內湖區	>40	最高房價	1450	=DMAX($A$1:$I$9,9,$A$12:$B$13)				
14			最低房價	1420	=DMIN($A$1:$I$9,9,$A$12:$B$13)				
15			最大坪數	55	=DMAX($A$1:$I$9,"坪數",$A$12:$B$13)				
16			最小坪數	45	=DMIN($A$1:$I$9,"坪數",$A$12:$B$13)				
17			平均房價	1435	=DAVERAGE($A$1:$I$9,9,$A$12:$B$13)				

有時，為組合複雜之條件式，甚至允許同一欄名出現多次。如：（範例『Fun10-參照.xlsx\資料庫3』）

地區	坪數	坪數
內湖區	>40	<50

表欲找出位於內湖區且坪數介於40～50坪之房屋資料。（本例之準則範圍應改為A12:C13）

E12	▼	:	×	✓	fx	=DCOUNTA($A$1:$I$9,1,$A$12:$C$13)		

	A	B	C	D	E	F	G	H	I
1	編號	地區	街道	樓數	坪數	狀況	售屋者	建造日期	售價(萬)
8	A01	內湖區	內湖路	3	45	尚可	屋主自售	2000/11/09	1450
10									
11	準則範圍A12:C13								
12	地區	坪數	坪數	記錄筆數	1	=DCOUNTA($A$1:$I$9,1,$A$12:$C$13)			
13	內湖區	>40	<50	最高房價	1450	=DMAX($A$1:$I$9,9,$A$12:$C$13)			
14				最低房價	1450	=DMIN($A$1:$I$9,9,$A$12:$C$13)			
15				最大坪數	45	=DMAX($A$1:$I$9,"坪數",$A$12:$C$13)			
16				最小坪數	45	=DMIN($A$1:$I$9,"坪數",$A$12:$C$13)			
17				平均房價	1450	=DAVERAGE($A$1:$I$9,9,$A$12:$C$13)			

標於不同列之條件式,即如同以「或」將其連結在一起般,記錄之內容若能符合其聯集條件,即算符合條件。如,將準則範圍安排成:

地區	坪數
內湖區	>40
中山區	>30

其意義表欲找尋:位於內湖區且坪數大於40坪,或者是位於中山區且坪數大於30坪之房屋資料。(本例之準則範圍應改為A12:B14)

E15	▼	:	×	✓	fx	=DMAX($A$1:$I$9,"坪數",$A$12:$B$14)		

	A	B	C	D	E	F	G	H	I
1	編號	地區	街道	樓數	坪數	狀況	售屋者	建造日期	售價(萬)
6	B14	中山區	民生東路	1	38	尚可	屋主自售	1994/09/13	1200
7	B07	內湖區	麗山街	3	55	尚可	屋主自售	2007/02/15	1420
8	A01	內湖區	內湖路	3	45	尚可	屋主自售	2000/11/09	1450
10									
11	準則範圍A12:C14								
12	地區	坪數		記錄筆數	3	=DCOUNTA($A$1:$I$9,1,$A$12:$B$14)			
13	內湖區	>40		最高房價	1450	=DMAX($A$1:$I$9,9,$A$12:$B$14)			
14	中山區	>30		最低房價	1200	=DMIN($A$1:$I$9,9,$A$12:$B$14)			
15				最大坪數	55	=DMAX($A$1:$I$9,"坪數",$A$12:$B$14)			
16				最小坪數	38	=DMIN($A$1:$I$9,"坪數",$A$12:$B$14)			
17				平均房價	1356.67	=DAVERAGE($A$1:$I$9,9,$A$12:$B$14)			

按『資料/預測/模擬分析』 鈕，續選「運算列表(T)…」，可用以依公式建立單變數或雙變數之假設分析表（what-if table）或交叉分析表（cross-tabulating）。其類型又隨所使用之變數個數而有：

- **單變數資料表**

  資料表中，僅使用到單一變數，以分析當此變數內容發生變化時，相關公式之結果將產生何種變化。

- **雙變數資料表**

  資料表中，同時使用兩個不同變數，用以分析當此兩個變數內容發生變化時，相關公式之結果將產生何種變化。

單變數資料表

由於，資料庫統計函數中，均含有一準則範圍之引數（argument），若能將變數欄之不同資料代入該準則範圍之條件式位置，即可利用『資料/預測/模擬分析』 鈕，續選「運算列表(T)…」來建表，以求得各種不同條件情況之統計量。

茲假定，欲於範例『Fun10-參照.xlsx\運算列表1』房屋資料中：

	A	B	C	D	E	F	G	H	I
1	編號	地區	街道	樓數	坪數	狀況	售屋者	建造日期	售價(萬)
2	B03	士林區	德行東路	4	36	極佳	屋主自售	2005/03/16	1020
3	A09	士林區	忠誠路	2	65	極佳	仲介公司	2008/01/13	1800
4	B05	中山區	合江街	4	18	尚可	仲介公司	2002/12/18	980
5	A03	中山區	中山北路	3	28	極佳	仲介公司	1998/02/11	1020
6	B14	中山區	民生東路	1	38	尚可	屋主自售	1994/09/13	1200
7	B07	內湖區	麗山街	3	55	尚可	屋主自售	2007/02/15	1420
8	A01	內湖區	內湖路	3	45	尚可	屋主自售	2000/11/09	1450
9	A11	大同區	延平北路	4	12	極佳	仲介公司	1990/06/11	960

求得各不同地區房屋之：戶數、最大坪數、最小坪數與每坪單價等資料。

將其A12:A13安排為條件準則範圍，其A13目前無任何內容，將來可自E13:E16分別取得各地區別以當作過濾條件。另於F12:I12輸入下列運算式：

F12	=DCOUNTA(A1:I9,1,A12:A13)
G12	=DMAX(A1:I9,5,A12:A13)
H12	=DMIN(A1:I9,5,A12:A13)
I12	=DSUM(A1:I9,9,A12:A13)/DSUM(A1:I9,5,A12:A13)

以當作求：房屋戶數、最大坪數、最小坪數與每坪單價等資料之運算公式。如：

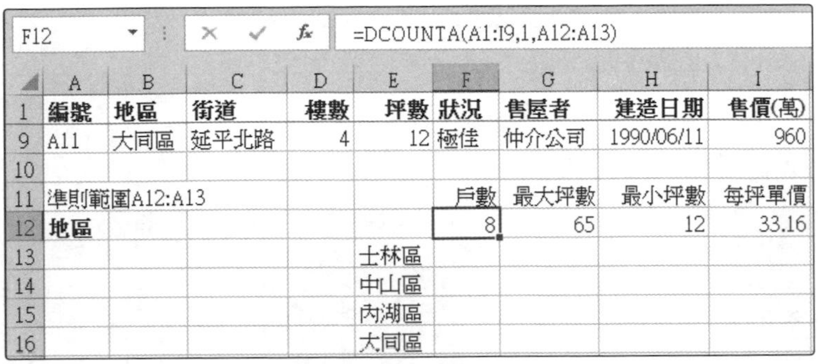

這幾個公式之共同點即以A12:A13為準則範圍，一旦將變數欄（E13:E16）之"士林區"、"中山區"、"內湖區"或"大同區"，代入準則範圍之A13位置，即可分別取得各不同地區別當作過濾條件。

完成事前準備工作後，依下列步驟執行：

1 選取E12:I16為建表範圍

2 按『資料/預測/模擬分析』 鈕，續選「運算列表(T)…」，轉入『資料表』對話方塊。於『欄變數儲存格(C)：』後單按滑鼠

3 續以滑鼠單按A13儲存格

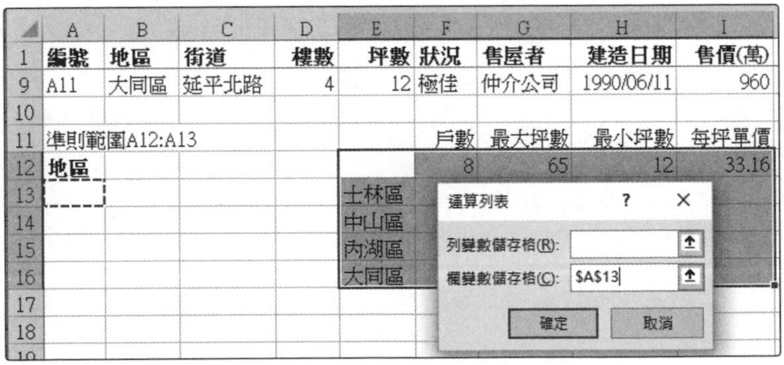

因F12:I12等所引用之公式格，均以A12:A13為其準則範圍，而其A13需使用到地區別當作過濾條件。目前資料表範圍所定義之變數欄內容乃為各種不同地區別，故於此處應輸入A13，以便將"士林區"、"中山區"、"內湖區"或"大同區"，分別代入A13位置當作準則範圍之過濾條件，以求算各相關統計量。

4 按 ⌈ 確定 ⌉ 鈕完成輸入，可一舉求得各不同地區之房屋的：戶數、最大坪數、最小坪數與每坪單價等資料

	A	B	C	D	E	F	G	H	I
1	編號	地區	街道	樓數	坪數	狀況	售屋者	建造日期	售價(萬)
9	A11	大同區	延平北路	4	12	極佳	仲介公司	1990/06/11	960
10									
11	準則範圍A12:A13					戶數	最大坪數	最小坪數	每坪單價
12	地區					8	65	12	33.16
13					士林區	2	65	36	27.92
14					中山區	3	38	18	38.10
15					內湖區	2	55	45	28.70
16					大同區	1	12	12	80.00

雙變數資料表

兩個變數均為字串標記

由於，資料庫統計函數中均有一準則範圍之引數，且其準則範圍內亦可使用兩個欄名。若能將欄/列變數之不同字串資料，代入準則範圍內，適當欄名底下之條件式位置，即可利用『資料/預測/模擬分析』 模擬分析 鈕，續選「運算列表(T)…」來建表，以求得各種不同組合條件之情況下的統計量，構成一交叉分析表。

茲假定，欲於前文房屋資料中，求得各地區中不同房屋狀況的家數。首先，於範例『Fun10-參照.xlsx\運算列表2』工作表E13:E16輸入各地區別資料當作欄變數；另於F12:G12輸入各狀況別資料當作列變數。接著，於E12輸入：

```
=DCOUNTA(A1:I9,1,A12:B13)
```

以當作此交叉表之運算公式。

另將A12:B13安排為準則範圍，準則範圍內含地區與狀況兩個欄名，其A13、B13處目前均無任何內容，將來A13可自欄變數之範圍（E13:E16）分別取得各地區別；而B13則可自列變數之範圍（F12:G12）分別取得各房屋狀況，以作為過濾條件，再依公式求算符合條件之房屋數。如：

接著，依下列步驟執行：

1 將建表範圍選取為E12:H17，涵蓋欄變數及列變數之所有內容以及其交會處之公式（為何多選一列及一欄空格？詳下文說明）

2 按『資料/預測/模擬分析』 鈕，續選「運算列表(T)…」，轉入『資料表』對話方塊

3 於『列變數儲存格(R)：』後單按滑鼠，續以滑鼠選按B13儲存格

因公式中，所使用之準則範圍的『狀況』內容將置於B13，而目前列變數之內容為各狀況別資料，故於『列變數儲存格(R)：』後，輸入B13，以利將列變數之內容代入B13位置。

4 於『欄變數儲存格(C)：』後單按滑鼠，續以滑鼠選按A13儲存格

由於公式中，所使用之準則範圍的『地區』內容將置於A13，而目前欄變數之內容為各地區別資料，故於『欄變數儲存格(C)：』後，輸入A13，以利將欄變數之內容代入A13位置。

5 按 ⊡確定⊡ 鈕，完成輸入。獲致建表內容

	A	B	C	D	E	F	G	H
1	編號	地區	街道	樓數	坪數	狀況	售屋者	建造日期
9	A11	大同區	延平北路	4	12	極佳	仲介公司	1990/06/11
10								
11	準則範圍A12:B13							總計
12	地區	狀況			8	極佳	尚可	
13					士林區	2	0	2
14					中山區	1	2	3
15					大同區	1	0	1
16					內湖區	0	2	2
17					總計	4	4	8

E12 儲存格公式：=DCOUNTA(A1:I9,1,A12:B13)

可分別將地區別代入A13（當代入E17之空白資料，即等於無『地區』條件，可用以求算欄總計）；將狀況別代入B13（當代入H12之空白資料，即等於無『狀況』條件，可用以求算列總計）。利用E12之

```
=DCOUNTA(A1:I9,1,A12:B13)
```

公式，一舉算出各地區中各種房屋狀況的家數。

您可能會有疑問，為何不將兩個『總計』字串，安排於E17及H12？但這樣會獲致欄/列之總計部份均為0：

E12	▼	⠇	✕ ✓	f_x	=DCOUNTA(A1:I9,1,A12:B13)		
	A	B	C	D	E	F	G	H
1	編號	地區	街道	樓數	坪數	狀況	售屋者	建造日期
9	A11	大同區	延平北路	4	12	極佳	仲介公司	1990/06/11
10								
11	準則範圍A12:B13							
12	地區	狀況			8	極佳	尚可	總計
13					士林區	2	0	0
14					中山區	1	2	0
15					大同區	1	0	0
16					內湖區	0	2	0
17					總計	0	0	0

何故？因為，無論是『地區』或『狀況』，均無"總計"字串所致。

使用條件式

資料庫統計函數中之準則範圍內，亦可使用條件式當過濾條件。所以，也可利用按『資料/預測/模擬分析』　鈕，續選「運算列表(T)…」，以求得各種不同條件之情況下的統計量。

茲假定，欲於前文房屋資料中，將坪數以30坪為界分為兩組；另將售價以1200萬為界分為兩組，求算不同坪數與售價之房屋家數。首先，於範例『Fun10-參照.xlsx\運算列表3』工作表E14:E15內輸入<=30與>30當作欄變數；另於F13:G13輸入<=1200與>1200當作列變數。接著，於E13輸入：

```
=DCOUNTA(A1:I9,1,A12:B13)
```

以當作此交叉表之運算公式。

另將A12:B13安排為準則範圍，準則範圍內含『坪數』與『售價(萬)』兩個欄名，其A13、B13處目前均無任何內容，將來A13可自欄變數範圍（E14:E15），分別取得坪數之比較條件式；而B13則可自列變數範圍（F13:G13），分別取得售價之比較條件式，以當作過濾條件，再依公式求算符合條件之房屋數。如：

	E13	▼	:	×	✓	fx	=DCOUNTA(A1:I9,1,A12:B13)	

	A	B	C	D	E	F	G	H	I
1	編號	地區	街道	樓數	坪數	狀況	售屋者	建造日期	售價(萬)
9	A11	大同區	延平北路	4	12	極佳	仲介公司	1990/06/11	960
10									
11	準則範圍A12:B13								
12	坪數	售價(萬)				售價		合計	
13					8	<=1200	>1200		
14				坪	<=30				
15				數	>30				
16				合計					

接著，依下列步驟執行：

1 將建表範圍選取為E13:H16

2 按『資料/預測/模擬分析』🔲 模擬分析 鈕，續選「運算列表(T)…」，轉入『資料表』對話方塊

3 於『列變數儲存格(R)：』後，單按滑鼠，續以滑鼠選按B13儲存格

因公式中，所使用之準則範圍的『售價(萬)』比較式將置於B13，而目前列變數之內容為售價之比較式，故於『列變數儲存格(R)：』後，輸入B13，以利將售價之比較式代入B13位置。

4 於『欄變數儲存格(C)：』後，單按滑鼠，續以滑鼠選按A13儲存格

由於公式中，所使用之準則範圍的『坪數』比較式將置於A13，而目前欄變數之內容為坪數之比較式，故於『欄變數儲存格(C)：』後，輸入A13，以利將坪數之比較式代入A13位置。

	A	B	C	D	E	F	G	H	I
1	編號	地區	街道	樓數	坪數	狀況	售屋者	建造日期	售價(萬)
9	A11	大同區	延平北路	4	12	極佳	仲介公司	1990/06/11	960
10									
11	準則範圍A12:B13								
12	坪數	售價(萬)				售價		合計	
13					8	<=1200	>1200		
14				坪	<=30				
15				數	>30				
16				合計					
17									
18									
19									
20									

運算列表　　　　　？　×

列變數儲存格(R)：$B$13 ⬆

欄變數儲存格(C)：$A$13 ⬆

確定　　取消

5 按 確定 鈕，完成輸入。獲致建表內容

	A	B	C	D	E	F	G	H	I
	E13	▼	⋮	×	✓	fx	=DCOUNTA(A1:I9,1,A12:B13)		

	A	B	C	D	E	F	G	H	I
1	編號	地區	街道	樓數	坪數	狀況	售屋者	建造日期	售價(萬)
9	A11	大同區	延平北路	4	12	極佳	仲介公司	1990/06/11	960
10									
11	準則範圍A12:B13								
12	坪數	售價(萬)					售價	合計	
13					8	<=1200	>1200		
14				坪	<=30	3	0	3	
15				數	>30	2	3	5	
16				合計		5	3	8	

可分別將坪數比較條件代入A13（當代入E16之空白資料，即等於無坪數條件，可用以求算列總計）；可分別將售價比較條件代入B13（當代入H13之空白資料，即等於無售價條件，可用以求算欄總計）。利用E13之

```
=DCOUNTA(A1:I9,1,A12:B13)
```

公式，一舉算出不同坪數與售價的房屋家數。

10-18 取得資料DGET()

```
DGET(資料庫表單,欄名或第幾欄,準則範圍)
DGET(database,field,criteria)
```

本函數可於資料庫表單中，依準則範圍所標示之條件，過濾出第一筆符合條件之記錄，並取回其欄名或第幾欄所指定之欄位。

如於範例『Fun10-參照.xlsx\DGET』工作表A1:H10之資料庫表單中：

	A	B	C	D	E	F	G	H
1	編號	姓名	性別	部門	職稱	生日	地址	電話
2	1201	張惠真	女	會計	主任	1980/05/29	台北市民生東路三段68號六樓	(02)2517-6399
3	1203	呂姿瑩	女	人事	主任	1976/08/28	台北市興安街一段15號四樓	(02)2515-5428
4	1208	吳志明	男	業務	主任	1965/12/01	台北市內湖路三段148號二樓	(02)2517-6408
5	1218	黃啟川	男	業務	專員	1980/11/08	台北市合江街124號五樓	(02)2736-3972
6	1220	謝龍盛	男	業務	專員	1975/10/29	桃園市成功路338號四樓	(03)8894-5677
7	1316	孫國寧	女	門市	主任	1973/02/20	台北市北投中央路12號三樓	(02)5897-4651
8	1318	楊桂芬	女	門市	銷售員	1971/02/22	台北市龍江街23號二樓	(02)2555-7892
9	1440	梁國棟	男	業務	專員	1981/06/07	台北市敦化南路138號二樓	(02)7639-8751
10	1452	林美惠	女	會計	專員	1964/01/25	基隆市中正路二段12號二樓	(03)3399-5146
11								
12	編號		性別	姓名				
13		1318						
14	部門		職稱	生日				
15								
16	電話		地址					
17								

以B12:B13為準則範圍，要取得之欄名或第幾欄可直接使用C12、D12、B14、C14、D14、B16與C16之標題字。故將其相關儲存格安排成下示之公式：

```
C13    =DGET($A$1:$H$10,C12,$B$12:$B$13)
D13    =DGET($A$1:$H$10,D12,$B$12:$B$13)
B15    =DGET($A$1:$H$10,B14,$B$12:$B$13)
C15    =DGET($A$1:$H$10,C14,$B$12:$B$13)
D15    =DGET($A$1:$H$10,D14,$B$12:$B$13)
B17    =DGET($A$1:$H$10,B16,$B$12:$B$13)
C17    =DGET($A$1:$H$10,C16,$B$12:$B$13)
```

即可取得符合條件之指定欄位：

往後，只須於B13輸入要查詢之員工編號，即可查得其所有資料。

陣列函數

11-1 輸入陣列公式

輸入陣列公式之相關規定為：

- 陣列元素最多可達 6,500 個。

- 當輸入陣列公式時，Excel 會自動在公式外圍插入一對大括號（{ }）。

- 如果陣列公式將傳回多個結果，得事先選取恰好等於其可能產生之元素個數之儲存格範圍。如：將產生三個元素，則選取三個儲存格範圍。且於輸入陣列公式後，按 Ctrl + Shift + Enter 鍵結束。

- 輸入後，不論產生幾個陣列元素，其使用之公式均相同。

- 完成後，無法僅針對某一個單一陣列元素進行編修或刪除。

如，於範例『Fun11-陣列.xlsx\陣列』工作表中 F4:F7 位置，以

```
=FREQUENCY(B2:B56,E4:E7)
```

算出各成績之分配次數。回應值應為一含四個儲存格之陣列。

F4		:	× ✓	f_x	{=FREQUENCY(B2:B56,E4:E7)}	

	B	C	D	E	F	G	H
1	成績						
2	65						
3	87		成績		次數	百分比	
4	75		0~	59	5	9.1%	
5	66		60~	69	14	25.5%	
6	69		70~	79	15	27.3%	
7	72		80~		21	38.2%	
8	84		合計		55	100.0%	

故輸入前，先選取F4:F7四個儲存格：

	B	C	D	E	F	G
1	成績					
2	65					
3	87		成績		次數	百分比
4	75		0~	59		
5	66		60~	69		
6	69		70~	79		
7	72		80~			
8	84		合計			

直接輸入

```
=FREQUENCY(B2:B56,E4:E7)
```

之公式

CONCAT...		:	× ✓	f_x	=FREQUENCY(B2:B56,E4:E7)	

	B	C	D	E	F	G	H
1	成績						
2	65						
3	87		成績		次數	百分比	
4	75		0~	59	6,E4:E7)		
5	66		60~	69			
6	69		70~	79			
7	72		80~				
8	84		合計				

續按 Ctrl + Shift + Enter 鍵結束，即可獲致陣列內容：

其外圍自動加上大括號，且每一儲存格之內容均相同為：

{=FREQUENCY(B2:B16,E3:E6)}

以 Delete 鍵要刪除其中之任一個，將獲致如下之警告訊息：

11-2 | 矩陣行列式 MDETERM()

MDETERM(陣列)
MDETERM(array)

本函數可傳回陣列之矩陣行列式，陣列必須為一欄/列數相同之方陣。如：

$$\begin{bmatrix} 3 & 2 \\ 4 & 5 \end{bmatrix}$$

之矩陣行列式為 $3 \times 5 - 2 \times 4$，其結果為 7。使用之公式為：（範例『Fun11-陣列.xlsx\MDETERM』）

=MDETERM(A1:B2)

D2	▼	:	×	✓	fx	=MDETERM(A1:B2)

◢	A	B	C	D	E
1	3	2		A1:B2之矩陣行列式	
2	4	5		7	

也可以直接以

=MDETERM({3,2;4,5})

來求算：

E2	▼	:	×	✓	fx	=MDETERM({3,2;4,5})

◢	A	B	C	D	E
1	3	2		A1:B2之矩陣行列式	
2	4	5		7	7

而

$$\begin{bmatrix} 3 & 2 & 1 \\ 6 & 5 & 4 \\ 9 & 8 & 7 \end{bmatrix}$$

之矩陣行列式為 $3×5×7 + 6×8×1 + 9×4×2 - 1×5×9 - 4×8×3 - 7×6×2$，其結果為0。使用之公式為：

=MDETERM(A4:C6)

E5	▼	:	×	✓	fx	=MDETERM(A4:C6)

◢	A	B	C	D	E	F
4	3	2	1		A4:C7之矩陣行列式	
5	6	5	4		0	
6	9	8	7			

也可以直接以

=MDETERM({3,2,1;6,5,4;9,8,7})

來求算：

F5	▼	:	×	✓	fx	=MDETERM({3,2,1;6,5,4;9,8,7})

◢	A	B	C	D	E	F
4	3	2	1		A4:C7之矩陣行列式	
5	6	5	4		0	0
6	9	8	7			

11-3　乘積MMULT()

```
MMULT(陣列1,陣列2)
MMULT(array1,array2)
```

本函數可求兩陣列相乘之乘積。陣列1的欄數必須與陣列2的列數相同，且兩個陣列必須只包含數字。如

$$[2 \quad 1] \times \begin{bmatrix} 3 \\ 4 \end{bmatrix}$$

兩陣列相乘之乘積為$2 \times 3 + 1 \times 4 = 10$。使用之公式為：（範例『Fun11-陣列.xlsx\MMULT』）

```
=MMULT(A2:B2,D1:D2)
```

也可以直接以

```
=MMULT({2,1},{3;4})
```

來求算：

A5	▼	⠿	×	✓	fx	=MMULT(A2:B2,D1:D2)

◢	A	B	C	D	E	F
1				3		
2	2	1		4		
3						
4	A2:B2與D1:D4之乘積					
5	10	10	← =MMULT({2,1},{3;4})			

而

$$\begin{bmatrix} 1 & 2 \\ 4 & 5 \end{bmatrix} \times \begin{bmatrix} 3 & 2 \\ 6 & 4 \end{bmatrix}$$

兩陣列相乘之乘積為：

$$\begin{bmatrix} 1 \times 3 + 2 \times 6 & 1 \times 2 + 2 \times 4 \\ 4 \times 3 + 5 \times 6 & 4 \times 2 + 5 \times 4 \end{bmatrix} = \begin{bmatrix} 15 & 10 \\ 42 & 28 \end{bmatrix}$$

由於其結果為一矩陣，故得先選取2列2欄之儲存格，續再輸入

=MMULT(A7:B8,D7:E8)

之公式：

| CONCAT... ▼ | : | × ✓ *fx* | =MMULT(A7:B8,D7:E8) |

◢	A	B	C	D	E	F
6						
7	1	2		3	2	
8	4	5		6	4	
9						
10	A7:B8與D7:E8之乘積					
11	;,D7:E8)					
12						

最後，按 Ctrl + Shift + Enter 鍵結束。獲致兩陣列相乘之乘積：

| A11 | ▼ | : | × ✓ *fx* | {=MMULT(A7:B8,D7:E8)} |

◢	A	B	C	D	E	F
6						
7	1	2		3	2	
8	4	5		6	4	
9						
10	A7:B8與D7:E8之乘積					
11	15	10				
12	42	28				

馬上練習

求算下示兩陣列相乘之乘積：（範例『Fun11-陣列.xlsx\乘積』）

◢	A	B	C	D	E	F	G	H
1								
2		1	7	6		5	-4	2
3		3	5	4		2	3	4
4		4	2	2		3	-5	5
5								
6		A2:C4與E2:G4之乘積						
7		37	-13	60				
8		37	-17	46				
9		30	-20	26				

11-4 反矩陣MINVERSE()

MINVERSE(陣列)
MINVERSE(array)

本函數可傳回陣列之反矩陣，陣列必須為一欄/列數相同之方陣，且其矩陣行列式值不可為0，方可求算反矩陣。如：

$$\begin{bmatrix} a & b \\ c & d \end{bmatrix}$$

之反矩陣為：

$$\frac{1}{a \times d - c \times b} \times \begin{bmatrix} d & -b \\ -c & a \end{bmatrix}$$

式中，a×b - c×d即其行列式之值，故其值不能為0，方可求算反矩陣。所以，陣列

$$\begin{bmatrix} 3 & 2 \\ 4 & 5 \end{bmatrix}$$

之反矩陣為：

$$\begin{bmatrix} 5/7 & -2/7 \\ -4/7 & 3/7 \end{bmatrix}$$

但Excel是換算為小數（精確度計算至16位數），其結果如範例『Fun11-陣列.xlsx\MINVERSE』工作表之E2:F3，所使用之公式為：

=MINVERSE(B2:C3)

E2		▼	:	×	✓	f_x	{=MINVERSE(B2:C3)}

◢	A	B	C	D	E	F
1		原矩陣A			反矩陣A⁻¹	
2		3	2		0.71428571	-0.28571429
3		4	5		-0.5714286	0.42857143

若將其格式設為使用分數格式，其外觀將為：

E2		:	× ✓	f_x	{=MINVERSE(B2:C3)}

◢	A	B	C	D	E	F
1		原矩陣A			反矩陣A⁻¹	
2		3	2		5/7	- 2/7
3		4	5		- 4/7	3/7

驗證一下兩矩陣之乘積是否為單一矩陣（對角線值等於1，而其它值等於0之方陣）？以：

```
=MMULT(B2:C3,E2:F3)
```

求算其乘積，安排於B6:C7：

B6		:	× ✓	f_x	{=MMULT(B2:C3,E2:F3)}

◢	A	B	C	D	E	F
1		原矩陣A			反矩陣A⁻¹	
2		3	2		5/7	- 2/7
3		4	5		- 4/7	3/7
4						
5		A與A⁻¹之乘積				
6		1	0			
7		0	1			

馬上練習 求下示矩陣之反矩陣：（範例『Fun11-陣列.xlsx\反矩陣』）

◢	A	B	C	D	E	F	G	H
1						反矩陣		
2		4	-2	1		3/8	1/9	1/6
3		6	-5	4		- 1/9	2/3	1/2
4		-7	8	-5		- 2/3	1	3/7

11-5　轉置TRANSPOSE()

TRANSPOSE(陣列)
TRANSPOSE(array)

本函數可傳回一陣列的轉置矩陣，即將其列變欄、欄變列。如，以

=TRANSPOSE(B2:D4)

將 範 例『Fun11-陣 列.xlsx\TRANSPOSE』工作表B2:D4轉置於B7:D9之結果為：

B7	× ✓ fx	{=TRANSPOSE(B2:D4)}
	A	B	C	D	E
1		原矩陣			
2		3	-2	1	
3		6	-5	4	
4		-7	12	-10	
5					
6		轉置後			
7		3	6	-7	
8		-2	-5	12	
9		1	4	-10	

秘訣 此函數也可以處理非數值之資料，如：（範例『Fun11-陣列.xlsx\TRANSPOSE』）

B16	× ✓ fx	轉置後
	A	B	C	D
11				
12		原矩陣		
13		姓名	性別	電話
14		吳迪	男	2502-1542
15				
16		轉置後		
17		姓名	吳迪	
18		性別	男	
19		電話	2502-1542	

若不使用函數，也可使用『常用/剪貼簿/貼上』 之下拉鈕，選按『貼上/轉置(T)』 鈕來達成。

11-6 乘積的總和SUMPRODUCT()

SUMPRODUCT(陣列1,[陣列2],[陣列3], ...)
SUMPRODUCT(array1,[array2],[array3], ...)

傳回各陣列中所有對應元素乘積的總和,各陣列必須有相同的列數與欄數。
如,範例『Fun11-陣列.xlsx\SUMPRODUCT』工作表B2:B4與D2:D4兩陣列
元素乘積的總和之算法為:

$$2 \times 6 + 3 \times 7 + 4 \times 8$$

其值為65。使用之公式為:

=SUMPRODUCT(B2:B4,D2:D4)

B7		:	× ✓ fx	=SUMPRODUCT(B2:B4,D2:D4)		
▲	A	B	C	D	E	F	G
1							
2		2		6			
3		3		7			
4		4		8			
5							
6		乘積的總和					
7		65					

所使用之陣列並不限定為單欄或單列,如下表之B10:C12與E10:F12兩陣列
元素乘積的總和之算法為:

$$1 \times 2 + 4 \times 4 + 7 \times 6 + 2 \times 1 + 5 \times 3 + 8 \times 5$$

即第一欄各元素相乘之和再加上第一欄各元素相乘之和。其結果為117,
可用

=SUMPRODUCT(B10:C12,E10:F12)

之公式算得：

B15 ✕ ✓ fx =SUMPRODUCT(B10:C12,E10:F12)

	A	B	C	D	E	F	G
9							
10		1	2		2	1	
11		4	5		4	3	
12		7	8		6	5	
13							
14		乘積的總和					
15		117					

11-7 平方差總和SUMX2MY2()

SUMX2MY2(陣列1,陣列2)
SUMX2MY2(array_x,array_y)

傳回在兩個陣列的相對數值之平方差總和。如，範例『Fun11-陣列.xlsx\
SUMX2MY2』工作表B2:B3與D2:D3兩陣列元素平方差的總和之算法為：

$$5^2 - 2^2 + 4^2 - 3^2$$

將各元素均平方後再相減，其值為28。使用之公式為：

=SUMX2MY2(B2:B3,D2:D3)

B6 ✕ ✓ fx =SUMX2MY2(B2:B3,D2:D3)

	A	B	C	D	E	F
1						
2		5		2		
3		4		3		
4						
5		平方差總和				
6		28				

此一結果相當

=SUMPRODUCT(B2:B3,B2:B3)-SUMPRODUCT(D2:D3,D2:D3)

先求第一陣列之所有元素的平方和，續求第二陣列之所有元素的平方和，然後將其相減：

所使用之陣列並不限定為單欄或單列，如下表之B8:C10與E8:F10兩陣列元素平方差的總和，可用

=SUMX2MY2(B8:C10,E8:F10)

之公式算得，其結果為48：

B13	▼	⋮	✕	✓	fx	=SUMX2MY2(B8:C10,E8:F10)

	A	B	C	D	E	F	G
7							
8		4	5		1	4	
9		3	6		2	5	
10		2	7		3	6	
11							
12		平方差總和					
13		48					

11-8　差的平方和SUMXMY2()

SUMXMY2(陣列1,陣列2)
SUMXMY2(array_x,array_y)

傳回兩個陣列中對應數值差的平方和，即先相減再求平方和。如，範例『Fun11-陣列.xlsx\SUMXMY2』工作表B2:B3與D2:D3兩陣列元素差的平方和之算法為：

$$(5 - 2)^2 + (4 - 3)^2$$

其值為10。使用之公式為：

```
=SUMXMY2(B2:B3,D2:D3)
```

| B6 | | : | × | ✓ | fx | =SUMXMY2(B2:B3,D2:D3) |

◢	A	B	C	D	E	F
1						
2		5		2		
3		4		3		
4						
5		差的平方和				
6		10				

11-9 平方和SUMX2PY2()

```
SUMX2PY2(陣列1,陣列2)
SUMX2PY2(array_x,array_y)
```

傳回兩個陣列中各元素平方後的總和，即先平方再求總和。如，範例『Fun11-陣列.xlsx\SUMX2PY2』工作表B2:B3與D2:D3兩陣列的平方和之算法為：

$$5^2 + 2^2 + 4^2 + 3^2$$

其值為54。使用之公式為：

```
=SUMX2PY2(B2:B3,D2:D3)
```

| B14 | | : | × | ✓ | fx | =SUMXMY2(B9:C11,E9:F11) |

◢	A	B	C	D	E	F
8						
9		4	5		1	4
10		3	6		2	5
11		2	7		3	6
12						
13		差的平方和				
14		14				

▶ NOTE

資訊函數

12-1　是否為空白ISBLANK()

ISBLANK(值)
ISBLANK(value)

本函數用以判斷某一儲存格之內容是否為空白？若為無任何資料之空白，將回應TRUE；否則，無論其為文字、數字、邏輯值或運算式，均回應FALSE。如：（範例『Fun12-資訊.xlsx\ISBLANK』）

D3		▼	:	×	✓	fx	=ISBLANK(A3)

◢	A	B	C	D	E	F
1	一月		A1為空白	FALSE	←	=ISBLANK(A1)
2	12000		A2為空白	FALSE	←	=ISBLANK(A2)
3			A3為空白	TRUE	←	=ISBLANK(A3)

12-2　是否為 #N/A 之錯誤 ISNA()

ISNA(值)
ISNA(value)

本函數用以判斷某一儲存格之內容或運算式之結果是否為#N/A之錯誤值（無法使用的值）？成立時，其值為TRUE；否則，為FALSE。

如，範例『Fun12-資訊.xlsx\ISNA』工作表以

=VLOOKUP($C$13,$A$2:$H$10,2,FALSE)

VLOOKUP()進行查表，當找不到資料時，即回應#N/A之錯誤值：

E13			×	✓	fx	=VLOOKUP($C$13,$A$2:$H$10,2,FALSE)	
	A	B	C	D	E	F	G	H
1	編號	姓名	性別	部門	職稱	生日	地址	電話
6	1220	謝龍盛	男	業務	專員	1971/09/20	桃園市成功路338號四樓	(03)8894-5677
7	1316	孫國寧	女	門市	主任	1969/01/12	台北市北投中央路12號三樓	(02)5897-4651
8	1318	楊桂芬	女	門市	銷售員	1967/01/14	台北市龍江街23號三樓	(02)2555-7892
9	1440	梁國棟	男	業務	專員	1971/04/29	台北市敦化南路138號二樓	(02)7639-8751
10	1452	林美惠	女	會計	專員	1959/12/17	基隆市中正路二段12號二樓	(03)3399-5146
11								
12								
13		編號	1234	姓名	#N/A			
14		性別	#N/A	部門	#N/A			
15		職稱	#N/A	生日	#N/A			
16		地址	#N/A					
17		電話	#N/A					

要避免獲致#N/A之錯誤值，即可使用本函數，於判斷出其結果將為#N/A之錯誤值，即將其改為其它內容。如，範例『Fun12-資訊.xlsx\ISNA1』工作表將E13之內容改為

=IF(ISNA(VLOOKUP($C$13,$A$2:$H$10,2,FALSE)),"找不到",VLOOKUP($C$13,$A$2:$H$10,2,FALSE))

即可於判斷出其結果將為#N/A之錯誤值，即將其改為"找不到"。其餘各儲存格亦比照辦理後，當找不到查詢對象，其結果將為：

E13			×	✓	fx	=IF(ISNA(VLOOKUP($C$13,$A$2:$H$10,2,FALSE)), "找不到",VLOOKUP($C$13,$A$2:$H$10,2,FALSE))	
	A	B	C	D	E	F	G
12							
13		編號	1234	姓名	找不到		
14		性別	找不到	部門	找不到		
15		職稱	找不到	生日	找不到		
16		地址	找不到				
17		電話	找不到				

若可順利找到輸入於C13之編號，則仍可顯示其應有之正確內容：

	A	B	C	D	E	F	G
12							
13		編號	1203	姓名	呂姿瑩		
14		性別	女	部門	人事		
15		職稱	主任	生日	1972/7/20		
16		地址	台北市興安街一段15號四樓				
17		電話	(02)2515-5428				

E13 =IF(ISNA(VLOOKUP($C$13,$A$2:$H$10,2,FALSE)),"找不到",VLOOKUP($C$13,$A$2:$H$10,2,FALSE))

12-3　是否為#N/A之錯誤IFNA()

IFNA(值,成立時的值)
IFNA(value,value_if_na)

當判斷出值為#NA之錯誤，即賦予成立時的值；否則，即取用值之內容。

故而，前例E13之複雜內容：

=IF(ISNA(VLOOKUP($C$13,$A$2:$H$10,2,FALSE)),"找不到",VLOOKUP($C$13,
$A$2:$H$10,2,FALSE))

即可以簡化為：（範例『Fun12-資訊.xlsx\IFNA』工作表）

=IFNA(VLOOKUP($C$13,$A$2:$H$10,2,FALSE),"找不到")

將所有使用VLOOKUP()之儲存格，均改為類似之公式後：

C14	=IFNA(VLOOKUP($C$13,$A$2:$H$10,3,FALSE),"找不到")
E14	=IFNA(VLOOKUP($C$13,$A$2:$H$10,4,FALSE),"找不到")
C15	=IFNA(VLOOKUP($C$13,$A$2:$H$10,5,FALSE),"找不到")
E15	=IFNA(VLOOKUP($C$13,$A$2:$H$10,6,FALSE),"找不到")
C16	=IFNA(VLOOKUP($C$13,$A$2:$H$10,7,FALSE),"找不到")
C17	=IFNA(VLOOKUP($C$13,$A$2:$H$10,8,FALSE),"找不到")

若C13之編號可順利找到，同樣可顯示其記錄內容：

E13			× ✓ fx		=IFNA(VLOOKUP($C$13,$A$2:$H$10,2,FALSE),"找不到")		
	A	B	C	D	E	F	G
12							
13		編號	1318	姓名	楊桂芬		
14		性別	女	部門	門市		
15		職稱	銷售員	生日	1982/8/23		
16		地址	台北市龍江街23號三樓				
17		電話	(02)2555-7892				

若C13之編號找不到，也不會出現#NA之錯誤，而是顯示"找不到"：

E13			× ✓ fx		=IFNA(VLOOKUP($C$13,$A$2:$H$10,2,FALSE),"找不到")		
	A	B	C	D	E	F	G
12							
13		編號	1520	姓名	找不到		
14		性別	找不到	部門	找不到		
15		職稱	找不到	生日	找不到		
16		地址	找不到				
17		電話	找不到				

12-4 是否為#N/A以外之錯誤ISERR()

ISERR(值)
ISERR(value)

本函數用以判斷某一儲存格之內容或運算式結果是否為#N/A以外之其它錯誤值（如：#NUM!、#VALUE!、#DIV/0!、#NAME!、……）？成立時，其值為TRUE；否則，為FALSE。

如，範例『Fun12-資訊.xlsx\ISERR』工作表以FIND()於找尋甲字串在乙字串之位置時

=FIND(A6,$A$1)

若乙字串中並無甲字串，將回應一#VALUE!之錯誤值：

要避免此一錯誤，擬將其改為顯示"無此字"。可將範例『Fun12-資訊.xlsx\ISERR1』工作表公式改為

=IF(ISERR(FIND(A5,$A$1)),"無此字",FIND(A5,$A$1))

又如範例『Fun12-資訊.xlsx\ISERR2』工作表，當以AVERAGE()求某一範圍之均數：

=AVERAGE(C6:E6)

若其內無任何資料，將回應一#DIV/0!之錯誤：

要避免此一錯誤，可將範例『Fun12-資訊.xlsx\ISERR3』工作表公式改為：

=IF(ISERR(AVERAGE(C6:E6)),"無成績",AVERAGE(C6:E6))

可於發生#DIV/0!之錯誤時，顯示"無成績"：

	A	B	C	D	E	F	G	H
						F6		=IF(ISERR(AVERAGE(C6:E6)), "無成績",AVERAGE(C6:E6))
1	學號	姓名	平時	期中	期末	平均		
2	101501	張惠真	85	90	88	87.7		
3	101502	呂姿瑩	78	74	82	78.0		
4	101503	吳志明	82	88	84	84.7		
5	101504	黃啟川	85	66	75	75.3		
6	101505	謝龍盛				無成績		

12-5 是否為任何一種錯誤ISERROR()

ISERROR(值)
ISERROR(value)

本函數用以判斷某一儲存格之內容或運算式結果是否為任何一種錯誤值(#N/A、#VALUE!、#REF!、#DIV/0!、#NUM!、#NAME?或#NULL!)？成立時，其值為TRUE；否則，為FALSE。

所以，本函數可取代ISNA()及ISERR()：（範例『Fun12-資訊.xlsx\ISERROR1』與範例『Fun12-資訊.xlsx\ISERROR2』）

	A	B	C	D	E	F	G
				E13	=IF(ISERROR(VLOOKUP($C$13,$A$2:$H$10,2, FALSE)),"找不到",VLOOKUP($C$13,$A$2: $H$10,2,FALSE))		
12							
13		編號	1203	姓名	呂姿瑩		
14		性別	女	部門	人事		
15		職稱	主任	生日	1972/7/20		
16		地址	台北市興安街一段15號四樓				
17		電話	(02)2515-5428				

| B6 | ▼ | : | × | ✓ | fx | =IF(ISERROR(FIND(A6,$A$1)),"無此字",
FIND(A6,$A$1)) |

▲	A	B	C	D	E	F	G
1	台北市民生東路三段六十七號						
2							
3	**找尋字串**	**在A1之位置**					
4	台北	1					
5	民生	4					
6	西路	無此字					

12-6　是否為任一種錯誤IFERROR()

IFERROR(值, 成立時的值)
IFERROR(value,value_if_na)

當判斷出值為#NA之外之錯誤，即賦予成立時的值；否則，即取用值之內容。

故而，範例『Fun12-資訊.xlsx\ISERROR1』之E13，原內容為：

=IF(ISERROR(VLOOKUP($C$13,$A$2:$H$10,2,FALSE)),"找不到",VLOOKUP($C$13,$A$2:$H$10,2,FALSE))

即可以簡化為：（範例『Fun12-資訊.xlsx\IFERROR1』工作表）

=IFERROR(VLOOKUP($C$13,$A$2:$H$10,2,FALSE),"找不到")

即可於判斷出其結果為錯誤值時，即將其改為"找不到"。其餘各儲存格亦比照辦理後，當找不到查詢對象，其結果將為：

| E13 | ▼ | : | × | ✓ | fx | =IFERROR(VLOOKUP($C$13,$A$2:$H$10,2,FALSE),"找不到") |

▲	A	B	C	D	E	F	G
12							
13		編號	1208	姓名	吳志明		
14		性別	男	部門	業務		
15		職稱	主任	生日	1961/10/23		
16		地址	台北市內湖路三段148號二樓				
17		電話	(02)2517-6408				

同理,範例『Fun12-資訊.xlsx\ISERROR2』之B4,原內容為:

```
=IF(ISERROR(FIND(A4,$A$1)),"無此字",FIND(A4,$A$1))
```

即可以簡化為:(範例『Fun12-資訊.xlsx\IFERROR2』工作表)

```
=IFERROR(FIND(A4,$A$1),"無此字")
```

其結果將為:

B4		⋮	×	✓	fx	=IFERROR(FIND(A4,$A$1),"無此字")	
	A	B	C	D	E	F	
1	台北市民生東路三段六十七號						
2							
3	**找尋字串**	**在A1之位置**					
4	市	3					
5	六十	10					
6	西路	無此字					

12-7　錯誤類別ERROR.TYPE()

```
ERROR.TYPE(錯誤_值)
ERROR.TYPE(error_val)
```

若儲存格內公式或運算式結果為錯誤值,本函數可傳回其錯誤類別所對應之數值。各錯誤類別所對應之數值分別為:(詳範例『Fun12-資訊.xlsx\ERROR.TYPE』)

#NULL!	1
#DIV/0!	2
#VALUE!	3
#REF!	4
#N/AME?	5
#NUM!	6
#N/A	7
無錯誤	#N/A

D2	▼	:	×	✓	fx	=IF(ISNA(ERROR.TYPE(C2)),"",CHOOSE(ERROR.TYPE(C2),"所指定的兩個區域沒有交集","除數為0","使用錯誤之引數或運算元","參照到無效之儲存格","無法辨識之名稱或函數","參照到沒有可用數值之儲存格"))

▲	A	B	C	D	E	F	G	H	I
1	被除數	除數	運算結果	錯誤類型					
2	10	2	5						
3	12	0	#DIV/0!	除數為0					
4	3.6	A	#VALUE!	使用錯誤之引數或運算元					
5	36	6	6						
6	#NAME?	2	#NAME?	無法辨識之名稱或函數					

12-8　是否為數值ISNUMBER()

```
ISNUMBER(值)
ISNUMBER(value)
```

本函數用以判斷某一儲存格或運算式結果之內容是否為數值？（若為運算式係指其運算結果）成立時，其值為TRUE；否則，為FALSE。如：（範例『Fun12-資訊.xlsx\ISNUMBER1』）

B2	▼	:	×	✓	fx	=ISNUMBER(B1)

▲	A	B	C	D	E
1	輸入資料	123			
2	是數值?	TRUE			

B2	▼	:	×	✓	fx	=ISNUMBER(B1)

▲	A	B	C	D	E
1	輸入資料	ABC			
2	是數值?	FALSE			

假定，貨品編號首字必須為大寫字母，後接恰為3位之數字。檢查下表中之貨品編號是否存有錯誤？使用之公式為：

```
=IF(AND(LEN(A5)=4,CODE(LEFT(A5,1))>=65,CODE(LEFT(A5,1))<=90,ISNUMBER
(VALUE(RIGHT(TRIM(A5),3)))),"OK","錯誤")
```

式中，LEN(A5)=4在判斷總長度是否為4？ CODE(LEFT(A5,1))>=65與
CODE(LEFT(A5,1))<=90在判斷首字是否為大寫字母？ TRIM(A5)先移除
編號內之空格，RIGHT(TRIM(A5),3)則取出移除空格後之右尾3個字元，
VALUE(RIGHT(TRIM(A5),3))在將其轉為數值，最後以ISNUMBER(VALU
E(RIGHT(TRIM(A5),3)))判斷轉換後之結果是否為數值？

| B6 | ▼ | ⋮ | × | ✓ | ƒx | =IF(AND(LEN(A6)=4,CODE(LEFT(A6,1))>=65, CODE(LEFT(A6,1))<=90,ISNUMBER(VALUE(RIGHT(TRIM(A6),3)))),"OK","錯誤") |

◢	A	B	C	D	E	F	G	H
4	編號	備註						
5	A101	OK						
6	A 2	錯誤						
7	C123	OK						

若要明確指出所犯之錯誤，如：首字非大寫字母、長度錯誤或數字錯誤。其
公式應為：（範例『Fun12-資訊.xlsx\ISNUMBER2』）

=IF(AND(LEN(A5)=4,CODE(LEFT(A5,1))>=65,CODE(LEFT(A5,1))<=90,ISNUMBER
(VALUE(RIGHT(TRIM(A5),3)))),"OK",IF(LEN(A5)<>4,"長度錯誤",IF(AND(CODE
(LEFT(A5,1))>=65,CODE(LEFT(A5,1))<=90),"數字錯誤","字母錯誤")))

| B6 | ▼ | ⋮ | × | ✓ | ƒx | =IF(AND(LEN(A6)=4,CODE(LEFT(A6,1))>=65, CODE(LEFT(A6,1))<=90,ISNUMBER(VALUE(RIGHT(TRIM(A6),3)))),"OK",IF(LEN(A6)<>4,"長度 錯誤",IF(AND(CODE(LEFT(A6,1))>=65,CODE(LEFT(A6,1))<=90),"數字錯誤","字母錯誤"))) |

◢	A	B	C	D	E	F	G	H
4	編號	備註						
5	A101	OK						
6	A 2	數字錯誤						
7	C123	OK						
8	AAAA	數字錯誤						
9	B012	OK						
10	C1	長度錯誤						
11	C 2	長度錯誤						
12	1234	字母錯誤						

12-9 | 是否為文字串 ISTEXT()

ISTEXT(值)
ISTEXT(value)

本函數用以判斷某一儲存格或運算式結果之內容是否為文字串？成立時，其值為TRUE；否則，為FALSE。如：（範例『Fun12-資訊.xlsx\ISTEXT』）

	A	B	C	D
			fx	=ISTEXT(A2)
1	資料	是否為字串?		
2	ABC	TRUE	← =ISTEXT(A2)	
3	A02	TRUE	← =ISTEXT(A3)	
4	台北市	TRUE	← =ISTEXT(A4)	
5	123	FALSE	← =ISTEXT(A5)	
6	TRUE	FALSE	← =ISTEXT(A6)	

12-10 | 是否非文字串 ISNONTEXT()

ISNONTEXT(值)
ISNONTEXT(value)

本函數用以判斷某一儲存格或運算式結果之內容是否不是文字串？成立時，其值為TRUE；否則，為FALSE。如：（範例『Fun12-資訊.xlsx\ISNOTEXT』）

	A	B	C	D
			fx	=ISNONTEXT(A2)
1	資料	是否非字串?		
2	ABC	FALSE	← =ISNONTEXT(A2)	
3	A02	FALSE	← =ISNONTEXT(A3)	
4	台北市	FALSE	← =ISNONTEXT(A4)	
5	123	TRUE	← =ISNONTEXT(A5)	
6	TRUE	TRUE	← =ISNONTEXT(A6)	

12-11　是否為邏輯值ISLOGICAL()

ISLOGICAL(值)
ISLOGICAL(value)

本函數用以判斷某一儲存格或運算式結果之內容是否為邏輯值？成立時，其
值為TRUE；否則，為FALSE。如：(範例『Fun12-資訊.xlsx\ISLOGICAL』)

	A	B	C	D
		B2	fx	=ISLOGICAL(A2)
1	資料	是否為邏輯值?		
2	TRUE	TRUE	← =ISLOGICAL(A2)	
3	FALSE	TRUE	← =ISLOGICAL(A3)	
4	ABC	FALSE	← =ISLOGICAL(A4)	
5	A02	FALSE	← =ISLOGICAL(A5)	
6	台北市	FALSE	← =ISLOGICAL(A6)	
7	123	FALSE	← =ISLOGICAL(A7)	

12-12　是否為參照ISREF()

ISREF(值)
ISREF(value)

本函數用以判斷某一儲存格或運算式結果之內容是否為參照（儲存格位址或
範圍名稱）？成立時，其值為TRUE；否則，為FALSE。如：(B1已命名為
"稅率"，範例『Fun12-資訊.xlsx\ISREF』)

	A	B	C	D	E	F
	D2			fx	=ISREF(A1)	
1	稅率	8.25%		是否為參照?		
2				TRUE	← =ISREF(A1)	
3				FALSE	← =ISREF(8.25%)	
4				TRUE	← =ISREF(稅率)	
5				FALSE	← =ISREF(aa)	
6				FALSE	← =ISREF("123")	

12-13　是否為偶數 ISEVEN()

ISEVEN(數值)
ISEVEN(number)

本函數用以判斷某一儲存格或運算式結果的數值是否為偶數？成立時，其值為TRUE；否則，為FALSE。若該數字不是整數，則其小數部分會被無條件捨去；若所處理之對象並非數值，將#VALUE!之錯誤值。如：（範例『Fun12-資訊.xlsx\ISEVEN』）

	A	B	C	D
	B2		f_x	=ISEVEN(A2)
1	資料	是否為偶數		
2	8	TRUE	← =ISEVEN(A2)	
3	8.25	TRUE	← =ISEVEN(A3)	
4	13	FALSE	← =ISEVEN(A4)	
5	123.333	FALSE	← =ISEVEN(A5)	
6	ABC	#VALUE!	← =ISEVEN(A6)	

12-14　是否為奇數 ISODD()

ISODD(數值)
ISODD(number)

本函數用以判斷某一儲存格或運算式結果的數值是否為奇數？成立時，其值為TRUE；否則，為FALSE。若該數字不是整數，則其小數部分會被無條件捨去；若所處理之對象並非數值，將#VALUE!之錯誤值。如：（範例『Fun12-資訊.xlsx\ISODD』）

	A	B	C	D
	B4		f_x	=ISODD(A4)
1	資料	是否為奇數		
2	8	FALSE	← =ISODD(A2)	
3	8.25	FALSE	← =ISODD(A3)	
4	13	TRUE	← =ISODD(A4)	
5	123.333	TRUE	← =ISODD(A5)	
6	ABC	#VALUE!	← =ISODD(A6)	

12-15　內容之型態TYPE()

> TYPE(值)
> TYPE(value)

本函數用以判斷某一儲存格或運算式結果之內容（或所輸入之內容）之型態？各資料型態之其回應值分別為：（範例『Fun12-資訊.xlsx\TYPE』）

數字	1
文字	2
邏輯值	4
錯誤值	16
陣列	64

B2	▼ : × ✓ fx	=TYPE(A2)		
	A	B	C	D
1	資料	資料型態	備註	
2	120	1	數字	
3	台北	2	文字	
4	TRUE	4	邏輯	
5	#DIV/0!	16	錯誤	
6		64	陣列	
7		↑		
8		=TYPE({2,4})		

12-16　內容的相關資訊CELL()

> CELL(資訊類型,[參照位址])
> CELL(info_type,[reference])

傳回[參照位址]範圍中左上角儲存格之位址、格式設定或內容的相關資訊。省略[參照位址]時，預設為最近資料異動之儲存格。可傳回之資訊類型及其作用分別為：（若[參照位址]為一範圍，傳回對象為其左上角之儲存格，範例『Fun12-資訊.xlsx\CELL』）

- "address"：以文字表示其位址。

- "col"：傳回其欄號（A欄為1、B欄為2、……）。

- "color"：若儲存格格式為負值得改變顏色，則傳回1；否則傳回0。

- "contents"：傳回其儲存格內容。

- "filename"：傳回其所屬文件的檔案名稱（含完整的路徑名稱）。若該文件尚未存檔，則傳回空字串（""）。

- "format"：傳回其儲存格格式形式。各種格式的文字表示列示於以下的表格中。（詳表12-1）如果儲存格為會因負數而改變顏色或加括號，則傳回的文字值的後面會帶有負號或括號。

- "parentheses"：若儲存格被設定為將數值放在一組括弧中的格式時，傳回1；否則傳回0。

- "prefix"：傳回文字對齊方式的前置字元。傳回單引號（'）表左靠；傳回雙引號（"）表右靠；傳回脫字符號（^）表置中；傳回反斜線（\）表填滿；傳回空字串（""）表其非文字內容。

- "protect"：如果儲存格被鎖定保護，傳回1；否則，傳回0。

- "row"：傳回其列號（1、2、……）。

- "type"：傳回其資料類型。傳回"b"（blank）表其為空白；傳回"l"（label）表其為文字標籤；傳回"v"（value）表其為數值或邏輯值。

- "width"：傳回其欄寬的整數值（字元數，會先四捨五入）。

表12-1 CELL()函數之格式回應值對照表

回應值	格式
"G"	G/通用格式
"F0"	0
",0"	#,##0
"F2"	0.00
",2"	#,##0.00

回應值	格式
"C0'	$#,##0_);($#,##0)
"C0-"	$#,##0_);[Red]($#,##0)
"C2"	$#,##0.00_);($#,##0.00)
"C2-"	$#,##0.00_);[Red]($#,##0.00)
"P0"	0%
"P2"	0.00%
"S2"	0.00E+00
"G"	#?/? 或 #??/??
"D1"	d-mmm-yy 或 dd-mmm-yy
"D2"	d-mmm 或 dd-mmm
"D3"	mmm-yy
"D4"	m/d/yy 或 m/d/yyh:mm 或 mm/dd/yy
"D5"	mm/dd
"D6"	h:mm:ssAM/PM
"D7"	h:mmAM/PM
"D8"	h:mm:ss
"D9"	h:mm

H12	▼	:	×	✓	fx	=CELL("FORMAT",H4)					
▲	A	B	C	D	E	F	G	H	I	J	K
1	編號	姓名	性別	部門	職稱	生日	電話	薪資			
2	1201	張惠真	女	會計	主任	1972/03/12	(02)2517-6399	68,750			
3	1203	呂姿瑩	女	人事	主任	1968/06/11	(02)2515-5428	66,500			
4	1208	吳志明	男	業務	主任	1957/09/14	(02)2517-6408	81,200			
5	1316	孫國寧	女	門市	主任	1964/12/04	(02)5897-4651	58,800			
6	1318	楊桂芬	女	門市	銷售員	1962/12/06	(02)2555-7892	42,000			
7	1440	梁國棟	男	業務	專員	1973/03/21	(02)7639-8751	50,500			
8	1452	林美惠	女	會計	專員	1955/11/08	(03)3399-5146	38,600			
9											
10	F1:F8										
11	位址	$F$1	← =CELL("ADDRESS",F1:F8)			F3格式		D1	← =CELL("FORMAT",F3)		
12	欄號	6	← =CELL("COL",F1:F8)			H4格式		,0	← =CELL("FORMAT",H4)		
13	內容	生日	← =CELL("CONTENTS",F1:F8)			H1型態		l	← =CELL("TYPE",H1)		
14	對齊	"	← =CELL("PREFIX",F1:F8)			H2型態		v	← =CELL("TYPE",H2)		
15	保護	1	← =CELL("PROTECT",F1:F8)			H9型態		b	← =CELL("TYPE",H9)		
16	欄寬	10	← =CELL("WIDTH",F1:F8)								
17	檔名	C:\Text\Excel 2016函數\範例\[FunCh12-資訊.xlsx]CELL						←=CELL("FILENAME",F1:F8)			

12-17　參照工作表的工作表號碼SHEET

SHEET([值])
SHEET([Value])

用以傳回[值]所標明工作表之編號，若省略[值]，即表目前所在之工作表。
（範例『Fun12-資訊.xlsx\SHEET』）

C1		×	✓	fx	=SHEET("CELL")	
▲	A	B	C	D	E	F
1			39	← =SHEET("CELL")		
2			40	← =SHEET("CELL-練習")		
3			41	← =SHEET()		

12-18　參照中的工作表數目SHEETS

SHEETS([參照])
SHEETS([reference])

用以傳回[參照]所標明位置之工作表的總數，若省略[參照]，即表目前所在
之工作表。（範例『Fun12-資訊.xlsx\SHEETS』）

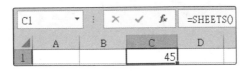

C1		×	✓	fx	=SHEETS()
▲	A	B	C	D	
1			45		

12-19 作業系統環境的資訊INFO()

INFO(資訊型態)
INFO(type_text)

傳回有關目前作業系統環境的資訊。各資訊型態之作用分別為：（範例
『Fun12-資訊.xlsx\INFO』）

"directory"	目前目錄或資料夾的路徑名稱。
"numfile"	已開啟的工作表個數。
"origin"	傳回在目前視窗上最左上角之儲存格的參照位址。
"osversion"	目前作業系統的版本。
"recalc"	目前重新計算的模式；「自動」表自動重算；「人工」表人工重算。
"release"	傳回Microsoft Excel的版本。
"system"	傳回作業環境的名稱。Macintosh = "mac"；Windows = "pcdos"

	C5		fx	=INFO("recalc")	
	A	B	C	D	
2		目前路徑名稱	C:\Users\SYY\Documents\		
3		已開啟的工作表個數	77		
4		作業系統	Windows (32-bit) NT 10.00		
5		重新計算模式	自動		
6		Excel的版本	16.0		
7		作業環境	pcdos		

CHAPTER 13

自訂函數

13-1 簡介

一般言，Excel的內建函數種類已相當多，應已足夠應付絕大多數之實際應用。若您所要使用之情況較為特殊，而目前Excel仍未提供此一函數。或者是，所面臨之例子雖可用目前之函數解決，但其運算式會變得相當複雜。這時，就可考慮以撰寫VB（Visual Basic）模組之方式來自行建立函數。這種依使用者個人需要所自行開發之函數，就是自訂函數。

要建立自訂函數，得先執行「檔案/選項」轉入『Excel選項』對話方塊，於其『自訂功能區』標籤右側『自訂功能區(B)』下方，加選「開發人員」：

按 確定 鈕，將可於『功能區』內加入一個『開發人員』索引標籤：

往後，即可利用「Visual Basic」（  ）來開啟『Visual Basic編輯器』，將所需之一串陳述式（statements，即我們習慣所稱之指令）安排於函數內，去進行判斷與運算，然後再將運算結果傳回Excel之工作表中。

其觀念並不難，要在裏面自行寫出一套有意義且可運算之內容，較難！於模組中，自訂函數之外觀為：

```
Function 自訂函數名稱(引數)
…
   用來運算的一組陳述式
…
End Function
```

其相關規定為：

■ 每一個自訂函數係安排於一Function/End Function成對陳述式內。其內夾住一串有關此一函數之運算所需的陳述式。

■ 於Function陳述式中，得自行命定此一自訂函數之名稱，函數名稱可為任意中英文字串，只要不與原既有之內建函數衝突即可。這個函數名稱，就是用來將運算結果傳回工作表的工具。

■ 自訂函數名稱後接一對括號，括號內若無任何內容，表此函數並無引數。（像原NOW()或TODAY()函數就無引數）若要使用引數，可視情況安排一個或多個引數。（像SUM(A1:A10,C1:C10)就有兩個引數）這些引數就是自工作表中，將所需之運算資料傳入函數進行運算。最後，再將運算結果透過函數名稱，傳回資料表。

■ 有了自訂函數後，使用者只須於運算式中，以呼叫原既有內建函數之方法，安排函數名稱及其引數內容，進行呼叫即可；並無任何相異之處！

■ 同一個模組中，可安排多組自訂函數。

■ 於自訂函數中，所使用者係VB之陳述式或函數，其函數與Excel類似者很多，但並非每一個Excel函數均可於其內順利使用。

■ 於自訂函數中，要加入註解性之說明文字，可於一列之最前面（或最後面），先輸入一單引號，然後再輸入任意之說明文字。

■ 於自訂函數中，Function/End Function是不可省略之陳述式。其基本語法為：

```
Function name(arglist)
  [statements]
  [name = expression]
End Function
```

式中，

● name：即自訂函數之名稱，可使用任意之中英文，只要不與原既有之內建函數名稱衝突即可。

● arglist：即引數串列，若省略表無引數。

● statements：表一串陳述式，亦可省略。

● name = expression：表透過將運算結果指定到與自訂函數同名稱之變數，而將運算結果作為此函數之回應值。

如，我們以：

```
Function Age(生日)
  Age = Year(Now()) - Year(生日)
End Function
```

自訂一個新函數Age()，其內得事先安排一生日內容（當然得是日期資料才有意義）。此函數會將其代入函數內進行運算，以

```
Year(Now()) - Year(生日)
```

取得目前日期之西元年代，再減去生日之西元年代，以算出年齡。最後，透過

Age = Year(Now()) - Year(生日)

將所算得之年齡存入與自訂函數Age()同名之Age變數內，其內容就是此一函數之回應值，即可將運算結果傳回工作表之運算式。若使用其它名稱，就無法將回應值自函數送回到工作表。

所以，我們就把自訂函數當成一個機器，引數就是我們的輸入材料，而其回應值就是我們所能獲得之生產品。至於，要如何生產，就得靠我們自行在函數內安排設計了。

13-2 建立第一個自訂函數

假定，擬建立一依生日計算年齡之自訂函數：

```
Function Age(生日)
  Age = Year(Now()) - Year(生日)
End Function
```

其建立步驟為：

1 開啟一全新之活頁簿檔，輸入下示資料

◢	A	B	C
1	員工	生日	年齡
2	游凱丞	1995/07/30	
3	曹瑞君	1989/06/06	
4	楊逸航	1990/04/27	
5	江念慈	1999/03/31	
6	王贊鈞	1998/01/26	

（本章所用之資料均已存入『Fun13-自訂.xlsm』）

2 按『開發人員/程式碼/Visual Basic』鈕，轉入

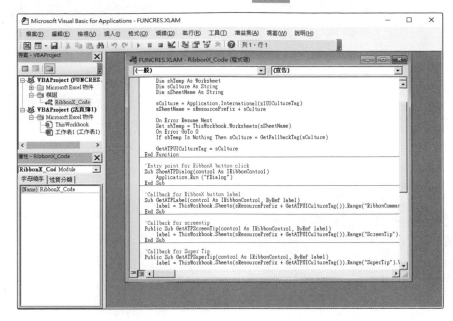

3 關閉右側之程式碼視窗，左側點選工作表1

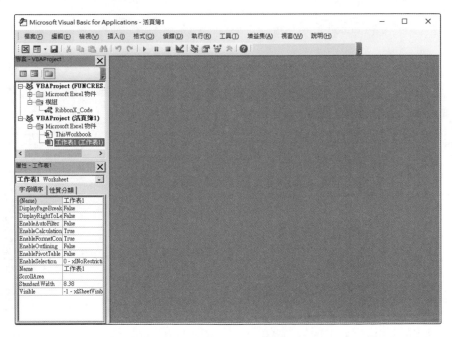

4 執行「插入(I)/模組(M)」，於右側加上一個『Module1 (程式碼)』的編輯視窗；並於左上角之『專案』視窗內增入一個『模組』資料夾（📁模組），其下有一『Module1』（Module1）

5 於『Module1 (程式碼)』的編輯視窗，輸入自訂函數之第一列內容：

Function Age(生日)

按下 ⌅Enter 後，將自動補上其配對使用之陳述式End Function，且自動將該組陳述式轉為藍色；而自訂函數名稱及括號內之引數（Age(生日)），則仍為黑色

6 於 Function 與 End Function 內，輸入所須之指令內容

> Age = Year(Now()) - Year(生日)

輸入中，編輯器會自動以一黃色小方塊提供相關之函數語法。如：

表 Year() 函數中，應使用一日期型態之引數。完成一列指令後，按 `Enter` ，若有錯誤，會將錯誤之處轉為紅色，且顯示錯誤訊息：

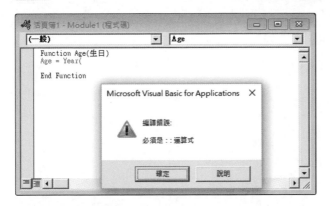

可於按 `確定` 鈕後繼續修改內容。完成該列指令之最後畫面如：

按工具列之『檢視Microsoft Excel』 鈕（或按 `Alt` + `F11` 或『開始工作列』上之 續進行選擇），可切換回Excel視窗

於儲存格內輸入含自訂函數之運算式

```
=Age(B2)
```

即可依自訂函數所安排之運算內容，依目前年代與員工生日之年代，計算出其年齡：

將其抄給C3:C6，計算出所有員工年齡：

13-3　存檔與重新開啟

安排自訂函數內容之模組，其程式碼之編輯視窗，雖獨立於原工作表視窗；但其內容仍將隨所存在之活頁簿檔案一併儲存。故無論在那一個視窗按 鈕，選「瀏覽」，將先轉入『另存新檔』對話方塊，於其下方之『檔案類型(T)』處，選擇欲儲存為「Excel啟用巨集的活頁簿」

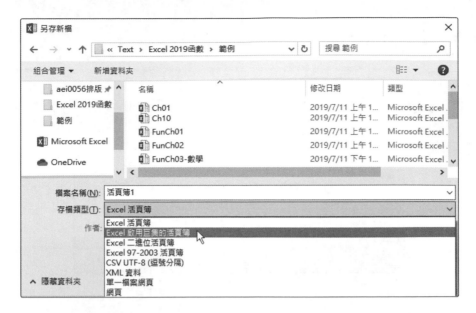

即可將活頁簿檔及含自訂函數內容之模組一併儲存。（本章所用之資料均已存入『Fun13-自訂.xlsm』）

由於模組係附屬於某一活頁簿檔，故所有存檔與開啟檔案之動作，並不因其含模組而有不同。

13-4 切換

於重新開啟活頁簿檔案後，要重新編輯模組內之自訂函數內容，仍得再次按『開發人員/程式碼/Visual Basic』 鈕。

於開啟程式碼的編輯視窗後，按工具列之『檢視Microsoft Excel』 鈕（或按 Alt + F11 或『開始工作列』上之 續進行選擇），可於模組的程式碼編輯視窗與Excel視窗兩者間進行切換。

加入註解

於自訂函數中,要加入註解性之說明文字,可於一列之最前面(或最後面),先輸入一單引號,然後再輸入任意之說明文字。所加入之註解文字,將以綠色顯示。無論加入何種內容?均不影響函數之執行結果:

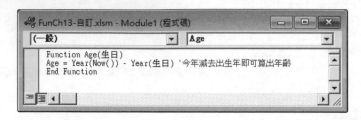

13-6

控制簡單分支
(If … Then … Else … End If)

於自訂函數中之處理動作,往往不是單純的以直線方式由上而下逐步執行,經常得碰到『如果…就…否則就…』等,必須視所遭遇之情況不同,而去執行不同動作之分支情況。

簡式

這種分支情況,若較為簡單,可使用If … Then … Else … End If(如果…就…否則就…)的簡單分支陳述式,此一陳述式有兩種類型,一為簡式,可將相關內容置於單列中:

```
If condition Then [statements] [Else elsestatements]
```

其作用為當condition條件式成立時,即執行statements處之所有陳述式;否則,即執行elsestatements處之所有陳述式。如:

```
Function Taxrate(所得)
    If 所得 <= 60000 Then Taxrate = 0.05 Else Taxrate = 0.08
End Function
```

其作用為當所得引數小於等於60000時，回應一0.05之Taxrate（稅率）；否則，回應一0.08之Taxrate（稅率）。

假定，有『Fun13-自訂.xlms\工作表2』之所得資料：

	A	B	C
1	員工	所得	所得稅
2	游凱丞	28,500	
3	曹瑞君	47,200	
4	楊逸航	78,600	

擬寫一自訂函數，依所得高低計算出不同之所得稅。其稅率之規定為：若所得小於等於60000時，其稅率為0.05；否則，稅率為0.08。

首先，先按『開發人員/程式碼/Visual Basic』 鈕，切換到模組的程式碼編輯視窗。續於，原程式碼之內容的尾部，再輸入一組新自訂函數：

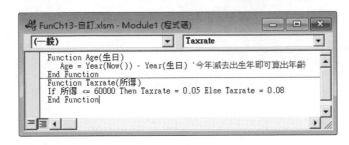

```
Function Age(生日)
    Age = Year(Now()) - Year(生日) '今年減去出生年即可算出年齡
End Function
Function Taxrate(所得)
    If 所得 <= 60000 Then Taxrate = 0.05 Else Taxrate = 0.08
End Function
```

可發現兩自訂函數間，會另以一條黑線將其標開。依此方式，即可於一個模組內，安排多個自訂函數。

切換回Excel視窗後，即可以

=Taxrate(B2)*B2

利用自訂函數來求得稅率，並計算出所得稅：

	A	B	C	D	E
1	員工	所得	所得稅		
2	游凱丞	28,500	1,425		
3	曹瑞君	47,200	2,360		
4	楊逸航	78,600	6,288		

C2 的公式為 =Taxrate(B2)*B2

區塊式

若情況較複雜，或為了閱讀方便，可將If/End If安排成區塊式：

```
If condition Then
  [statements]
[Else
  [elsestatements]]
End If
```

其作用仍為當condition條件式成立時，即執行statements處之所有陳述式；否則，即執行elsestatements處之所有陳述式。如：

```
Function 滿幾年(日期)
  If Date >= DateSerial(Year(Date), Month(日期), Day(日期)) Then
    滿幾年 = Year(Date) - Year(日期)
  Else
    滿幾年 = Year(Date) - Year(日期) - 1
  End If
End Function
```

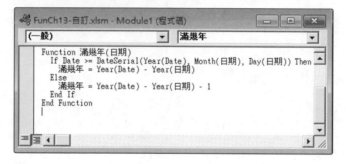

其中之Date是Visual Basic之日期函數，可用來取得目前之系統日期。而DateSerial()函數之語法為：DateSerial(年,月,日)，其作用為依指定之年月日，產生其日期的系列數字。

本自訂函數之作用是用來依目前日期及所傳輸進來之日期（如：到職日或生日）。『Fun13-自訂.xlms\工作表3』即以：

```
=滿幾年(B4)
```

計算其實際年資或年齡：

另由本例，也可以看出：自訂函數之名稱亦可使用中文來命名。

巢狀式

若要控制之分支情況頗多，仍可於If/End If中再加入組數不限之If/End If，組成巢狀之If/End If。如：

```
If condition1 Then
    statements1
Else
    If condition2 Then
        Statements2
    Else
        elsestatements
    End If
End If
```

其作用為當condition1條件式成立時，即執行statements1處之所有陳述式；否則，若condition2條件式成立，即執行statements2處之所有陳述式；否則，才執行elsestatements處之所有陳述式。由於每個If/End If中還可再加入If/End If，故可組合出多層的分支情況。

如：（『Fun13-自訂.xlsm\工作表4』）

```
Function 稅(所得)
If 所得 < 40000 Then
    稅 = 所得 * 0.06
Else
    If 所得 < 60000 Then
        稅 = 所得 * 0.08
```

```
    Else
        If 所得 < 80000 Then
            稅 = 所得 * 0.11
        Else
            稅 = 所得 * 0.15
        End If
    End If
End If
End Function
```

可依下示之稅率：

所得	稅率
~40,000	6%
40,001~60,000	8%
60,001~80,000	11%
80,001~	15%

依所傳輸之所得，計算所得稅：

13-7 控制多重分支（Select Case/End Select）

以巢狀之If/End If雖可控制多重分支，但因If/End If須配對使用，故會使得整個自訂函數變得很長。故最便捷之方式為使用Select Case/End Select陳述式，其作用為：在多組條件式中擇一執行。其語法為：

```
Select Case testexpression
   [Case expressionlist-n
       [statements-n]] ...
   [Case Else
       [elsestatements]]
End Select
```

式中，各部位之作用為：

- ■ testexpression：為一數值或字串運算式，通常是安排欲進行比較之引數內容（如：Select Case 薪資）。

- ■ expressionlist-n：為接於Case後，用以判斷如何分支之條件。其內可為Is比較運算式（如：Case Is<20000，表當薪資小於20000該如何，其若省略Is，Visual Basic亦會自行補上）；To運算式（如：Case 20000 To 40000，表當薪資介於20000到 40000該如何）。甚至可用逗號標開多組比較式（如：Case Is < 30000, Is > 100000，表當薪資小於30000或大於100000時，該如何？）。

- ■ statements-n：為當某一分支條件成立時，所應執行之一組指令或陳述式。其處理範圍僅到下一個Case或End Select 為止。

Case子句可為多組，其組數並無限制。當所有分支條件均不成立時，才會執行到Case Else到End Select間之elsestatements陳述式。

如，前例若改以Select Case/End Select來編寫，將可大為縮短程式碼之內容：（『Fun13-自訂.xlsm\工作表5』）

13

自訂函數

```
Function 稅款(所得)
  Select Case 所得
  Case Is < 40000
    稅款 = 所得 * 0.06
  Case 40000 To 60000
    稅款 = 所得 * 0.08
  Case 60000 To 80000
    稅款 = 所得 * 0.11
  Case Else
    稅款 = 所得 * 0.15
  End Select
End Function
```

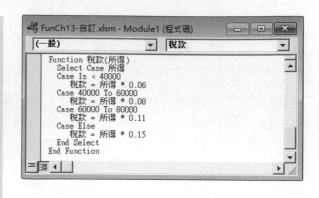

依新函數所求得之所得稅將同樣為：

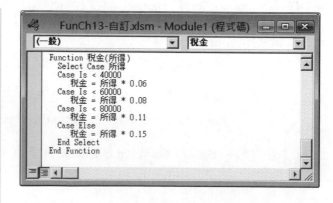

Case子句允許多次出現，但其處理順序是由上而下，依條件選擇第一個符合條件之Case進行處理。亦即，若同時有多個Case子句符合條件，則只有最先符合條件的第一個Case子句之陳述式會被執行而已。故而，前例亦可改為：（『Fun13-自訂.xlsm\工作表6』）

```
Function 稅金(所得)
  Select Case 所得
  Case Is < 40000
    稅金 = 所得 * 0.06
  Case Is < 60000
    稅金 = 所得 * 0.08
  Case Is < 80000
    稅金 = 所得 * 0.11
  Case Else
    稅金 = 所得 * 0.15
  End Select
End Function
```

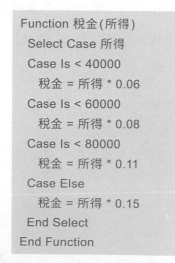

因為，無論如何？均只有一種狀況會被執行而已。其處理結果為：

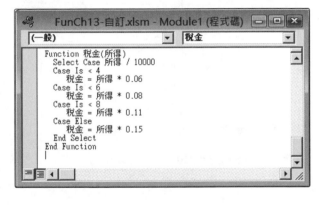

運算式之實例

Select Case之後所接之用以當比較內容之testexpression可為一數值或字串運算式，其作用為用來簡化各Case子句之條件式內容。如，前例之所得若以

> 所得 / 10000

將其改為以萬為單位，其程式碼將更為簡潔：(『Fun13-自訂.xlsm\工作表6』)

```
Function 稅金(所得)
  Select Case 所得 / 10000
  Case Is < 4
    稅金 = 所得 * 0.06
  Case Is < 6
    稅金 = 所得 * 0.08
  Case Is < 8
    稅金 = 所得 * 0.11
  Case Else
    稅金 = 所得 * 0.15
  End Select
End Function
```

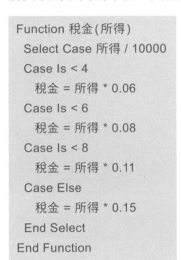

事實上，像本例如此有規則性之條件，分組之資料40000、60000與80000均為等間距20000。故若改為將所得除以20000之數字為找尋依據，更可使用CHOOSE()函數來完成更簡潔之自訂函數內容：(『Fun13-自訂.xlsm\工作表7』)

```
Function 稅金1(所得)
  索引 = 所得 / 20000 + 1
  If 索引 > 5 Then 索引 = 5
  稅金1 = 所得 * Choose(索引, 0.06, 0.06, 0.08, 0.11, 0.15)
End Function
```

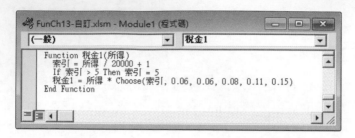

其處理結果為：

	A	B	C	D
1	**員工**	**所得**	**所得稅**	
2	游凱丞	28,500	1,710	
3	曹瑞君	47,200	3,776	
4	楊逸航	78,600	8,646	
5	江念慈	24,580	1,475	
6	王贇鈞	36,170	2,170	

C2 = 稅金1(B2)

字串之實例

Select Case/End Select亦可用於以字串來
當條件，如，貨品之編號、品名及其單價為：
(『Fun13-自訂.xlms\工作表8』)

	A	B	C
1	**編號**	**品名**	**單價**
2	A01	電視	23,680
3	A02	冰箱	36,500
4	A03	電腦	28,750
5	B01	電話	2,250
6	B04	答錄機	1,060
7	C02	隨身碟	1,850
8	C05	滑鼠	680

以Vlookup()函數固可取得各編號所對應之品名及單價，但其函數所引用之
引數很多，並不是每一個人都可輕易瞭解。故將其改為使用下示之自訂函數
內容：

```
Function 品名(編號)
  Select Case 編號
  Case "A01"
    品名 = "電視"
  Case "A02"
    品名 = "冰箱"
  Case "A03"
    品名 = "電腦"
  Case "B01"
    品名 = "電話"
  Case "B04"
    品名 = "答錄機"
  Case "C02"
    品名 = "磁片"
  Case "C05"
    品名 = "滑鼠"
  Case Else
    品名 = "#找不到#"
  End Select
End Function
```

依貨品編號之字串內容取得品名；而當所輸入之編號不存在時，將顯示"#找不到#"。其處理結果為：

同理，將此函數複製並稍事修改為：

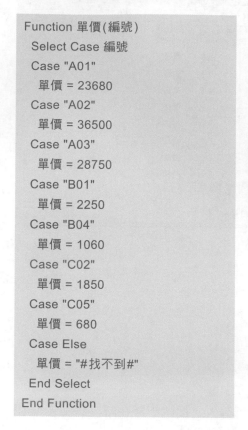

```
Function 單價(編號)
 Select Case 編號
 Case "A01"
  單價 = 23680
 Case "A02"
  單價 = 36500
 Case "A03"
  單價 = 28750
 Case "B01"
  單價 = 2250
 Case "B04"
  單價 = 1060
 Case "C02"
  單價 = 1850
 Case "C05"
  單價 = 680
 Case Else
  單價 = "#找不到#"
 End Select
End Function
```

即可依貨品編號之字串內容取得單價；而當所輸入之編號不存在時，亦將顯示 "#找不到#"。其處理結果為：

	A	B	C	D
11	日期	編號	品名	單價
12	2020/6/5	C05	滑鼠	680
13	2020/6/5	A01	電視	23680
14	2020/6/5	A03	電腦	28750
15	2020/6/5	B04	答錄機	1060
16	2020/6/6	A03	電腦	28750
17	2020/6/7	Y01	#找不到#	#找不到#

多重引數

自訂函數與一般內建函數一樣,可使用不只一個引數。假定,有下示之人事基本資料:(『Fun13-自訂.xlsm \ 工作表9』)

	A	B	C	D	E	F	G	H
1	編號	姓名	性別	婚姻	部門	職稱	本薪	年終獎金
2	1201	張惠真	女	已婚	會計	主任	68,750	
3	1203	呂姿瑩	女	已婚	人事	主任	66,500	
4	1218	黃啟川	男	未婚	業務	專員	56,500	
5	1220	謝龍盛	男	已婚	業務	專員	42,000	
6	1318	楊桂芬	女	未婚	門市	銷售員	36,800	
7	1452	林美惠	女	未婚	會計	專員	27,800	

本年度之年終獎金的算法為:

已婚男性	本薪*1.8
已婚女性	本薪*1.7
未婚男性	本薪*1.5
未婚女性	本薪*1.45

所使用之自訂函數可為:

```
Function 年終獎金(本薪, 性別, 婚姻)
 Select Case 性別 & 婚姻   '以性別及婚姻之連結字串為條件比較內容
   Case "男已婚"
     年終獎金 = 本薪 * 1.8
   Case "女已婚"
     年終獎金 = 本薪 * 1.7
   Case "男未婚"
     年終獎金 = 本薪 * 1.5
   Case "女未婚"
     年終獎金 = 本薪 * 1.45
 End Select
End Function
```

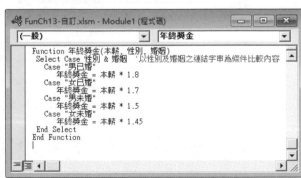

先將性別與婚姻之字串以&連結成單一字串（如："男已婚"、"女未婚"、
……），續以其運算結果為Select Case之比較條件，進行多重分支，求算各
種狀況之年終獎金。其求算結果為：

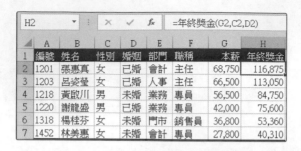

	A	B	C	D	E	F	G	H
1	編號	姓名	性別	婚姻	部門	職稱	本薪	年終獎金
2	1201	張惠真	女	已婚	會計	主任	68,750	116,875
3	1203	呂姿瑩	女	已婚	人事	主任	66,500	113,050
4	1218	黃啟川	男	未婚	業務	專員	56,500	84,750
5	1220	謝龍盛	男	已婚	業務	專員	42,000	75,600
6	1318	楊桂芬	女	未婚	門市	銷售員	36,800	53,360
7	1452	林美惠	女	未婚	會計	專員	27,800	40,310

H2 fx =年終獎金(G2,C2,D2)

13-9 如何讓其他檔案使用已建妥之自訂函數

利用匯出/匯入

已建妥之自訂函數，僅限於本身所在之活頁簿檔案中使用而已。若要讓其它
檔案亦可使用到我們所建妥之自訂函數，可以將模組匯出成一.bas檔，以利
其它檔案來進行匯入。其處理步驟為：

1 開啟含自訂函數之模組的活頁簿檔案

2 按『開發人員/程式碼/Visual Basic』 鈕，轉入模組之程式碼
編輯視窗

3 執行「檔案(F)/匯出檔案(E)…」

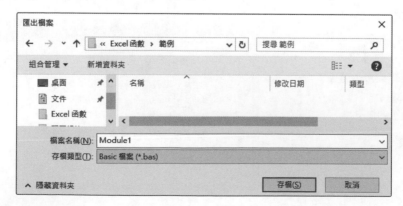

4 輸妥檔名（本例以原預設之Module1命名），按 存檔(S) 鈕將原模組存為 .bas 檔

5 關閉含訂函數模組之活頁簿檔案（此並非必要動作，但為免新舊模組混淆在一起，對初學者造成困擾，故最好將其關閉）

6 開啟要匯入自訂函數模組之另一個新活頁簿檔案

7 按『開發人員/程式碼/Visual Basic』 鈕，轉入模組之程式碼編輯視窗

8 執行「檔案(F)/匯入檔案(I)…」，選取含自訂函數之模組的bas檔（本例為Module1.bas）

9 按 開啟(O) 鈕將其匯入。可於左上角之『專案』視窗，看到已加入一模組資料夾

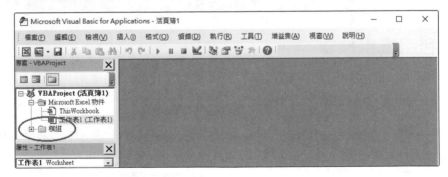

事實上，目前已可取得其內之所有自訂函數內容。不過，我們仍繼續來看一下其內容為何？

10 單按模組資料夾，可將其展開，可看到已匯入一個模組『Module1』

11 雙按模組之 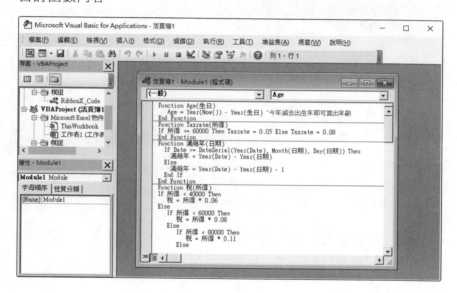 Module1 圖示，可於右側看到所有自別的檔案所匯入之自訂函數內容

利用直接抄錄

另一種處理方式為同時開啟含自訂函數模組之檔案與要取得自訂函數之新檔案，利用直接抄錄方式，將自訂函數抄到新檔案中。其處理步驟為：

1 先後依續開啟含自訂函數模組之檔案與要取得自訂函數之新檔案

2 按『開發人員/程式碼/Visual Basic』 Visual Basic 鈕，轉入模組之程式碼編輯視窗。

3 將左上角之『專案』視窗稍微拉大，可同時看到含自訂函數模組之
檔案（Fun13-自訂.xlsm）與要取得自訂函數之新檔案（活頁簿1）

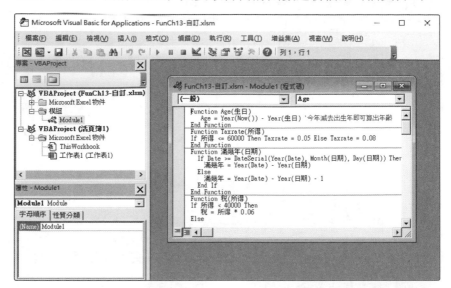

以滑鼠拖曳含自訂函數之模組（Fun13-自訂.xlsm之 Module1 ），將
其拉入要取得自訂函數模組之檔案（VBAProject(活頁簿1)）。其滑
鼠指標下將有一加號（），表其為複製性質，鬆開滑鼠即可將其
複製到新檔案內

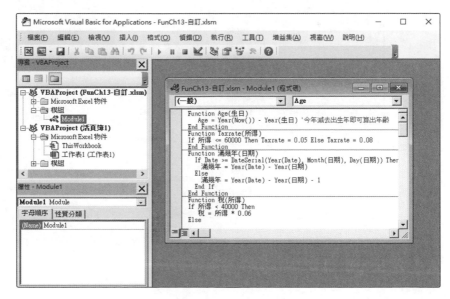

4 單按模組資料夾將其展開，可看到所抄入之模組

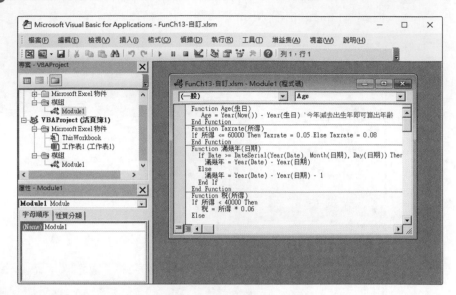

5 雙按模組之  Module1 圖示，可於右側看到所抄得之自訂函數內容

如此，也可以讓此新檔案自別處取得已建妥之自訂函數內容。

函數索引

A

函數索引

A

函數索引

Excel 函數與分析工具(第二版)-應用解析 x 實務範例(適用 Excel 2021 ~2016)

作　　者：楊世瑩
企劃編輯：江佳慧
文字編輯：詹祐甯
設計裝幀：張寶莉
發 行 人：廖文良

發 行 所：碁峰資訊股份有限公司
地　　址：台北市南港區三重路 66 號 7 樓之 6
電　　話：(02)2788-2408
傳　　真：(02)8192-4433
網　　站：www.gotop.com.tw
書　　號：AEI007900
版　　次：2022 年 07 月二版
建議售價：NT$560

國家圖書館出版品預行編目資料

Excel 函數與分析工具：應用解析 x 實務範例(適用 Excel 2021~2016)
/ 楊世瑩著. -- 二版. -- 臺北市：碁峰資訊, 2022.07
　　面；　　公分
　　ISBN 978-626-324-233-3(平裝)
　　1.CST：EXCEL(電腦程式)
312.49E9　　　　　　　　　　　　　　　　111009984